高等学校新工科公共课系列教材

# C语言程序设计

## （慕课版）

主　　编　王曙燕

副主编　王春梅

参　　编　王小银　王　燕　孙家泽

西安电子科技大学出版社

# 内容简介

本书全面介绍了 C 语言的基本概念、基本语法和基本程序结构，注重知识内容的连续性和渐进性；将立德树人和"课程思政"理念融入本书，挖掘"爱国奉献""工匠精神""科技报国"等 30 多个思政点并录制为微视频供读者学习；将"计算思维"的概念引入本书，以"典型题例"或"典型案例"引入问题，以编程应用为驱动，重点讲解程序设计的思想和方法，并对典型题例和案例进行剖析。

全书共 10 章，内容编排合理，通俗易懂，注意分散难点，使读者在掌握 C 语言基本知识的同时，重点培养工匠精神、家国情怀以及分析问题、解决问题的能力，进而提高实际程序设计能力。同时，全书配有设计精美、内容丰富的"核心知识点"和"课程思政点"视频资源，读者可以直接扫码观看。为了让读者能够及时地检查自己的学习效果，把握自己的学习进度，每章后面都附有丰富的习题。

本书既可以作为高等院校各专业 C 语言程序设计课程的教材，也可供准备参加计算机等级考试和研究生入学考试的读者阅读参考，同时也可作为工程技术人员和计算机爱好者的参考资料。

**图书在版编目(CIP)数据**

C 语言程序设计：慕课版 / 王曙燕主编. —西安：西安
电子科技大学出版社，2022.4(2023.7 重印)
ISBN 978 - 7 - 5606 - 6369 - 2

Ⅰ.①C…　Ⅱ.①王…　Ⅲ.①C 语言—程序设计　Ⅳ.①TP312.8

中国版本图书馆 CIP 数据核字(2022)第 025847 号

策　　划　陈　婷
责任编辑　于文平
出版发行　西安电子科技大学出版社(西安市太白南路 2 号)
电　　话　(029)88202421　88201467　　　　邮　　编　710071
网　　址　www.xduph.com　　　　　　　　　电子邮箱　xdupfxb001@163.com
经　　销　新华书店
印刷单位　咸阳华盛印务有限责任公司
版　　次　2022 年 4 月第 1 版　　2023 年 7 月第 3 次印刷
开　　本　787 毫米×1092 毫米　1/16　印　张　29.5
字　　数　706 千字
印　　数　6001～9000 册
定　　价　68.00 元
ISBN 978 - 7 - 5606 - 6369 - 2 / TP
XDUP 6671001-3
***如有印装问题可调换***

# ❖❖❖ 前　　言 ❖❖❖

C 语言是一种国内外普遍使用的面向过程的、抽象化的通用程序设计语言，广泛应用于底层开发。C 语言程序设计是理工科各专业学生计算机应用能力培养的重要技术基础。C 语言既具有低级语言可直接访问内存地址、能进行位操作、程序运行效率高的优点，又具有高级语言运算符和数据类型丰富、结构化控制语句功能强、可移植性好的优点，C 语言能够在内存有限的大量硬件设备(如嵌入式硬件设备)中运行。在 TIOBE 编程语言排行榜中，C 语言多年位居榜单前列，是程序设计语言的常青树。当今流行的面向对象语言 C++以及 Java 就是在 C 语言的基础上发展起来的。通过本书的学习，读者可了解程序设计语言的基本知识，掌握计算思维和结构化程序设计的基本方法与思路、C 语言的基本编程方法和程序设计技巧、程序调试的基本技能，具备独立编写常规 C 语言应用程序的能力，同时为设计大型应用程序和系统程序打下坚实的基础。

本书注重知识内容的连续性和渐进性，将指针的概念介绍提前到数组之前，以方便读者理解指针与数组的关系；在"案例分析与实现"中给出了一些难度较高的程序实例，通过综合实例说明算法的基本原理、程序设计技巧和运行结果分析，让读者融会贯通，开拓思路，使读者在掌握 C 语言基本知识的同时，逐步具备分析问题、解决问题的能力，进而提高实际的程序设计能力；增加了"C 语言运行环境"一章，对 VC++、Dev-C++、Linux C 以及手机端 C 语言编程进行了介绍，尽量使用通俗易懂的语言，图文并茂，将抽象的语法知识直观地呈现给读者；全部代码都在 Visual C++ 6.0 下编写调试。全书配有设计精美、内容丰富的视频资源，读者可以直接扫码观看。

本书共 10 章，第 1、2 章介绍了 C 语言的特点和 C 语言的基本概念，第 3 章讨论了算法的描述和结构化程序设计的基本方法以及三种基本程序设计结构，第 4 章介绍了指针的概念和指针变量及数组的相关知识，第 5 章介绍了函数的定义和使用，第 6 章介绍了结构体、链表和共用体，第 7 章介绍了文件的相关内容，第 8 章介绍了面向对象程序设计语言 C++和 C#等，第 9 章介绍了 C 语言的常用开发环境，第 10 章给出了诗词信息管理系统等 3 个复杂工程案例的分析与实现。

C 语言是一门实践性很强的课程，对学生编程和调试能力的训练非常重要。在第 3 章和第 9 章中专门介绍了 C 语言的上机步骤和 C 程序的调试技术，并重点介绍了 Visual C++ 6.0、Dev-C++、Linux C 以及手机端 C 语言编程的上机步骤和环境，便于读者在

Windows 或 Linux 环境下编写 C 语言程序。

本书讲授课时数为 48～72 学时，其中实验课占 16～24 学时。学习完本书后，建议安排两周的 "C 语言课程设计" 实训，以完成一个小型应用系统的设计与实现。

本书是作者根据多年从事 C 语言教学的经验编写的，在原书(王曙燕主编、王春梅副主编，《C 语言程序设计》，西安电子科技大学出版社，2020)的基础上，根据广大读者使用过程中提出的要求和意见进行了精心的修改，增加了视频资源和典型题例与典型案例部分。团队的 "C 语言程序设计" 慕课课程已经在中国大学慕课上线 7 期，读者也可以加入学习。

王曙燕担任本书主编，编写了第 1、3 章，王春梅担任副主编，编写了第 7、10 章和附录，王小银编写了第 2、5、9 章，王燕编写了第 6、8 章，孙家泽编写了第 4 章。全书由王曙燕和王春梅统稿，舒新峰老师对本书的编写提出了很好的建议，在此表示衷心的感谢。

由于编者水平有限，书中难免存在不足之处，恳请读者批评指正。编者联系方式：wsylxj@126.com。

编 者
2022 年 1 月

# ❖❖❖ 目　　录 ❖❖❖

# 第 1 章

# 概　　述

    C 语言是一种国内外广泛使用的面向过程的、抽象化的通用程序设计语言，广泛应用于底层开发。C 语言能以简易的方式编译、处理低级存储器，仅产生少量的机器语言，不需要任何运行环境支持便能运行。它不仅具有丰富的运算符和数据类型，便于实现各类复杂的数据结构，还可以直接访问内存的物理地址，进行位(bit)一级的操作，因此 C 语言集高级语言和低级语言的功能于一体。C 语言还具有生成目标代码质量高，执行速度快，可移植性强等特点。因此，C 语言既可用于系统软件的开发，也适用于应用软件的开发。可以说，所有上层语言都离不开底层硬件的支持，离不开 C 语言的支持。C 语言能够在内存有限的大量硬件设备(如嵌入式硬件设备)中运行。在 TIOBE 编程语言排行榜中，C 语言多年位居榜单前列，近三年 C 语言一直稳居第二名，成为程序设计语言的常青树。

    本章首先从发展的角度概要介绍 C 语言的产生和特点，以帮助读者建立起对程序、程序设计、程序设计语言的基本认识；然后简单介绍 C 语言的基本语法成分和 C 语言程序的组成，并通过几个简单实例介绍 C 语言程序的基本结构和书写格式。通过本章的学习，读者可对 C 语言和程序设计有一个大概的了解，并掌握程序设计的一般过程。

## 1.1　程序设计语言

C 语言概述

    1946 年世界上第一台电子数字式计算机(Electronic Numerical Integrator and Computer，ENIAC)在美国宾夕法尼亚大学诞生，ENIAC 的诞生开辟了一个计算机科学技术的新纪元。在此后的短短几十年间，计算机的发展突飞猛进。伴随着硬件的发展，计算机软件、计算机网络技术也得到了迅速的发展，计算机的应用领域也由最初的数值计算扩展到人类生活的各个领域，现在计算机已成为最基本的信息处理工具。人们使用计算机解决问题时，必须用某种"语言"来和计算机进行交流。具体地说，就是利用某种计算机语言提供的命令来编制程序，并把程序存储在计算机的存储器中，然后利用这个程序来控制计算机的运行，以达到解决问题的目的。这种用于编写计算机可执行程序的语言称为程序设计语言。目前已发明的计算机程序设计语言有上千种，无论什么样的计算机语言，其程序设计的基本方法都是相同的。本书将以国际上广泛流行的 C 程序设计语言为例，介绍程序设计的基本概念和基本方法。

### 1.1.1 计算机语言

计算机语言是描述计算过程(程序)的规范书写语言。程序是对计算机处理对象和计算规则的描述。语言的基础是一组记号和语法规则。根据语法规则由记号构成记号串的全体就是语言。

达·芬奇的故事

人类使用英语、汉语等自然语言来相互交流和表达思想，那么人与计算机如何"交流"呢？人和计算机交流也要用人和计算机都容易接受和理解的语言，这就是计算机语言。计算机语言是根据计算机的特点而编制的，是计算机能够"理解"的语言，它是有限规则的集合。计算机语言不像自然语言那样包含复杂的语义和语境，而是用语法来表达程序员的思想的，所以编写程序时必须严格遵守语法规则。

### 1.1.2 程序设计语言的发展

计算机是一种具有内部存储能力、由程序自动控制的电子设备。通常人们将需要计算机做的工作写成一定形式的指令，并把它们存储在计算机的内部存储器中。当人们需要结果时就向计算机发出指令，计算机就按指令顺序自动进行操作。人们把这种可以连续执行的一条条指令的集合称为程序。也就是说，程序是计算机指令的序列，编制程序的工作就是为计算机安排指令序列。

程序设计语言伴随着计算机技术的发展层出不穷，从机器语言到高级语言，从面向过程的语言到面向对象的语言。到目前为止，计算机语言的发展大致经历了五代。

第一代语言也称机器语言，它将计算机指令中的操作码和操作数均以二进制代码的形式表示，是计算机能直接识别和执行的语言，它在形式上是由"0"和"1"构成的一串二进制代码。每种计算机都有自己的一套机器指令。机器语言的优点是无须翻译，占用内存少，执行速度快；缺点是随机而异，通用性差，并且由于指令和数据都是二进制代码的形式，因此较难阅读和记忆，编码工作量大，难以维护。

第二代语言也叫汇编语言，是用助记符号来表示机器指令的符号语言。如用 ADD 表示加法，用 SUB 表示减法，用变量取代各类地址，这样构成的计算机符号语言称为汇编语言。用汇编语言编写的程序称为汇编语言源程序，该程序必须经过翻译(称为汇编)，变成机器语言程序才能被计算机识别和执行。汇编语言在一定程度上克服了机器语言难以辨认和记忆的缺点，但对于大多数用户来说，仍然不便于理解和使用。

第三代语言即高级语言，也称为面向过程的语言。高级语言是具有国际标准的、描述形式接近自然语言的计算机语言。它采用完全符号化的描述形式，用类似自然语言的形式描述对问题的处理过程，用数学表达式的形式描述对数据的计算过程。常用的计算机高级语言有 Basic、Fortran、Cobol、Pascal 和 C 语言等。由于高级语言只是要求人们关心计算机描述问题的求解过程，而不关心计算机的内部结构，因此把高级语言称为面向过程的语言。使用面向过程的语言编程时，编程者的主要精力放在算法过程的设计和描述上。

第四代语言又叫非过程化语言，是一种功能更强的高级语言。其主要特点是具有非过程性，采用图形窗口和人机对话形式，基于数据库和"面向对象"技术，易编程，易理解，易使用，易维护。但是，程序的运行效率和语言的灵活性不如面向过程的语言高。常用的非过程化语言有 Java、C++、Python、Visual Basic 和 Delphi 等。如果说第三代语言要求人们告诉计算机"怎么做"，那么第四代语言只要求人们告诉计算机"做什么"。

第五代语言也称智能化语言，主要应用于人工智能领域，帮助人们编写推理、演绎程序。

目前，国内外大多数计算机上运行的程序是用第三代或第四代计算机语言编写的。因此，程序员应当熟练地掌握用高级语言编写程序的方法和技巧。

面向过程的语言是程序设计的基础，可以说 C 语言是 C++、Java 和 C#语言的基础，还有很多专用语言也学习和借鉴了 C 语言，比如进行 Web 开发的 PHP 语言，做仿真的 MATLAB 的内嵌语言等。现在流行的操作系统 Linux 的内核就是用 C 语言编写的。本书将以面向过程的 C 语言为背景，介绍程序设计的基本概念和基本方法。虽然面向对象的语言已对 C 语言形成挤压之势，但是学好 C 语言对以后再学习其他语言大有帮助。计算机的发展日新月异，唯有掌握最基础的知识，才能做到举一反三，触类旁通，以不变应万变。

## 1.2　C 程序设计语言

中国芯 中国梦

### 1.2.1　C 语言的发展历史

C 语言是国际上流行的使用最广泛的高级程序设计语言。它既可用来写系统软件，也可用来写应用软件。C 语言具有语言简洁紧凑、使用方便灵活、运算符丰富等特点，具有现代化语言的各种数据结构和结构化的控制语句，并且语法限制不太严格，程序设计自由度大，能实现汇编语言的大部分功能。另外，C 语言生成的目标代码质量高，使得程序不仅执行效率高，而且可移植性好。

C 语言的产生基于两个方面的需要：一是为满足 Unix 操作系统开发的需要，Unix 操作系统是一个通用的、复杂的计算机管理系统；二是为接近硬件的需要，即直接访问物理地址、直接对硬件进行操作的需要。C 语言集高级语言与汇编语言的优点于一身。C 语言是面对实际应用的需要而产生的，直至今日仍不改初衷。C 语言是从 BCPL(Basic Combined Programming Language)语言和 B 语言演化而来的。1960 年出现的 ALGOL 语言是一种面向问题的高级语言，远离硬件，但不适于开发系统软件。1963 年，英国剑桥大学推出了 CPL 语言，CPL 语言比 ALGOL 语言更接近硬件一些，但规模较大，难以实现。1969 年，剑桥大学的 M. Richards 对 CPL 语言进行了简化，推出了 BCPL 语言。1970 年，贝尔实验室的 K.Thompson 为 DEC 公司 PDP-7 计算机上运行的一种早期 Unix 操作系统设计了一种类 BCPL 语言，称为 B 语言。B 语言规模小，接近硬件。1971 年，贝尔实验室在 PDP-11 计算机上用 B 语言编写了 Unix 操作系统和绝大多数实用程序。由于 B 语言面向字存取，功能过于简单，数据无类型，描述问题的能力有限，而且编译程序产生的是解释执行的代码，运行速度慢，因此没有流行起来。1972 年至 1973 年，贝尔实验室的 D. M. Ritchie 在保留 B 语言优点的基础上，设计出了一种新的语言。这种新语言克服了 B 语言功能过于简单、数据无类型、描述问题能力有限的缺点，扩充了很多适合于系统设计和应用开发的功能。

因为这种新语言是在 B 语言的基础上开发出来的，不管在英文字母序列中，还是在 BCPL 这个名字中，排在 B 后面的均为 C，所以将这种新语言命名为 C 语言。1973 年，Unix 操作系统被研究人员用 C 语言改写，称为 Unix 第五版。最初的 C 语言只是一种 Unix 操作系统的工作语言，依附于 Unix 系统，主要在贝尔实验室内部使用。

Unix 以后的第六版、第七版等都是在第五版的基础上发展起来的，C 语言也做了多次改进。到 1975 年，随着 Unix 第六版的公布，C 语言越来越受到人们的普遍注意。

Unix 操作系统的广泛应用，使 C 语言得到了迅速发展与普及。同时，C 语言的发展与普及又进一步促进了 Unix 操作系统的推广。1978 年，出现了独立于 Unix 和 PDP 计算机的 C 语言，从而 C 语言被迅速移植到大、中、小、微型机上。1988 年，B. W. Kernighan 和 D. M. Ritchie 以 Unix 第七版的 C 编译程序为基础，出版了影响深远的名著 *C Programming Language*。

1989 年，ANSI发布了第一个完整的 C 语言标准——ANSI X3.159-1989，简称C89，也称其为 ANSI C。ISO 官方给予的名称为 ISO/IEC 9899，所以 ISO/IEC 9899: 1990 通常也被简称为 C90。1999 年，在做了一些必要的修正和完善后，ISO 发布了新的 C 语言标准，命名为 ISO/IEC 9899: 1999，简称为 C99。在 2011 年 12 月 8 日，ISO 又正式发布了新的标准，称为 ISO/IEC 9899: 2011，简称为 C11。

如今，C 语言已经风靡全球，成为世界上应用最广泛的程序设计语言之一。

## 1.2.2　C 语言的标准与版本

随着 C 语言的普及，各机构分别推出了自己的 C 语言版本。某些执行过程的微小差别不时引起 C 程序之间的不兼容，给程序的移植带来了很大的困难。美国国家标准协会(ANSI)从 1983 年开始，经过长达 5 年的努力，制定了 C 语言的新标准——ANSI C。现在提及 C 语言的标准就是指该标准。ANSI C 比原标准 C 有了很大的发展，解决了经典定义中的二义性问题，给出了 C 语言的新特点。任何 C 程序都必须遵循 ANSI C 标准，本书也以 ANSI C 作为基础。尽管这样，各种版本的 C 语言编译系统还是略有差异，因此，读者在使用具体的 C 语言编译系统时，还应参考相关手册以了解具体的规定。

支持 C 语言的编译器的版本众多，如微软公司推出的 Windows 平台应用程序开发环境 Microsoft Visual C++ 6.0(VC6.0)、Visual Studio.NET 2003、Microsoft Visual Studio 2010 (VS2010)、Microsoft Visual Studio 2019(VS2019)；Borland 公司的集成调试软件工具 BC3.1、BC5.0，开放源码的跨平台 C/C++ 集成开发环境 Code::Blocks，DOS 平台软件 TC2.0，轻量级 Windows 基础开发环境 Dev-C++，Linux 平台常用的C 语言编译器 GNU Compiler Collection(GCC) 等。高校常用的 C 语言编译器有 VC6.0、VS2019 等 Visual Studio 系列和 GCC 等。

## 1.2.3　C 语言的特点

C 语言的主要特点有如下几方面：

(1) C 语言简洁、紧凑，编写的程序短小精悍。

C 编译程序的代码量较小，便于在微型机上应用。

(2) 运算符丰富，数据结构丰富。

C 语言的数据类型有整型、实型、字符型、数组类型、指针类型、结构体类型和共用体类型等，能实现各种复杂数据类型的数据运算，并引入了指针概念，使程序效率更高。

(3) C 语言是一种结构化程序设计语言，具有结构化语言所要求的三种基本结构。

这种结构化方式可使程序层次清晰，便于使用、维护和调试。C 语言是以函数形式提供给用户的，这些函数可方便地调用，并具有多种循环，且条件语句控制程序流向，从而使程序完全结构化。

(4) C 语言允许直接访问物理地址。

C 语言能进行位运算，能实现汇编语言的大部分功能，能直接对硬件进行操作。这使 C 语言既具有高级语言的功能，又具有低级语言的许多特点，可以用来写系统程序。

(5) C 语言具有预处理机制。

C 语言提供预处理机制，有利于大型程序的编写和调试。

(6) C 语言可移植性好。

C 语言编写的程序不需要做很多改动就可从一种机型上移植到另一种机型上运行。C 语言有一个突出的优点就是适合于多种操作系统，如 DOS、Unix，也适用于多种机型。

(7) C 语言的语法限制不太严格，程序设计自由度大。

一般的高级语言语法检查比较严格，能够检查出所有的语法错误；而 C 语言允许程序编写者有较大的自由度。

(8) C 语言程序生成代码质量高，程序执行效率高。

C 语言的执行效率一般只比汇编程序生成的目标代码的效率低 10%～20%。

C 语言也存在一些缺点。例如，运算符较多，某些运算符的优先顺序与习惯不完全一致，类型转换比较随便等。

# 1.3　C 语言的基本语法成分

C 语言的基本语法成分

## 1.3.1　字符集

字符是可以区分的最小符号，是构成程序的基础。C 语言字符集是 ASCII 字符集的一个子集，包括英文字母、数字及特殊字符。

(1) 英文字母：a～z 和 A～Z。

(2) 数字：0～9。

(3) 特殊字符：空格　!　#　%　^　&　*　—　-　+　=　～　<　>　/　\　|　.　,　:　;　?　'　"　(　)　[　]　{　}。

由字符集中的字符可以构成 C 语言的语法成分，如标识符、关键字和特殊的运算符等。

## 1.3.2　标识符

标识符在程序中用于标识各种程序成分，为程序中的一些实体取名。例如，变量、常量、函数、类型和标号等对象的名字由标识符命名。

C 语言规定，合法的标识符必须由英文字母或下画线开头，是字母、数字和下画线的序列，不能跨行书写，自定义的标识符不能与关键字同名。

以下是合法的标识符：

　　y，d1，wang，count_1，radius，_1，PI

以下是不合法的标识符：

　　b.1，2sum，a+b，!abc，123，π，3-c

在 C 语言中，大写字母和小写字母被认为是两个不同的字符，因此标识符 SUM 与标识符 sum 是不同的标识符。习惯上，符号常量名用大写字母表示，变量名用小写字母表示。

标识符长度是由机器上的编译系统决定的，一般限制为 8 字符(8 字符长度限制是 C89 标准，C99 标准已经扩充了长度，其实大部分工业标准都更长)。例如，name_of_student 和 name_of_teacher，就被认为是同一个标识符。

C 语言的标识符分为三类：关键字、预定义标识符、用户标识符。

### 1. 关键字

关键字又称为保留字，是 C 语言中用来表示特殊含义的标识符，由系统提供，如类型名称 int、float，关键字 if、switch、while、for，运算符 sizeof 等，是构成 C 语言的语法基础。

C 语言的关键字有 32 个，它们是：

| auto | break | case | char | const | continue | default | do |
| --- | --- | --- | --- | --- | --- | --- | --- |
| double | else | enum | extern | float | for | goto | if |
| int | long | register | return | short | signed | sizeof | static |
| struct | switch | typedef | union | unsigned | void | volatile | while |

关键字有特定的语法含义，不允许用户重新定义。关键字在程序中不允许随意书写，绝对不能拼错。关键字也不能用作变量名或函数名。

### 2. 预定义标识符

C 语言预先定义了一些标识符，它们有特定的含义，通常用作固定的库函数名或预编译处理中的专门命令，如 C 语言提供的库函数名 scanf、printf、sin 等，预编译处理命令 define、include 等。虽然 C 语言语法允许用户标识符与预定义标识符同名，但是这将使这些标识符失去系统规定的原意。为了避免引起误解，建议用户为标识符取名时不要与系统预先定义的标准标识符(如标准函数)同名。

### 3. 用户标识符

用户标识符是由用户自己定义的标识符。用户标识符一般用来给变量、函数、数组或文件等命名，命名时应遵守标识符的命名原则。同时，命名最好做到"见名知义"，以提高程序的可读性。一般选用相应英文单词或拼音缩写的形式，如求和函数用 sum，而尽量不要使用简单代数符号，如 x、y、z 等。

如果用户标识符与关键字相同，则程序在编译时将给出出错信息；如果用户标识符与预定义标识符相同，则系统编译正确，只是该预定义的标识符失去原定含义，代之以用户确认的含义，或者在运行时发生错误。

### 1.3.3 运算符

运算符实际上可以认为是系统定义的函数名字，这些函数作用于运算对象，得到一个运算结果。运算符通常由 1 个或多个字符构成。

根据运算对象的个数不同，运算符可分为单目运算符(如"！""~""++""－－"和"*")、双目运算符(如"+""－""*"和"/")和三目运算符(如"？："")，又称为一元运算符、二元运算符和三元运算符。C 语言的运算符非常丰富，详见第 2 章 2.4 节内容。

# 1.4   C 语言程序的组成

博弈树

### 1.4.1   简单的 C 程序介绍

下面通过介绍几个简单的实例来了解 C 程序的基本结构。

【例 1.1】   在计算机屏幕上输出一行文字："Hello，world!"。

```
/*  该程序在屏幕上输出 Hello，world!   */

#include <stdio.h>

void main()

{

    printf("Hello，world!\n");

}
```

程序运行结果：

    Hello，world!

该程序非常简单，其中 main 表示主函数。每一个 C 程序都必须有且仅有一个 main 函数。函数体用一对大括号{}括起来，表示函数的开始和结束。

本例中主函数内只有一条输出语句，即标准输出库函数 printf(详见第 3 章 3.2.1 节)。C 语言的每条语句均以分号"；"作为结束标志。双引号内的字符串照原样输出。"\n"是转义字符常量，表示回车换行，即在输出"Hello，world!"后回车换行，使屏幕上的光标在下一行的行首。

程序开始的第 1 行为注释行，注释行分别以"/*"开头，以"*/"结尾，其间的内容为程序员对程序的注解，可以出现在程序的任何地方，用来说明程序段的功能和变量的作用，以及程序员认为应该向程序阅读者说明的任何内容。注释可以单独占一行，也可以跟在语句后面，如果注释内容用一行写不下，可以另起一行继续写。在将 C 程序编译成目标代码时，所有的注释都会被忽略掉。因此，即使使用了很多注释也不会影响目标代码的效率。恰当地使用注释可以使程序清晰易懂，便于阅读和调试。在编写每个程序时，应养成撰写注释的良好编程习惯。但要注意，注释不能嵌套。

**【例 1.2】** 求三个整数之和。

```c
/*求三个整数之和  */
#include<stdio.h>
void main()
{
    int x, y, z;
    int sum;
    printf("请输入三个整数 x, y, z:");
    scanf("%d, %d, %d", &x, &y, &z);
    sum=x+y+z;
    printf("sum=%d\n", sum);
}
```

输入数据：3, 5, 8

运行结果：

```
sum=16
```

本程序的作用是求三个整数之和 sum。程序的第 1 行为注释行，说明本程序的作用。第 2 行是一条预编译命令，在编译程序之前，凡是以"#"开头的代码行都要由预处理程序处理。该行是通知预处理程序把标准输入/输出头文件(stdio.h)中的内容包含到该程序中。头文件 stdio.h 中包含了编译器在编译标准输出函数 printf 时要用到的信息和声明，还包含了帮助编译器确定对库函数调用的编写是否正确的信息。在 C 语言中，如果仅用到标准输入/输出函数 scanf 和 printf，可以省略该行，C 语言默认包含。但建议每个用到标准输入/输出函数的程序均写上该命令。关于预编译命令，详见第 2 章 2.2.3 节内容。第 5、6 行是两条变量说明语句。在变量说明语句中，int 是一个关键字，说明后面的标识符 x、y、z 和 sum 是整型变量。C 语言规定，程序中所有使用的变量都必须先定义后使用。关于变量的定义，详见第 2 章 2.3 节内容。

第 7 行是一条标准输出语句，在屏幕上显示"请输入三个整数 x，y，z:"的提示语。第 8 行是一条标准输入语句，scanf 是输入函数的名字，该 scanf 函数的作用是输入三个整数值到变量 x、y 和 z 中。"&x"中"&"的含义是"取地址"，也就是说将三个整数值分别输入到变量 x、y 和 z 的地址所标志的单元中，即输入给变量 x、y、z。"%d"是输入的"格式控制字符串"，用来指定输入/输出时数据的类型和格式，"%d"表示"十进制整数类型"。

第 9 行是一条赋值语句，先计算表达式 x+y+z 的值，然后将计算结果赋给变量 sum。第 10 行是标准输出语句，其中的函数 printf 有两个参数，分别为"sum=%d\n"和 sum。第一个参数表示输出格式的控制信息，表示"sum="照原样输出，类似于"%d"的输出转换说明的位置用后面相应参数的值按指定的类型和格式依次代替输出。"\n"是换行符，在屏幕上没有显示，只是使光标移到下一行。

**【例 1.3】** 求三个数的平均值。

```c
/*  该程序求三个数的平均值，这是一个自定义函数示例程序  */
#include<stdio.h>
```

```
/*定义函数 average()*/
float average ( float x, float y, float z)
{
    float aver;                    /* 定义变量 aver 类型为单精度实型*/
    aver=(x+y+z)/3;                /* 求三个数的平均值*/
    return(aver);                  /* 返回 aver 值，通过 average 带回调用处*/
}
void main()                        /* 主函数*/
{
    float a, b, c, ave;
    a=6.5; b=4.2; c=25.4;
    ave=average(a, b, c);          /* 调用自定义函数 average()*/
    printf("average=%f", ave);     /* 输出 a、b、c 的平均值*/
}
```

在这个程序中共定义了两个函数，一个是主函数 main，还有一个是自定义函数 average。程序的第 5～9 行定义了函数 average。

程序的第 4 行是函数 average 的首部说明。因为在 average 后紧跟一对圆括号，说明 average 是一个函数名。在 average 的前面有一个类型关键字 float，说明该函数的返回值类型为单精度实型。在 average 后面的圆括号中是"形参表"，说明 average 函数有三个形式参数 x、y 和 z。

main 主函数中的第 5 行为调用 average 函数，在调用时将实际参数 a、b 和 c 的值分别一一对应地传给 average 函数中的形式参数 x、y 和 z。经过执行 average 函数得到一个返回值(三个数的平均值)，然后把这个值赋给变量 ave，最后输出 ave 的值。

这里用到了函数调用等概念，读者可能不大理解，等到学习后面的章节时问题自然迎刃而解。

## 1.4.2　C 语言程序的结构

由前面的几个例子可以看出，C 语言程序的一般组成如下：

```
头文件                    /* C 系统中特有的文件或用户自定义的文件 */
全局变量说明              /* 用于定义在整个程序中有效的变量 */
void main()              /* 主函数说明 */
{ 局部变量说明            /* 主函数体 */
  执行语句组
}
  子函数名 1(参数)        /* 子函数说明 */
{ 局部变量说明            /* 子函数体 */
  执行语句组
}
  子函数名 2(参数)        /* 子函数说明 */
```

```
    { 局部变量说明              /* 子函数体 */
      执行语句组
    }
        ⋮
    子函数名 n(参数)            /* 子函数说明 */
    { 局部变量说明              /* 子函数体 */
      执行语句组
    }
```

其中，子函数名 1 至子函数名 n 是用户自定义的函数。

　　由此可见，C 语言是一种函数式语言，它的一个函数实际上就是一个功能模块。一个 C 程序是由一个固定名称为 main 的主函数和若干个其他函数(可没有)组成的。

　　**注意**：一个 C 程序必须有一个也只能有一个主函数。主函数在程序中的位置可以任意，但程序执行总是从主函数开始，并且在主函数内结束。主函数可以调用其他各种函数(包括用户自己编写的)，但其他函数不能调用主函数。

　　函数是由函数说明和函数体两部分组成的。函数说明部分包含对函数名、函数类型和形式参数等的定义和说明；函数体包括局部变量说明和执行语句组两部分，由一系列语句和注释组成。整个函数体由一对花括号括起来。

　　变量说明部分用于定义变量的类型，简单程序可以没有此部分，如例 1.1。程序中，所有变量必须先定义(规定数据类型)后使用。

　　语句由一些基本字符和标识符按照 C 语言的语法规定组成，每条语句必须用分号";"结束(注意是"每条语句"，而不是"每行语句")。编译预处理命令不是语句，行末不能用分号结束。

　　C 语言本身没有输入/输出语句，其输入/输出功能须通过调用标准函数来实现。使用系统提供的标准库函数或其他文件提供的现成函数时，必须使用"文件包含"(除了 printf 和 scanf 语句)。

## 1.4.3　C 程序的书写

　　C 程序书写格式自由，但一般应遵循以下原则，可使程序结构清晰，便于阅读。

　　(1) 一行一般写一条语句。

　　当然一行可以写多条语句，一条语句也可以分写在多行上。

　　(2) 整个程序采用缩进格式书写。

　　表示同一层次的语句行对齐，缩进同样多的字符位置。如循环体中的语句要缩进对齐，选择体中的语句要缩进对齐。

　　(3) 采用花括号对齐的书写方式。

　　花括号的书写方法较多，本书采用花括号对齐的书写方式，左边花括号处于第一条语句的开始位置，右边花括号独占一行，与左边花括号对齐。

　　(4) 在程序中恰当地使用空行，分隔程序中的语句块，增加程序的可读性。

　　下面给出两个例子，使读者对 C 语言程序的结构及书写格式有进一步的了解。

【例 1.4】　求两个数的较大值。

```
#include<stdio.h>              /* 编译预处理——文件包含(标准输入/输出函数) */
void main()
{
    int a,b;
    printf("请输入两个整数 a, b:");
    scanf("%d, %d", &a, &b );
    if (a>b)
        printf("%d", a);       /* 如果 a 大于 b，则输出 a 的值 */
    else
        printf("%d", b);       /* 否则，输出 b 的值 */
}
```

【例 1.5】　求圆面积。

```
/* 求圆面积程序 area.c */
#define PI 3.14159             /* 编译预处理——宏替换 */
#include <stdio.h>             /* 编译预处理——文件包含(标准输入/输出函数) */
#include <math.h>              /* 编译预处理——文件包含(数学函数) */
#include <stdlib.h>            /* 编译预处理——文件包含(常用函数) */
#include <conio.h>             /* 编译预处理——文件包含(文本窗口函数) */
void main()
{
    float r, s;
    system("cls");                     /* 清屏，在 conio.h 中定义 */
    printf("请输入半径 R=");            /* 人机对话提示语 */
    scanf("%f", &r);                   /* 将键盘输入值存放在变量 r 对应的存储单元中 */
    if (r<0)                           /* 如果输入的半径值为负值 */
    {
        printf ("输入出错，半径不能为负值！");     /* 显示出错提示 */
        exit(0);                       /* 停止程序执行，返回操作系统 */
    }
    s=PI*pow(r, 2);
    printf("半径 R=%.3f 时，面积 S=%.3f\n", r, s);   /* 限制 R、S 小数位数*/
}
```

## 1.5　程序设计的一般过程

　　程序设计(Programming)是给出解决特定问题程序的过程，是软件构造活动中的重要组成部分。程序设计往往以某种程序设计语言为工具，给出这种语言下的程序。程序设计过程应当包括分析、设计、编码、测试、编写文档等不同阶段。专业的程序设计人员常被称为程序员。

也就是说，针对一个实际问题，首先要明确需要解决的问题是什么，已知条件和数据有哪些，如何获得这些数据；然后才能确定解决问题的方法和策略，即选择适当的计算模型、算法和数据结构，并考虑如何检验所实现的程序是否符合设计目标的各项要求；最后才能进一步考虑使用哪种计算机语言进行编程，把上述思想和设计转化为程序。对于一个不太复杂的问题，程序设计的一般过程可以分为问题分析、算法设计、编写程序、调试与测试和整理文档等五个阶段，最后得到能解决实际问题的计算机应用程序。

## 1.5.1 问题分析

问题分析是程序设计的第一步。在这个阶段，程序员要明确和理解所要解决的问题是什么，明确程序运行的环境、方式和相关的限制条件。对于一些简单的问题，也许编程者可以直接写出计算机程序，但对客观世界中的一般问题来说，有些问题可能比较复杂，这时我们首先需要对实际问题进行抽象，将实际问题用数学语言描述出来，形成一个抽象的数学模型，也就是提炼出问题的输入数据和研究问题的解的数据特性，再将问题表示为输入与输出的描述。实际问题都是有一定规律的数学、物理等过程，用特定方法描述问题的规律和其中的数值关系，是为确定计算机实现算法而做的理论准备。例如，求解图形面积一类的问题可以归结为数值积分，积分公式就是为解决这类问题而建立的数学模型；再如，进行全球天气预报的数学模型就是大气环流模式方程(球面坐标系)。当然，并不是所有问题都可以用数学公式描述，例如，图书管理问题、人机对弈问题等则需要抽象出它的数据结构，这类问题在后续章节中会得到解决。

【例 1.6】 某旅游景点门票出售程序，根据游客年龄(age)和普通票价(price)，确定每个人的门票价格(ticket)。若年龄在 0~12 岁，则为儿童票，10 元；若年龄大于等于 60 岁，则为老年优惠票，是普通票价的三折；其他年龄的学生，票价是普通票价的一半；其余的为普通票价。

该问题的数学描述如下：

$$ticket = \begin{cases} 10, & age \leqslant 12 \\ price \times 0.3, & age \geqslant 60 \\ price \times 0.5, & (12 < age < 60) \& 学生 \\ price, & (12 < age < 60) \& 非学生 \end{cases}$$

一般问题分析的基本内容还包括：确定程序所需要输入的数据，程序要产生的输出结果，确定程序的功能和性能，把输入数据转化为输出结果的方法，数据的来源、去向、内容、范围及其格式等。

进行问题分析时，很多编程新手喜欢先确定输入数据，然后确定预期的输出结果。而专业的程序设计员首先会考虑程序预期的输出结果，这是因为得到预期的输出是构造一个程序的目的。

## 1.5.2 算法设计

数学模型建立后，就可以设计出解题的具体方法和具体步骤，这个阶段叫作算法设计。

在算法设计阶段，要确定和选择一个解决问题的算法。广义地说，算法就是解决问题的方法和步骤，任何计算问题的答案都是按指定的顺序执行一系列动作的结果。程序设计依赖于算法，而算法是不依赖于程序而独立存在的。只要掌握了算法设计，就可以用学过的任何一种计算机语言去实现这个算法；只要有了正确的算法，实现起来并不困难。

例如，例 1.6 某旅游景点门票出售程序的算法可描述如下：

第一步，输入游客年龄 age 和普通票价 price。

第二步，若 age≤12，ticket = 10；

若 age≥60，ticket = price × 0.3；

否则，若是学生，ticket = price × 0.5；

不是学生，ticket = price。

第三步，输出 ticket。

算法的初步描述可以用自然语言方式，然后逐步转化成流程图或结构图等方式，具体的描述方法会在第 3 章详细介绍。

对于同一个问题，具体算法可能会有很多种。例如，将 100 个数按升序排列，排序算法就有十多种，但有的算法执行的步骤多，有的算法执行的步骤相对较少。因此为了有效地进行解题，不仅要保证算法正确，还要考虑算法的质量，才能选择出最合适的算法。

### 1.5.3 编写程序

选用计算机系统提供的某种程序设计语言，将设计好的算法从非计算机语言的描述形式转换为计算机语言的语句形式描述出来，这个过程称为编写程序或编码。

计算机技术发展到现在，曾经投入使用的程序设计语言不下千种，即使是目前流行的程序设计语言至少也有数十种，这些语言有着各自的技术特色，适合于各种类型的应用。因此用什么语言来实现算法，并没有一个明确的答案，这取决于算法所解决问题的性质、实现算法所需要的技术特点以及程序员对语言的熟悉程度。C 语言是当今软件开发领域最热门的语言之一，掌握 C 语言是程序设计的基础。C 语言中有实现顺序、选择、循环等不同控制结构的语句，我们可以利用它们很方便地进行编码。本书将以 C 语言为工具，深入讨论算法的程序实现，向读者展示 C 语言的魅力，大家可从中领悟程序设计的方法和规律，体验程序设计成功的喜悦。

### 1.5.4 调试与测试

编程完成以后，首先应静态审查程序，即由人工"代替"或"模拟"计算机，对程序的语法和功能等进行仔细检查，然后将高级语言源程序输入计算机进行编辑、编译、连接、运行。在编译、连接及运行时，如果在某一步发现错误，必须找到错误并改正，然后重复上述过程，直到得到正确结果为止。最后，还需设计多种测试用例对程序进行严格的测试，最大限度地保证程序的正确性。

### 1.5.5 整理文档

作为一个程序员(尤其想成为优秀程序员)，一定要学会写文档。许多程序是提供给别人使用的，正式提供给用户使用的程序，必须向用户提供程序说明书。文档内容一般应包括程序名称、程序功能、运行环境、程序的装入和启动、需要输入的数据以及使用注意事项等。但是，实际工作中很多程序员不愿意编写文档，或对文档的重要性认识不足。软件文档能起到多种桥梁作用，有助于程序员编制程序，有助于管理人员监督和管理软件开发，有助于用户了解软件的工作和应做的操作，有助于维护人员进行有效的修改和扩充。所以，软件文档的编制必须保证一定的质量。质量差的软件文档不仅使读者难于理解，还会给使用者造成许多不便，而且会削弱对软件的管理(管理人员难以确认和评价开发工作的进展)，增加软件的成本(一些工作可能被迫返工)，甚至造成更加严重的后果(如误操作等)。

在程序设计中，从分析实际问题到建立数学模型是程序设计人员要解决的最关键的问题，数学模型的恰当程度直接影响计算结果的合理性与正确性；从数学模型到确定算法是计算机专业的学习目标；从算法到编程、调试运行程序、输出正确结果是计算机语言课程的学习目标。

# 习 题 1

1.1　计算机语言的发展经历了哪几个阶段？

1.2　C 语言的主要特点是什么？

1.3　C 语言程序由哪几部分组成？

1.4　C 语言的标识符是怎样组成的？

1.5　简述 C 语言程序设计的一般过程。

1.6　简述文档编写的重要性。为什么程序员不愿写文档？

1.7　一个 C 程序是由若干个函数构成的，其中有且只能有一个(　　　　　)函数。

1.8　指出以下标识符哪些是合法的，哪些是不合法的。

CD12　sum_3　a*b2　7stu　D.K.Jon　ab3_3　_2count

Pas　if　for　XYZ32L6　abc#xy　_78　　#_f5　c.d

1.9　编写一个 C 语言程序，要求输出以下信息：

***************

How are you!

***************

1.10　编写一个 C 语言程序，从键盘输入 x、y、z 三个整型变量，并输出其中的最小值。

1.11　编写一个 C 语言程序，实现例 1.6，根据游客年龄(age)和普通票价(price)，确定并输出每个人的门票价格(ticket)。若年龄在 0～12 岁，为儿童票，10 元；若年龄大于等于60 岁，为老年优惠票，是普通票价的三折；其他年龄的学生，是普通票价的一半；其余的为普通票价。

# 第 2 章
# 基本数据类型、运算符及表达式

数据是程序的重要组成部分。数据既是程序处理的对象，也是处理的结果。程序中的数据多种多样，有简单形式，也有经过构造形成的复杂形式。在 C 语言中，用数据类型来描述程序中的数据结构、数据表示范围、数据在内存中的存储分配等。

## 2.1　C 语言基本数据类型

### 2.1.1　数据类型

数据是计算机程序加工处理的对象。抽象地说，数据是对客观事物所进行的描述，而这种描述是采用计算机能够识别、存储和处理的形式来进行的。程序所能处理的基本数据对象被划分成一些组或集合。属于同一集合的各数据对象都具有同样的性质，例如对它们能做同样的操作，它们都采用同样的编码方式等。通常把程序中具有这样性质的集合称为数据类型。

在程序设计的过程中，计算机硬件也把被处理的数据分成一些类型。CPU 对不同的数据类型提供了不同的操作指令，程序设计语言中把数据划分成不同类型也与此有密切关系。在程序设计语言中，采用数据类型来描述程序中的数据结构、数据表示的范围和数据在内存中的存储分配等。可以说，数据类型是计算机领域中一个非常重要的概念。

### 2.1.2　C 语言数据类型简介

在 C 程序中，对所有的数据都要先指定其数据结构，然后才可以使用。数据结构是数据的组织形式。C 语言的数据结构是以数据类型的形式出现的。C 语言的数据类型有基本类型、构造类型、指针类型和空类型等，如图 2.1 所示。

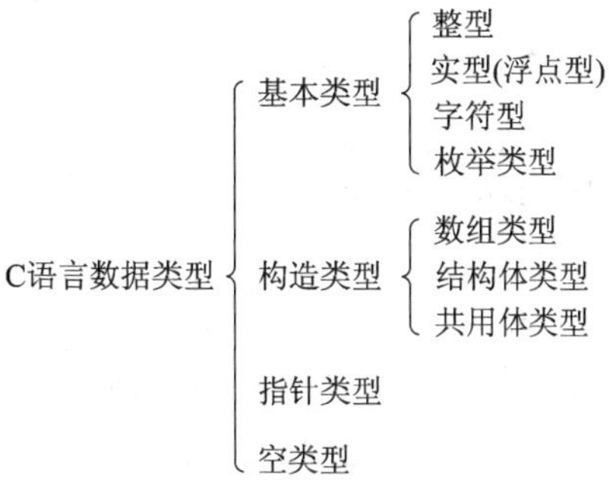

#### 1. 基本类型

基本类型是其他数据类型的基础，由它可以构造出其他复杂的数据类型。基本数据类型的值不可以再分解为其他类型。

图 2.1　C 语言数据类型

#### 2. 构造类型

构造类型是根据已定义的一个或多个数据类型用构造的方法来定义的。一个构造类型的值可以分解成若干个"成员"或"元素"。每个"成员"或"元素"都是一个基本类型或构造类型。在 C 语言中，构造类型有数组、结构体和共用体三种。

### 3. 指针类型

指针是 C 语言中一种特殊的且具有重要作用的数据类型，其值表示某个量在内存中的地址。虽然指针变量的取值类似于整型量，但这两个类型是完全不同的量：一个是变量的数值，一个是变量在内存中存放的地址。

### 4. 空类型

在 C 语言中允许定义空类型的数据，并用 void 类型说明符进行声明，可以出现在函数定义的首部等位置。当函数的返回值类型被说明为 void 时，表明该函数不带回返回值。当 void 出现在函数参数定义的位置时，表明该函数没有参数。另外，它还可以用来表示通用指针类型。

本章介绍基本数据类型中的整型、实型和字符型，其余类型在以后章节中介绍。

## 2.2　常　量

整型常量与浮点型常量

在程序运行过程中，其值不能改变的量称为常量。在基本数据类型中，常量可分为：整型常量、实型常量、符号常量和字符型常量(包括字符常量和字符串常量两种)。

### 2.2.1　整型常量

整型常量即整常数，由一个或者多个数字组成，可以带正负号。C 语言中整型常量可用十进制、八进制和十六进制 3 种形式表示。

#### 1. 十进制整数

十进制整数由数字 0～9 组成，不能以 0 开始，没有前缀。如 –123、0、4567 等。

例如合法的十进制整常数：237、–568、1627；不合法的十进制整常数：023　(不能有前缀 0)、35D(不能有非十进制数码 D)。

#### 2. 八进制整数

八进制整数以 0 为前缀，其后由 0～7 的数字组成，没有小数部分。如 0456 表示八进制数 456，即 $(456)_8$，其值为 $4 \times 8^2 + 5 \times 8^1 + 6 \times 8^0$，等于十进制数 302；–011 表示八进制数 –11，即十进制数 –9。

例如合法的八进制数：015(十进制为 13)，0101(十进制为 65)，0177777(十进制为 65 535)。不合法的八进制数：256(无前缀 0)，0283(不能有非八进制码 8)。

#### 3. 十六进制整数

十六进制整数以 0x 或 0X 开头，其后由 0～9 的数字和 a～f(或 A～F)字母组成,如 0x7A 表示十六进制数 7A，即 $(7A)_{16} = 7 \times 16^1 + A \times 16^0 = 122$；–0x12 等于十进制数 –18。

例如合法的十六进制数：0x1f(十进制为 31)，0xFF(十进制为 255)，0x201(十进制为 513)。

不合法的十六进制数：8C(无前缀 0x)，0x3H(含有非十六进制码 H)。

另外，长整型常量后加后缀 L(或 l)，无符号常量后加后缀 U(或 u)。例如：12345L 是一个长整型常量，45678U 是一个无符号整型常量，456UL 是一个无符号长整型常量。

**注意**：在 C 程序中是根据前缀来区分各种进制数的，因此在书写常数时不要把前缀弄错，造成结果不正确。

### 2.2.2　实型常量

#### 1．实型常量的表示

C 语言中，实数又称浮点数，一般有两种表示形式：

1) 十进制小数形式

十进制小数由数字和小数点组成，必须有小数点，如 1.2、.24、2.、0.0 等都是合法的小数。

2) 指数形式

指数由十进制数、阶码标志 "e" 或 "E" 和阶码组成，阶码只能是整数。例如，123.4e3 和 123.4E3 均表示 $123.4 \times 10^3$。用指数形式表示实型常量时要注意，e 和 E 前面必须有数字，后面必须是整数。例如 15e2.3、e3 和.e3 都是错误的指数形式。

一个实数可以有多种指数表示形式，例如，123.456 可以表示为 123.456e0、12.3456e1、1.23456e2、0.123456e3 和 0.0123456e4 等多种形式。其中，1.23456e2 被称为规范化的指数形式，即在字母 e 或 E 之前的小数部分中，小数点左边的部分应有且只有一位非零的数字。一个实数在用指数形式输出时，是按规范化的指数形式输出的。

#### 2．实型常量的类型

C 编译系统对实型常量不分 float(单精度实型)和 double(双精度实型)。实型常量都是作为 double 来处理的，这样做可以使计算结果更准确。但为了提高运算速度，也可以在实型常量后面加上字母 f 或 F 来指定其为单精度实型。

### 2.2.3　符号常量

在 C 语言中，可以用一个标识符表示一个常量，称之为符号常量，即标识形式的常量。符号常量是一种特殊的常量，其值和类型是通过符号常量的定义决定的。符号常量在使用之前必须定义，其一般形式如下：

符号常量与字符型常量

```
#define　标识符　常量
```

#define 是一条预处理命令，其功能是把命令格式中的标识符定义为其后的常量值。

【例 2.1】　符号常量的使用。

```
#define　PI　3.14
void main()
{   int r=2;
    float s,l;
```

```
        l=2*PI*r;
        s=PI*r*r;
        printf("l=%f,s=%f\n",l,s);
    }
```

运行结果：

l=12.560000, s=12.560000

对此程序进行编译时，预处理首先将出现 PI 的地方用 3.14 字符串替换。

定义符号常量的目的是提高程序的可读性，便于程序调试、修改和纠错。当某个常量值在程序中被多次使用时，可用符号常量来代替常量值。例如在例 2.1 的程序中，为了提高精度，需取圆周率的值为 3.141 592 6。若使用符号常量，则只需要修改 define 中的常量值，程序中的其他部分都不需要改变；否则就要到程序体中，将圆周率的值逐一修改。因此，定义符号常量当需要改变一个常量时可以做到"一改全改"。

在使用符号常量时要注意，虽然它是用标识符来标识的，但它本质上是常量，具有常量值不能改变的性质，也就是说，在本例中不能再对 PI 赋值。习惯上，为了与程序中的变量名进行区别，符号常量名一般用大写字母表示。

### 1. 宏定义——#define

C 语言源程序中用一个标识符来表示一个字符串，称为宏定义。其中，标识符称为宏名。在编译预处理时，对程序中所有出现的宏名，都用宏定义中的字符串去替换，称为宏替换或宏展开。宏定义是以#define 开头的编译预处理命令。宏定义分为不带参数的宏定义和带参数的宏定义两种。

宏定义

1) 不带参数的宏定义

不带参数的宏定义的一般形式如下：

　　#define　标识符　字符串

其中，#define 为宏定义命令；标识符为所定义的宏名，一般是由大写字母组成的标识符，以便与变量区别；字符串可以是常量、表达式、格式串等。

**注意：**

(1) 字符串是一个常量时，相应的宏名就是一个符号常量。

(2) 字符串是表达式时，使用宏定义可减少源程序中重复书写字符串的工作量。

(3) 字符串是格式串时，使用宏定义可简化源程序。

**【例 2.2】** 输入圆的半径，求圆的周长、面积和球的体积。

```
#define PI 3.1415926          /*宏定义，PI 为符号常量*/
void main()
{   float radius,length,area,volume;
    printf("Input a radius: ");
    scanf("%f",&radius);
    length=2*PI*radius;                 /*求周长*/
    area=PI*radius*radius;              /*求面积*/
    volume=PI*radius*radius*radius*4/3;  /*求体积*/
```

```
        printf("length=%.2f,area=%.2f,volume=%.2f\n", length, area, volume);
    }    /* 编译预处理后，程序中的宏名 PI 均被字符串 3.1415926 所替换*/
```

【例 2.3】　求多项式$(3x^2 - 4x + 1)^2 + (3x^2 - 4x + 1)/2 + 5$ 的值。

```
    #define   P    (3*x*x-4*x+1)                /* 宏定义 */
    void main()
    {
        float x,y;
        printf("input a number: ");
        scanf("%f",&x);
        y=P*P+P/2+5;
        printf("y=%f\n",y);
    }
```

在例 2.3 程序中首先进行宏定义，定义 P 为表达式(3*x*x-4*x+1)，在预处理时经宏展开后语句 y=P*P+P/2+5 变为 y=(3*x*x-4*x+1)*(3*x*x-4*x+1)+(3*x*x-4*x+1)/2+5。但要注意的是，在宏定义中表达(3*x*x-4*x+1)两边的括号不能少，否则会发生错误。

【例 2.4】　字符串是格式串，程序如下：

```
    #define FORMAT "%f, %f, %f, %f, %f"            /* 宏定义 */
    void main()
    {   float   f1, f2, f3, f4, f5;
        scanf(FORMAT, &f1, &f2, &f3, &f4, &f5);
        printf(FORMAT, f1, f2, f3, f4, f5);
    }
```

说明：

(1) 宏定义不是 C 语句，所以不能在行尾加分号；否则，在宏展开时，会将分号作为字符串的 1 个字符，用于替换宏名。

(2) 在宏展开时，预处理程序仅按宏定义简单替换宏名，而不做任何检查。如果有错误，只能由编译程序在编译宏展开后的源程序时发现。

(3) 对双引号括起来的字符串内的字符，即使与宏名同名，也不进行宏展开。例如：

```
    #define PI   3.1415926
    void main()    /*已知半径，求圆的面积*/
    {   float r=2.5,s;
        s=PI*r*r;
        printf("PI=%f,r=%f,s=%f",PI,r,s); /*双引号中的 PI 不被替换*/
    }
```

(4) 宏定义允许嵌套，在宏定义的字符串中可以使用已经定义的宏名。在宏展开时由预处理程序层层替换。例如：

```
    #define PI 3.1415926        /*定义宏名*/
    #define S PI*r*r            /*PI 是已定义的宏名*/
```

则语句 printf("%f",S);在宏替换后变为

　　printf("%f",3.1415926*r*r);

(5) 宏定义命令#define 出现在函数的外部。宏的作用域是：从定义命令之后，到本文件结束。通常宏定义命令放在文件开头处。如要终止其作用域，可使用#undef 命令。例如：

```
# define PI 3.14159
void main()
{...
}
# undef PI
f1()
{
}
```

　　　　　　PI 的作用域

表示 PI 只在 main 函数中有效，在 f1 函数中无效。

2) 带参数的宏定义

C 语言规定，定义、替换宏时，可以带有参数。宏定义可以带有形式参数(简称形参)，程序中引用宏时，可以带有实际参数(简称实参)。对带参数的宏，宏替换时先用实参去替换形参，然后进行宏替换，从而使宏的功能更强大。

带参数的宏定义的一般形式如下：

　　#define 宏名(形参表) 字符串

在字符串中含有各个形参。

程序中引用宏的一般形式为

　　宏名(实参表);

【例 2.5】 求以 x 与 y 的和为半径的圆的面积。

```
#define   PI   3.1415926      /*不带参数的宏定义*/
#define   S(r)  PI*(r)*(r)     /*带参数的宏定义*/
void main()
{
    float x, y, area;
    x=2.5;
    y=1.2;
    area=S(x+y);                /*引用宏*/
    printf("r=%f\narea=%f\n", x+y, area);
}
```

程序的执行过程：先用 3.1415926 去替换 PI，将#define S(r) PI*(r)*(r)处理成 #define S(r) 3.1415926*(r)*(r)，再用实参 x+y 去替换带参数的宏中定义的形参 r，得到#define S(x+y) 3.1415926*( x+y)*( x+y)，最后赋值语句 area=S(x+y)经宏展开后为

　　area=3.1415926*(x+y)*(x+y);

说明：使用带参数的宏时，除了前面在不带参数的宏使用时介绍的几个注意点外，还应该注意以下几点。

(1) 定义带参数的宏时，宏名与左圆括号之间不能留有空格；否则，C 编译系统将空格以后的所有字符均作为替代字符串，而将该宏视为无参宏。例如，例 2.5 中带参数的宏定义若改为

  #define　S　(r)　PI*(r)*(r)

则赋值语句 area=S(x+y)经宏展开后为

  area=(r)　PI*(r)*(r)(x+y);

因为系统认为宏名 S 代表的是其后的字符串 (r) PI*(r)*(r)，这显然是错误的。

(2) 使用带参数的宏时，如果宏的实参为表达式，则在定义带参宏时，字符串内的形参通常要用括号括起来以避免出错。例如，例 2.5 中带参数的宏定义若改为

  #define　S(r)　PI*r*r

则赋值语句 area=S(x+y)经宏展开后为

  area=3.1415926*x+y*x+y;

程序结果将出错。

从上面的说明可以看出：定义了不带参数的宏，在编译预处理时，对程序中出现的所有宏名，都用宏定义中的字符串去替换；定义了带参数的宏，在编译预处理时，先用实参去替换形参，然后对程序中出现的所有宏名都用宏定义中处理过的字符串去替换。它们均为简单替换。

**注意**：带参数的宏定义与函数是不同的。

函数调用是在运行时处理的，先求表达式的值，然后代入临时分配的形参，有类型问题有返回值，函数调用不改变源程序。

宏展开则是在预编译时进行的，只将实参字符置换成对应的形参，不分配单元，不进行值的传递，没有类型问题，也无返回值的概念，宏展开后源程序发生变化。

本质上宏展开仅仅是字符序列的替换，由编译系统对替换后的字符序列进行解释和语法检查，只占编译时间。

**2. 条件编译**

预处理程序提供了条件编译的功能。可以按不同的条件去编译不同的程序部分，产生不同的目标代码文件。条件编译可有效地提高程序的可移植性，并广泛地应用在商业软件中，为一个程序提供各种不同的版本。此外，条件编译还可以方便程序的逐段调试，简化程序调试工作。条件编译有三种形式。

条件编译

1)　#ifdef

  #ifdef 标识符

    程序段 1

  #else

    程序段 2

  #endif

其功能是: 如果标识符已经被 #define 命令定义过, 则编译程序段 1, 否则编译程序段 2。命令中的#else 和其后的程序段 2 可以省略。省略时, 如果标识符已经被#define 命令定义过, 则编译程序段 1, 否则不编译程序段 1。

【例2.6】 下面的程序中, 如果是教师, 则输出姓名和性别, 否则输出学号和成绩。

```c
#define   JOB   teacher
struct person
{
    int   num;
    char *name;
    char sex;
    float score;
} pers1;
void main()
{
    struct person    *ps=& pers1;
    ps->num=1001;
    ps->name="Liu Jingyi";
    ps->sex='F';
    ps->score=98.5;
    #ifdef   JOB
    printf("Name=%s\nSex=%c\n",ps-> name, ps-> sex);
    #else
    printf("Number=%d\nScore=%f\n",ps-> num,ps-> score);
    #endif
}
```

2) #ifndef

```c
#ifndef 标识符
    程序段 1
#else
    程序段 2
#endif
```

其格式与#ifdef … #endif 命令一样, 功能正好与之相反: 如果标识符未被#define 命令定义过, 则编译程序段 1, 否则编译程序段 2。

3) #if

```c
#if 常量表达式
    程序段 1
#else
    程序段 2
#endif
```

其功能是：当表达式为非 0(逻辑真)时，编译程序段 1，否则编译程序段 2。

【例 2.7】　根据需要设置条件编译，使之已知半径，能输出圆的面积，或仅输出球的体积。

```
#define    F    0            /*预置为输出球体积*/
#define    PI 3.1415926      /*宏定义，PI 为符号常量*/
void main()
{
    float radius,area,volume;
    printf("Input a radius:");
    scanf("%f",&radius);
#if    F                     /*条件编译*/
    area=PI*radius*radius; /*求面积*/
    printf("area=%.2f\n", area);
#else
    volume=PI*radius*radius*radius*4/3;    /*求体积*/
    printf("volume=%.2f\n", volume);
#endif
}
```

例 2.7 中的宏定义若改为#define F 1，则输出圆面积。

上面介绍的条件编译也可以用条件语句来实现。但是用条件语句将会对整个源程序进行编译，生成的目标代码程序较长；而采用条件编译，则根据条件只编译其中的程序段 1 或程序段 2，生成的目标程序较短。如果条件选择的程序段很长，则采用条件编译的方法是十分必要的。

【例 2.8】　请读者阅读并分析下面程序的功能。

```
#include <stdio.h>
#define LETTER   0
void main( )
{
    char str[20],c;
    int i=0;
    gets(str);
    while ( c=str[i])
    {
        i++;
#if    LETTER
        if (c>='a' && c<='z')   c=c-32;
#else
        if (c>='A' && c<='Z')   c=c+32;
#endif
```

```
        printf("%c", c);
    }
}
```

### 2.2.4　字符型常量

字符型常量包括字符常量和字符串常量两类。

#### 1. 字符常量

字符常量又称为字符常数，C 语言中的字符常量是用单引号括起来的一个字符。例如：'a'、'A'、'x'、'3' 和 '#' 等都是字符常量值。注意，其中 'a' 和 'A' 是不同的字符常量。

字符常量有以下特点：

(1) 字符常量只能用单引号括起来，单引号只起界定作用，不表示字符本身。单引号中只能有一个字符，字符可以是字符集中的任意字符。单引号中的字符不能是单引号(')和反斜线(\)。

(2) 每个字符常量都有一个整数值，就是该数的 ASCII 码值。例如，'a' 的 ASCII 码是97。常用字符与 ASCII 码对照表见附录 1。

(3) 字符常量区分大小写。例如，'b' 和 'B' 的 ASCII 码值分别是 98、66，因此 'b' 和 'B'代表不同的字符常量。

除了以上形式的字符常量外，对于常用的但却难以用一般形式表示的不可显示字符，C 语言提供了一种特殊形式的字符常量，即用一个转义标识符 "\"(反斜线)开头的字符序列，常用的转义字符如表 2.1 所示。

表 2.1　转义字符及其含义

| 字符形式 | 含　义 | ASCII 码 |
|---|---|---|
| \n | 回车换行，光标从当前位置移到下一行开头 | 10 |
| \t | 横向跳到下一制表位置(Tab) | 9 |
| \b | 退格，光标向后退一格 | 8 |
| \r | 回车，光标从当前位置移到当前行开头 | 13 |
| \f | 走纸换页，光标从当前位置移到下页开头 | 12 |
| \\ | 反斜线符 "\" | 92 |
| \' | 单引号符 | 39 |
| \" | 双引号符 | 34 |
| \ddd | 1～3 位八进制数所代表的字符 | 1～3 位八进制数 |
| \xhh | 1～2 位十六进制数所代表的字符 | 1～2 位十六进制数 |

使用转义字符时要注意：

(1) 转义字符开头的反斜线 "\" 并不代表一个反斜线字符，其含义是将反斜线后的字符或数字转换成另外的意义。

(2) 转义字符仍然是一个字符，对应一个 ASCII 码值。如 '\n' 代表换行，不代表字符 n。

(3) 反斜线后的八进制数可以不用 0 开头。如 '\101' 代表字符常量 'A'，'\134' 代表字符常量 '\'。

(4) 反斜线后的十六进制数只能以小写字母 x 开头，不允许用大写字母 X 或 0x 开头。如 '\x41' 代表字符常量 'A'。

(5) 转义字符多用于 printf()函数中，而在 scanf()函数中通常不被使用。

【例 2.9】 转义字符的使用。

```
void main()
{    int a,b,c;
     a=1;b=2;c=3;
     printf("\t%d\n%d%d\n%d%d\t\b%d\n",a,b,c,a,b,c);
}
```

程序的运行结果：

```
□□□□□□□□1
23
12□□□□□3
```

在 printf 函数中，首先遇到第一个 "\t"，它的作用是让光标移到下一个制表位置，即光标往后移动 8 个单元，到第 9 列，然后在第 9 列输出变量 a 的值 1；接着遇到 "\n"，表示回车换行，光标移到下行首列的位置，连续输出变量 b 和 c 的值 2 和 3；再遇到 "\n"，光标移到第三行的首列，输出变量 a 和 b 的值 1 和 2，再遇到 "\t" 光标移到下一个制表位即第 9 列；然后遇到 "\b"，它的作用是让光标往回退一列，因此光标移到第 8 列，然后输出变量 c 的值 3。

**2. 字符串常量**

字符串常量是用一对双引号括起来的字符串序列，如 "a" "china" "I am a student." 和 "123.0" 等。

C 语言规定字符串常量的存储方式为：字符串中的每个字符以其 ASCII 码值的二进制形式存放在内存中，并且系统自动在该字符串末尾加一个字符串结束标志('\0'，即 ASCII 码值为 0 的字符，它不引起任何控制动作，也不是一个可显示的字符)，以便系统据此判断字符串是否结束。例如，字符串 "system"，实际在内存中的存储如下所示：

| s | y | s | t | e | m | \0 |
|---|---|---|---|---|---|----|

它占用的内存不是 6 个字节，而是 7 个字节，最后一个字节存储的是 '\0'，在输出该字节串时 '\0' 并不输出，仅作为处理时的结束标志。注意，在输入字符串时不必加 '\0'，'\0' 字符是系统自动加上的。例如，字符串 "a" 的实际长度为 2，包含 'a' 和 '\0'，如果把它赋给只能容纳一个字符的字符变量 c：

c = "a";

显然是错误的。

在 C 语言中，没有专门的字符串变量。如果想把一个字符串存放到变量中保存起来，可以使用字符数组，而数组中的每一个元素只存放一个字符。

# 2.3 变　　量

变量

所谓变量，就是在程序运行过程中其值可以改变的量，通常是用来保存程序运行过程中的输入数据、计算的中间结果和最终结果。每个变量一旦被定义，就具备了 3 个基本的要素：变量名、变量类型和变量值。

## 2.3.1　变量名

C 语言中，变量名是用标识符来表示的。C 语言规定标识符只能由字母、数字和下画线三种字符组成，且第一个字符必须为字母或下画线。下面列出的是合法的变量名：

没有规矩　不成方圆

　　　Sum，day，_total，CLASS，name12

下面是不合法的变量名：

　　　case，23name，$45，a<b，ab#

注意：C 语言中的大写和小写字母被认为是两个不同的字符，例如，Sum 和 sum 是两个不同的变量名。变量名一般用小写字母表示，命名时应尽量做到见名知义，可以增加可读性。同时，C 语言中规定的关键字(见附录 2)，不能作为变量名使用。为了程序的可移植性以及阅读程序的方便性，建议变量名的长度不要超过 8 位。

## 2.3.2　变量类型

C 语言中的变量遵循先定义后使用的原则。变量定义的一般形式如下：

　　　变量类型　变量名表；

其中，变量类型即为变量中所存储数据的类型，如整型(int)、单精度实型(float)和字符型(char)等。变量名表的形式：变量名 1，变量名 2，…，变量名 n。最后用分号结束定义。

### 1．整型变量

1) 整型数据在内存中的存放

在 C 语言程序中，可以使用十进制、八进制和十六进制的数据，但是所有数据在内存中都是以二进制的形式存放的。

2) 整型变量的分类和定义

整型变量的基本类型说明符为 int。根据占用内存字节数的不同，可以将整型变量分为以下三种类型。

(1) 基本整型：变量类型用 int 表示，在 16 位系统中占 2 个字节，在 32 位系统中占 4 个字节。

(2) 短整型：变量类型用 short int 或 short 表示，在大多数计算机系统中占 2 个字节。

(3) 长整型：变量类型用 long int 或 long 表示，一般占 4 个字节。

ANSI C 并没有规定以上各种类型的整型变量所占内存单元的字节数，只要求 long 型所占字节数不小于 int 型，short 型不多于 int 型，具体如何实现，由各计算机系统决定。例如，在 TC2.0 编译系统下，int 和 short 型占 2 个字节，long 型占 4 个字节；在 VC++ 6.0 编译环境中，short 型占 2 个字节，int 和 long 型占 4 个字节。表 2.2 给出了整型数据类型和整型类型加上说明符之后，各类型所占内存空间字节数和所表示的数值范围(以 16 位计算机为例，即按标准 ANSI C 描述)。

表 2.2　整型变量的类型

| 类　　型 | 字节 | 说　　明 | 数　值　范　围 |
|---|---|---|---|
| [signed] int | 2 | 整型 | $-32\ 768 \sim 32\ 767$，即 $-2^{15} \sim (2^{15}-1)$ |
| [unsigned] int | 2 | 无符号整型 | $0 \sim 65\ 535$，即 $0 \sim (2^{16}-1)$ |
| [[signed] short] int | 2 | 短整型 | $-32\ 768 \sim 32\ 767$，即 $-2^{15} \sim (2^{15}-1)$ |
| [unsigned short] int | 2 | 无符号短整型 | $0 \sim 65\ 535$，即 $0 \sim (2^{16}-1)$ |
| [long] int | 4 | 长整型 | $-2\ 147\ 483\ 648 \sim 2\ 147\ 483\ 647$，即 $-2^{31} \sim (2^{31}-1)$ |
| [unsigned long] int | 4 | 无符号长整型 | $0 \sim 4\ 294\ 967\ 295$，即 $0 \sim (2^{32}-1)$ |

注：方括号中的内容表示在书写或表达时可以省略。

3) 整型数据的溢出

在 C 语言中，如果一个变量的值超过了其类型所允许的最大值，则会出现溢出现象。例如，一个 short int 型变量的最大允许值为 32 767，如果再给其加 1，会出现什么情况呢?

【例 2.10】 整型数据的溢出。

```
#include <stdio.h>
void main()
{
    short int a,b;
    a=32767;
    b=a+1;
    printf("a=%d,b=%d\n",a,b);
}
```

运行结果:

```
a=32767, b=-32768
```

变量 a 在内存中的补码表示形式如下:

| 0 | 1 | 1 | 1 | 1 | 1 | 1 | 1 | 1 | 1 | 1 | 1 | 1 | 1 | 1 | 1 |
|---|---|---|---|---|---|---|---|---|---|---|---|---|---|---|---|

当执行 b=a+1 时，变量 b 在内存中的补码表示形式如下:

| 1 | 0 | 0 | 0 | 0 | 0 | 0 | 0 | 0 | 0 | 0 | 0 | 0 | 0 | 0 | 0 |
|---|---|---|---|---|---|---|---|---|---|---|---|---|---|---|---|

很明显，上面的变量 a 和 b 在内存中的表示形式分别代表了整数 32 767 和−32 768。一个短整型变量的数据存储范围为−32 768～32 767，无法表示此范围之外的数据。所以，上例中 32 767 加 1 得不到 32 768，而是得到−32 768，这种现象称为溢出，运行时并不报错，但可能与编程者的原意不同。

由于溢出的原因，数据在超出它的表示范围以后将是一个循环的表示，即 32 767 加 1 之后成为−32 768，32 767 加 2 之后成为−32 767，依次类推。

### 2. 实型变量

#### 1) 实型数据内存中的存放

实型数据在内存中占 4 个字节,按照指数形式存储。系统将一个实型数据分成两部分存放,即小数部分和整数部分,小数部分采用规范化的指数形式。

| + | 3.1415926 | 2 |
|---|---|---|
| 数符 | 小数部分 | 指数部分 |

图 2.2 实型数据在内存中的表示

图 2.2 中是用十进制数来示意的,实际在内存中存放的数据是用二进制来表示小数部分,并用 2 的次幂来表示指数部分的。注意,所有实型数据均为有符号实型数,没有无符号实型数。

关于在内存中究竟用多少位表示小数部分,多少位表示指数部分,ANSI C 并无具体规定,是由各 C 编译系统定义的。不少编译系统以 24 位表示小数部分,8 位表示指数部分。小数部分占的位数越多,数的有效数字越多,精度越高;指数部分占的位数越多,则能表示的数的范围越大。

#### 2) 实型变量的分类和定义

C 语言提供的常用的实型变量类型有单精度实型和双精度实型,类型名分别为 float 和 double。有时也用长双精度实型,类型名为 long double。

ANSI C 并未规定每种数据类型的长度、精度和取值范围。一般的 C 编译系统为 float 型分配 4 个字节的内存单元,为 double 型分配 8 个字节的内存单元,为 long double 型分配 16 个字节的内存单元,如表 2.3 所示。

表 2.3 实型变量类型

| 类 型 | 字节 | 说 明 | 数 值 范 围 |
|---|---|---|---|
| float | 4 | 单精度实型 | $-3.4 \times 10^{38} \sim 3.4 \times 10^{38}$,6~7 位有效位 |
| double | 8 | 双精度实型 | $-1.7 \times 10^{308} \sim 1.7 \times 10^{308}$,15~16 位有效位 |
| long double | 16 | 长双精度实型 | $-3.4 \times 10^{4932} \sim 3.4 \times 10^{4932}$,18~19 位有效位 |

实型变量的定义和初始化与整型数据相同。

例如:

```
float a=1.5,b=10.6;    //定义 a 和 b 为单精度实型,并分别初始化为 1.5 和 10.6
double x=3.0,y,z;      //定义 x、y 和 z 为双精度实型,并将 x 初始化为 3.0
```

#### 3) 实型数据的舍入误差

实型数据也是由有限的存储单元组成的,能提供的有效数字是有限的,因此会存在数据的计算舍入误差。

【例 2.11】 实型数据的计算误差。

```
#include <stdio.h>
void main()
{
    float a,b;
    a=123456789;
    b=a+20;
```

```
        printf("a=%f,b=%d\f",a,b);
    }
```
运行结果：

a=123456792.000000, b=123456812.000000

浮点型数据的取值范围较大，但由于有效数字以外的数字不能保证精确，往往会出现误差(计算误差或存储误差)。单精度浮点型变量存放数据时，能保证 6～7 位有效数字，双精度浮点型变量能保证 15～16 位有效数字。例中变量 b 只保留了前 7 位数字，从第 8 位起已不准确。

**注意**：实型数据的数值精度和取值范围是两个不同的概念。例如，实数 1 234 567.89 在单精度浮点型的取值范围之内，但它的有效数字超过了 8 位，如果将其赋值给一个 float 型的变量，该变量的值可能是 1 234 567.80，其中最后一位是一个随机数，损失了有效数字，从而降低了精度。

### 3．字符型变量

字符型变量是用来存储字符常量的，每个字符占用一个字节的存储空间，字符变量的类型名是 char。字符型变量的类型说明见表 2.4。

表 2.4　字符型变量类型

| 类　型 | 字节 | 说　明 | 数　值　范　围 |
| --- | --- | --- | --- |
| signed char | 1 | 有符号字符型 | $-128 \sim 127$，即 $-2^7 \sim (2^7-1)$ |
| [unsigned] char | 1 | 无符号字符型 | $0 \sim 255$，即 $0 \sim (2^8-1)$ |

例如：char c1='a', c2;
定义了两个字符型变量 c1 和 c2，并且将字符常量 'a' 赋给字符型变量 c1。

字符型变量在内存中是如何存储的呢？C 语言规定，将一个字符放到一个字符型变量中，并不是将该字符放到内存单元中，而是将该字符的 ASCII 码存放到该变量的内存单元中。

例如，'a' 的十进制 ASCII 码是 97，'b' 的十进制 ASCII 码是 98，如果将 'a' 和 'b' 分别赋给变量 c1 和 c2，那么 c1 和 c2 这两个存储单元存放的是 97 和 98 的二进制代码。

| c1: | 0 | 1 | 1 | 0 | 0 | 0 | 0 | 1 |
| --- | --- | --- | --- | --- | --- | --- | --- | --- |

| c2: | 0 | 1 | 1 | 0 | 0 | 0 | 1 | 0 |
| --- | --- | --- | --- | --- | --- | --- | --- | --- |

因此，可以将字符型常量(变量)看成整型常量(变量)，即字符型和整型可以通用。C 语言允许对整型赋以字符值，也允许对字符型变量赋以整型值。在输出时，允许把字符型量按整型量输出，也允许将整型量按字符型量输出。但需要注意的是，在 Visual C++ 6.0 环境下，短整型占 2 个字节，基本整型占 4 个字节，而字符型占 1 个字节。因此，把整型按字符型处理时，只有低 8 位字节参与处理。

**【例 2.12】** 整型与字符型通用。

```
        #include <stdio.h>
        void main()
        {
            char c1,c2;
            int x,y;
```

```
        c1=97;c2=98;
        x= 'a ';y= 'b';
        printf("%c,%c,%d,%d \n",c1,c2, c1,c2);
        printf("%c,%c,%d,%d \n",x,y,x,y);
    }
```
运行结果：

a,b,97,98

a,b,97,98

本例中，定义了字符型变量 c1 和 c2，赋值语句中赋以整型，定义了整型变量 x 和 y，赋值语句中赋以字符型。从输出结果看，变量的输出形式取决于 printf 中格式串中的格式，当用%c 格式输出时，输出的就是字符；当用%d 格式输出时，输出的就是整数。

**注意**：C 语言中规定，所有变量先定义后使用是为了在编译时为该变量分配相应的存储单元(不同类型的变量所占用的存储单元的大小不同)，以及检查该变量名使用的正确性和该变量所进行运算的合法性。

### 2.3.3　变量值

变量值，即为其存储的数据值。在程序中，一个变量必须先有确定的值，然后才能参与各种相应的操作。变量可以通过赋值语句或输入语句获得一个值，也可以用初始化的方法获得一个值。

(1) 赋值语句：程序运行阶段将值赋给变量，允许在一条语句中为多个变量同时赋值。例如：

```
    int  a;        /*定义整型变量 a*/
    a = 2;         /*使变量 a 的值为 2*/
```

(2) 初始化：编译时将变量的值存放到系统为变量分配的内存单元中去，必须逐个变量逐一赋初值。例如：

```
    int  a = 2;    /*定义整型变量 a，并使 a 的值为 2*/
```

# 2.4　运算符及表达式

## 2.4.1　C 运算符简介

C 语言提供了丰富的运算符和表达式，这些丰富的运算符使 C 语言具有很强的表达能力。

### 1. 运算符

C 语言的运算符按照它们的功能可分为：

(1) 算术运算符( +、−、*、/、%、++、—)。

(2) 关系运算符(>、<、==、>=、<=、!= )。

(3) 逻辑运算符( !、&&、|| )。

(4) 位运算符(<<、>>、~、|、^、&)。

(5) 赋值运算符( =、复合赋值运算符)。

(6) 条件运算符(?: )。

(7) 逗号运算符( , )。

(8) 指针运算符( *、&)。

(9) 求字节数运算符( sizeof )。

(10) 强制类型转换运算符( (类型))。

(11) 分量运算符(.、->)。

(12) 下标运算符( [ ] )。

(13) 其他(如函数调用运算符())。

按照运算符在表达式中与运算对象的关系(连接运算对象的个数)可分为:

(1) 单目运算符(一个运算符连接一个运算对象):

　　!、~、++、－－、－ (取负号)、*、&、sizeof、(类型)

(2) 双目运算符(一个运算符连接两个运算对象):

　　+、－、*、/、%、>、<、= =、>=、<=、!=、&&、||、<<、>>、|、^、&、=、
　　复合赋值运算符

(3) 三目运算符(一个运算符连接三个运算对象):

　　? ：

(4) 其他:

　　()、[ ]、.、->

**2．C 运算符的优先级和结合性**

C 语言中的运算具有一般数学运算的概念,即具有优先级和结合性(也称为结合方向)。

纲目举张

(1) 优先级:同一个表达式中不同运算符进行运算时的先后次序。通常所有单目运算符的优先级高于双目运算符。

(2) 结合性:在表达式中各种运算符的优先级相同时,由运算符的结合性确定表达式的运算顺序。它分为两类:一类运算符的结合性为从左到右,称为左结合性;另一类运算符的结合性是从右到左,称为右结合性。通常单目、三目和赋值运算符是右结合性,其余均为左结合性。

关于 C 语言运算符的种类、优先级和结合性详见附录 3。

**3．表达式**

表达式就是用运算符将操作数连接起来所构成的式子。操作数可以是常量、变量和函数。各种运算符能够连接的操作数的个数、数据类型都有各自的规定,要书写正确的表达式就必须遵循这些规定。例如,下面是一个合法的 C 语言表达式:

　　10+'a'+d/e-i*f

每个表达式不管多复杂,都有一个值。这个值就是对操作数依照表达式中运算符的规定进行运算得到的结果。求表达式的值是由计算机系统来完成的,但程序设计者必须明白

其运算步骤、优先级、结合性和数据类型转换这几方面的问题。

## 2.4.2　算术运算符与算术表达式

算术运算符用于各类数值运算，包括 +、-、*、/、%、++ 和 -- 7 种。表 2.5 列出了各种算术运算符的属性。

表 2.5　算 术 运 算 符

| 运算符号 | 操作数数目 | 名称 | 运算规则 | 适用的数据类型 | 举例 |
|---|---|---|---|---|---|
| + | 单目 | 正 | 取原值 | int，float | +5 |
| - | 单目 | 负 | 取负值 | int，float | -5 |
| + | 双目 | 加 | 加法 | int，char，float | a+b |
| - | 双目 | 减 | 减法 | int，char，float | a-b |
| * | 双目 | 乘 | 乘法 | int，char，float | a*b |
| / | 双目 | 除 | 除法 | int，char，float | a/b |
| % | 双目 | 模 | 求余数 | int | 5%7 |
| ++ | 单目 | 自增 | 自增 1 | int，float | a++ |
| -- | 单目 | 自减 | 自减 1 | int，float | a-- |

### 1. 基本的算术运算符

基本的算术运算符包括 +、-、*、/ 和 %。在基本的算术运算符中，单目运算符(+、-)的优先级高于双目运算符(+、-、*、/、%)。双目运算符的优先级从高到低为：(*、/、%)、(+、-)，其中 *、/、%处于同一级别；+、- 处于同一级别，如图 2.3 所示。

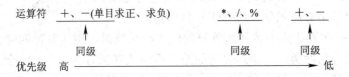

图 2.3　算术运算符的优先级

【例 2.13】基本算术运算符运算。

| | |
|---|---|
| 2+8/4 | 结果为 4 |
| 2+8/5 | 结果为 3 |
| (2+8)%5 | 结果为 0 |
| 2+8%5 | 结果为 5 |
| 5%3 | 结果为 2 |
| -5%3 | 结果为 -2 |
| 5%-3 | 结果为 2 |
| 5.0%3 | 编译出错，提示小数使用非法 |

从例 2.13 可以看出，进行基本的算术运算时应该注意：

(1) 除法运算的两个操作数如果都是整数，则结果为整数，小数部分一律舍去；如果都是实数，则结果为实数。

(2) 取余数运算的两个操作数必须是整数，其结果也为整数。

(3) 圆括号()的优先级最高。

【例 2.14】　整数相除的问题。

```
void main()
{ float f;
    f=3/5;
    printf("%f\n",f);
}
```

运行结果为

```
0.000000
```

若修改语句"f=3/5"为"f=3.0/5.0"，则运行结果为

```
0.600000
```

### 2. 自增、自减运算符

自增(++)和自减(--)运算是单目运算，其作用是使变量的值增 1 或减 1，其优先级高于所有的双目运算。自增和自减运算的应用形式有以下两种：

(1) 前缀形式：运算符在变量前面，表示对变量先自动加 1 或自动减 1，再参与其他运算，即先改变变量的值后使用，如++k 和--k。

(2) 后缀形式：运算符在变量后面，表示变量先参与其他运算，再对变量先自动加 1 或自动减 1，即先使用后改变，如 k++；k--。

【例 2.15】　自增、自减运算符的使用。

```
void main()
{
    int i=3,j=10,m,n,p,q;
    m=++i;                  /*先执行 i=i+1，再将 i 值赋给 m*/
    n=i++;                  /*先将 i 的值赋给 n，再执行 i=i+1*/
    p=--j;                  /*先执行 j=j-1，再将 j 值赋给 p*/
    q=j--;                  /*先将 j 的值赋给 q，再执行 j=j-1*/
    printf("i=%d,m=%d,n=%d\n",i,m,n);
    printf("j=%d,p=%d,q=%d\n",j,p,q);
}
```

运行结果为

```
i=5,m=4,n=4
j=8,p=9,q=9
```

自增、自减运算符使用中应注意的问题：

(1) ++ 和-- 只能用于变量，不能用于常量和表达式。例如 8++ 或(a+b)--都是不合

法的。

(2) ++ 和 --运算符的优先级别是一样的，它们的结合方向是自右向左。如果有 -k++，因负号和 ++ 运算符的优先级一样，那么表达式的计算就要按结合方向，这两个运算符的结合方向均为自右向左。所以整个表达式可被看作-(k++)，即从右开始执行，如果 k 的初值为 3，则整个表达式的值为-3，k 的最终结果为 4。

(3) 在有++和--的表达式中，尽量不要使用难于理解或容易出错的表达方式，尤其是具有二义性的表达式。

自增和自减运算符经常用于循环语句中，对循环变量增 1 或减 1，用以控制循环的执行次数。

### 3. 算术表达式

用算术运算符将运算对象(操作数)连接起来，符合 C 语言语法规则的式子，称为算术表达式。运算对象包括常量、变量和函数等。例如：

> 3+a*b/5-2.3+'b'

就是一个算术表达式。该表达式计算时先求 a*b，然后让其结果再和 5 相除，最后从左至右进行加法和减法运算。如果表达式中有括弧，则应该先计算括弧内的运算，再计算括弧外的运算。

**【例 2.16】** 将下列数学式子改写成 C 语言表达式。

$$\frac{-b+\sqrt{b^2-4ac}}{2a}, \ (x+\sin x)e^{4x}, \ \frac{\pi r^2}{a+b}$$

**解**：它们的 C 语言表达式分别是：

> (-b+sqrt(b*b-4*a*c))/(2*a)、(x+sin(x))*exp(4*x)、3.14*r*r/(a+b)

说明：

(1) C 语言不提供开方与乘方运算符，因此只能用标准库函数 sqrt 计算开方，用乘法运算符计算乘方的值。sinx 和 $e^x$ 分别使用标准库函数 sin(x)和 exp(x)。

(2) 在 C 程序中，不能出现 π，因为它既不是变量，也不是常量，因此改写时根据所需精度用 3.14 来替代。

## 2.4.3 赋值运算符与赋值表达式

赋值运算符构成了 C 语言最基本、最常用的赋值语句，同时 C 语言还允许赋值运算符与其他的 10 种运算符结合使用，形成复合的赋值运算，使 C 程序简单、精练。

### 1. 赋值运算符

赋值运算符用 "=" 表示，它的作用是将一个数据赋给一个变量，例如，a=3 的作用是把常量 3 赋给变量 a；也可以将一个表达式赋给一个变量，例如，a=x%y 的作用是将表达式 x%y 的结果赋给变量 a。

赋值运算符 "=" 是一个双目运算符，其结合性是从右向左。

### 2. 赋值表达式

由赋值运算符 "=" 将一个变量和一个表达式连接起来的式子称为赋值表达式，其一般形式如下：

　　　　变量=表达式

　　赋值表达式的求解过程为：计算赋值表达式右边的表达式的值，并将计算结果赋值给表达式左边的变量。例如，x=(y+2)/3。在赋值表达式的一般形式中，表达式仍可以是一个赋值表达式。例如，x=(y=8)，其运算过程为先将常量 8 赋给 y，赋值表达式 y=8 的值为 8，再将这个表达式的值赋给变量 x。因此运算结果 x 和 y 的值均为 8，整个表达式的值也为 8。

### 3．类型转换

　　在对赋值表达式的求解过程中，如果赋值运算符两边的数据类型不一致，赋值时要进行类型转换。其转换过程由 C 编译系统自动实现，转换原则以"="左边的变量为准。

　　**【例 2.17】**　赋值运算符的应用。

```
void main()
{ int i=5;
  float a=242.15,b;
  double c=123456789.456123;
  char d='B';
  unsigned char e;
  printf("i=%d,a=%f,c=%f,d=%c,d=%d\n",i,a,c,d,d);
  b=i;        /*整型变量 i 的值赋给实型变量 b*/
  i=a;        /*实型变量 a 的值赋给整型变量 i，*/
  a=c;         /*双精度实型 c 的值赋给实型变量 a，*/
  d=i;        /*整型变量 i 的值赋给字符变量 c*/
  e=d;
  printf("i=%d,a=%f,b=%f,d=%c,d=%d,e=%c,e=%d\n",i,a,b,d,d,e,e);
}
```

运行结果：

```
i=5,a=242.149994, c=123456789.456123,d=B,d=66
i=242,a=123456792.000000,b=5.000000,d=≥,d=-14,e=≥,e=242
```

由以上运行结果可以看出：

　　(1) 将 float 型数据赋给 int 型变量时，先将 float 型数据舍去小数部分，然后赋给 int 型变量。

　　(2) 将 int 型变量赋给 float 型变量时，先将 int 型数据转换为 float 型数据，并以浮点数的形式存储到变量中，其值不变。

　　(3) 将 double 型变量赋给 float 型变量时，先截取 double 型实数的前 7 位有效数字，然后赋值给 float 型变量。对于此时 float 变量输出的第 8 位及其以后的数字都是不精确的数字。例如，例 2.17 中第 2 次输出的 a 值，有效值为 7 位。

　　(4) 将 int 型数据赋给 char 型变量时，由于 int 型数据用两个字节表示，而 char 型数据用一个字节表示，因此先截取 int 型数据的低 8 位，然后赋值给 char 型变量。因此，char 型变量只能精确接受小于 256 的 int 型变量。

　　(5) 有符号字符型数据的范围是 -128～127，而无符号字符型数据的范围是 0～255。

#### 4．复合的赋值运算符

C 语言规定，赋值运算符"="与 5 种算术运算符(+、−、*、/、%)和 5 种位运算符(<、>、&、^、|)构成 10 种复合的赋值运算符。它们分别是：+=、−=、*=、/=、%=、<=、>=、&=、^= 和 |=。例如：

| | | |
|---|---|---|
| a+=3 | 等价于 | a=a+3 |
| a*=a+3 | 等价于 | a=a*(a+3) |
| a%=3 | 等价于 | a=a%3 |

**注意**：表达式 a*=a+3 与 a=a*a+3 是不等价的，表达式 a*=a+3 等价于 a=a*(a+3)，这里的括号是必需的。

赋值表达式也可以包含复合的赋值运算符。例如：a+=a−=a*a 也是一个赋值表达式。如果 a 的初值为 12，此赋值表达式的求解步骤如下：

(1) 进行 a−=a*a 的运算，它相当于 a=a−a*a=12−12*12=−132。

(2) 进行 a+=−132 的运算，它相当于 a=a+(−132)=−132−132=−264。

C 语言提供了赋值表达式，它使赋值操作不仅可以出现在赋值语句中，同时也可以以表达式的形式出现在其他语句(如输出语句、循环语句)中。

**【例 2.18】** 复合的赋值运算符的应用。

```c
void main()
{
    int a=2,b=3,c=4,d=5,x;
    a+=b*c;
    b-=c/b;
    printf("%d,%d,%d,%d\n",a,b,c*=2*(a+c),d%=a); /*在一个语句中完成赋值和输出的双重功能*/
    printf("x=%d\n",x=a+b+c+d);
}
```

运行结果：

```
14,2,144,5
x=165
```

### 2.4.4 关系运算符与关系表达式

关系运算符与关系表达式

关系运算符是用来比较两个操作数大小关系的运算符。C 语言提供了 6 种关系运算符，如表 2.6 所示。

表 2.6 关系运算符

| 运算符 | 作 用 | 运算符 | 作 用 | 运算符 | 作用 |
|---|---|---|---|---|---|
| > | 大于 | < | 小于 | == | 等于 |
| >= | 大于等于 | <= | 小于等于 | != | 不等于 |

关系运算符都是双目运算符，即要求有两个运算对象，结合方向是自左至右。其中，前四种(>、<、>=、<=)优先关系相同，后两种(==、!=)相同，但前四种高于后两种。

用关系运算符将两个任意类型的表达式连接起来的式子，称为关系表达式。它的结果是逻辑值 0 或 1。

(1) 当两个运算对象之间满足给定的关系时，表达式取真值 1；否则，取假值 0。

例如：

   int a=12,b=14;

则表达式 a<b 的运算结果为真值 1，a==b 的结果为假值 0。

(2) 两个运算对象可以是算术表达式。如果是字符数据，则按其 ASCII 码值进行比较。

例如：'a'>'b'的运算结果为假值 0。

(3) 关系表达式的值可以作为整数值参与运算。

例如：

   int a=10,b=9,c=1,f;

   f=a>b>c;

则 f=0。

其中，关系运算符>的优先级高于赋值运算符=，而关系运算符是自左至右的结合方向，所以先执行 a>b，结果为 1，再执行 1>c，结果为 0，最后将 0 值赋给 f。

(4) 与数学表达式的区别。

例如：

   –5<x<2

其数学解释为 x 的取值范围在(-5，2)之间的开区间内。而 C 语言解释为先计算–5<x 的值，再用此关系运算的结果(0 或 1)与数值 2 进行比较。

(5) "="与"=="的区别。

"="为赋值运算符，例如 x=8，含义是把数值 8 赋值给变量 x，整个表达式的逻辑结果值为真值 1；而 x==8，含义为用 x 当前的值与数值 8 进行大小比较，如果相等，结果为 1，否则结果为 0。

## 2.4.5　逻辑运算符与逻辑表达式

### 1. 逻辑运算符

C 语言中的逻辑运算符是对两个关系表达式或者逻辑值进行比较的。逻辑运算符共有三种：逻辑与&&、逻辑或 ‖ 和逻辑非!。其中逻辑与和逻辑或是双目运算符，结合方向是自左至右，且逻辑与的优先级高于逻辑或。逻辑非是单目运算符，结合方向是自右至左。由于单目运算符的优先级高于双目运算符，因此它的优先级高于逻辑与和逻辑或。

三种逻辑运算符的意义分别如下：

(1) a&&b：若 a 和 b 两个运算对象同时为真，则结果为真；否则只要有一个为假，结果就为假。例如：

   15>13&&14>12

由于 15>13 为真，14>12 也为真，逻辑与的结果为真值 1。

(2) a ‖ b：若 a 和 b 两个运算对象同时为假，则结果为假；否则只要有一个为真，结果就为真。例如：

逻辑运算符与逻辑表达式

15<10||15<118

由于 15<10 为假，15<118 为真，逻辑或的结果为真值 1。

(3) !a：若 a 为真，则结果为假；反之，若 a 为假，则结果为真。例如!(15>10)的结果为假值 0。

表 2.7 为三种逻辑运算符的真值表。

**表 2.7 逻辑运算符真值表**

| a | b | a&&b | a \|\| b | !a |
|---|---|---|---|---|
| 真 | 真 | 真 | 真 | 假 |
| 真 | 假 | 假 | 真 | 假 |
| 假 | 真 | 假 | 真 | 真 |
| 假 | 假 | 假 | 假 | 真 |

### 2．逻辑表达式

用逻辑运算符连接关系表达式或其他任意数值型表达式就构成了逻辑表达式。在 C 语言中，逻辑运算结果仅有两种，即逻辑真和逻辑假，分别用数值 1 代表逻辑真，用数值 0 代表逻辑假。因此逻辑运算的结果不是 0 就是 1，不可能是其他数值。又因作为参加逻辑运算的运算对象(操作数)可以是 0(假)，或任何非 0 的数值(按真对待)，所以判断逻辑运算对象的逻辑值是真还是假时，以 0 作为假，以非 0 作为真。

例如：

15&&13，15 || 10

由于 15 和 13 均为非 0 值，即运算对象作为真，因此 15&&13 的逻辑结果值为真，即为 1。15||10 的逻辑结果值也为真，即为 1。

在逻辑表达式的求解中，并不是所有的逻辑运算符都要被执行，只有在必须执行下一个逻辑运算符才能求出表达式的解时，才执行该运算符。

例如：

int x=-1;

执行 ++x||++x||++x 后，x 的值是多少？

分析：根据逻辑"||"自左至右的结合性，先计算第一个"||"左边的运算对象++x，得到结果为 0。对于"||"运算符来说，还不能确定这个表达式的值，必须再计算右边的++x，得到结果为 1。此时第一个"||"结合的表达式的值就为 1，这样无论第二个"||"运算符后面的运算对象值为多少，整个表达式的值已经确定为 1。所以无需再计算第三个++x 了，因而 x 的值为 1。

又如：

int x=-1;

执行++x&&++x&&++x 后，x 的值是多少？

分析：根据逻辑&&自左至右的结合性，先计算第一个&&左边的操作对象++x，得到结果为 0。这样无论第一个&&右边的++x 的值是多少，而++x&&++x 的值已经确定为 0。

此时，遇到第二个&&运算符，同理不论它的值是多少，整个表达式的结果已经确定为 0。假如 int x=-1，执行++x&&++x||++x 后，x=1，请读者自行分析。

【例 2.19】 判断某一年是否是闰年。判断闰年的条件是符合下面两个条件其中的一个：

(1) 能被 4 整除，但不能被 100 整除。

(2) 能被 400 整除。

**解**：判断闰年的条件可以用下面的逻辑表达式表示：

(year%4==0&&year%100!=0)||(year%400==0)

上述表达式的值为真，则 year 为闰年，否则为非闰年。

【例 2.20】 设有 int a=10，b=20，c=30；执行 a=--b<=a||a+b!=c 后，a 和 b 的值是多少？

分析：表达式中有赋值运算符(=)，算术运算符(--，+)，关系运算符(<=，!=)，逻辑运算符(||)。那么根据运算符的优先级和结合方向，首先计算--b，结果为 19，然后计算--b<=a，即 19<=10，结果为 0。继续计算||后面的值，先计算 a+b，结果为 29，再计算 a+b!=c，即 29!=30，结果为 1。此时再计算||，即 0||1，结果为 1，并把这个值赋给 a，最后结果为 a=1，b=19。

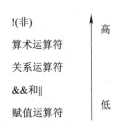

赋值运算符、算术运算符、关系运算符和逻辑运算符的优先级如图 2.4 所示。

图 2.4 运算符优先级

## 2.4.6 条件运算符与条件表达式

条件运算符由 "?" 和 ":" 组成，它的一般格式为

表达式 1?表达式 2：表达式 3

其语义是：首先计算表达式 1，如果表达式 1 的值为真，则求解表达式 2，以表达式 2 的值作为整个条件表达式的值；如果表达式 1 的值为假，则求解表达式 3，以表达式 3 的值作为整个条件表达式的值。

由条件运算符构成的表达式称为条件表达式，其执行过程如图 2.5 所示。

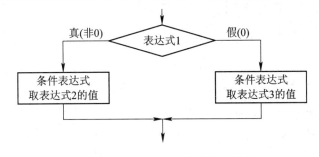

图 2.5 条件表达式的执行过程

它是 C 语言中唯一一个三目运算符，即有三个参与运算的量，它的结合方向为从右向左。

例如：

```
    int m1=5,m2=3;
    m1>m2?(m1=1):(m2=1);
```

按照条件运算符的求解规则，先求表达式 1：m1>m2，结果为真，再求解表达式 2，m1 被重新赋值为 1，而 m2 不发生变化仍为 3。

【例 2.21】 阅读下面的程序，理解条件运算符的执行过程并分析其运行结果。

```
#include <stdio.h>
void main()
{ int x=1,y=2,z;
    z=x>y?++x:y++;
    printf("x=%d,y=%d,z=%d",x,y,z);
}
```

运行结果：

```
x=1, y=3, z=2
```

请读者自己分析。

【例 2.22】 要求输入一个字符，如果这个字符是小写字母，将这个字符转换成大写字母，否则保持字符不变。

```
#include  <stdio.h>
void main()
{ char ch;
    ch=getchar();
    ch=ch>='a'&&ch<='z'?ch-32:ch;
    putchar(ch);
}
```

运行结果：

```
b<回车>
B
```

【例 2.23】 用条件运算符求两个数的最大值。

```
#include  <stdio.h>
void main()
{
    int a,b,max;
    printf("please input two numbers:\n");
    scanf("%d%d",&a,&b);
    max=(a>b)?a:b;
    printf("max=%d",max);
}
```

运行结果：

please input two numbers:

30 57<回车>

max=57

条件运算符是三目运算符，它的优先级特别低，仅比赋值运算符和逗号运算符高，但比其他运算符都低。

## 2.4.7　逗号运算符与逗号表达式

"，"是 C 语言的一种特殊运算符，称为逗号运算符。用逗号将多个表达式连接起来的式子称为逗号表达式。逗号表达式的一般形式如下：

　　表达式 1，表达式 2，…，表达式 n

逗号表达式的求解过程：从左至右地计算各个表达式的值，先求解表达式 1，再求解表达式 2 …… 最后求解表达式 n，整个逗号表达式的值为表达式 n 的值。

例如：

　　a=3*5,a*4

　　a=1,b=2,c=3

　　(a=3*5,a*3),a+5

逗号运算符的结合方向为从左向右，运算级别是所有运算符中最低的一种。

【例 2.24】　求逗号表达式"a=5,a*=a,a+5"的值。

先求赋值表达式 a=5 的值，表达式的值为 5，a 的值为 5；接着求复合赋值运算 a*=a 的值，表达式的值为 25，a 的值为 25；最后求算术表达式 a+5 的值，表达式的值为 30，a 的值为 25。因此，整个逗号表达式的值为 30。

逗号表达式经常出现在 for 循环语句中的第 1 个表达式中，用来给多个变量赋初值。

需要指出的是，在 C 语言中，并不是任何地方出现的逗号都是逗号运算符，例如：printf("%d,%d,%d",a,b,c); printf()函数中的"a,b,c"并不是一个逗号表达式，它是 printf()函数的 3 个参数，逗号是这 3 个参数的分隔符。如果写成：

　　printf("%d,%d,%d",(a,b,c),b,c);

则其中的"(a,b,c)"就是一个逗号表达式，其值为 c。

因此如果出现以上情况，必须认真分析，才能正确理解程序的运行结果。

到目前为止，已经学习了 30 多种运算符，掌握它们的优先关系特别重要。下面做简单的总结，详见附录 3。

(1) 单目运算符都是同优先级的，结合方向为从右向左，并且优先级比双目运算符和三目运算符都高。

(2) 三目运算符的优先级比双目运算符要低，但比赋值运算符和逗号运算符高。

(3) 逗号运算符的优先级最低，其次是赋值运算符。

(4) 只有单目运算符、赋值运算符和三目运算符(条件运算符)具有右结合性，其他运算符都是左结合性。

(5) 在双目运算符中，算术运算符的优先级最高，逻辑运算符最低。

## 2.4.8 位运算符和位段

### 1. 位运算符和位运算

C 语言是为设计系统软件而设计的，因为 C 语言中的位运算可以完成对内存中数据的直接操作，很适合于编写系统软件。位运算是一种对运算对象按二进制位进行操作的运算。位运算不允许只操作其中的某一位，而是对整个数据按二进制位进行运算。

位运算的对象只能是整型数据(包括字符型)，其运算结果仍是整型。

C 语言提供的位运算符主要有以下 6 种：

    &(按位"与")      | (按位"或")      ∧(按位"异或")

    ~(按位"取反")    <<("左移")    >>("右移")

#### 1) &(按位"与")

运算规则：0&0=0、0&1=0、1&0=0、1&1=1。参与运算的两个数均以补码形式出现。例如：

```
    57&21=17                          -5&97=97
    0000000000111001                  1111111111111011
  & 0000000000010101                & 0000000001100001
    0000000000010001                  0000000001100001
```

按位"与"运算通常用来对某些位清 0 或保留某些位。例如，把 a=123 清 0，可作 a&0 运算；把 b=12901 的高八位清 0，保留低八位，可作 b&255 运算。

```
    清0                               保留低八位
    0000000001111011                  0011001001100101
  & 0000000000000000                & 0000000011111111
    0000000000000000                  0000000001100101
```

#### 2) |(按位"或")

运算规则：0|0=0、0|1=1、1|0=1、1|1=1。参与运算的两个数均以补码形式出现。例如：

```
    57|21=61                          -5|97=-5
    0000000000111001                  0000000000111101
  | 0000000000010101                | 0000000001100001
    0000000000111101                  0000000001111101
```

按位"或"运算通常用来对某些位置 1。例如，把 a=160 的低四位置 1，可作 a|15 运算；把 b=3 的 bit0、bit3 置 1，其余位不变，可作 b|9 运算。

```
    低4位置1                          bit0、bit3位置1
    0000000010100000                  0000000000000011
  | 0000000000001111                | 0000000000001001
    0000000010101111                  0000000000001011
```

#### 3) ∧(按位"异或")

运算规则：0∧0=0、0∧1=1、1∧0=1、1∧1=0。参与运算的两个数均以补码形式出现。

例如：

| 57^21= 44 | −5^97=−102 |
|---|---|
| 0000000000111001 | 1111111111111011 |
| ^ 0000000000010101 | ^ 0000000001100001 |
| 0000000000101100 | 1111111110011010 |

按位"异或"运算通常用来使特定位翻转或保留原值。例如，要使 a=123 低四位翻转，可作 a^15 运算；要使 b=12901 保持原值，可作 b^0 运算。

| 特定位(低四位)翻转 | 保留原值 |
|---|---|
| 0000000001111011 | 0011001001100101 |
| & 0000000000001111 | & 0000000000000000 |
| 0000000001110100 | 0011001001100101 |

4)　~(按位"取反")

运算规则：~0=1、~1=0。

例如：

| ~57=−58 | ~'a'=−98 |
|---|---|
| ~ 0000000000111001 | ~ 01100001 |
| 1111111111000110 | 10011110 |

按位"取反"运算通常用来间接地构造一个数，以增强程序的可移植性。例如，直接构造一个全 1 的数，在 IBM-PC 中为 0xffff(2 字节)，而在 VAX-11/780 上，却是 0xffffffff(4 字节)。如果用~0 来构造，则系统可以自动适应。

以上位运算符的优先级由高到低依次为!(非)和~、算术运算符、关系运算符、&运算符、^运算符、| 运算符、&&和 || 运算符。

5) <<("左移")

运算规则：将操作对象各二进制位全部左移指定的位数，移出的高位丢弃，空出的低位补 0。

例如，a<<4 指把 a 的各二进制位向左移动 4 位。若 a=57，则 0000000000111001(十进制 57)左移 4 位后为 0000001110010000 (十进制 912)。

若左移时丢弃的高位不包含 1，则每左移一位，相当于给该数乘以 2。

6) >>("右移")

运算规则：将操作对象各二进制位全部右移指定的位数。移出的低位丢弃，空出的高位对于无符号数补 0，对于有符号数，右移时符号位将随同移动，空出的高位正数补 0，负数补 1。

例如，a>>4 指把 a 的各二进位向右移动 4 位。若 a=57，则 0000000000111001(十进制 57) 右移 4 位后为 0000000000000011(十进制 3)。

每右移一位，相当于给该数除以 2，并去掉小数。

其优先级由高到低为：算术运算符、位移运算符、关系运算符。

7) 位运算赋值运算符

位运算符与赋值运算符相结合，可组成新的赋值运算符，如，&=、|=、^=、>>=、<<=。

例如：a&=b 相当于 a=a&b，而 a<<=b 相当于 a=a<<b。

## 2. 位段

有时存储 1 个信息不必占用 1 个字节，只需二进制的 1 个或几个位就够用。例如，"真"或"假"用 0 或 1 表示，只需 1 个二进制位即可。在某些应用中，特别是对硬件端口的操作，需要标识某些端口的状态或特征。这些状态或特征往往只占一个机器字中的一个或几个二进制位，在一个字中放几个信息。为了节省存储空间，并使处理简便，C 语言提供了一种数据结构，称为位段或位域。

所谓位段结构体，是把一个字节中的二进制位划分为几个不同的区域，每个区域有一个域名(或成员名)，是一种特殊的结构类型。位段结构体所有成员均以二进制位为单位定义长度，并称其为位段。

例如：

```
struct   bytedata          /*位段结构类型*/
{
    unsigned   a:2;        /*位段 a，占 2 位*/
    unsigned   b:6;        /*位段 b，占 6 位*/
    unsigned   c:4;        /*位段 c，占 4 位*/
    unsigned   d:4;        /*位段 d，占 4 位*/
    int   i;               /*成员 i，占 16 位*/
} data;                    /*位段变量 data */
```

位段的定义和位段变量的说明与结构体定义相仿，其形式为

　　struct  位段结构名

　　　　{ 位段列表 };

位段的说明形式为

　　类型说明符 位段名:位段长度

其中，类型说明符必须为 unsigned 或 int 类型。

对 16 位的 Turbo C 而言，上例 data 变量的内存分配示意图见图 2.6。

| 位段 a | 位段 b | 位段 c | 位段 d | 成员 i |
|---|---|---|---|---|
| 2 位 | 6 位 | 4 位 | 4 位 | 16 位 |

图 2.6　data 变量的内存分配示意图

位段引用的一般形式为

　　位段变量名.位段名

位段允许用各种格式输出。

【例 2.25】 位段的引用。

```
void main()
{
  struct packed_data
  {
      unsigned a:1;
```

```
        unsigned b: 3;
        unsigned c: 4;
    } data,*pd;
    data.a=0;
    data.b=5;
    data.c=13;
    printf("%d,%o,%x\n",data.a,data.b, data.c);
    pd=&data;
    pd->a=1;
    pd->b=3;
    pd->c=15;
    printf("%d,%o,%x\n",pd->a,pd->b,pd->c);
}
```

说明：

(1) 对位段赋值时，要注意取值范围。一般地，长度为 n 的位段，其取值范围是 0～(2n−1)。

(2) 一个位段必须存储在同一字节中，不能跨两个字节。当一个字节所剩空间不够存放另一位段时，应从下一字节起存放该位段。也可以有意使某位段从下一字节开始。使用长度为 0 的无名位段，可使其后续位段从下一字节开始存储。例如：

```
struct byted
{
    unsigned a: 4          /*位段 a，占 4 位 */
    unsigned   : 0         /*无名位段，占 0 位*/
    unsigned b: 2          /*位段 b，占 2 位，从下一单元开始存放*/
    unsigned c: 6          /*位段 c，占 6 位 */
}
```

(3) 位段可为无名位段，这时它只用作填充或调整位置。无名位段是不能使用的。例如：

```
struct k
{
    int a: 1
    int : 2               /*无名位段，占 2 位，该 2 位不能使用*/
    int b: 3
    int c: 2
};
```

### 3. 位运算举例

【例 2.26】 编一程序，实现一整数二进制位的循环右移。例如，将 a = 586(二进制为 0000001001001010)二进制位右移 4 位，再将移出的 1010 置于前端空出的 4 个位中，成为 1010000000100100(十进制的 40 996)。

算法：将 a 的右端 n 位先放到中间变量 b 的高 n 位中，即 b=a<<(16-n)(左移 16-n 位)，再将 a 右移 n 位放到 c 中，即 c=a>>n(右移 n 位)，最后将 b 与 c 做位或运算，即 a=b|c。程序如下：

```
#include   <stdio.h>
void main()
{
    unsigned a, b, c;
    int n;
    printf("input a n:")
    scanf("%u", &a) ;          /*输入要处理的数*/
    scanf("%d", &n) ;          /*输入循环移动的位数*/
    b=a<<(16-n);
    c=a>>n;
    a=b|c;
    printf("a=%u \n" , a) ;
}
```

运行结果如下：

```
input a n: 586 4
a=40996
```

【例 2.27】 不使用中间变量，交换两整数 x、y 的值。程序如下：

```
#include   <stdio.h>
void main()
{
    unsigned   x, y ;
    printf("input x, y: ") ;
    scanf("%u, %u ", &x, &y) ;
    x=x^y;
    y=y^x;
    x=x^y;
    printf("x=%u, y=%u\n", x, y);
}
```

运行结果如下：

```
input x, y:   3,4
x=4,y=3
```

三条赋值语句的执行过程说明如下：

```
x=x^y=(011^100)=111
y=y^x=(100^111)=011(十进制的 3)
x=x^y=(111^011)=111(十进制的 4)
```

x 得到了 y 原来的值，y 得到了 x 原来的值。

## 2.4.9　不同类型数据间的混合运算与类型转换

在 C 语言中，不同类型的数据之间不能直接进行运算，在运算之前，必须将操作数转换成同一种类型，然后才能完成运算。因为变量可能具有不同的类型，所以难以避免在一个程序表达式中出现不同类型的操作数。在遇到不同类型数据之间进行运算的问题时，系统能够自动或者强制将操作数转换成同种类型。

### 1. 自动类型转换

当一个表达式中有不同数据类型的数据参加运算时，就要进行类型转换。转换规则是先将低级别类型的运算对象向高级别类型的运算进行转换，再进行同类型运算。这种转换是由编译系统自动完成的，因此称为自动类型转换。转换规则如图 2.7 所示。

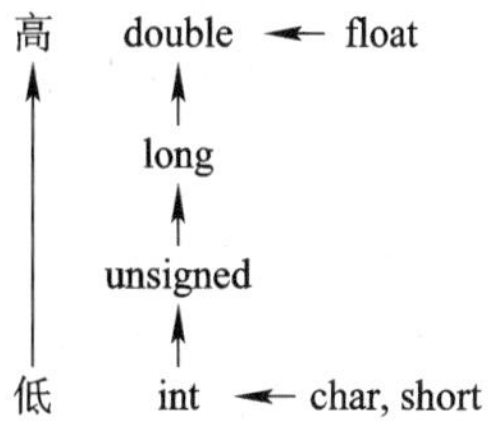

图 2.7 中横向的箭头表示必定的转换，即 char 型、short 型数据运算时必定先转换为 int 型，float 型数据运算时一律先转换成 double 型，以提高运算的精度；即使是两个 float 型数据相加，也要都先转换成 double 型，再相加。

图 2.7　自动类型转换规则

纵向箭头表示当运算对象为不同类型时转换的方向，转换由低向高进行。如 int 型和 long 型运算时，先将 int 型转换成 long 型(注意是直接转换成 long 型，并不需要先转换成 unsigned 型，再转换成 long 型)，再进行运算，最后结果为 long 型。float 型和 int 型运算时，先将 float 型转换成 double 型，int 型转换成 double 型，再进行运算，最后结果为 double 型。由此可见，自动类型转换按数据长度增加的方向进行，以保证精度不降低。

### 2. 强制类型转换

系统除了进行自动类型转换外，还提供了使用强制类型转换运算将一个表达式转换成所需类型的功能。强制类型转换的一般形式如下：

　　　　(类型名) (表达式)

例如：

　　　　(double)a　　　　　　/*将 a 的值转换成 double 类型*/

　　　　(int)(x+y)　　　　　　/*将 x+y 的值转换成整型*/

　　　　(float)(5%3)　　　　　/*将 5%3 的值转换成 float 型*/

**注意**：表达式应该用括号括起来。如果写成

　　　　(int)x+y

则只将 x 转换成整型，再与 y 相加。

需要说明的是在强制类型转换时，得到一个所需类型的中间变量，原来变量的值并没有发生改变。

**【例 2.28】** 强制类型转换不改变对该变量的说明类型。

```
void main()
{
    int a=5;
```

```
        float b=3.15;
        printf("(float)a=%f,a=%d\n",(float)a,a);
        printf("(int)b=%d,b=%f\n",(int)b,b);
    }
```
运行结果：

> (float)a=5.000000,a=5
>
> (int)b=3,b=3.150000

从例 2.28 中可以看出，a 和 b 虽然强制类型转换为 float 和 int 型，但只在运算中起作用，是临时的，a 和 b 本身的类型并没有发生改变。

# 习 题 2

2.1 选择题。

(1) 下列标识符中，不合法的用户标识符为( )。

    A. Pad        B. CHAR        C. a_10        D. a≠b

(2) 在 C 语言中，以下合法的字符常量是( )。

    A. '\0824'      B. '\x243'      C. '0'      D. "\0"

(3) C 语言中，运算对象必须是整型数的运算符是( )。

    A. %        B. /        C. &和/        D. *

(4) 若有定义：int a=7;float x=2.5,y=4.7; 则表达式 x+a%3*(int)(x+y)%2/4 的值是( )。

    A. 2.500000    B. 3.500000    C. 0.000000    D. 2.750000

(5) 已知 int i,a;执行语句 i=(a=2*3,a*5)，a+6 后，变量 i 的值是( )。

    A. 6        B. 12        C. 30        D. 36

(6) 设 int a=4; 则执行了 a+=a-=a*a 后，变量 a 的值是( )。

    A. 24        B. -24      C. 4        D. 16

(7) 在 C 语言中，若下面的变量都是 int 类型的，则输出的结果是( )。

```
sum=pad=5;
PAD=sum++;PAD++;++PAD;
printf("%d,%d",pad,PAD);
```

    A. 7，7      B. 6，5      C. 5，7      D. 4，5

(8) 设整型变量 m、n、a、b、c、d 的初值均为 1，执行(m=a>b)&&(n=c<d)后，m 和 n 的值是( )。

    A. 0，0      B. 0，1      C. 1，0      D. 1，1

(9) 设整型变量 m、n、a、b、c、d 的初值均为 0，执行(m=a==b)&&(n=c==d)后，m 和 n 的值是( )。

    A. 0，0      B. 0，1      C. 1，0      D. 1，1

(10) 下列能正确表示 a≥10 或 a≤0 的关系表达式是( )。

    A. a>=10 or a<=0        B. a<=10 || a>=0

C．a>=10 ‖ a<=0　　　　　　D．a>=10 && a<=0

(11) 下列只有当整数 x 为奇数时，其值为"真"的表达式是(　　)。

A．x%2==0　　　　　　　　B．!(x%2==0)

C．(x-x/2*2)==0　　　　　　D．!(x%2)

(12) 与 x * = y + z 等价的赋值表达式是(　　)。

A．x = y + z　　　　　　　　B．x = x * y + z

C．x = x * (y + z)　　　　　　D．x = x + y * z

(13) 以下程序运行后的输出结果是(　　)。

```
#define PT 5
#define BT    PT+PT
void main( )
{
    printf("BT=%d"，BT);
}
```

A．10=10　　　B．BT=10　　　C．5=5　　　D．BT=5

(14) 以下程序运行后的输出结果是(　　)。

```
#include<stdio.h>
#define MIN(x,y)   (x)<(y)?(x):(y)
void main()
{
    int i,j,k;
    i=10; j=15;
    k=10*MIN(i,j);
    printf("%d\n",k);
}
```

A．15　　　　B．100　　　　C．10　　　　D．150

(15) 设有以下宏定义：

```
#define N 3
#define Y(n)((N+1)*n)
```

则执行语句 z=2 *(N+Y(5+1))；后，z 的值为(　　)。

A．出错　　　B．42　　　　C．48　　　　D．54

(16) 以下说法中，正确的是(　　)。

A．#define 和 printf 都是 C 语句　　B．#define 是 C 语句，而 printf 不是

C．printf 是 C 语句，但#define 不是　D．#define 和 printf 都不是 C 语句

(17) 下面程序运行后的输出结果是(　　)。

```
void main()
{
    char x=040;
    printf("%d\n",x=x<<1);
```

```
}
```

A. 100　　　　　B. 160　　　　　C. 120　　　　　D. 64

(18) 以下程序的运行结果是(　　)。

```
void main()
{
    char a='a',b='b';
    int p,c,d;
    p=a;
    p=(p<<8)|b;
    d=p&0xff;
    c=(p&0xff00)>>8;
    printf("%d  %d  %d  %d\n",a,b,c,d);
}
```

A. 97 98 97 98　　　B. 97 98 98 97　　　C. 97 98 0 0　　　D. 97 98 98 0

(19) 在位运算中，操作数每右移一位，其结果相当于(　　)。

A. 操作数乘以 2　　B. 操作数除以 2　　C. 操作数乘以 4　　D. 操作数除以 4

(20) 表达式 "12|012" 的值是(　　)。

A. 1　　　　　　B. 0　　　　　　C. 14　　　　　　D. 12

(21) 设字符型变量 a=3,b=6，计算表达式 c=(a^b)<<2 后，c 的值是(　　)。

A. 00011100　　　B. 00000111　　　C. 00000001　　　D. 00010100

(22) 设无符号整型变量 i、j、k，i 的值为 013，j 的值为 0x13，则计算表达式 "k=~i|j>>3;" 后，k 的值为(　　)。

Λ. 06　　　　　B. 0177776　　　C. 066　　　　　D. 0177766

2.2　填空题。

(1) 设 int x=2,y=1;表达式(!x||y--)的值是＿＿＿＿＿＿。

(2) 设 a=1, b=2, c=3，则 a<b 的值为＿＿＿＿＿＿，a<b<c 的值为＿＿＿＿＿＿。

(3) 判断变量 a 和 b 均不为 0 的逻辑表达式为＿＿＿＿＿＿。

(4) 判断变量 a 和 b 中必有且只有一个为 0 的逻辑表达式为＿＿＿＿＿＿。

(5) 10<x<100 或 x<-100 的 C 语言表达式是＿＿＿＿＿＿。

(6) 数学式子 $\dfrac{a}{b+c}$ 的 C 语言表达式是＿＿＿＿＿＿。

(7) 判断变量 i 是否能被 3 和 5 同时整除的表达式是＿＿＿＿＿＿。

(8) 设 a=1, b=2, c=3, d=4，则条件表达式 a<b?a:c<d?c:d 的值为＿＿＿＿＿＿。

(9) C 语言提供的预处理功能主要有＿＿＿＿、＿＿＿＿、＿＿＿＿等三种。

(10) C 语言规定预处理命令必须以＿＿＿＿开头。

(11) 在预编译时将宏名替换成＿＿＿＿的过程称为宏展开。

(12) 下列程序执行后的输出结果是＿＿＿＿。

```
#define  MA 1
void main()
```

```
    {
        int a=10;
        #if MA
        a=a+10
        printf("%d \n", a);
        #else
        a=a-10
        printf("%d \n", a);
        #endif
    }
```

(13) 下列程序执行后的输出结果是_____。

```
    void main()
    {
        #ifdef MA
        a=a-10
        printf("%d \n", a);
        #else
        a=a+10
        printf("%d \n", a);
        #endif
    }
```

(14) 设 int a=15;，则表达式 a>>2 的值为_____。

(15) 设 int b=2;，则表达式(b>>2)/(b>>1)的值是_____。

(16) 设有如下运算符：&、|、~、<<、>>、^，则按优先级由低到高的排列顺序为_____。

(17) 设二进制数 i 为 00101101，若通过运算 i^j，使 i 的高 4 位取反，低 4 位不变，则二进制数 j 的值应为_____。

(18) 设无符号整型变量 a 为 6，b 为 3，则表达式 b&=a 的值为_____。

2.3　判断题(正确的打√，错误的打×)。

(1) 编译预处理命令是 C 语句的一种形式。　　　　　　　　　　　　　( )

(2) 语句#define PI 3.1415926；定义了符号常量 PI。　　　　　　　　( )

(3) 宏定义可以带有形参，程序中引用宏时，可以带有实参。在编译预处理时，实参与形参之间的数据是单向的值传递。　　　　　　　　　　　　　　　( )

(4) 预处理命令是在程序运行时进行处理的，过多使用预处理命令会影响程序的运行速度。　　　　　　　　　　　　　　　　　　　　　　　　　　　( )

2.4　分析以下程序的输出结果。

```
(1) #include <stdio.h>
    void main()
    { int i,j,m,n;
        i=3;j=5;
```

```
        m=++i;
        n=j++;
        printf("%d,%d,%d,%d\n",i,j,m,n);
    }
```

(2)　void main()
```
    { int c1,c2;
        c1=97;c2=98;
        printf("%c,%c\n",c1,c2);
        printf("%d,%d\n",c1,c2);
    }
```

(3)　void main()
```
    { char c1='a',c2='b',c3='c',c4='\101',c5='\116';
        printf("a%cb%c\tc%c\tabc\n",c1,c2,c3);
        printf("\t\b%c%c",c4,c5);
    }
```

(4)　void main()
```
    { int x=4,y=0,z;
        x*=3+2;
        printf("%d\n",x);
        x*=(y=(z=4));
        printf("%d",x);
    }
```

2.5　利用条件表达式完成下面的命题：学习成绩≥90 分的同学用 A 表示，学习成绩在 60～89 分的同学用 B 表示，学习成绩在 60 分以下的同学用 C 表示。

2.6　写出下面各逻辑表达式的值，其中 a=3, b=4, c=5。

(1) a+b>c&&b==c

(2) a||b+c&&b−c

(3) !(a>b)&&!c||1

(4) !(x=a)&&(y=b)&&0

(5) !(a+b)+c−1&&b+c/2

2.7　编写一个函数，该函数的功能是：输入一个 16 位二进制数，取出该数的奇数位(从左起的第 1，3，5，…，13，15 位)。

2.8　编写一个函数，该函数的功能是：输入一个数的原码，函数的返回值为该数的补码。

2.9　试定义一个带参宏 swap(x,y)，以实现两个整数之间的交换，并用它编程实现将 3 个整数从小到大排序。

# 第 3 章

## 算法与控制流

在第 2 章中介绍了常量、变量和表达式等，它们是组成 C 语言程序的基本成分。从本章开始，将系统地介绍 C 语言程序的模块化和结构化程序设计方法。本章首先介绍算法的概念及表示方法，然后简单介绍 C 语言的三种基本程序设计的结构，即顺序结构、选择结构和循环结构，再结合输入、输出语句的使用，着重介绍顺序、选择和循环结构程序设计的设计方法。

## 3.1　简单的 C 程序设计

### 3.1.1　典型题例

【例 3.1】　简单算数计算器。

问题描述：对于输入的两个整数，按照要求输出其和、差、积、商。对于操作数 a 和 b，如果 a 能够被 b 整除，那么 a/b 应输出为整数格式，否则 a/b 输出为带两位小数的格式。

【例 3.2】　出租车计价。

问题描述：某城市普通出租车收费标准如下，编写程序进行车费计算。

(1) 起步里程为 2 千米，起步费 8 元。

(2) 超过起步里程后 8 千米内，每千米 2.4 元。

(3) 超过 8 千米的部分加收 50%的回空补贴费，每千米 3.6 元。

(4) 营运过程中，因路阻及乘客要求临时停车的，按每 5 分钟 2 元计收(不足 5 分钟则不收费)。

(5) 为方便结算，车费不出现角分零头，即若车费零头大于 0.5 元，则车费增加 1 元，若车费零头小于 0.5 元，则该零头不计入车费。例如，若车费 21.52 元，则实收 22 元；若车费 100.2 元，则实收 100 元。

注意：行驶里程以"千米"为单位，等待时间以"分钟"为单位。

【例 3.3】　计算三角形面积和周长。

问题描述：输入的三角形的三条边为 a、b、c，计算并输出面积和周长。三角形面积的计算公式是

$$area = \sqrt{S(S-a)(S-b)(S-c)}$$

其中，$S=(a+b+c)/2$。

这三个典型题例都含有问题计算和输入、输出数据的需求，我们都可以用 C 语言的三种基本程序设计结构，再结合输入、输出语句来实现。

## 3.1.2　算法

算法及结构化程序设计方法

开发程序的目的就是要解决实际问题。然而，面对各种复杂的实际问题，如何编制程序，往往令初学者感到茫然。程序设计语言只是一个工具，只懂得语言的规则并不能保证编制出高质量的程序。程序设计的关键是设计算法，算法与程序设计和数据结构密切相关。简单地讲，算法是解决问题的策略、规则和方法。算法的具体描述形式很多，但计算机程序是对算法的一种精确描述，而且可在计算机上运行。

### 1. 算法的概念

优秀传统文化的继承

当我们对实际问题进行抽象，将问题描述为输入与输出后，就要考虑按照什么样的顺序安排有限步的基本计算，将输入数据转换成输出数据，这个过程称为算法设计。算法就是解决问题的一系列操作步骤的集合，可以说是设计思路的描述。比如，厨师做每道菜都要经过一系列的步骤——洗菜、切菜、配菜、炒菜和装盘。用计算机解题的步骤就叫算法，编程人员必须告诉计算机先做什么，再做什么，这可以通过高级语言的语句来实现。通过这些语句，一方面体现了算法的思想，另一方面指示计算机按算法的思想去工作，从而解决实际问题。

算法具有下列特性。

1）有穷性

对于任意一组合法输入值，在执行有穷步骤之后一定能结束，即算法中的每个步骤都能在有限时间内完成。

2）确定性

算法的每一步必须是确切定义的，使算法的执行者或阅读者都能明确其含义及如何执行，并且在任何条件下，算法都只有一条执行路径。

3）可行性

算法应该是可行的，算法中的所有操作都必须足够基本，都可以通过已经实现的基本操作运算执行有限次实现。

4）有输入

一个算法应有零个或多个输入，它们是算法所需的初始量或被加工对象的表示。有些输入量需要在算法执行过程中输入，而有的算法表面上没有输入，实际上已被嵌入到算法之中。

5）有输出

一个算法应有一个或多个输出，它是一组与输入有确定关系的量值，是算法进行信息加工后得到的结果，这种确定关系即为算法的功能。

以上这些特性是一个正确的算法应具备的特性，在设计算法时应该注意。

程序与算法是不同的，程序是算法用某种程序设计语言的具体实现，程序是由一系列语句组成的。程序可以不满足算法的有穷性。例如操作系统，它是在无限循环中执行的程序，除非关机，否则运行永不停止。然而，若把操作系统的各种任务看成一些单独的问题，每一个问题由操作系统中的一个子程序通过特定的算法实现，则该子程序得到输出结果后便终止。

著名的计算机科学家沃思(Niklaus Wirth)曾经提出了一个著名的公式：

$$数据结构 + 算法 = 程序$$

数据结构是指对数据(操作对象)的描述，即数据的类型和组织形式；算法则是对操作步骤的描述。也就是说，数据描述和操作描述是程序设计的两项主要内容。数据描述的主要内容是基本数据类型的组织和定义，操作描述则是由语句来实现的。

### 2. 算法的评价标准

通常从下面几个方面衡量算法的优劣。

#### 1) 正确性

正确性指算法能满足具体问题的要求，即对任何合法的输入，算法都会得出正确的结果。

#### 2) 可读性

可读性指算法被理解的难易程度。算法首先是为了人们阅读与交流，其次才是为了计算机执行，因此算法应该更易于人的理解。另一方面，晦涩难读的程序易于隐藏较多错误而难以调试。

#### 3) 健壮性(鲁棒性)

健壮性即对非法输入的抵抗能力。当输入的数据非法时，算法应当恰当地做出反应或进行相应的处理，而不是产生奇怪的输出结果。处理出错的方法不应是中断程序的执行，而应返回一个表示错误或错误性质的值，以便在更高的抽象层次上进行处理。

#### 4) 高效率与低存储量需求

通常效率指的是算法执行时间，存储量指的是算法执行过程中所需的最大存储空间，两者都与问题的规模有关。尽管计算机的运行速度提高得很快，但这种提高无法满足问题规模增大带来的速度要求。所以追求高速算法仍然是必要的。相比起来，人们会更多地关注算法的效率，但这并不因为计算机的存储空间是海量的，而是由人们面临的问题的本质决定的。二者往往是一对矛盾，常常可以用空间换时间，也可以用时间换空间。

### 3. 算法的表示

算法就是对特定问题求解步骤的描述，可以说是设计思路的描述。在算法定义中，并没有规定算法的描述方法，所以它的描述方法可以是任意的。既可以用自然语言描述，也可以用数学方法描述，还可以用某种计算机语言描述。若用计算机语言描述，则称之为计算机程序。

为了能清晰地表示算法，程序设计人员采用更规范的方法，常用的有流程图、结构图、伪代码和 PAD 图等。本书主要介绍流程图和结构图。

#### 1) 流程图

流程图是描述算法最常用的一种方法，它用图形符号来表示算法。ANSI(美国国家标准化协会)规定的一些常用流程图符号如图 3.1 所示。这种表示直观、灵活，很多程序员采用这种表示方法，因此又称之为传统的流程图。本书中的算法将采用这种表示方法描述，读者应对这种流程图熟练掌握。

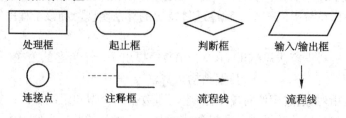

图 3.1　常用流程图符号

【例 3.4】　求三个整数的和。

求三个整数和的算法流程图如图 3.2 所示。

【例 3.5】　求两个正整数的最大公约数。

求两个正整数的最大公约数的算法流程图如图 3.3 所示。画流程图时，每个框内要说明操作内容，描述要确切，不要有二义性。画箭头时注意箭头的方向，箭头方向表示程序执行的流向。

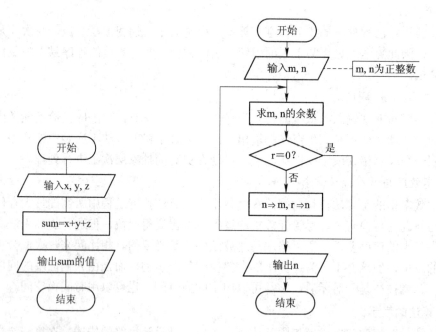

图 3.2　求三个整数和的算法　　　　图 3.3　求两个正整数的最大公约数的算法

## 2) N-S结构流程图

1973 年美国学者 I. Nassi 和 B. Shneiderman 提出了一种新的流程图形式。在这种流程图中完全去掉了流程线，全部算法写在一个矩形框内，而且在框内还可以包含其他的框。也就是说，由一些基本的框组成一个大的框。这种流程图称为 N-S 结构流程图。

N-S 结构流程图的基本元素框如图 3.4 所示。N-S 结构流程图算法清晰，流程不会无规律转移。

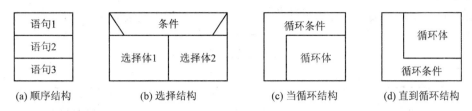

(a) 顺序结构　　　(b) 选择结构　　　(c) 当循环结构　　　(d) 直到循环结构

图 3.4　N-S 结构流程图的基本元素框

例 3.4 的 N-S 结构流程图如图 3.5 所示。

例 3.5 的 N-S 结构流程图如图 3.6 所示。

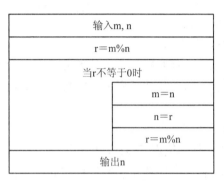

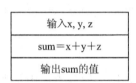

图 3.5　求三个整数和的 N-S 结构流程图　　　图 3.6　求两个正整数的最大公约数的
　　　　　　　　　　　　　　　　　　　　　　　　　　　　N-S 结构流程图

## 3.1.3　结构化程序设计的方法

自顶向下　分而治之

伴随着软件产业的蓬勃发展，软件系统变得越来越复杂，开发成本越来越高，而且在开发过程中出现了一系列问题，典型的例子是 IBM 360 操作系统，这一系统历经四年时间才完成，并不断修改、补充，但每一版本仍存在上千条错误。这种软件开发与维护过程中遇到的一系列严重问题被人们称为软件危机。在 20 世纪 60 年代，曾出现过严重的软件危机，由软件错误而引起的信息丢失、系统报废事件时有发生。为此，1968 年，荷兰学者 E. W. Dijkstra 提出了程序设计中常用的 GOTO 语句的三大危害，并提出了结构化程序设计方法。随后诞生了基于这一设计方法的程序设计语言 Pascal、C 语言等。

结构化程序设计语言一经推出，它的简洁明了及丰富的数据结构和控制结构，极具方便性与灵活性。同时它特别适合微型计算机系统，因此大受欢迎。

结构化程序设计思想采用了模块分解与功能抽象和自顶向下、分而治之的方法，解决了人脑思维能力的局限性与所处理问题的复杂性之间的矛盾，从而有效地将一个较复杂的程序系统设计任务分解成许多易于控制和处理的子程序，便于开发和维护，减少了程序的出错概率，提高了软件的开发效率。

采用结构化程序设计方法应遵循以下原则。

### 1. 自顶向下

自顶向下是指在进行程序设计时，先考虑总体，做出全局设计，然后考虑细节进行局部设计，逐步实现精细化。这种方法称为自顶向下、逐步求精的方法，其示意图见图 3.7。

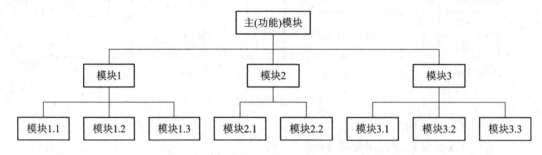

图 3.7　自顶向下，逐步求精的方法示意图

### 2. 模块化

模块化就是将一个大任务分成若干个较小的部分，每一部分承担一定的功能，也称功能模块。每个模块可以分别编程和调试，然后组成一个完整的程序。模块的划分应遵循一些基本原则，如模块内部联系要紧密，关联程度要高，模块间的接口要尽可能简单，以减少模块间的数据传递。

### 3. 限制使用 GOTO 语句

结构化程序质量的衡量标准同样以正确性作为前提。在正确的前提下，由过去的"效率第一"转为"清晰第一"，或者说程序符合"清晰第一，效率第二"的质量标准。

一个好的程序在满足运行结果正确的基本条件之后，首先要有良好的结构，使程序清晰易懂。在此前提之下，才考虑使其运行速度尽可能地快，运行时所占内存尽量压缩至合理的范围。也就是说，在程序质量标准中可读性好是第一位的，其次才是效率。从根本上说，只有程序具有了良好的结构，才易于设计和维护，才能减少软件成本，从整体来说，才是真正提高了效率。

## 3.1.4　程序的基本结构

本节介绍 C 语言程序的三种基本控制结构。从程序流程控制的角度来看，C 语言程序可以分为三种基本结构，即顺序结构、选择结构和循环结构。这三种基本结构可以组成各种复杂的程序。C 语言提供了多种语句来实现这些程序结构。

程序的基本结构

1966 年，Bohra 和 Jacopini 提出了三种基本结构：顺序结构由一系列顺序执行的操作(语句)组成，是一种线性结构；选择结构又称为分支结构，是根据一定的条件选择下一步要执行的操作；循环结构是根据一定的条件重复执行一个操作的集合。循环是计算机最擅长的工作。

结构化程序是由三种基本结构构成的程序。

### 1. 顺序结构

顺序结构是 C 语言的基本结构，如图 3.8 所示。顺序结构中的语句是按书写顺序执行的。除非指示转移，否则计算机自动以语句编写的顺序一句一句地执行。

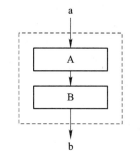

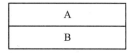

(a) 顺序结构的流程图表示　　　　　(b) 顺序结构的N-S图表示

顺序与选择　　　　　　　　　　　　　　图 3.8　顺序结构

## 2. 选择结构

选择结构如图 3.9(a)和图 3.9(b)所示。当条件成立时，执行模块 A；当条件不成立时，执行模块 B；模块 B 也可以为空，如图 3.10 所示。当条件为真时，执行某个指定的操作(模块 A)；当条件为假时，跳过该操作(单路选择)。

还有一种多路选择结构，根据表达式的值执行众多不同操作中的某个指定的操作(多路选择)，如图 3.11 所示。

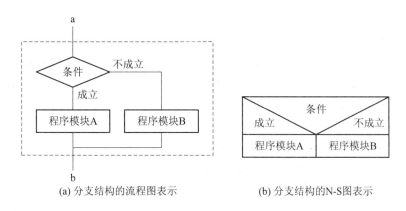

(a) 分支结构的流程图表示　　　　　　　(b) 分支结构的N-S图表示

图 3.9　分支结构的流程图表示

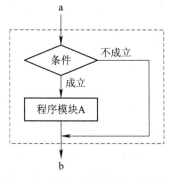

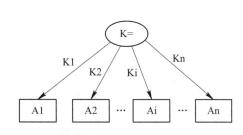

图 3.10　单分支结构的流程图表示　　　　图 3.11　多分支结构流程图

## 3. 循环结构

循环结构指被重复执行的一个操作的集合。循环结构有两种形式：当型循环和直到型循环。

1) 当型循环

当型循环是指先判断，只要条件成立(为真)就反复执行程序模块，当条件不成立(为假)时则结束循环。当型循环结构的流程图和 N-S 图如图 3.12 所示。

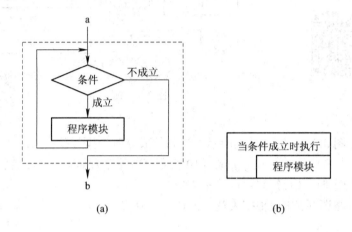

(a)                                  (b)

图 3.12  当型循环结构的流程图和 N-S 图

2) 直到型循环

直到型循环是指先执行程序模块，再判断条件是否成立。如果条件成立(为真)，则继续执行循环体；若条件不成立(为假)，则结束循环。直到型循环结构的流程图和 N-S 图如图 3.13 所示。

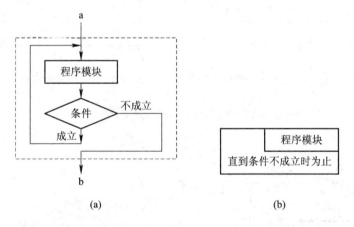

(a)                                  (b)

图 3.13  直到型循环结构的流程图和 N-S 图

C 语言提供了三种循环语句，即 while 循环、do-while 循环和 for 循环。

**注意：**无论是顺序结构、选择结构还是循环结构，它们都有一个共同的特点，即只有一个入口和一个出口。从上述流程图可以看到，如果把基本结构看作一个整体(用虚线框表示)，则执行流程从 a 点进入基本结构，而从 b 点脱离基本结构。整个程序由若干个这样的基本结构组成。三种结构之间可以是平行关系，也可以相互嵌套，通过结构之间的复合形成复杂的结构。结构化程序的特点就是单入口、单出口。

# 3.2 顺序结构程序设计

顺序结构是 C 语言的基本结构，是最简单的一种语句。顺序结构中的语句是按书写顺序执行的。

一个 C 程序是由若干个语句组成的，每个语句以分号作为结束符。C 语言的语句可分为 5 类，分别是控制语句、表达式语句、空语句和函数调用语句、复合语句。这 5 种语句中，除了控制语句外，其余 4 种都属于顺序执行语句。

## 1. 表达式语句

表达式语句是在各种表达式后加一个分号( ; )形成一个表达式语句。例如，赋值语句由赋值表达式加一个分号构成，程序中的很多计算都是由赋值语句完成的。

例如：

x=x+3;

再如，表达式 y++后加一个分号构成表达式语句：

y++;

表达式和表达式语句的区别是：表达式后无分号，可以出现在其他语句中允许出现表达式的地方；而表达式语句后有分号，自己独立成一个语句，不能再出现在其他语句的表达式中。例如：

if((a-b)<0)  min=a;

其中，"(a-b)<0"是表达式，"min=a;"是表达式语句。

## 2. 空语句

空语句直接由分号(;)组成，常用于控制语句中必须出现语句之处。它不做任何操作，只在逻辑上起到有一个语句的作用。例如：

;

空语句也是一个语句，不产生任何动作。空语句常用于构成标号语句，标识程序中的相关位置，在循环语句中作为空循环体，在模块化程序中作为未实现的模块或暂不接入的模块。

## 3. 函数调用语句

函数调用语句由函数调用加上分号组成。例如：

scanf("%f", &r);     /* 输入实型变量 r 的值*/

printf("%f", r);     /* 输出实型变量 r 的值*/

实际上，函数是一段程序，这段程序可能存在于函数库中，也可能是由用户自己定义的。当调用函数时，会转到该段程序执行。但函数调用以语句形式出现，它与前后语句之间的关系还是顺序执行的。

## 4. 复合语句

复合语句是由一对花括号{}括起的若干个语句，语法上可以看成是一个语句。复合语句中最后一个语句的分号不能省略。例如，下面是一个复合语句：

{  z = x;

```
        x = y;
        y = z;
    }
```

复合语句可以出现在允许语句出现的任何地方，在选择结构和循环结构中都会看到复合语句。例如，if 语句中的选择体、while 语句中的循环体，当选择体、循环体需用多条语句来描述时，就必须采用复合语句。

复合语句不是一条具体语句，而是一种逻辑上的考虑。凡是单一语句可以存在的位置，均可以使用复合语句。复合语句用在语法上是单一语句，但其相应的操作需用多条语句来描述。函数体从一般意义上讲就是一条复合语句。复合语句又称为分程序，它可以有属于自己的数据说明部分。

### 5. 控制语句

控制语句有条件判断语句(if、switch)、循环语句(for、while、do-while)、转移语句(goto、continue、break、return)。控制语句根据控制条件决定程序的执行流程。控制语句不是顺序执行的。

顺序结构是 C 语言的基本结构，除非指示转移，否则计算机自动以语句编写的顺序一句一句地执行。

## 3.2.1　数据的输入与输出

数据的输入与输出(上)

一般的 C 程序总可以分成三部分：输入原始数据，进行计算处理和输出运行结果。其中，数据的输入与输出是程序的重要部分。在其他的高级语言中，一般都提供相应的输入和输出语句，但在 C 语言中数据的输入和输出由库函数来完成。在 C 语言中没有用于完成 I/O 操作的关键字，而是采用 I/O 操作函数。因此，数据的 I/O 操作要调用 I/O 库函数。

### 1. C 语言中数据的输入与输出

在 ANSI C 标准中定义了一组完整的 I/O 操作函数，这些函数调用时所需的一些预定义类型和常数都在头文件 stdio.h 中。因此，在调用 I/O 函数时，在程序前面应加上：

　　　　#include <stdio.h>　 或 #include　"stdio.h"　　/* 输入和输出函数*/

该编译预处理命令将 stdio.h 头文件包含到源程序文件中。如没有该命令指定，可能造成错误。其中，stdio 是 standard input & output 的缩写，文件后缀"h"是 head 的缩写。

C 语言 I/O 系统为 C 语言编程者提供了一个统一的接口，与具体的被访问设备无关。也就是说，在编程者和被使用设备之间提供了一层抽象的东西，这个抽象的东西就叫作流。具体的实际设备叫作文件。所有的流具有相同的行为，相当于一个缓冲区。

文件包含命令是以#include 开头的编译预处理命令，文件包含是指一个源文件可以将另一个源文件的全部内容包含进来。

文件包含命令行的一般形式如下：

　　　　#include "文件名"

或

　　　　#include <文件名>

文件包含

编译预处理时，预处理程序将查找指定的被包含文件，并将其内容复制到#include 命令出现的位置上，使其全部内容成为源程序代码的一部分。

文件包含命令行的两种格式的区别如下所述。

(1) 在文件名使用双引号时，系统首先到当前目录下查找被包含文件，如果没有找到，再到系统指定的包含文件目录(由用户在配置环境时设置)去查找。

(2) 在文件名使用尖括号时，直接到系统指定的包含文件目录去查找。

一般地，如果调用库函数用#include 命令来包含相关的头文件，则用尖括号，以节省查找时间；如果要包含的是用户自己编写的文件(这种文件一般都在当前目录中)，一般用双引号。

在前面已多次用此命令包含过某些头文件。例如：

```
#include <"stdio.h">
#include <math.h>
```

在程序设计中，文件包含是很有用的。一个大程序通常分为多个模块，并由多个程序员分别编程。有了文件包含处理功能，就可以将多个模块共用的数据(如符号常量和数据结构)或函数集中到一个单独的文件中。这样，凡是要使用其中的数据或调用其中函数的程序员，只要使用文件包含处理功能，将所需文件包含进来即可，不必再重复定义它们，从而减少重复劳动。

除以上功能外，文件包含还可以将多个源程序代码合并成为一个源程序后进行编译。

【例 3.6】　多源程序文件处理。

假定有三个源程序文件 file1.c、file2.c、file3.c，程序如下所述。

源程序文件 file1.c 的内容：

```
float maxtwo( float x,float y)          /*求两个数中最大值的函数*/
{
    float z;
    z=x>y? x:y;
    return(z);
}
```

源程序文件 file2.c 的内容：

```
float maxthree( float x,float y,float z)     /*求三个数中最大值的函数*/
{
    float max;
    max=maxtwo(maxtwo(x,y),z);
    return(max);
}
```

源程序文件 file3.c 的内容：

```
void main()    /*主函数*/
{
    float x1, x2, x3, max;
    scanf("%f,%f,%f",&x1,&x2,&x3);
```

```
    max=maxthree(x1,x2,x3);
    printf("The max number is:%f\n",max);
}
```

单独编译三个源程序文件 file1.c、file2.c、file3.c 中的任意一个都会出错，可以将 file3.c 改造为以下的 file4.c：

```
#include "file1.c"
#include "file2.c"
void main( )   /*主函数*/
{
    float x1, x2, x3, max;
    scanf("%f,%f,%f",&x1,&x2,&x3);
    max=maxthree(x1,x2,x3);
    printf("The max number is:%f\n",max);
}
```

再编译运行 file4.c 就能正确执行。因为在编译预处理时，file4.c 程序已经用包含文件 file1.c、file2.c 的内容替代了两条文件包含命令，所以它当然是正确的程序了。

file1.c、file2.c 和 file3.c 还可编辑成如下的 file5.c：

```
#include "file1.c"
#include "file2.c"
#include "file3.c"
```

该程序编译预处理后的结果与 file4.c 编译预处理后的结果完全相同。

但如果将 file5.c 编辑成如下内容：

```
#include "file2.c"
#include "file1.c"
#include "file3.c"
```

则在编译时会出现错误。请读者分析一下出错的原因。

**2. 字符数据的输入与输出**

C 语言提供了 putchar()、getchar()、getch()和 getche()等函数，用于单个字符的输入和输出。其中，gets()和 puts()函数用于字符串的输入和输出。这些函数都是以键盘、显示器等终端设备为标准输入、输出设备的一批标准输入和输出函数。

1) 字符输出函数putchar()

putchar()函数向标准输出设备(通常是显示器)输出一个字符。

putchar()函数的调用形式如下：

```
    putchar (ch);
```

其中，ch 是字符变量或字符常量。每调用 putchar()一次，就向显示器输出一个字符。

例如：

```
    putchar('h');
```

则在显示器上输出字符 h。

【例 3.7】　字符数据的输出。

```
#include <stdio.h>
void main( )
{
    char a, b;
    a='r';
    b='e';
    putchar(a);
    putchar(b);
    putchar('d');
    putchar('\n');
}
```

运行后，在屏幕上显示：

```
red
```

2) 字符输入函数

C 语言提供了 getchar()、getch()和 getche()函数，可用于单个字符输入。

getchar()函数从键盘上读入一个字符，并显示该字符(称为回显)。

putchar()函数的调用形式如下：

```
getchar();
```

通常把输入的字符赋给一个字符变量，构成一个赋值语句。例如：

```
char a;
a= getchar();
```

注意：getchar()函数的括号中没有参数，该函数的输入遇到回车才结束。回车前的所有输入字符都会逐个显示在屏幕上，但只有第一个字符作为函数的返回值。

【例 3.8】　单个字符的输入和输出。

```
#include <stdio.h>
void main()
{
    char ch;
    ch= getchar();          /*从键盘上读入字符直到回车结束*/
    putchar(ch);            /*显示输入的第一个字符*/
    putchar('\n');          /*换行*/
}
```

运行时，输入 xxx<回车>，最后在屏幕上显示：

```
x
```

与 getchar()函数功能类似的函数还有 getch()、getche()。

getch()函数不将键盘上输入的字符回显在屏幕上，常用于密码输入或菜单选择。getche()函数将输入的字符回显在屏幕上。getchar()函数与 getch()函数、getche()函数两者的区别是：

getchar()函数用户在键盘上输入一个字符需要按一次回车键，才能被计算机接受；使用getch()函数和 getche()函数时，只能接受一次键入。

例如：

```
ch= getch();              /*输入一个字符，但不回显*/
putchar(ch);              /*输出该字符*/
```

标准字符输入函数的返回值可以赋给一个字符变量或整型变量保存，也可以直接用在表达式中。例如：

```
putchar(getch( ));
```

【例 3.9】 将小写字母转换成大写。

```
#include <stdio.h>
void main( )
{
    char ch;
    ch=getch( );
    putchar(ch-32);
}
```

若从键盘输入 b(注意：屏幕上不显示 b)，在屏幕上显示：

```
B
```

3) 字符串输入/输出函数

字符串输入函数 gets() 用来从键盘读入一串字符。函数的调用形式如下：

```
gets(字符串变量名);
```

在输入字符串后，必须用回车作为输入结束。该回车符并不属于这串字符，由一个字符串结束标志('\0')在串的最后来代替它。此时空格不能结束字符串的输入，gets()函数返回一个指针。

字符串输出函数 puts()，将字符串常量、字符指针或字符数组名所对应的字符串数据显示在屏幕上并换行。

函数的调用形式是：

```
puts(字符串数据);
```

【例 3.10】 字符串的输入和输出。

```
#include <stdio.h>
void main( )
{
    char str[80];
    gets(str);
    puts(str);
}
```

当输入为 "How are you?" 时，输出如下：

```
How are you?
```

**3. 格式的输入与输出**

C 语言提供的格式输入与输出函数是 scanf()和 printf()函数,可以按指定的格式输入和输出若干个任意类型的数据。

数据的输入与输出(下)

1) 格式输出函数

格式输出函数的原型如下:

　　int printf(char *format[,argument,…]);

格式输出函数的功能:按规定格式向输出设备(一般为显示器)输出数据,并返回实际输出的字符数;若出错,则返回负数。

格式输出函数的调用形式为

　　printf("格式控制字符串",输出项表);

格式输出函数 printf()函数的功能是按用户指定的格式,依次输出输出项表的各输出项。其中,格式控制字符串用来说明输出项表中各输出项的输出格式。输出项表列出要输出的项(包括常量、变量或表达式等),各输出项之间用逗号分开。

格式控制字符串是用双引号括起来的字符串,包括格式说明字符串和非格式字符串(包括转义字符),它的作用是控制输出项的格式和输出一些提示信息。

格式说明字符串是以%开头的字符串,在%后面跟有各种格式的说明字符,以说明输出数据的类型、形式、长度和小数点位数等;非格式字符串在输出时会照原样输出。例如,"%d"表示按十进制整型输出,"%ld"表示按十进制长整型输出,"%c"表示按字符型输出等。

若输出项表并不出现,且格式控制字符串不含格式信息,则输出的是格式控制字符串本身。输出项表若是常量,则直接输出;若是变量,则输出其值;若是表达式,则先计算表达式的值,再输出。

**注意**:格式控制字符串中格式字符串和各输出项的数量要一致,顺序和类型也要一一对应。

对应不同类型数据的输出,C 语言用不同的格式字符描述。格式说明详见表 3.1。例如:

　　printf("sum =%d\n",x);

表 3.1　printf()的格式说明

| 格式符 | 格　式　说　明 |
|---|---|
| d 或 i | 以带符号的十进制整数形式输出整数(正数省略符号) |
| o | 以八进制无符号整数形式输出整数(不输出前导 0) |
| x 或 X | 以十六进制无符号整数形式输出整数(不输出前导符 0x)。用 x 时,以小写形式输出包含 abcdef 的十六进制数;用 X 时,以大写形式输出包含 ABCDEF 的十六进制数 |
| u | 以无符号十进制整数形式输出整数 |
| c | 以字符形式输出,输出一个字符 |
| s | 以字符串形式输出,输出字符串的字符至结尾符'\0'为止 |
| f | 以小数形式输出实数,默认输出 6 位小数 |
| e 或 E | 以标准指数形式输出实数,数字部分隐含 1 位整数和 6 位小数,用 E 时,指数以大写 E 表示 |
| g | 根据给定的值和精度,自动选择 f 与 e 中较紧凑的一种格式,不输出无意义的 0 |

若 x=300，则输出为

> sum =300

格式控制字符串中"sum ="照原样输出，"%d"表示以十进制整数形式输出，"\n"表示换行。

对输出格式，C 语言同样提供附加格式字符，用以对输出格式做进一步描述。在使用表 3.1 的格式控制字符时，在%和格式字符之间可以根据需要使用附加格式说明，使得输出格式的控制更加准确。附加格式说明符详见表 3.2。

表 3.2  附加格式说明符

| 附加格式说明符 | 格 式 说 明 |
|---|---|
| l | 用于长整型数据输出(%ld, %lo, %lx, %lu), 以及双精度型数据输出(%lf, %le, %lg) |
| m | 域宽，十进制整数，用以描述输出数据所占宽度。如果 m 大于数据的实际位数，输出时前面补足空格；如果 m 小于数据的实际位数，按实际位数输出。当 m 为小数时，小数点占 1 位 |
| n | 附加域宽，十进制整数，用于指定实型数据小数部分的输出位数。 如果 n 大于小数部分的实际位数，输出时小数部分用 0 补足； 如果 n 小于小数部分的实际位数，输出时将小数部分多余的位四舍五入。如果用于字串数据，n 表示从字串中截取的字符数 |
| — | 输出数据左对齐，默认时为右对齐 |
| + | 输出正数时，也以"+"号开头 |
| # | 作为 o、x 的前缀时，输出结果前面加上前导符 0、0x |

这样，格式控制字符的形式如下：

%〖附加格式说明符〗格式符

注意：书中描述语句格式时用空心方括号表示可选项，其余出现在格式中的非汉字字符均为定义符，应原样照写。

例如，可在%和格式字符之间加入形如"m.n"(m、n 均为整数，含义见表 3.2)的修饰。其中，m 为宽度修饰，n 为精度修饰。例如%8.2f，表示用实型格式输出，附加格式说明符"8.2"表示输出宽度为 8，输出 2 位小数。

例如：

printf("a=%5d, b=%5d", a, b);

若 a 的位为 3，b 的位为 12，则输出结果：

> a=□□□□3, b=□□□12

注：□表示空格。

【例 3.11】 不同类型数据的输出。

```
#include <stdio.h>
void main( )
{
```

```
        int x=28;
        unsigned y;
        long z;
        float sum;
        y=567;z=234678;sum=388.78;
        printf("Example :\n");
        printf("x=%d,%5d,%-6d,z=%ld\n",x,x,x,z);
        printf("y=%o,%x,%u \n",y,y,y);
        printf("sum=%f,%8.1f,%e \n",sum,sum,sum);
    }
```

运行结果：

```
Example :
x=28,□□□28,28□□□□,z=234678
y=1067,237,567
sum=388.779999,□□□388.8,3.887800e+002
```

**注意：**

(1) 使用 printf()函数时，输出对象中可以使用转义字符，完成一些特殊的输出操作。
例如：

```
printf("\n");              /* 输出换行 */
printf("\t");              /* 横向跳到下一制表位置 */
```

(2) 可以将整数作字符数据输出，输出的是以此作为 ASCII 码的字符。字符数据也可以作整数输出，输出的是字符的 ASCII 码。
例如：

```
printf("%c, %d", 97, 'f');
```

输出结果：

```
a,102
```

(3) 负数以补码的形式存储，将负数以无符号数输出时，按类似于赋值的规则处理。
例如：

```
int a= - 1;
printf("a=%d, oa=%o, xa=%x, ua=%u", a, a, a, a);
```

输出结果：

```
a= - 1, oa=177777, xa=ffff, ua=65535
```

2) 格式输入函数

格式输入函数 scanf()用于按规定的格式从标准输入设备(键盘)上输入数据，并将数据存入对应的地址单元中。

格式输入函数的原型如下：

```
int scanf(char *format[,argument,…]);
```

格式输入函数的功能：按规定格式从标准输入设备(键盘)输入若干数据给 argument 所指的单元，返回读入并赋给 argument 的数据个数，出错返回 0。

格式输入函数的调用形式如下：

scanf("格式控制字符串"，输入项地址表);

功能：按格式控制字符串中规定的格式，在键盘上输入各输入项的数据，并依次赋给各输入项。其中的格式控制字符串与 printf()函数的基本相同，格式字符串可以包含普通字符，普通字符在数据输入时必须原样输入。但是，若输入项以地址的形式出现，则输入项需要接受输入数据的所有变量的地址(指针)或字符串的首地址(指针)，而不是变量本身。地址是通过取地址运算符&获取的，这一点要特别注意。若有多个地址，则各地址之间要用逗号分隔。

例如：

scanf("%d", &i);　　　/*从键盘输入数据，存入变量 i 对应的内存空间*/

printf("%d", i);　　　　/*将变量 i 的值输出*/

**注意**：scanf()函数和 printf()函数使用时输入项与输出项的格式不同。

scanf("a=%d", &a);

即要在键盘上输入 a = 34，此时 34 送给变量 a，而控制字符串中 "a ="必须原封不动照样输入。

例如：

scanf("x, y=%d, %d", &x, &y);

即要在键盘上输入 x, y=62, 78 后回车，此时 62 送给变量 x，78 送给变量 y，而控制字符串中 "x, y="和两个 "%d"之间的逗号必须原封不动照样输入。

若输入 x, y=62□78 后回车，则 x=62，y 的值不确定，这是因为格式串中的逗号是普通字符，要照原样输入。

**注意**：输入数据默认用空格键、回车键或 Tab 键分隔。若格式串中无数据分割符号，一般用空格分隔即可。

例如：

scanf("%d %d", &x, &y);

输入 62□78 后回车，则 x=62，y=78。

例如：

scanf("%d %4d", &x, &y);

输入 62□12347 后回车，则 x=62，y=1234。虽然输入的是 12347，但 "%4d"的宽度为 4，应按格式截取输入数据前 4 位，即 1234。需要注意的是，附加格式说明符可以指定数据宽度，但不能(用.n)规定输入数据的小数位数。

例如：

scanf("%8.3f %d", &x, &y);

其中，"%8.3f"是错误的。对应于不同类型的数据输入，C 语言用不同的格式字符描述，详见表 3.3。

表 3.3 scanf()的格式说明

| 格 式 符 | 格 式 说 明 |
|---|---|
| d | 用于输入十进制整数 |
| o | 用于输入八进制整数 |
| x | 用于输入十六进制整数 |
| c | 用于输入字符数据 |
| s | 用于输入字符串数据 |
| f | 用于输入实数,可以用小数形式或指数形式输入 |
| e | 与 f 的作用相同,e 与 f 可以相互替换 |

C 语言还提供了附加格式字符,用于输入数据格式的进一步描述,详见表 3.4。

表 3.4 scanf 附加格式说明符

| 附加格式说明符 | 格 式 说 明 |
|---|---|
| l | 用于输入长整型数据(%ld, %lo, %lx)及双精度型数据(%lf, %le) |
| h | 用于输入短整型数据(%hd, %ho, %hx) |
| n | 域宽,为一正整数,用于指明截取输入数据的位数,只能用于整型数据输入 |
| * | 表示跳过当前输入项,即本输入项在读入后不赋给相应的变量 |

**注意:**

(1) 输入函数中格式控制字符串中不允许使用转义字符。

(2) 如果数据本身可以将数据分隔,则输入数据不需用分隔符。例如:

scanf("%d%c%d", &a, &b, &c);

a 的值为 35,b 的值为 b,c 的值为 78,可输入 35b78,字符数据 b 能起到分隔数据 35 和 78 的作用。

(3) %后的 "*" 附加格式说明符,用来表示跳过它相应的数据。

例如:

scanf("%2d%*3d%2d", &a, &b);

输入 1234567,a 得到值 12,b 得到值 67。

(4) 输入函数的返回值为输入数据的个数,需要时可以加以利用。

(5) 在介绍完输入函数后,读者还应注意到变量获取值有三种方法:定义时赋给初值,在编译时得到;在执行时利用赋值语句得到;在执行时通过输入函数得到。利用输入函数得到值更具灵活性、通用性。

(6) 输入数据时,表示数据结束有下列三种情况:

① 从第一个非空字符开始,遇空格、跳格(Tab 键)或回车。

② 遇宽度结束,如 "%5d",只取 5 列。

③ 遇非法输入。

例如:

scanf("%d%c%f", &a, &b, &c)

输入

　　　　78t235o.67↙

则 a 的值为 78，b 的值为字符 "t"，c 的值本来应为 2350.67，错打成 235o.67，由于 235 后面出现了字母 o，就认为此数值结束，所以将 235 送给 c。

（7）地址是由地址运算符&后跟变量名组成的。例如，&a、&b 分别表示变量 a 和变量 b 的地址。这个地址就是编译系统在内存中给 a、b 变量分配的地址。在 C 语言中，使用了地址这个概念，这是与其他语言不同的。应该把变量的值和变量的地址这两个不同的概念区别开来。变量的地址是 C 编译系统分配的，用户不必关心具体的地址是多少。变量的地址和变量值的关系如下：若变量 a 的值为 345，则 a 为变量名，345 是变量的值，&a 是变量 a 的地址。

【例 3.12】 数据的输入与输出。

```c
#include <stdio.h>
void main()
{ int a,b,c;
  printf("input a,b,c:\n");          /*屏幕提示*/
  scanf("%d%d%d",&a,&b,&c);          /*从键盘输入 3 个整数*/
  printf("a=%d,b=%d,c=%d",a,b,c);    /*按指定的格式输出读入的 3 个整数*/
}
```

运行结果：

```
input a,b,c:
34□78□657 ↙
a=34,b=78,c=657
```

【例 3.13】 编写一个程序，能够调用 getchar()函数读入从键盘输入的 4 个小写字母组成的一个英文单词，然后将小写字母都转换成大写字母，最后用 putchar()函数输出大写的单词。

```c
#include <stdio.h>
void main()
{ char a,b,c,d;
  a=getchar();
  b=getchar();
  c=getchar();
  d=getchar();
  putchar(a-32);
  putchar(b-32);
  putchar(c-32);
  putchar(d-32);
  putchar('\n');
}
```

运行结果：

> good✓
>
> GOOD

本例也可以使用 scanf()和 printf()函数实现，请读者自己练习写出程序。

【例 3.14】 求圆的面积和周长。

输入数据：半径 r，类型为 float。

输出数据：面积 s，周长 1，类型为 float。

算法分析：

(1) 输入半径 r。

(2) 计算面积 s=$\pi r^2$。

(3) 计算周长 l=2$\pi$r。

(4) 输出面积 s 和周长 1。

```
/*  求圆的面积和周长  */
#define PI 3.14159
#include<stdio.h>
void main( )
{
    float   r;
    float   s, l;
    /*输入数据*/
    printf("请输入圆的半径: ");
    scanf("%f", &r);
    /*求面积 s、 周长 l*/
    s=PI*r*r;
    l=2*PI*r;
    /*输出面积 s、 周长 l*/
    printf("面积=%6.3f, 周长=%6.3f \n", s, l);
}
```

输入数据：3

运行结果：

> 面积=28.274, 周长=18.850

【例 3.15】 编写显示如下界面的程序：

学生管理程序

| | |
|---|---|
| Add——追加数据 | Modify——修改数据 |
| Delete——删除数据 | Print——打印数据 |
| Sort——成绩排序 | Quit——退出程序 |

```
/*学生管理程序界面显示*/
#include<stdio.h>
void main( )
```

```
    {
        printf("%s\n", "                  学生管理程序");
        printf("%s\n", "Add——追加数据          Modify——修改数据");
        printf("%s\n", "Delete——删除数据       Print——打印数据");
        printf("%s\n", "Sort——成绩排序         Quit——退出程序");
    }
```

printf 语句也可以直接显示字符串。例如：

```
    printf("                  学生管理程序\n")。
```

### 3.2.2　计算思维

计算思维(Computation Thinking)是运用计算机科学的基础概念进行问题求解、系统设计以及人类行为理解等涵盖计算机科学之广度的一系列思维活动，是由美国卡内基·梅隆大学计算机科学系主任周以真(Jeannette M. Wing)教授于 2006 年 3 月在美国计算机权威期刊给出并定义的。2010 年，周以真教授又指出，计算思维是与形式化问题及其解决方案相关的思维过程，其解决问题的表示形式应该能有效地被信息处理代理执行。计算思维被认为是近十几年来产生的最具有基础性、长期性的重要思想。计算思维的概念一经提出就引起了国内外科学界和教育界的广泛关注。它代表着一种普遍的认识和一类普适的技能，每一个人，不仅仅是计算机科学家，都应热心于它的学习和运用。科学界主要关注于计算思维如何深刻影响其他领域的思考方式，进而如何促进其他领域的创新能力。

计算思维的本质是抽象和自动化。正如我们在第 1 章介绍的程序设计方法和本章介绍的结构化程序设计方法的思想一样，在 C 语言程序设计这门课程中可以很好地理解和运用计算思维的思想。

如同所有人都具备读、写、算(reading, writing and arithmetic，3R)能力一样，计算思维是必须具备的思维能力。为便于理解，周以真教授还对计算思维进行了更细致的阐述：计算思维是通过约简、嵌入、转化和仿真等方法，把一个困难的问题阐释为如何求解它的思维方法。

计算思维的特点如下：

(1) 计算思维吸取了解决问题所采用的一般数学思维方法，现实世界中巨大复杂系统的设计与评估的一般工程思维方法，以及复杂性、智能、心理、人类行为的理解等的一般科学思维方法。计算思维建立在计算过程的能力和限制之上，计算方法和模型使我们敢于去处理那些原本无法由个人独立完成的问题求解和系统设计。计算思维直面机器智能的不解之谜：什么人类能比计算机做得更好？什么计算机能比人类做得更好？最基本的是它涉及这样的问题：什么是可计算的？今天，我们对这些问题的答案仍是一知半解。

(2) 计算思维最根本的内容是抽象(abstraction)和自动化(automation)。计算思维中的抽象完全超越物理的时空观，并完全用符号来表示。其中，数字抽象只是一类特例。与数学和物理科学相比，计算思维中的抽象显得更为丰富，也更为复杂。数学抽象的最大特点是抛开现实事物的物理、化学和生物学等特性，仅保留其量的关系和空间的形式，而计算思维中的抽象却不仅仅如此。

(3) 计算思维是运用计算机科学的基础概念去求解问题、设计系统和理解人类的行为。它包括了涵盖计算机科学之广度的一系列思维活动。

当我们必须求解一个特定的问题时，首先会问：解决这个问题有多么困难？怎样才是最佳的解决方法？计算机科学根据坚实的理论基础来准确地回答这些问题。表述问题的难度就是工具的基本能力，必须考虑的因素包括机器的指令系统、资源约束和操作环境。为了有效地求解一个问题，我们可能要进一步问：一个近似解是否就够了？是否可以利用一下随机化？是否允许误报(false positive)和漏报(false negative)？计算思维就是通过约简、嵌入、转化和仿真等方法，把一个看起来困难的问题重新阐释成一个我们知道怎样解决的问题。

(4) 计算思维是一种递归思维，它进行的是并行处理。计算思维把代码译成数据，又把数据译成代码。它是由广义量纲分析进行的类型检查。对于别名或赋予人与物多个名字的做法，计算思维既知道其益处，又了解其害处；对于间接寻址和程序调用的方法，计算思维既知道其威力，又了解其代价。计算思维评价一个程序时，不仅仅根据其准确性和效率，还有美学的考量，而对于系统的设计，还考虑简洁和优雅。

(5) 抽象和分解可用来应对庞杂的任务或者设计巨大复杂的系统，类似于我们前面介绍的结构化和模块化设计。计算思维是选择合适的方式去陈述一个问题，或者是选择合适的方式对一个问题的相关方面建模使其易于处理。计算思维是利用不变量简明扼要且表述性地刻画系统的行为。计算思维使我们在不必理解每一个细节的情况下就能够安全地使用、调整和影响一个大型复杂系统的信息。

(6) 计算思维利用启发式推理来寻求解答，就是在不确定情况下规划、学习和调度。计算思维就是搜索、搜索、再搜索，结果是一系列网页、一个赢得游戏的策略或者一个反例。计算思维利用海量数据来加快计算，在时间和空间之间、在处理能力和存储容量之间进行权衡。

计算思维将渗透到我们每个人的生活之中，到那时，诸如算法和前提条件这些词汇将成为每个人日常语言的一部分，对"非确定论"和"垃圾收集"这些词的理解会和计算机科学里的含义趋近，而树在数据结构课程中已常常被倒过来画了。

我们已见证了计算思维在其他学科中的影响。例如，机器学习已经改变了统计学。就数学尺度和维数而言，统计学将其用于各类问题的规模在几年前还是不可想象的。目前，各种组织的统计部门都聘请了计算机科学家。

目前，计算机学家对生物科学越来越感兴趣，因为他们坚信生物学家能够从计算思维中获益。计算机科学对生物学的贡献不限于其能够在海量序列数据中搜索寻找模式规律的本领，最终希望数据结构和算法(我们自身的计算抽象和方法)能够以其体现自身功能的方式来表示蛋白质的结构。计算生物学正在改变着生物学家的思考方式。类似地，计算博弈理论正改变着经济学家的思考方式，纳米计算改变着化学家的思考方式，量子计算改变着物理学家的思考方式。

许多人将计算机科学等同于计算机编程。许多人认为计算机科学的基础研究已经完成，剩下的只是工程问题。当我们行动起来去改变这一领域的社会形象时，计算思维就是一个引导着计算机教育家、研究者和实践者的宏大愿景。

智力上的挑战和引人入胜的科学问题依旧亟待理解和解决，这些问题和解答仅仅受限于我们自己的好奇心和创造力。计算机科学专业不是一个狭窄的专业和就业范围，一个人可以主修计算机科学，而从事任何行业。例如，主修计算机科学的学者可以从事医学、法律、商业、政治，以及任何类型的科学和工程，甚至艺术工作。

计算思维不是今天才有的，在中国从小学到大学的教育，计算思维经常被朦朦胧胧地使用，却一直没有提高到周以真教授所描述的高度和广度，且不够新颖、明确和系统。它早就存在于中国的古代数学之中。中国古代学者认为，当一个问题能够在算盘上解算的时候，这个问题就是可解的，这就是中国的"算法化"思想。吴文俊院士正是在这一基础上围绕几何定理的机器证明展开的研究，这是国际自动推理界先驱性的工作，开拓了一个在国际上被称为"吴方法"的新领域——数学的机械化领域。吴院士的研究取得了一系列国际领先成果，并已应用于国际上当前流行的符号计算软件方面。

随着以计算机科学为基础的信息技术的迅猛发展，计算思维的作用日益凸显。正像天文学有了望远镜，生物学有了显微镜，音乐产业有了麦克风一样，计算思维的力量正在随着计算机速度的快速增长而被加速放大。计算思维的重要作用引起了中国学者的注意。由李国杰院士任组长的中国科学院信息领域战略研究组撰写的《中国至2050年信息科技发展路线图》指出：长期以来，计算机科学与技术这门学科被构造成了一门专业性很强的工具学科。"工具"意味着它是一种辅助性学科，并不是主业，这种狭隘的认知对信息科技的全民普及极其有害。针对这个问题，报告认为计算思维的培育是克服"狭义工具论"的有效途径，是解决其他信息科技难题的基础。

教育界主要关注于对计算思维能力的培养。例如，ACM 和 IEEE-CS 在修订后的计算机科学教程 2008(Computer Science Curriculum 2008) 中明确指出，应该将计算思维作为计算机科学教学的重要组成部分，希望通过计算思维领域的创新和进步来促进自然科学和工程技术领域产生革命性的成果。

计算思维最本质的内容是抽象和自动化，而这两个内容恰好反映了计算的根本问题，即什么能有效地自动进行。显然，这些计算思维方法都可以在计算机专业的高级语言程序设计、数据结构和编译原理等课程中找到出处。因此，计算思维作为计算机科学教学过程的重要任务，学生必须经过具有计算特点的这些核心课程的系统化学习和反复训练才能最终获得这样的能力。

### 3.2.3 C 程序的上机步骤及基本调试技术

#### 1. C 程序的上机步骤

C 语言编辑环境

C 语言采用的是编译方式，它有多种版本，各种版本都遵循 ANSI C 标准，但在扩充的功能方面各有差异。ANSI C 标准是所有编译器和用户程序设计须共同遵守的准则。一般来说，C 语言程序上机执行过程要经过四个步骤，如图 3.14 所示。

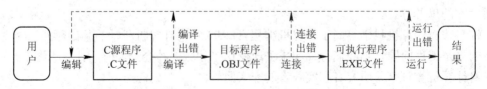

图 3.14  C 语言程序的上机步骤

1) 编辑源程序

编辑是指用户使用文本编辑软件把编写好的源程序输入计算机，并以文本文件的形式保存为一个或多个文件，这些文件叫源文件。C 语言源文件标识为"文件名.c"，其中文件名是由用户指定的符合 C 标识符规定的任意字符组合，其扩展名(或称后缀)为 .c，表示是 C 源程序。该类文件简称为 .c 文件，如 file.c、example.c 等。

2) 编译源程序

编译是指使用编译器把源文件翻译为目标文件。编译过程由 C 编译系统提供的编译程序完成。在翻译过程中，编译器对源文件进行语法和逻辑结构检查。当发现错误时，将发现错误的类型和所在的位置显示出来，用户可根据提示信息重新返回编辑阶段修改程序。如果未发现错误，表示编译通过，就自动形成目标代码，对目标代码进行优化后生成目标文件。目标文件的扩展名为 .OBJ，该类文件简称 .OBJ 文件。不同的编译系统或者不同版本的编译程序，它们的启动命令不同，生成的目标文件也不同。

3) 程序连接

编译后产生的目标文件是不能直接运行的二进制浮动程序。程序连接过程中，用系统提供的连接程序将目标程序、库函数或其他目标程序连接装配成一个可执行文件。可执行文件的扩展名为 .EXE，简称 .EXE 文件。

有的编译系统把编译和连接放在一个命令文件中，用一条命令即可完成编译和连接任务。这样做方便了用户。

4) 程序运行

可执行文件生成后，就可以投入运行，得到程序的处理结果。如果运行结果不正确，重新对程序编辑修改、编译和运行。与编译和连接不同的是，运行程序可以脱离语言处理环境，可以在语言开发环境下运行，也可以在操作系统环境下直接输入文件名，执行该文件。

目前常用的 C 编译系统大都是集编辑、编译、连接、调试和运行于一体的集成开发环境(Integrated Development Environment，IDE)，使用起来非常方便。

## 2. C 语言的上机环境

C 语言有多种不同的编译器，目前在微机上常用的编译器有美国 Borland International 公司的 Turbo C 和 Borland C++(简称 BC++)，Microsoft 公司的 Microsoft C 6.0/7.0(简称 MS C 6.0/7.0)，以及 Microsoft Visual C++(简称 VC++)、Dev-C++、Linux C 等，Dev-C++ 是 Windows 环境下的一个轻量级 C/C++ 集成开发环境，是一款自由软件。虽然它们的基本部分都是相同的，但还是有一些差异。读者使用时应根据自己选用的 C 编译系统的特点和相关规定(可参阅相关技术手册)来正确使用。目前高校进行教学实验时，比较流行使用 Visual C++ 6.0、Dev-C++、Linux C 以及 WIN-TC1.9.1 等，关于 Visual C++、Dev-C++、Linux 和手机端编程环境的详细介绍请参看本书第 9 章 C 语言运行环境，其他 C 编译器的使用请参看相关参考书。

## 3. C 程序的基本调试技术

编写好的 C 语言程序通过编辑器输入集成环境，然后就可以调试运行了。在编辑和调试过程中，如果发现了错误，可以利用 Visual C++ 6.0 的联机帮助功能和参考编译错误信息的提示，对程序进行修改和调试。

　　错误信息有两种：一种是 Error，表示这是一个严重错误，非改不可；另一种是 Warning，是警告信息。一般 Error 指程序的语法错误、磁盘或内存存取错误或命令行错误等，当遇到错误时停止现阶段的编译或连接。Warning 表示源程序在这里有可能是错误的，也有可能没有错误。一般来说，如果只出现警告信息，还是可以继续连接、运行的。因此，有些程序员经常忽视这些编译警告，继续连接、运行，直到出现了某种运行错误后才回过头来检查这些警告信息，这是非常不好的工作习惯。因为运行错误比编译错误更难于检查和修改，严重的运行错误还会引起死机现象。所以，当出现编译警告时最好还是仔细检查一下，及早消除引起警告的原因。

　　不管是错误还是警告，编译程序都会在消息窗口显示相应的信息。消息窗口中的每一行代表一个错误或一个警告，指出发现错误或警告的行号，同时提供可能产生的原因和纠正方法。但请注意，编译程序有时指出的错误行并不一定是真正产生错误的行，多数错误是在给出行号的前面。修改程序中的一处错误，可能会使消息窗口中的多个错误信息同时消失。

　　程序的基本调试手段有以下几种：标准数据检验、程序跟踪、边界检查和简化等。

　　(1) 标准数据检验。在程序编译、连接通过后，就进入了运行调试阶段。运行调试的第一步就是用若干组已知结果的标准数据对程序进行检验。标准数据一定要具有代表性，比较简洁，容易对结果的正确性进行分析。特别要注意检验临界数据。

　　(2) 程序跟踪。程序跟踪是最重要的调试手段。程序跟踪就是让程序一句一句地执行，通过观察和分析程序执行过程中的数据和程序执行流程的变化来查找错误。程序跟踪有两种方法：一种是直接利用集成环境的分步执行、断点设置、变量内容显示等功能对程序进行跟踪，具体使用方法可参看本书第 9 章 C 语言开发环境及相关用户手册；另一种是用传统的方法，通过在程序中直接设置断点，打印重要变量内容等来掌握程序运行情况。例如，Visual C++ 6.0 中可启动程序调试器(在 Build 菜单中，选择 Start Debug)来跟踪程序的调试和执行，进入调试状态时，可提供变量窗口、观察窗口、寄存器窗口、存储器窗口和调试堆栈窗口等各种窗口来协助程序员调试程序。

　　(3) 边界检查。在设计检查用的数据时，要重点检查边界和特殊情况。对于分支程序，每一条路径都要通过检验。

　　(4) 简化。简化是指通过对程序进行某种简化来加快调试的速度，如减少循环次数，缩小数组规模，用注释屏蔽某些次要程序段等。

　　使用上述方法，可提高调试的效率，尽早找出程序中的错误。

## 3.2.4　题例分析与实现

　　【例 3.1 的分析与实现】　程序如下：

```
#include<stdio.h>
void main()
{
    int a, b;
```

```
        printf("请输入两个操作数: \n");
        scanf("%d %d", &a, &b);
        printf("\n 运算结果如下： \n");
        printf("%d + %d = %d\n", a, b, a + b);
        printf("%d - %d = %d\n", a, b, a - b);
        printf("%d * %d = %d\n", a, b, a * b);
        if (b == 0)
            printf("除法操作中，除数不能为 0 \n");
        else if (a % b == 0)
        {
            printf("%d / %d = %d\n", a, b, a / b);
        }
        else
        {
            printf("%d / %d = %.2f\n", a, b, a * 1.0 / b);
        }
    }
```

运行结果如图 3.15 所示。

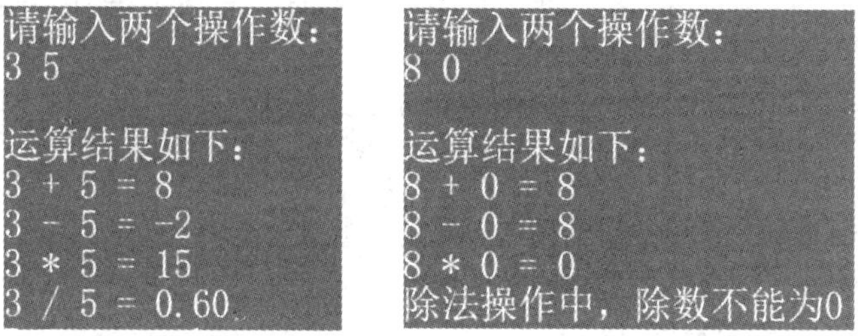

图 3.15　例 3.1 运行结果

【例 3.2 的分析与实现】　程序如下：

```
    #include<stdio.h>
    void main()
    {
        float dis,cost=8;        //cost 表示计算所得费用
        int min,pay,change;      //pay 表示实际收取金额，change 表示零头
        printf("请输入行驶里程和等待时间: ");
        scanf("%f%d",&dis,&min);
        if(dis>2 && dis<=8)
            cost = 8 + (dis-2)*2.4;
        else if(dis>8)
            cost = 8 + (8-2)*2.4 + (dis-8)*3.6;
```

```
        cost += min/5*2;
        pay = (int)cost;
        change = (int)(cost*10)%10;
        if(change >= 5)
            pay+=1;
        printf("\n 实际收取：%d  元\n",pay);
    }
```
运行结果如图 3.16 所示。

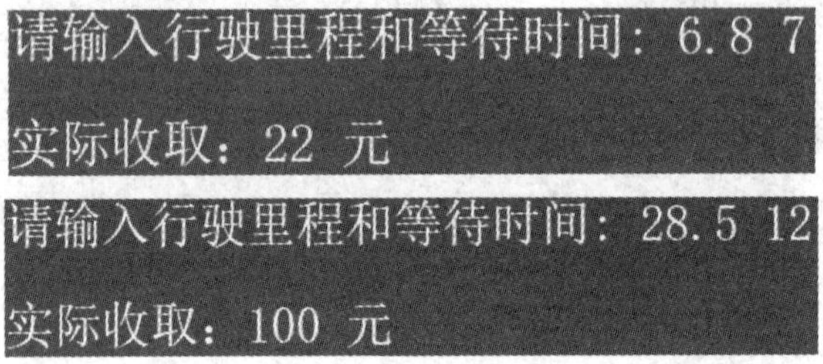

请输入行驶里程和等待时间：6.8 7

实际收取：22 元

请输入行驶里程和等待时间：28.5 12

实际收取：100 元

图 3.16　例 3.2 运行结果

【例 3.3 的分析与实现】　程序如下：

```
#include<stdio.h>
#include<math.h>
void main()
{
    int a,b,c;
    float area,len,s;
    printf("请输入三角形的三条边: ");
    scanf("%d%d%d",&a,&b,&c);
    if(a+b>c && a+c>b && b+c>a)
    {
        s=(a+b+c)/2.0;
        area = s*(s-a)*(s-b)*(s-c);
        area = sqrt(area);
        printf("\n 三角形面积  = %.2f\n",area);
        printf("\n 三角形周长  = %.2f\n",2*s);
    }
    else
    {
        printf("\n 给定的三条边不能构成一个合法的三角形! \n");
    }
}
```

运行结果如图 3.17 所示。

请输入三角形的三条边：3 4 5

三角形面积 = 6.00

三角形周长 = 12.00

请输入三角形的三条边：3 4 7

给定的三条边不能构成一个合法的三角形！

图 3.17 例 3.3 运行结果

## 3.3 选择结构程序设计

在顺序结构程序设计中，程序的流程是固定的，即按照语句书写的先后顺序逐条执行。然而在解决实际问题时，需要根据不同的条件执行不同的处理操作，即必须对顺序书写的语句进行有选择的执行。例如，"红灯停、绿灯行"的交通规则可以保障十字路口的交通顺畅，人们根据不同的交通灯进行判断，然后根据判断的结果进行相应的动作，这就是典型的"选择结构"。其实质就是根据所给定的条件是否满足，确定哪些程序段被执行，而哪些程序段不被执行。在 C 语言中提供两种控制语句来实现选择分支结构，一种是可以实现二路分支的 if 语句，另一种是可以实现多路分支的 switch 语句。本节将具体介绍有关选择分支结构程序设计的内容。

取舍大智慧

### 3.3.1 典型题例

【例 3.16】 考研录取。

问题描述：陕西某高校考取硕士研究生，共考 4 门课程，分别是数学(满分 150)、英语(满分 100)、政治(满分 100)、专业课(满分 150)。考研分数线的要求是不仅总分要过线，单科也必须过线。假设某年某校研究生录取的分数线是数学和专业课单科分数线是 85(含)，英语和政治单科分数线是 55(含)，总分分数线是 305(含)，并且规定在单科和总分均过线的前提下，总分 370 分(含)以上的是公费生，否则是自费生。现在根据报考考生的分数判断他们的录取情况。

【例 3.17】 加油站服务。

问题描述：某加油站为了吸引顾客，推出了"自助服务"和"协助服务"两个服务类型，可分别享受 95 折和 97 折的折扣。如图 3.18 所示，当天 92# 汽油 5.41 元/升、95# 汽油

图 3.18 加油站当天油价

5.72 元/升、98# 汽油 6.38 元/升。根据顾客选择的服务类型和汽油品种以及加油量,显示顾客的应付款。

【例 3.18】 企业根据利润提成发放的奖金。

问题描述:利润 I 低于或等于 10 万元时,奖金可提成 10%;利润高于 10 万元,低于 20 万元(100 000<I≤200 000)时,其中 10 万元按 10% 提成,高于 10 万元的部分按 7.5% 提成;200 000<I≤400 000 时,其中 20 万元仍按上述办法提成(下同),高于 20 万元的部分按 5% 提成;400 000<I≤600 000 时,高于 40 万元的部分按 3% 提成;600 000<I≤1000 000 时,高于 60 万的部分按 1.5% 提成;I>1000 000 时,超过 100 万元的部分按 1% 提成。输入当月的利润 I,计算应发放奖金总数。

### 3.3.2 二路分支——if 语句

程序中的选择结构,如同人们口语中常说的"如果……就……否则……",在 C 语言中使用 if-else 语句,它根据给定的条件进行判断,以决定执行某一个分支程序段。

二路分支(上)

**1. if 语句的一般形式**

C 语言的 if 语句有三种基本形式。

1) 简单 if 语句

    if(表达式) 语句 1;

其语义是先计算表达式的值,若为"真",则执行语句 1,否则跳过语句 1 执行 if 语句的下一条语句,其过程如图 3.19 所示。

【例 3.19】 模拟"红灯停,绿灯行"的交通信号灯。

    (红灯:0          绿灯:1)

问题分析:根据当前信号灯的状态输出不同的提示信息。首先设置 signal 变量,然后依据其值进行判断;如果为 0,输出"红灯停"的信息;如果为 1,输出"绿灯行"的信息。

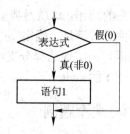

图 3.19 if 语句流程图

```c
#include<stdio.h>
void main()
{
    int signal;
    printf("0:红灯,1:绿灯\n");
    scanf("%d",&signal);
    if(signal==0)
        printf("红灯停,禁止通过! \n");
    if(signal==1)
        printf("绿灯行,请通过! \n");
}
```

【**例 3.20**】 理解简单的 if 语句并分析其功能。

```
#include<stdio.h>
void main()
{
    int a,b,c,max;
    printf("\n 请输入三个整数(a,b,c):");
    scanf("%d,%d,%d",&a,&b,&c);
    max=a;
    if(b>max)    max=b;
    if(c>max)    max=c;
    printf("max=%d",max);
}
```

分析：此程序首先从键盘输入三个数 a、b、c，然后把 a 赋予变量 max，用 if 语句判断 b 和 max 的大小。如果 b 大于 max，则把 b 赋予 max，再用 if 语句判断 c 和 max 的大小，如果 c 大于 max，则把 c 赋予 max。因此 max 中总是保存三个数中的大数，最后输出 max 的值。故此程序的功能是输出三个数中的最大数。此题还可以延伸到求解 4 个或 4 个以上数的最大值，思路仍然是先取一个数预置为最大数(max)，再用 max 依次和其余的数逐个比较，如果发现有比 max 大的值，就用它给 max 重新赋值，这样依次比较完所有的数后，max 中保存的数就是最大值。

【**例 3.21**】 输入三个整数 x、y、z，请把这三个数由小到大输出。

问题分析：

(1) 将 x 与 y 比较，把小者放 x 中，大者放 y 中。

(2) 将 x 与 z 比较，把小者放 x 中，大者放 z 中，此时 x 已是三者中最小的。

(3) 将 y 与 z 比较，小者放 y 中，大者放 z 中，此时 x、y、z 已按从小到大的顺序排列好。

```
#include<stdio.h>
void main()
{
    int x,y,z,t;
    printf("\n 请输入三个整数(x,y,z):");
    scanf("%d,%d,%d",&x,&y,&z);
    //保证 x 中存最小数
    if (x>y)                 //交换 x、y 的值
    {   t=x;
        x=y;
        y=t;
    }
    if(x>z)                  //交换 x、z 的值
    {   t=z;
```

```
            z=x;
            x=t;
        }
    //保证 y 中存次小数
    if(y>z)                //交换 y、z 的值
    {   t=y;
        y=z;
        z=t;
    }
    printf("该三个数由小到大的顺序为: %d,%d,%d\n",x,y,z);
}
```

**注意**：如果要想在满足条件时执行一组(多个)语句，则必须把这一组语句用花括号{ }括起来构成一条复合语句。

该题中还提供了对两数进行交换的一种方法，即引入一个中间变量 t，实现 x 和 y 两数的交换。

```
    t=x;        //t 来保存 x 的初值
    x=y;        //x 被赋 y 的值
    y=t;        //y 被赋 t 的值，即被改变前的 x 的初值
```

请读者思考：如果要求不另外开辟这一个辅助空间，即不引入中间变量 t，如何实现两数交换？

2) if-else 语句

if-else 语句的形式：

```
    if(表达式) 语句 1;
    else      语句 2;
```

其语义是：如果表达式的值为真，则执行语句 1，并跳过语句 2，继续执行 if 语句的下一条语句；若表达式的值为假，执行语句 2，然后继续执行 if 语句的下一条语句。

其执行过程如图 3.20 所示。

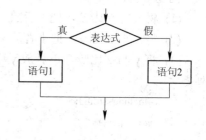

图 3.20　if-else 语句流程图

【**例 3.22**】 判断输入的一个整数是奇数还是偶数。

问题分析：对于一个整数，如果是偶数说明可以被 2 整除，否则就是奇数。其中，如果 x 能被 y 整除，则余数为 0，即如果 x%y 的结果为 0，则 x 能被 y 整除。

```
    #include<stdio.h>
    void main()
    {
        int number;
        printf("\n 请输入一个整数:");
        scanf("%d", &number);
        //如果 number 可以被 2 整除，即 number 除以 2 的余数是 0
```

```
if(number%2==0)
    printf("\n 整数%d 是一个偶数。", number);
//如果 number 不能被 2 整除，即 number 除以 2 的余数不是 0
else
    printf("\n 整数%d 是一个奇数。", number);
}
```

【例 3.23】 判断给定的某一年是否是闰年。

问题分析：如果某年能被 4 整除而不能被 100 整除，或者能被 400 整除，那么该年就是闰年，否则就是平年。将是否是闰年的标志 leap 预置为 0(表示平年，即非闰年)，这样仅当 year 年为闰年时，将 leap 置为 1 即可。这种处理两种状态值的方法，对优化算法和提高程序可读性都非常有效，请读者认真体会。

```
#include<stdio.h>
void main()
{
    int year,leap=0;
    printf("\n 请输入年份(yyyy):");
    scanf("%d",&year);
    //判断该年是否是闰年
    if(year%4==0&&year%100!=0||year%400==0) leap=1;
    if(leap)                //leap=1,该年是闰年
            printf("%d 年是闰年.\n",year);
    else                    //leap=0,该年是平年
            printf("%d 年是平年.\n",year);
}
```

【例 3.24】 输入一个三角形的三边长 A、B、C，然后判断此三角形是否为直角三角形。

问题分析：

(1) 满足三角形边长的基本条件为：边长不能为负数，且两边之和必须大于第三边。

(2) 直角三角形的三边长应满足 $A^2 + B^2 = C^2$ 或 $A^2 + C^2 = B^2$ 或 $B^2 + C^2 = A^2$ 表达式。

(3) C 语言提供的 pow(a,b)函数可返回 $a^b$ 的值，该函数包含在头文件 math.h 中。

```
#include <stdio.h>
#include <math.h>
void main( )
{
    int A, B, C;
    printf("请输入三角形的三边长(A,B,C)： ");
    scanf("%d,%d,%d", &A,&B,&C);
    if(A<0||B<0||C<0)
    {
        printf("抱歉，边长不能为负数！ ");
```

```
        exit(1);              /*出错退出*/
    }
    if(A+B<=C||A+C<=B||B+C<=A)
    {
        printf("抱歉，三角形任意两边之和应大于第三边！");
        exit(1);
    }
    if ( (pow(A,2)+pow(B,2))==pow(C,2) ||
        (pow(A,2)+pow(C,2))==pow(B,2) ||
        (pow(B,2)+pow(C,2))==pow(A,2) )
        printf("是直角三角形!\n");
    else   printf("不是直角三角形!\n");
}
```

3) if-else-if形式

前两种形式的 if 语句一般都用于二路分支的情况。当有多个分支选择时，可采用 if-else-if 语句，其一般形式如下：

```
    if(表达式 1)        语句 1;
    else   if(表达式 2)    语句 2;
    else   if(表达式 3)    语句 3;
        ⋮
    else   if(表达式 n−1)  语句 n−1;
    else   语句 n;
```

二路分支(下)

其语义是：依次判断表达式 1 至 n−1 的值，当表达式中某个值为逻辑真时，则执行其相应的语句，然后跳到整个 if 语句之外继续执行程序；如果所有的表达式均为假，则执行语句 n，然后继续执行后续程序。if-else-if 语句的执行过程如图 3.21 所示。

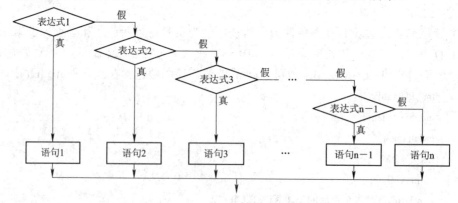

图 3.21　if-else-if 语句的执行过程

【例 3.25】 假设一年四季中春季为 2～4 月份，夏季为 5～7 月份，秋季为 8～10 月份，冬季为 11～1 月份。编写程序，根据输入的月份打印出所属的季节。

```
    #include<stdio.h>
```

```
void main()
{
    int month;
    printf("请输入月份(1~12)：");
    scanf("%d",&month);
    if(month>=2&&month<=4)
        printf("现在是春季！");
    else if(month>=5&&month<=7)
        printf("现在是夏季！");
    else if(month>=8&&month<=10)
        printf("现在是秋季！");
    else if(month==11||month==12||month==1)
        printf("现在是冬季！");
    else printf("非法输入！");
}
```

【例 3.26】　编写程序，要求判别键盘输入字符的类别。

问题分析：根据输入字符的 ASCII 码来判别类型。由附录 1 中的 ASCII 码表可知，ASCII 码值小于 32 的为控制字符；在 '0'(48) 和 '9'(57) 之间的字符为数字；在 'A'(65) 和 'Z'(90) 之间的字符为大写字母；在 'a'(97) 和 'z'(122) 之间的字符为小写字母；其余归为其他字符。这是一个多分支选择的问题，用 if-else-if 语句编程，判断输入字符 ASCII 码所在的范围，分别给出不同的输出。例如，输入为 'A'，输出显示它为大写字母。具体的流程图如图 3.22 所示。

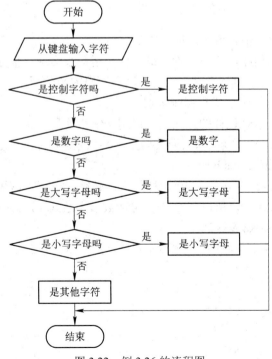

图 3.22　例 3.26 的流程图

```
#include<stdio.h>
void main()
{
    char c;
    printf("\n 请输入一个字符:\n");
    c=getchar();
    if(c<32)
        printf("这是一个控制字符！\n");
    else if(c>='0'&&c<='9')
        printf("这是一个数字!\n");
    else if(c>='A'&&c<='Z')
        printf("这是一个大写字母！\n");
    else if(c>='a'&&c<='z')
        printf("这是一个小写字母！\n");
    else printf("这是其他字符！\n");
}
```

当然，该题中条件判断的地方也可以直接使用 ASCII 码值进行判断。例如：if(c>='0' &&c<='9') 可换为 if(c>=48&&c<=57)，只是使用前者时程序的可读性更强。

【例 3.27】 有一个函数如下：

$$y = \begin{cases} x+1, & x<10 \\ x^2, & 10 \leqslant x<20 \\ 6x+9, & x \geqslant 20 \end{cases}$$

编写一程序，输入任意 x 值，输出对应的 y 值。

问题分析：编写此程序，首先应确定采用什么结构去实现。很显然，可以考虑选择分支结构，即 if 语句来实现。其次要注意的是，这里给出的函数形式都是数学表达式的形式，那么要清楚它与 C 语言的表达式有哪些区别。

(1) 在 C 语言中没有 $x^2$ 这样的形式，可以用 x*x 来实现，也可以通过调用函数实现，即调用系统函数 pow(x,y) 来实现 $x^y$，但要注意调用系统函数时，一定要在程序前面加上该函数所在的库，即#include<math.h>。

(2) 在 C 语言中要表示 $10 \leqslant x<20$ 这种关系，必须使用逻辑运算符；$10 \leqslant x$ 在 C 语言中的形式为 10<=x 或 x>=10，所以用 C 语言实现数学表达式 $10 \leqslant x<20$ 的正确形式应为：x>=10&&x<20 或者 10<=x&&x<20。

(3) C 语言规定，乘法关系中乘号*不能省略，所以 6x+9 必须写成 6*x+9。

```
#include <stdio.h>
void main()
{
    float x,y;
    printf("\n 请输入 x:");
```

```
        scanf("%f",&x);
        if(x<10)                    y=x+1;
        else    if(x>=10&&x<20)     y=x*x;
        else    if(x>=20)           y=6*x+9;
        printf("y=%f\n",y);
    }
```

其实，此段程序可进一步简化，在第一个 else 对应的 if 语句里，实质上已经隐含了 x＜10 的否定条件，即 x≥10，所以这里可以不用再加此条件。同样，第二个 else 对应的 if 语句里也已经包含了 x≥20 的条件，因此也无需再声明。

改进后的源程序如下：

```
        #include <stdio.h>
        #include <math.h>
        void main()
        {
            float x,y;
            printf("\n 请输入 x:");
            scanf("%f",&x);
            if(x<10)        y=x+1;
            else    if(x<20)    y=pow(x,2);
            else                y=6*x+9;
            printf("y=%f\n",y);
        }
```

说明：

(1) 三种形式的 if 语句中，在 if 关键字之后均为表达式，表达式必须用( )括起来。该表达式通常是逻辑表达式或关系表达式，也可以是其他任意类型的表达式，如赋值表达式等，甚至还可以是一个任意类型的变量或数值，而这里关心的只是它们的逻辑结果值。

例如：

```
        if(x=5) 语句;
        if(5) 语句;
```

都是允许的。

在 if(x=5)…中赋值表达式 x=5 的结果永远为逻辑真值，所以其后的语句总是要执行的；但是这种情况在程序中不一定会出现，然而在语法上是合法的。例如有如下程序段：

```
        if(x=y)    printf("%d",x);
        else        printf("x=0");
```

本语句的语义是把 y 的值赋予 x，如果 y 的值为非 0，则整个表达式的结果为逻辑真值，即执行 if 对应的语句，输出 x 的值；否则，如果 y 的值为 0，则整个表达式的结果为逻辑假值，即执行 else 对应的语句，输出 "x=0" 字符串。这种用法在程序中是经常出现的。在这里一定要注意 if(x=5)与 if(x==5)的差别。

(2) 在 if 语句中，判断条件表达式必须用( )括起来。

(3) 在 if 语句的三种形式中，所有的语句应为单条语句，如果要想在满足条件时执行一组(多个)语句，则必须把这一组语句用{ }括起来构成一条复合语句。

例如：

```
if(x>y)
{
    x++;
    y++;
}
else
{
    x--;
    y--;
}
```

### 2. if 语句的嵌套

当 if 语句中的执行语句又是 if 语句时，则构成了 if 语句嵌套的情形。其一般形式可表示如下：

```
if(表达式)
        if 语句;
```

或者为

勇敢拼搏 脚踏实地

```
if(表达式)    if 语句;
else          if 语句;
```

这里的 if 语句，可以是上面讲述的三种形式中的任意一种。

在嵌套内的 if 语句可能又是 if-else 型的，这将会出现多个 if 和多个 else 重叠的情况，这时要特别注意 if 和 else 的配对问题。

例如：

```
if(表达式 1)
if(表达式 2)    语句 1;
else            语句 2;
```

其中的 else 究竟与哪一个 if 配对呢？为了避免二义性，C 语言规定，else 总是与它上面、距它最近，且尚未匹配的 if 配对。为明确匹配关系，避免匹配错误，强烈建议将内嵌的 if 语句一律用花括号括起来。

【例 3.28】 阅读下面的程序，注意 else 的配对问题并分析其执行结果。

```
#include<stdio.h>
void main()
{
    int x=2,y=-1,z=2;
    if(x<y)
        if(y>0)
            z=0;
```

```
        else    z+=1;
        printf("z=%d\n",z);
    }
```

程序说明：程序段中的 else 应和第二个 if 匹配，也就是这两条语句为一个整体。把握了这一点，问题就迎刃而解了。判断第一个 if 的条件，x<y 即 2<-1，显然为假，不执行它相应的语句即第二个 if 语句，同时，else 又和这个 if 匹配成对，所以，此时的程序就直接跳到 printf 语句了。

运行结果：

```
z=2
```

如果将此题改为：

```
#include <stdio.h>
void main()
{
    int x=2,y=-1,z=2;
    if(x<y)
    {
        if(y>0)
            z=0;
    }
    else    z+=1;
    printf("z=%d\n",z);
}
```

则运行结果如下：

```
z=3
```

运行过程请读者自己分析。

【例 3.29】 某地出租车的收费方法如下：起步价 7 元，最多可行驶 3 千米(不包含 3 千米)；3 至 8 千米(不包含 8 千米)按 1.7 元/千米计算(不足 1 千米，按 1 千米计算)，8 千米以后按 2.0 元/千米计算(不足 1 千米，按 1 千米计算)。编写程序，输入所行驶里程数，计算并输出车费。

```
#include<stdio.h>
void main()
{
    double distance,fee;
    printf("请输入千米数: ");
    scanf("%lf",&distance);
    if(distance<0)
    {
        printf("抱歉，出错! ");
    }
```

```
        else
        {
            if(distance<3)          fee=7;
            else if(distance<8)     fee=7+(int)(distance-2)*1.7;
            else                    fee=7+5*1.7+(int)(distance-7)*2.0;
        }
        printf(" 您的出租车费用为：%8.2lf 元。\n",fee);
    }
```

运行结果：

> (1) 请输入千米数：0✓
>     抱歉，出错！
> (2) 请输入千米数：2✓
>     您的出租车费用为：7.00 元。
> (3) 请输入千米数：3.2✓
>     您的出租车费用为：8.70 元。
> (4) 请输入千米数：7.8✓
>     您的出租车费用为：15.50 元。
> (5) 请输入千米数：8.2✓
>     您的出租车费用为：17.50 元。

【例 3.30】 一个 5 位数，判断它是不是回文数(该数的个位与万位相同，十位与千位相同，例如 65 456 是个回文数)。

问题分析：

(1) 题目要求是一个 5 位数，由于 5 位数超过了 int 类型的范围，所以应该用 long int 类型，那么在输入时一定要用对应的" %ld"格式。

(2) 判断输入的数是否为 5 位数，即是否在 10 000～100 000 之间。

(3) 分解出该数的每一位数(万位、千位、十位和个位)，然后按要求进行判断，即个位与万位相同，十位与千位相同。

```
#include <stdio.h>
void main()
{
    long x;
    int ge,shi,qian,wan;
    printf("\n 请输入一个 5 位数:");
    scanf("%ld",&x);
    if(x>=10000&&x<100000)
    {
        wan=x/10000;                /* 分解出万位 */
        qian=x%10000/1000;          /* 分解出千位 */
        shi=x%100/10;               /* 分解出十位 */
```

```
        ge=x%10;                        /* 分解出个位  */
        if(ge==wan&&shi==qian)          /*个位等于万位并且十位等于千位  */
            printf("该数是回文数！\n");
        else    printf("该数不是回文数！\n");
    }
    else
    {
        printf("抱歉，该数不是一个 5 位数！\n");
        exit(1);
    }
}
```

exit()函数原型：

　　void exit(程序状态值)；

　　exit()函数功能：结束程序运行，返回操作系统，并将"程序状态值"返回给操作系统。当程序状态值为 0 时，表示程序正常退出；当程序状态值为非 0 值时，表示程序出错退出。

　　【例 3.31】　求 $ax^2 + bx + c = 0$ 方程的解。

　　问题分析：求解此方程的解，应该考虑到各种可能的情况。

　　当 a=0 时，不是二次方程。

　　否则：

　　(1) 当 $b^2 - 4ac = 0$ 时，方程有两个相等的实根。

　　(2) 当 $b^2 - 4ac > 0$ 时，方程有两个不相等的实根。

　　(3) 当 $b^2 - 4ac < 0$ 时，方程有两个共轭的复根。

```
#include<stdio.h>
#include<math.h>
void main()
{
    float a,b,c,disc,x1,x2,realpart,imagpart;
    printf("\n 请输入方程的三个系数:(a=,b=,c=)\n");
    scanf("a=%f,b=%f,c=%f",&a,&b,&c);
    if(fabs(a)<=1e-6) printf("该方程没有实根。\n");
    else disc=b*b-4*a*c;
    if (fabs(disc)<=1e-6)
        printf("该方程有两个相等的实根：x1=x2=%8.4f\n",-b/(2*a));
    else if(disc>1e-6)
    {
        x1=(-b+sqrt(disc))/(2*a);
        x2=(-b-sqrt(disc))/(2*a);
        printf("该方程有两个不相等的实根:\n x1=%8.4f,x2=%8.4f\n",x1,x2);
    }
```

```
        else
        {
            realpart=-b/(2*a);
            imagpart=sqrt(-disc)/(2*a);
            printf("该方程有两个复根:\n");
            printf("x1=%8.4f+%8.4fi\n",realpart,imagpart);
            printf("x2=%8.4f-%8.4fi\n",realpart,imagpart);
        }
    }
```

程序说明：

(1) 用 disc 代表 $b^2-4ac$，先计算 disc 的值，以减少以后的重复计算。

(2) 在判断 disc(即 $b^2-4ac$)是否等于 0 时，由于此值是实数，而实数在计算和存储时会存在一定的误差，因此不能直接进行 if(disc==0)的判断。所以，在这里是判别 disc 的绝对值(fabs(disc))是否小于一个很小的数($1 \times 10^{-6}$)，如果小于此数，就认为 disc 等于 0。

运行结果：

```
(1) a=0,b=1,c=1↙
    该方程没有实根。
(2) a=1,b=2,c=1↙
    该方程有两个相等的实根：x1=x2=-1.0000
(3) a=2,b=6,c=1↙
    该方程有两个不相等的实根：x1= -0.1771,x2 ==-2.8229
(4) a=1,b=2,c=2↙
    该方程有两个复根：
    x1= -1.0000 + 1.0000i
    x2= -1.0000 - 1.0000i
```

### 3.3.3 多路分支——switch 语句

多路分支

在 3.3.2 节中提到使用 if 语句的嵌套也可以实现多路分支，但是如果分支太多，即嵌套的 if 语句层数过多，则程序冗长且可读性较低。为此，C 语言提供了更简练的语句——switch 开关语句。

#### 1. switch 语句的一般形式

switch 语句的一般形式如下：

```
switch(表达式)
{
    case 常量 1：语句 1
    case 常量 2：语句 2
        ⋮
    case 常量 n：语句 n
```

default：语句 n+1
　　}

　　其语义是：首先计算 switch 后圆括号内表达式的值，然后用该值逐个与 case 后面的常量值相比较。当与某个 case 后的常量值相等时，则执行该 case 后的语句，接着就不再进行比较，依次顺序执行后面所有 case 后的语句。当圆括号内表达式的值与所有 case 后的常量值均不相等时，若存在 default，则执行其后的语句序列，否则什么也不做。

　　【例 3.32】　阅读下面的程序，理解 switch 语句的执行过程。

```
#include    <stdio.h>
void main()
{
    int j=10;
    switch(j)
    { case 9:j+=1;
      case 10:j+=2;
      case 11:j+=3;
      default:j+=4;
    }
    printf("j=%d\n",j);
}
```

　　程序说明：首先得到 j=10，再用 10 和 case 后的常量进行比较，发现相同的便执行其后的语句 j+=2，然后不再进行比较，依次顺序执行后面所有 case 后的语句 j+=3，j+=4，最后的运行结果如下：

```
j=19
```

　　在 switch 语句中，"case 常量表达式"实际相当于一个语句标号，switch 后表达式的值若和某标号相等则转向该标号执行，之后便继续执行其后所有的 case 语句，即不能在执行完该标号的语句后，自动跳出整个 switch 语句，实现真正的多路分支结构。为了避免上述情况，C 语言提供了 break 语句，专用于跳出 switch 语句。break 语句只有关键字 break，没有参数。因而，switch 语句常用下面的形式：

```
switch(表达式)
{
    case  常量 1:语句 1;break;
    case  常量 2:语句 2;break;
       ⋮
    case  常量 n:语句 n;break;
    default:语句 n+1;break;
}
```

　　其语义为：首先计算表达式的值，若该值与某个 case 后面的常量值相等，则执行其后的语句序列。遇到 break 语句时，跳出整个 switch 结构。如果表达式的值与所有常量值都不相等，若存在 default，则执行其后的语句序列，否则什么也不做。现将例 3.32 的程序修改如下：

```
#include <stdio.h>
void main()
{
    int j=10;
    switch(j)
    {
        case   9:j+=1;break;
        case 10:j+=2;break;
        case 11:j+=3;break;
        default:j+=4;break;
    }
    printf("j=%d\n",j);
}
```

运行结果：

    j=12

在使用 switch 语句时还应注意以下几点：

(1) case 后的各常量表达式的值不能相同，否则会出现错误。

(2) case 之后允许有多个语句，可以不用 { } 括起来。

(3) case 和 default 子句的先后顺序可以变动，而不会影响程序执行结果。但前提是每个 case 语句中都存在 break 语句。

(4) default 子句可以省略不用。

【例 3.33】 请输入星期几的第一个字母来判断是星期几，如果第一个字母一样，则继续判断第二个字母。

问题分析：采用选择分支结构，如果第一个字母一样，则用 switch 语句或 if 语句判断第二个字母。参考 N-S 图如图 3.23 所示。

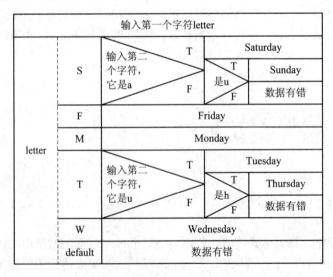

图 3.23  例 3.33 的 N-S 图

```
#include <stdio.h>
#include <ctype.h>
void main()
{ char letter;
    printf("请输入某一天的第一个字母:(S/F/M/T/W)\n");
    scanf("%c",&letter);
    letter=toupper(letter); /*将字母转换为对应的大写字母, 头文件是 ctype.h*/
    switch (letter)
    {
        case 'S': printf("请输入第二个字母:(a/u)\n");
                    if((letter=getch())=='a')        printf("星期六(Saturday)\n");
                    else if ((letter=getch())=='u')       printf("星期天(Sunday)\n");
                    else     printf("数据有错！\n");  break;
        case 'F':printf("星期五(Friday)\n");break;
        case 'M':printf("星期一(Monday)\n");break;
        case 'T':printf("请输入第二个字母:(u/h)\n");
                    if((letter=getch())=='u')        printf("星期二(Tuesday)\n");
                    else if((letter=getch())=='h')       printf("星期四(Thursday)\n");
                    else printf("数据有错！\n");       break;
        case 'W':printf("星期三(Wednesday)\n");break;
        default: printf("数据有错！\n");
    }
}
```

### 2. switch 语句的嵌套

如同 if 语句一样，switch 语句也可以构成嵌套结构。

【例 3.34】 阅读下面的程序，理解 switch 语句嵌套结构并分析其执行过程。

```
#include <stdio.h>
void main()
{   int a=1,b=0;
    switch(a)
    {
      case 1:switch(b)
      {   case 0:printf("***");break;
          case 1:printf("@@@");break;
      }
      case 2:printf("$$$");break;
      default:printf("###");
    }
}
```

程序说明：首先得到 a=1，那么执行对应的 case 1 之后的语句，即一个 switch 语句。因得到 b=0，则执行相应的 case 0 语句，打印"***"之后碰到 break，跳出其所在的 switch 语句，即 switch(b)。然后顺序执行 case 2 之后的语句，打印"$$$"之后碰到 break，跳出所在的 switch(a)，进而程序结束。

运行结果：

```
***$$$
```

### 3.3.4 程序测试

精益求精 工匠精神

分支结构的学习让我们了解到，仅通过一组数据的运行是不能说明一个程序是否正确的。很多程序经过多组测试数据的检测后，仍然不能说明其一定正确。按照软件工程学的观点，认为"测试只能证明程序有错，而不能说明程序无错"。但程序测试无疑是减少程序错误的重要手段。

程序测试(program testing)是指对一个完成了全部或部分功能、模块的计算机程序在正式使用前的检测，以确保该程序能按预定的方式正确地运行。为了发现程序中的错误，应竭力设计能暴露错误的测试用例。测试用例是由测试数据和预期结果构成的。一个好的测试用例是极有可能发现至今为止尚未发现的错误的。

目前，测试的困难主要是如何进行有效的测试，何时可以放心地结束测试。这是由于我们无法对所有可能的情况进行测试，也就是不可能实现穷举测试所有可能的数据。因此，我们采用专门的测试方法进行测试。

从是否执行程序的角度划分，测试方法可分为静态测试和动态测试。静态测试包括代码检查、静态结构分析、代码质量度量等。动态测试由三部分组成：构造测试实例、执行程序和分析程序的输出结果。

从是否关心程序的内部结构和具体实现的角度划分，测试方法主要有白盒测试和黑盒测试。白盒测试方法主要有代码检查法、静态结构分析法、静态质量度量法、逻辑覆盖法、基本路径测试法、域测试、符号测试、路径覆盖和程序变异等。黑盒测试方法主要包括等价类划分法、边界值分析法、错误推测法、因果图法、判定表驱动法、正交试验设计法、功能图法和场景法等。

#### 1. 静态测试和动态测试

1) 静态测试

静态测试的含义是被测程序不运行，只依靠分析或检查源程序的语句、结构、过程等来检查程序是否有错误，即通过对软件的需求规格说明书、设计说明书以及源程序做结构分析和流程图分析，从而来找出错误。例如，不匹配的参数、未定义的变量等。

2) 动态测试

动态测试与静态测试相对应，是通过运行被测试程序，对得到的运行结果与预期的结果进行比较分析，同时分析运行效率和健壮性能等。动态测试可简单分为三个步骤：构造测试实例、执行程序和分析结果。

### 2. 黑盒测试、白盒测试和灰盒测试

#### 1) 黑盒测试

黑盒测试是将被测程序看成是一个无法打开的黑盒，在不考虑任何程序内部结构和特性的条件下，根据需求规格说明书设计测试实例，并检查程序的功能是否能够按照规范说明准确无误地运行。其主要是对软件界面和软件功能进行测试。对于黑盒测试行为必须加以量化才能够有效地保证软件的质量。

#### 2) 白盒测试

白盒测试主要是借助程序内部的逻辑和相关信息，通过检测内部动作是否按照设计规格说明书的设定进行，检查每一条通路能否正常工作。白盒测试是从程序结构方面出发对测试用例进行设计，主要用于检查各个逻辑结构是否合理，对应的模块独立路径是否正常以及内部结构是否有效。常用的白盒测试法有控制流分析、数据流分析、路径分析、程序变异等，其中逻辑覆盖法是白盒测试法中主要的测试方法。

#### 3) 灰盒测试

灰盒测试则介于黑盒测试和白盒测试之间。灰盒测试除了重视输出相对于输入的正确性，也看重其内部表现。但是它不可能像白盒测试那样详细和完整。它只是简单地靠一些象征性的现象或标志来判断其内部的运行情况，因此在内部结果出现错误，但输出结果正确的情况下可以采取灰盒测试方法。因为在此情况下，灰盒测试比白盒测试更高效，比黑盒测试适用性更广的优势就凸显出来了。

### 3. 自动化测试和手动测试

#### 1) 自动化测试

自动化测试是在预先设定的条件下运行被测程序，并分析运行结果。目前都是利用自动化测试工具，经过对测试需求的分析，设计出自动化测试用例，从而搭建自动化测试的框架，设计与编写自动化脚本，测试脚本的正确性，从而完成该套测试脚本。总的来说，这种测试方法就是将以人驱动的测试行为转化为机器执行的一种过程。常用的自动化测试工具有 QTP、WinRunner、Rational Robot、AdventNet QEngine、Phoenix Framework 等。

#### 2) 手动测试

手动测试是在设计了测试用例之后，需要测试人员根据设计的测试用例一步一步来执行测试并得到实际结果，再将其与期望结果进行比对，属于比较原始但是必需的一个步骤。设计测试用例有很多原则，但是最基础的原则是覆盖性，就是要覆盖所有可能的种类，可以有枚举覆盖、路径覆盖等不同的覆盖类型，还有就是要考虑到可能和不可能的类型。在测试过程中，手动测试的比重一般在 30%左右。手动测试一般能够发现一些自动化测试所不能发现的问题，这也是自动化测试无法取代手动测试的原因。

### 4. 阶段测试

#### 1) 单元测试

单元测试主要是对程序的模块进行测试，通过测试来发现该模块在实现功能过程中存在的不符合的情况或编码错误。由于该模块的规模不大，功能单一，结构较简单，且测试人员可通过阅读源程序清楚地知道其逻辑结构，首先应通过静态测试方法，比如静态分析、

代码审查等,对该模块的源程序进行分析,按照模块程序设计的控制流程图,以满足软件覆盖率要求的逻辑测试要求。另外,也可采用黑盒测试方法提出一组基本的测试用例,再用白盒测试方法进行验证。若用黑盒测试方法所产生的测试用例满足不了软件的覆盖要求,可采用白盒法增补出新的测试用例,以满足所需的覆盖标准。其所需的覆盖标准应视模块的实际具体情况而定。对一些质量要求和可靠性要求较高的模块,一般要满足所需条件的组合覆盖或路径覆盖标准。

2) 集成测试

集成测试是测试的第二阶段,在这个阶段,通常要对已经严格按照程序设计要求和标准组装起来的多个模块同时进行测试,明确该程序结构组装的正确性,发现和接口有关的问题。比如,模块接口的数据是否会在穿越接口时发生丢失;各个模块之间因某种疏忽而产生了不利的影响;将模块各个子功能组合起来后产生的功能要求达不到预期的功能要求;一些在误差范围内且可接受的误差由于长时间的积累进而到达了不能接受的程度;数据库因单个模块发生错误造成自身出现错误等等。同时,因为集成测试是介于单元测试和系统测试之间的,所以集成测试具有承上启下的作用。因此,有关测试人员必须做好集成测试工作。在这一阶段,一般采用的是白盒和黑盒结合的方法进行测试,验证这一阶段设计的合理性以及需求功能的实现性。

3) 系统测试

一般情况下,系统测试采用黑盒法来进行测试,以此来检查该系统是否符合软件需求。本阶段的主要测试内容包括健壮性测试、性能测试、功能测试、安装或反安装测试、用户界面测试、压力测试、可靠性及安全性测试等。为了有效保证这一阶段测试的客观性,必须由独立的测试小组来进行相关的系统测试。另外,系统测试过程较为复杂,由于在系统测试阶段不断变更需求会造成功能的删除或增加,从而使程序不断出现相应的更改,导致程序在更改后可能会出现新的问题,或者原本没有问题的功能由于更改出现问题,所以,测试人员必须进行回归测试。

4) 验收测试

验收测试是在产品投入正式运行前所要进行的测试工作,是最后一个阶段的测试操作。验收测试与系统测试相比,两者的区别只是测试人员不同,验收测试是由用户来执行这一操作的。验收测试的主要目标是向用户展示所开发出来的软件是符合预定的要求和有关标准的,并验证软件实际工作的有效性和可靠性,确保用户能用该软件顺利完成既定的任务和功能。通过了验收测试,该产品就可以进行发布。但是,在实际交付给用户之后,开发人员是无法预测该软件用户在实际运用过程中是如何使用该程序的,所以从用户的角度出发,测试人员还应进行 Alpha 测试和 Beta 测试。Alpha 测试是在软件开发环境下由用户进行的测试,或者模拟实际操作环境进而进行的测试。Alpha 测试主要是对软件产品的功能、局域化、界面、可使用性以及性能等方面进行评价。而 Beta 测试是在实际环境中由多个用户对其进行测试,并将在测试过程中发现的错误有效反馈给软件开发者。所以在测试过程中用户必须定期将所遇到的问题反馈给开发者。

【例 3.35】　简单的猜数字游戏。程序运行时自动产生 1~5 之间的随机数,接着等待键盘输入猜的数字。如果猜对了,则显示"猜对了";如果猜大了,则显示"大了",如果猜小了，则显示"小了"。

问题分析：

(1) 随机数产生：C 语言提供 srand( )函数，配合 rand( )函数可产生介于 0～32 767 之间的随机数(srand( )、rand( )函数均包含在 stdlib.h 中，time( )函数包含在 time.h 中)。

```
srand((unsigned)time(NULL));      //用以做随机数产生器的种子
guess=rand();                     //以上面得到的种子产生 0～32 767 的整数
```

(2) 1～5 之间的随机数：首先用 rand( )函数产生的随机数对 5 求余(rand( )%5)，产生 0～4 之间的整数，再加 1，即 rand( )%5+1 就产生了 1～5 之间的整数。

(3) 通过分支结构完成不同范围数据的测试。

```c
#include <stdio.h>
#include <stdlib.h>
#include <time.h>
void main()
{
    int data, guess;
    srand((unsigned)time(NULL));
    data=rand()%5+1;
    printf("请输入要猜的数字(限 1-5 )：");
    scanf("%d", &guess);
    if (guess==data)
        printf("猜对了!~_~");
    else if(guess>data)
        printf("大了!0_0");
    else printf("小了!^_^");
}
```

## 3.3.5　题例分析与实现

【例 3.16 的分析与实现】　该问题属于典型的分支结构程序设计，实现的关键在于录取条件的判断，被录取的条件在满足总分大于等于 305 分的同时，还要保证数学和专业课的成绩大于等于 85 分，并且英语和政治的成绩大于等于 55 分；在被录取的情况下，如果总分大于等于 370 分，则被录取为公费生，否则，被录取为自费生。根据以上条件正确写出相应的条件表达式即可。

程序如下：

```c
#include<stdio.h>
void main()
{
    float math,english,politics,major,sum;
    scanf("%f %f %f %f",&math,&english,&politics,&major);
```

```
sum=math+english+politics+major;
if(sum>=305&&math>=85&&math<=150&&major>=85&&major<=150
&&english>=55&&english<=100&&politics>=55&&politics<=100)
{
    if(sum>=370) printf("恭喜您已被录取！(公费生)\n");
    else printf("恭喜您已被录取！(自费生)\n");
}
else printf("非常遗憾，您没有被录取！\n");
}
```

程序的运行结果：

(1) 单科分数线不过，不能被录取。

```
请分别输入您的成绩
政治 数学 英语 专业课
 50  90   60    120
非常遗憾，您没有被录取！
```

(2) 总分未过分数线，不能被录取。

```
请分别输入您的成绩
政治 数学 英语 专业课
 60  85   60    90
非常遗憾，您没有被录取！
```

(3) 单科过分数线，总分过分数线，但总分不超过 370，录取为自费生。

```
请分别输入您的成绩
政治 数学 英语 专业课
 60  90   65    95
恭喜您已被录取！（自费生）
```

(4) 单科过分数线，总分过分数线，并且总分超过 370，录取为公费生。

```
请分别输入您的成绩
政治 数学 英语 专业课
 65  120  75    130
恭喜您已被录取！（公费生）
```

【例 3.17 的分析与实现】　求解该问题时，首先打印显示加油站基本信息，然后根据服务类型进行选择，如果选择 0，则直接退出系统，否则，选择汽油品种，并且输入加油量，使用 switch 语句根据不同品种的汽油价格以及加油量计算出应付款额；最后根据选择的自助还是协助服务，再次计算打折后的应付款额。

程序如下：

```
#include<stdio.h>
void main()
{
    int kind,quantity;
    char type;
    float pay;
```

```
        printf("----自动加油站----\n\n");
        printf("-----服务类型-----\n\n");
        printf("   s:自助(95 折)\n");
        printf("   a:协助(97 折)\n");
        printf("   0:退出\n\n");
        printf("-----今日油价-----\n\n");
        printf("   92#:5.41 元/升\n");
        printf("   95#:5.72 元/升\n");
        printf("   98#:6.38 元/升\n\n");
        printf("请选择您的服务类型： ");
        scanf("%c",&type);
        if(type=='0')
        {
                printf("感谢您下次光临！\n");
                exit(0);
        }
        printf("请您选择加(92、95、98)#汽油： ");
        scanf("%d",&kind);
        printf("请输入您要加入的油量(升)： ");
        scanf("%d",&quantity);
        switch(kind)
        {
                case 92:pay=quantity*5.41;break;
                case 95:pay=quantity*5.72;break;
                case 98:pay=quantity*6.38;break;
        }
        if(type=='s') pay*=0.95;
        else pay*=0.97;
        printf("您需要支付%.2f 元，感谢您下次光临！\n",pay);
    }
```

程序的运行结果：

(1)
```
请选择您的服务类型：m
请您选择加（92、95、98）#汽油：92
请输入您要加入的油量(升)：100
您需要支付513.95元，感谢您下次光临！
```

(2)
```
请选择您的服务类型：e
请您选择加（92、95、98）#汽油：95
请输入您要加入的油量(升)：50
您需要支付277.42元，感谢您下次光临！
```

(3)
```
请选择您的服务类型：0
感谢您下次光临！
```

【**例 3.18 的分析与实现**】 此题的关键在于正确写出每一区间的奖金计算公式。例如，利润在 10 万元至 20 万元时，奖金应由两部分组成：① 利润为 10 万元时应得的奖金，即 100000 × 0.1；② 10 万元以上部分应得的奖金，即(num – 100 000) × 0.075。同理，20 万～40 万元这个区间的奖金也应由两部分组成：① 利润为 20 万元时应得的奖金，即 100 000 × 0.1 + 100 000 × 0.075；② 20 万元以上部分应得的奖金，即(num – 200 000) × 0.05。依次类推，在程序中先把 10 万、20 万、40 万、60 万、100 万元各关键点的奖金计算出来，即 bon1、bon2、bon4、bon6、hon10；再加上各区间附加部分的奖金，即为所发奖金总数。

例 3.18 的程序要求分别使用两种循环语句来实现：(1) 用 if 语句实现；(2) 用 switch 语句实现。

(1) 用 if 语句实现。

参考 N-S 图，如图 3.24 所示。

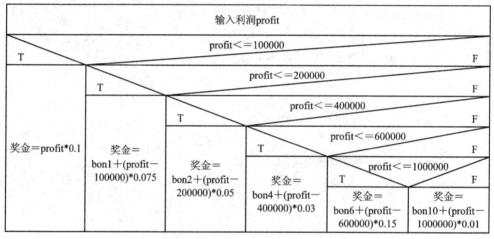

图 3.24　例 3.18 的 if 语句 N-S 图

程序如下：

```c
#include <stdio.h>
void main()
{
long profit;
float bonus,bon1,bon2,bon4,bon6,bon10;
bon1=100000*0.1;                    /*利润为 10 万元时的奖金*/
bon2=bon1+100000*0.075;            /*利润为 20 万元时的奖金*/
bon4=bon2+200000*0.05;            /*利润为 40 万元时的奖金*/
bon6=bon4+200000*0.03;            /*利润为 60 万元时的奖金*/
bon10=bon6+400000*0.015;          /*利润为 100 万元时的奖金*/
printf("\n 请输入利润 profit：");
scanf("%ld",&profit);
if(i<=100000)    bonus=profit*0.1;    /*利润在 10 万元以内按 0.1 提成奖金*/
else if(profit<=200000)               /*利润在 10 万至 20 万元时的奖金*/
```

```
        bonus=bon1+(profit-100000)*0.075;
    else if(profit<=400000)              /*利润在 20 万至 40 万元时的奖金*/
        bonus=bon2+(profit-200000)*0.05;
    else if(profit<=600000)              /*利润在 40 万至 60 万元时的奖金*/
        bonus=bon4+(profit-400000)*0.03;
    else if(profit<=1000000)             /*利润在 60 万至 100 万元时的奖金*/
        bonus=bon6+(profit-600000)*0.015;
    else                                 /*利润在 100 万元以上时的奖金*/
        bonus=bon10+(profit-1000000)*0.01;
    printf("奖金是%10.2f\n",bonus);
}
```

(2) 用 switch 语句实现。

例 3.18 的程序要使用 switch 语句，必须将利润 profit 与提成的关系转换成某些整数与提成的关系。分析本题可知，提成的变化点都是 100000 的整数倍(100000、200000、400000、……)，如果将利润 profit 整除 100000，则确定相应的提成等级 branch。

参考 N-S 图，如图 3.25 所示。

| 输入利润profit，确定相应的提成等级branch | | |
|---|---|---|
| 根据branch确定奖金值 | 0 | 奖金＝profit*0.1 |
| | 1 | 奖金＝bon1＋(profit－100000)*0.075 |
| | 2 | 奖金＝bon2＋(profit－200000)*0.05 |
| | 3 | |
| | 4 | 奖金＝bon4＋(profit－400000)*0.03 |
| | 5 | |
| | 6 | 奖金＝bon6＋(profit－600000)*0.15 |
| | 7 | |
| | 8 | |
| | 9 | |
| | 10 | 奖金＝bon10＋(profit－100000)*0.01 |

图 3.25　例 3.18 的 switch 语句 N-S 图

程序如下：

```
#include <stdio.h>
void main()
{
    long profit;
    float bonus, bon1, bon2, bon4, bon6, bon10;
    int branch;
    bon1=100000*0.1;              /*利润为 10 万元时的奖金*/
```

```
bon2=bon1+100000*0.075;      /*利润为 20 万元时的奖金*/
bon4=bon2+200000*0.05;       /*利润为 40 万元时的奖金*/
bon6=bon4+200000*0.03;       /*利润为 60 万元时的奖金*/
bon10=bon6+400000*0.015;     /*利润为 100 万元时的奖金*/
printf("\n 请输入利润 profit： ");
scanf("%ld",&profit);
branch=profit/100000;
if(branch>10) branch=10;
switch(branch)
 {
     /*利润在 10 万元以内按 0.1 提成奖金*/
     case 0: bonus=profit*0.1;break;
     /*利润在 10 万至 20 万元时的奖金*/
     case 1: bonus=bon1+(profit-100000)*0.075;break;
     /*利润在 20 万至 40 万元时的奖金*/
     case 2:
     case 3: bonus=bon2+(profit-200000)*0.05; break;
     /*利润在 40 万至 60 万元时的奖金*/
     case 4:
     case 5: bonus=bon4+(profit-400000)*0.03;break;
     /*利润在 60 万至 100 万元时的奖金*/
     case 6:
     case 7:
     case 8:
     case 9: bonus=bon6+(profit-600000)*0.015;break;
     /*利润在 100 万元以上的奖金*/
     case 10: bonus=bon10+(profit-1000000)*0.01;
 }
printf("奖金是%10.2f",bonus);
}
```

# 3.4  循环结构程序设计

结构化程序由顺序结构、选择结构和循环结构组成。前面已经介绍了顺序结构和选择结构程序设计，本节主要介绍循环结构程序设计。

在许多实际问题中，需要对问题的一部分通过若干次有规律的重复计算来实现。例如，求大量数据之和，迭代求根，递推法求解等，这些都要用到循环结构的程序设计。循环是计算机解题的一个重要特征，因为计算

航天工匠

机运算速度快，最善于进行重复性的工作。

在 C 语言中，能用于循环结构的流程控制语句有 while 语句、do-while 语句、for 语句和 goto 语句四种。if … goto (if 语句和 goto 语句组合)是通过编程技巧实现循环功能的。goto 语句会影响程序流程的模块化，使程序的可读性变差，因此结构化程序设计主张限制 goto 语句的使用。其他三种语句是 C 语言提供的循环结构专用语句。下面将分别介绍各种循环语句的相关内容。

### 3.4.1　典型题例

【例 3.36】　完全数。

问题描述：输出 2～500 之间的所有完全数。所谓完全数，是指该数的各因子之和正好等于该数本身。例如：$6 = 1 + 2 + 3$，$28 = 1 + 2 + 4 + 7 + 14$。

【例 3.37】　猴子吃桃问题。

问题描述：猴子摘下若干个桃子，当即吃了一半，还不过瘾，又多吃了一个。第二天早上又将剩下的桃子吃掉一半，又多吃了一个。以后每天吃了前一天剩下的一半多一个，到第十天吃以前发现只剩下一个桃子。问猴子第一天共摘了多少个桃子？

### 3.4.2　while 语句

while 语句用来实现"当型"循环结构。while 语句的一般形式为

　　　　while (条件表达式)　循环体语句

其中：条件表达式描述循环的条件；循环体语句描述要反复执行的操作，循环体语句又称为循环体。

循环控制语句

while 语句的功能是：先计算条件表达式的值，当条件表达式的值为真(非 0)时，循环条件成立，执行循环体；当条件表达式的值为假(0)时，循环条件不成立，退出循环，执行循环语句的下一条语句。

while 语句的特点是当循环的条件成立时，反复执行循环体。其执行过程的流程图如图 3.26 所示。

注意：

(1) while 语句是先判断，后执行。如果循环的条件一开始不成立(条件表达式为假)，则循环一次都不执行。

(2) 循环体中必须有改变循环条件的语句，否则循环不能终止，会形成无限循环(称为死循环)。可利用 break 语句终止循环的执行。

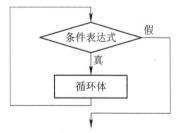

图 3.26　"当型"循环结构

(3) 循环体为多条语句时，必须采用复合语句。

【例 3.38】　求 $\sum\limits_{n=1}^{200} n$。

```
#include<stdio.h>
void main()
```

```
        {
          int n,sum=0;
          n=1;
          while(n<=200)
          {
            sum= sum + n;
            n++;
          }
          printf("sum = %d\n", sum);
        }
```

运行结果：

　　sum = 20100

该程序实际上是求和，即求 sum = 1 + 2 + 3 + … + 200，用 sum 表示累加和，用 n 表示加数。n 必须有初值 1，否则 n<=200 的控制条件无法判断。循环体有两条语句：sum = sum + n 实现累加；n++ 使加数 n 每次增 1。n++ 是改变循环条件的语句，否则循环不能终止，将成为死循环。循环条件是当 n 小于或等于 200 时，执行循环体，否则跳出循环，执行循环语句的下一条语句(printf 语句)以输出计算结果。

注意：循环体多于一条语句时，一定要用花括号括起来，以复合语句的形式出现。如果不加花括号，则 while 语句的范围只到 while 后面的第一个分号处。本例中，如果不加花括号，则 while 语句的范围只到 sum = sum + n，构成死循环。

【例 3.39】 从键盘上输入一些数，求所有正数之和。当输入 0 或负数时，程序结束。

```
        #include<stdio.h>
        void main()
        {
          float   x;
          float   sum=0;
          scanf("%f", &x);          /*输入第一个数*/
          while(x>0)                /*判断循环的条件是否满足*/
          {
            sum+=x;                 /*累加*/
            scanf("%f", &x);
          }
          printf("和=%6.2f", sum);  /*输出所求正数的和*/
        }
```

输入数据：

　　1.1　4.2　7.3　8.4　−1

运行结果：

　　和=21.00

注意：−1 为程序的结束条件，否则只要输入正数，程序就一直计算下去。

【例 3.40】 计算 $1 \times 2 \times 3 \times \cdots \times 100$，即求 100!。

```c
#include<stdio.h>
void main()
{
    int    i=1;
    double    fac=1;
    while(i<=100)
    {
        fac*=i;
        i++;
    }
    printf("1*2*3*...*100=%lf", fac);
}
```

【例 3.41】 求两个整数的最大公约数。

两个整数的最大公约数是能够同时整除它们的最大的正整数。可以用辗转相除法求最大公约数，该方法又称欧几里得算法。辗转相除法的原理是两个整数的最大公约数等于其中较小的数和两数相除的余数的最大公约数。算法步骤如下：

(1) 对于已知两数 m 和 n，使得 m>n；

(2) m 除以 n 得余数 r；

(3) 若 r=0，则 n 为求得的最大公约数，算法结束，否则执行(4)；

(4) m←n，n←r，再重复执行(2)。

```c
#include<stdio.h>
void main()
{
    int m, n;
    int r;                 /* r 表示余数*/
    printf("请输入两个整数 m, n:");
    scanf("%d, %d", &m, &n);
    r=m%n;
    while (r! =0)          /*判断循环的条件是否满足*/
    { m=n;
      n=r;
      r=m%n;               /*通过求模运算，求 m 和 n 相除的余数*/
    }
    printf("最大公约数=%d", n);
}
```

运行结果：

```
请输入两个整数 m,n: 15，20<回车>
最大公约数=5
```

### 3.4.3　do-while 语句

do-while 语句用来实现"直到型"循环结构,是 while 语句的倒装形式。do-while 语句的一般形式为

　　　do　循环体语句　while (条件表达式);

do-while 语句的功能是:先执行循环体,再计算条件表达式的值,当条件表达式的值为真时,代表循环的条件成立,继续执行循环体;当条件表达式的值为假时,代表循环的条件不成立,退出循环,执行循环语句的下一条语句。

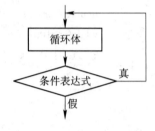

do-while 语句的特点是反复执行循环体,直到循环的条件不成立。其执行过程的流程图如图 3.27 所示。

图 3.27　"直到型"循环结构

注意:

(1) do-while 语句是先执行,后判断。如果循环的条件一开始就不成立,则循环将执行一次。

(2) 与 while 语句一样,循环体中同样必须有改变循环条件的语句,否则循环不能终止,会形成无限循环。可利用 break 语句终止循环的执行。

(3) (条件表达式)后的分号不能少。

【例 3.42】　求 $\sum\limits_{n=1}^{200} n$,用 do-while 语句实现。

```
#include<stdio.h>
void main()
{
    int n,sum=0;
    n=1;
    do
    { sum= sum + n;
      n++;
    }while(n<=200);
    printf("sum = %d\n", sum);
}
```

运行结果:

    sum=20100

可以看到,同一个题目,既可以用 while 语句实现,也可以用 do-while 语句实现。如果二者的循环体部分是一样的,且开始条件表达式为真,则它们的结果也一样。但是,如果开始条件表达式就为假,则两种循环的结果是不同的,因为 while 语句的循环体一次都不执行,而 do-while 语句的循环体要执行一次。

注意:与其他高级语言不同,C 语言的直到型循环与当型循环的条件是统一的,与其

他高级语言中的 until 型(直到型)循环(如 Pascal 和 Fortran 语言)不同。典型的 until 型循环结构是当表达式为真时结束循环,正好和 do-while 语句的条件相反。

【例 3.43】　利用 do-while 语句实现从键盘输入 n(n>0)个数,求其和。

```c
#include<stdio.h>
void main()
{
    int i, n, x, sum;
    i=1; sum=0;
    printf("Input number    n:");
    scanf("%d", &n);
    do
    { scanf("%d", &x);
        sum=sum+x;
        i++;
    }while(i<=n);
    printf("sum is: %d\n", sum);
}
```

运行结果:

```
Input number    n:5
8   7   11   2   30
sum is:58
```

【例 3.44】　用 do-while 语句实现从键盘输入一个正整数,将该数倒序输出。例如,输入 4567,输出 7654。

```c
#include<stdio.h>
void main()
{
    int num,c;
    printf("请输入一个正整数:");
    scanf("%d",&num);
    do
    { c=num%10;
        printf("%d",c);
        num= num/10;
    }while(num!=0);
    printf("\n");
}
```

运行结果:

```
请输入一个正整数:4567<回车>
7654
```

### 3.4.4 for 语句

for 语句是 C 语言中使用最为灵活、功能最强的循环语句，主要用于循环次数已确定的情况，也可用于循环次数不确定而只给出循环结束条件的情况，它完全可以代替 while 语句。for 语句的一般形式为

工匠精神——雷军

      for(表达式 1；表达式 2；表达式 3)

其中，三个表达式可以是 C 语言中任何有效的表达式。表达式 1 为循环控制变量的初始值，表达式 2 为循环的条件表达式，表达式 3 为改变循环条件的表达式。循环执行的次数隐含于循环中。

for 语句的功能是：首先计算表达式 1，循环控制变量得到初值。然后计算表达式 2，如果表达式 2 为真，代表循环的条件成立，执行循环体语句，执行完毕后，再计算表达式 3。之后测试表达式 2 的值，若为真，则继续执行循环体语句，以此类推。如果表达式 2 的值为假，代表循环的条件不成立，也就是终止循环的条件成立，则退出循环，执行循环的下一条语句。

for 语句也是一种"当型"循环结构，其执行过程的流程图如图 3.28 所示。

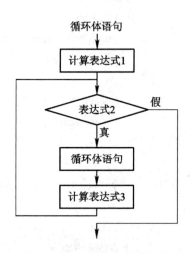

图 3.28　for 语句的循环结构

【例 3.45】 求 $\sum\limits_{n=1}^{200} n$，用 for 语句实现。

```
#include<stdio.h>
void main()
{
    int   i;                /*循环控制变量*/
    int   sum;
    sum =0;
    for(i=1;i<=200; i++)
        sum +=i;            /*循环体*/
    printf("1+2+3+...+200=%d\n", sum);
}
```

运行结果：

```
1+2+3+...+200=20100
```

说明：

(1) 表达式 1 可省略，分号不能省。此时应在循环外给循环赋初值，执行循环时，将跳过第一步。例如：

```
i=1；
for(;i<=200;i++)        sum+=i；
```

(2) 如果表达式 2 省略(分号不能省)，则不判断循环条件，相当于循环条件永真，形成无限循环。

```
for(i=1;;i++)        sum+=i；
```

(3) 表达式 3 可省略，分号不能省，此时循环体中应有改变循环条件的语句，以保证循环能正常结束。可以在循环体中用 break 语句终止循环的执行。例如：

```
for(i=1;i<=200;)
{
    sum+=i；
    i++；
    if (i==100)  break；
}
```

(4) 当默认表达式 1、表达式 2 和表达式 3 中的一个、两个或全部时，可产生 for 语句的多种变化形式。

(5) for 语句最简单的应用形式是通过一个循环控制变量来控制循环，类似于其他语言中的 for 语句。其形式为

```
for(循环控制变量赋初值；循环控制变量<=终值；循环控制变量增值)
        循环体语句；
```

例如：

```
for(ch='a'; ch<='z'; ch++)
        printf("%2c\n", ch)；
```

(6) for 语句同 while 语句一样，也是先判断，后执行。

【例 3.46】 求 100 个数的最小值。

```
#include<stdio.h>
void main()
{
    float    x；
    int    i；                /*循环控制变量*/
    float    min；        /*最小值*/
    printf("输入第 1 个数: ")；
    scanf("%f", &x)；
    min =x；                /*最小值初始化*/
    for(i=2;i<=100;i++)
    {
        printf("输入第%d 个数:", i)；
        scanf("%f", &x)；
        if(x< min)
        min =x；                /*将当前数与最小值进行比较*/
```

```
    }
    printf("最小值=%f\n", min);
  }
```

【例 3.47】 判断 m 是否是素数。

一个自然数,若除了 1 和它本身外不能被其他整数整除,则称为素数,如 2,3,5,7,…。根据定义,只要检测到 m 能否被 2,3,4,…,m−1 中的一个整除,则 m 不是素数,否则就是素数。程序中设置标志量 flag,若 flag 为 0,则 m 不是素数;若 flag 为 1,则 m 是素数。

```
#include<stdio.h>
void main()
{
  int   m;
  int   i;
  int   flag;
  printf("请输入要判断的正整数 m: ");
  scanf("%d", &m);
  flag=1;
  for(i=2; i<m; i++)
  if (m%i==0)
  { flag=0;
    i=m;        /*令 i 为 m, 使 i<m 不成立, 即使得不是素数时退出循环*/
  }
  if(flag==1)
    printf("%d 是素数\n", m);
  else
    printf("%d 不是素数\n", m);
}
```

运行结果:

> 请输入要判断的正整数 m:11<回车>
> 11 是素数

再重新运行程序:

> 请输入要判断的正整数 m:18<回车>
> 18 不是素数

【例 3.48】 打印出所有的水仙花数。所谓水仙花数,是指一个三位数,其各位数字的立方和等于该数本身。例如,153 是一个水仙花数,因为 $153 = 1^3 + 5^3 + 3^3$。

可利用 for 循环控制三位数 100~999,每个数分解出个位、十位、百位。然后判断它的各位数字的立方和是否等于该数本身,若相等,则输出该水仙花数。

```
#include<stdio.h>
void main()
{
    int i,j,k,n;
    printf("水仙花数是:\n");
    for(n=100;n<1000;n++)
    {
        i=n/100;                /*分解出百位*/
        j=n/10%10;              /*分解出十位*/
        k=n%10;                 /*分解出个位*/
        if(i*100+j*10+k==i*i*i+j*j*j+k*k*k)
        printf("%-5d",n);
    }
    getch();
}
```

运行结果：

```
水仙花数是：
153   370   371   407
```

### 3.4.5  goto 语句

goto 语句为无条件转向语句，程序中使用 goto 语句时要求和标号配合，它的一般形式为
　　goto  标号；
　　…
　　标号：语句；

其中，"标号"是用户任意选取的标识符，其后跟一个冒号，可以放在程序中任意一条语句之前，作为该语句的一个代号。语句设标号的目的是从程序其他地方把流程转移到本语句。除此之外，带标号的语句和不带标号的语句的作用是完全相同的。

goto 语句的功能是：强制中断执行本语句后面的语句，跳转到语句标号标识的语句继续执行程序。

C 语言规定，goto 语句的使用范围仅局限于函数内部，不允许在一个函数中使用 goto 语句把程序控制转移到其他函数之内。一般来讲，goto 语句可以有以下两种用途：

(1) 与 if 语句一起构成循环结构。

(2) 退出多重循环。

【例 3.49】　求 $\sum_{n=1}^{200} n$，用 goto 语句实现。

```
#include<stdio.h>
void main()
{
```

```
int n=1,sum=0;
loop: sum+=n;              /* loop 为语句标号*/
++n;
if (n<=200)
goto loop;
printf("sum = %d\n", sum);
}
```

此例中，goto 语句与 if 语句一起构成循环结构。

例 3.49 也可改写为

```
#include<stdio.h>
void main()
{
int n=1,sum=0;
loop: if (n>200)
goto end;          /* 退出循环*/
sum+=n;
++n;
goto loop;
end: printf("sum = %d\n", sum);
}
```

**注意**：使用 goto 语句虽然可以使流程在程序中随意转移，表面看来比较灵活，但是 goto 语句会破坏结构化设计中的三种基本结构，给阅读和理解程序带来困难。所以，goto 语句在大部分高级语言中已经被取消了。C 语言中虽然保留了 goto 语句，但是建议读者在程序中尽量不要使用它。

### 3.4.6 循环的嵌套

循环嵌套

循环结构的循环体语句可以是任何合法的 C 语句。若一个循环结构的循环体中包含另一循环语句，则构成循环的嵌套，称为多重循环。嵌套的含义是完整地包含，即循环的嵌套是在一个循环的循环体内完整地包含另外一个或另外几个循环结构。

三种循环控制语句可以互相嵌套。下面是几种循环嵌套的使用形式，请读者参考。

#### 1. for 循环的多层嵌套

```
for ( ; ; )
{…
  for ( ; ; )
{ … }
  …
}
```

### 2．do-while 循环的多层嵌套

```
do
{ …
   do
   { … }while( );
   …
} while( );
```

### 3．while 循环的多层嵌套

```
while( )
{ …
   while( )
   { … }
   …
}
```

### 4．不同类型循环的相互嵌套

```
while( )
{ …
   for ( ; ;   )
   { …
      do
      { … }while( );
      …
   }
   …
}
```

**【例 3.50】** 编程显示以下图形(共 n 行，n 由键盘输入)：

```
          *
        * * *
      * * * * *
    * * * * * * *
  * * * * * * * * *
```

问题分析：此类题目的关键是找出每行的空格、* 与行号 i、列号 j 及总行数 n 的关系。假设 n=5。

第 1 行：4 个空格 = 5−1，1 个"*" = 2×行号−1；

第 2 行：3 个空格 = 5−2，3 个"*" = 2×行号−1；

第 3 行：2 个空格 = 5−3，5 个"*" = 2×行号−1；

第 4 行：1 个空格 = 5−4，7 个"*" = 2×行号−1；

第 5 行：0 个空格 = 5−5，9 个"*" = 2×行号−1。

由此归纳出，第 i 行的空格数是 n–i 个，第 i 行*的个数是 2i–1 个。

```c
#include<stdio.h>
void main()
{
    int i,j,n;
    printf ("请输入 n=");
    scanf("%d",&n);
    for ( i=1; i<=n; i++)
    { for (j=1; j<=n – i; j++)          /*输出该行前面的空格*/
        printf(" ");
      for (j=1; j<=2* i -1; j++)         /*输出该行中的星号*/
          printf("*");
      printf("\n");
    }
}
```

【例 3.51】 求 100 到 200 之间的所有素数。

在例 3.47 中要求判断给定的整数 m 是否是素数。本例要求找出 100 到 200 之间的所有素数,可在例 3.47 的 for 语句外层加一层循环,用于提供要考查的整数 m(m=100,101,…,200)。

```c
#include<stdio.h>
void main()
{
    int m;
    int i;
    int flag;
    for (m=100；m<=200；m++)
    {
        flag=1;
        for(i=2； i<m； i++)
        if (m%i==0)
        { flag=0;
          i=m;   /*令 i 为 m,使 i<m 不成立,即不是素数时退出内层循环*/
        }
        if (flag==1)
            printf("%d 是素数\n", m);
        else
            printf("%d 不是素数\n", m);
    }
}
```

### 3.4.7　循环结束语句

前面各节例题中，循环结束是通过判断循环控制条件为假而正常退出的。为了使循环控制更加灵活，C 语言中允许在特定条件成立时，使用 break 语句强行结束循环的执行，或使用 continue 语句跳过循环体其余语句来结束本次循环，但不是结束整个循环。

#### 1. continue 语句

continue 语句的一般格式如下：

  continue；

continue 语句的功能是：终止本次循环的执行，即跳过当前这次循环中 continue 语句后尚未执行的语句，接着进行下一次循环条件的判断。

continue 语句的使用说明如下：

(1) continue 语句只能出现在循环语句的循环体中。

(2) continue 语句往往与 if 语句联用。

(3) 若执行 while 或 do-while 语句中的 continue 语句，则跳过循环体中 continue 语句后面的语句，直接转去判别下次循环控制条件；若 continue 语句出现在 for 语句中，则执行 continue 语句，就是跳过循环体中 continue 语句后面的语句，转而执行 for 语句的表达式 3。

continue 语句对循环控制的影响如图 3.29 所示。

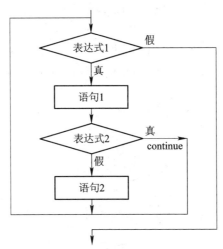

图 3.29　continue 语句对循环控制的影响

【例 3.52】　输出 100 到 150 之间不能被 4 整除的数，并要求一行输出 8 个数。

```
#include<stdio.h>
void main()
{
    int n, i=0;
    for (n=100; n<=150; n++)
```

```
    { if(n%4==0)
        continue;
        printf("%4d", n);
        i++;
        if (i%8==0)     printf ("\n");
    }
  }
```

运行结果:

```
101  102  103  105  106  107  109  110
111  113  114  115  117  118  119  121
122  123  125  126  127  129  130  131
133  134  135  137  138  139  141  142
143  145  146  147  149  150
```

### 2. break 语句

前面已经介绍过,用 break 语句可以跳出 switch 语句。其实 break 语句还可终止整个循环的执行。break 的一般格式如下:

    break;

break 语句的功能是:强行结束循环的执行,转向循环语句下面的语句。break 语句用于结束整个循环过程,不再判断执行循环的条件是否成立。

break 语句的使用说明:

(1) break 语句只能出现在 switch 语句或循环语句的循环体中。

(2) 在循环语句嵌套使用的情况下,break 语句只能跳出(或终止)它所在的循环,而不能同时跳出(或终止)多层循环。

break 语句对循环控制的影响如图 3.30 所示。

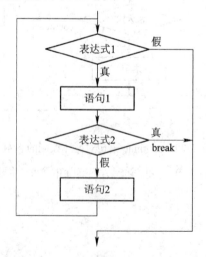

图 3.30   break 语句对循环控制的影响

下面的例 3.53 用 break 语句替换了例 3.47 循环体中的语句"i=m;",直接退出了循环。

【例 3.53】　判断 m 是否是素数(用 break 退出循环)。

```c
#include<stdio.h>
void main( )
{
    int m;
    int i;
    int flag;
    printf("请输入要判断的正整数m:");
    scanf("%d", &m);
    flag=1;
    for(i=2; i<m; i++)
        if(m%i==0)
        { flag=0;
            break;          /*用 break；代替 i=m；退出循环*/
        }
    if(flag==1)
        printf("%d 是素数\n", m);
    else
        printf("%d 不是素数\n", m);
}
```

## 3.4.8　题例分析与实现

【例 3.36 的分析与实现】　对于一个数 m，除该数本身外的所有因子都应在 1～m/2 之间。要取得 m 的因子之和，只要在 1～m/2 之间找到所有整除 m 的数，将其累加起来即可。如果累加和与 m 本身相等，则表示 m 是一个完全数。

程序如下：

```c
#include<stdio.h>
void main()
{
    int m,i,s;
    for (m=2;m<=500;m++)
    {   s=0;
        for ( i=1;i<=m/2;i++)
            if(m%i==0)        s+=i;        /* i 是 m 的一个因子 */
        if (m==s)
            printf("%d ",m);
    }
}
```

循环典型应用——累加累乘问题

运行结果:

```
6   28   496
```

**【例 3.37 的分析与实现】** 首先我们要抽象出该问题的数学模型。可以采用逆向思维的方法从后向前推断,由于第十天只剩下一个桃子,则第九天剩下的桃子数等于第十天的桃子数加 1 的 2 倍,第八天剩下的桃子数等于第九天的桃子数加 1 的 2 倍,以此类推,第一天的桃子数等于第二天的桃子数加 1 的 2 倍。

本题目的求解原理可归结为:每天的桃子数等于第二天的桃子数加 1 的 2 倍。若设 day 表示第几天,x 表示前一天的桃子数,y 表示当天的桃子数,则 x = (y + 1) × 2,已知第十天的桃子数 y = 1,利用该递推公式,就可求出第九天、第八天 …… 第一天的。对于递推问题可以用循环来处理。该问题的循环次数可由 day 来控制。

```c
#include<stdio.h>
void main()
{
    int   day,x,y;;
    y=1;              /*y 初值为第十天的桃子数  */
    for(day=10;day>1;day--)
    {   x=(y+1)*2;   /*前一天和当天桃子数的递推公式  */
        y=x;          /*为了下一次的递推,将当天的桃子数设为前一天的桃子数*/
    }
    printf("第%d 天的桃子数=%d\n ",day,x);
}
```

运行结果:

```
第 1 天的桃子数=1534
```

**【例 3.54】** 计算 1! + 2! + 3! + ⋯ + 100!。

```c
#include<stdio.h>
void main()
{
    int i, j;
    double   t, sum;
    sum =0;
    for(i=1; i<=100;   i++)          /*求和*/
    { t=1;
        for(j=1; j<=i; j++)          /*求阶乘*/
        t*=j;
        sum +=t;
    }
    printf("1!+2!+3!+...+100!=%lf", sum);
}
```

【例 3.55】　编写一程序，在屏幕上输出 m 行星号(m 从键盘输入)，每一行的星号个数可以任意，但必须在 1～10 之间。

```
#include<stdlib.h>
#include<time.h>
#include<stdio.h>
void main()
{ int i,j,m,linenum;
    printf ("请输入 m=");
    scanf("%d",&m);
    srand((unsigned)time(NULL));          /*调用时间函数作随机数产生器的种子*/
    for ( i=1; i<=m; i++)
    {   linenum=rand()%10+1;              /*随机得到每行星号的个数(1～10 之间)*/
        for (j=1; j<=linenum; j++)        /*输出该行中的星号*/
            printf("*");
        printf("\n");
    }
}
```

运行结果将根据输入的 m 值的不同，打印出 m 行满足题目条件的星号，但每次的运行结果打印出的可能是不同的图案。需要注意的是，srand()这个函数一定要放在循环外面，或者是循环调用的外面，否则，得到的是相同的数字。C 语言还提供了另一个更方便的函数 randomize()，原形是 void randomize()，其功能是给出 rand()种子的初始值，而且该值是不确定的。本例可直接用该函数替换 srand()函数。

【例 3.56】　求 Fibonacci 数列的前 30 项。Fibonacci 数列第 1 项为 1，第 2 项为 1，从第 3 项开始，每项等于前两项之和，即 1，1，2，3，5，8，13，…。

```
#include<stdio.h>
void main()
{
    int i;
    long int f, f1=1, f2=1;
    printf("%10ld%10ld", f1, f2);
    for(i=3;  i<=30;  i++)
    { f=f1+f2;
      printf("%10ld", f);
      f1=f2;
      f2=f;
    }
}
```

数学之美

这是一个迭代问题。迭代是一个不断用新值取代变量的旧值，或由旧值递推出变量新值的过程。当一个问题的求解过程能够由一个初值使用一个迭代表达式进行反复迭代时，便可由重复程序描述，即用循环结构实现。

Fibonacci 数列的迭代公式为

$$F_1=1, \qquad n=1$$
$$F_2=1, \qquad n=2$$
$$F_n=F_{n-1}+F_{n-2}, \qquad n\geqslant 3$$

循环典型应用——迭代问题

在循环算法中，迭代法和穷举法是两类有代表性的基本算法。

穷举法(枚举法)是把所有可能的情况一一测试，筛选出符合条件的各种结果进行输出。在穷举法编程中，主要使用循环语句和选择语句。循环语句用于穷举所有可能的情况，而选择语句判定当前的条件是否为所求的解。

例如，求 100～200 之间不能被 3 整除也不能被 7 整除的数。对此问题进行分析：求某区间内符合某一要求的数，可用一个变量穷举。所以可用一个独立变量 x，取值范围为 100～200。程序段如下：

```
for (x=100; x<=200; x++)
    if (x%3!=0&&x%7!=0)
        printf("x=%d\n",x);
```

【例 3.57】 求 100 到 150 之间的所有素数，并设定每行输出 5 个素数。

问题分析：例 3.47 中判断 m 是素数的算法还可以进行优化，即如果 m 能被 2 到 $\sqrt{m}$ 中的任何一个整数整除，则提前结束循环，如果 m 不能被 2 到 $\sqrt{m}$ (设 k=$\sqrt{m}$)中的任何一个数整除，则在完成最后一次循环后，循环控制变量 i 还要加 1，因此 i=k+1。在循环结束之后，判断 i 的值是否大于或等于 k+1，从而判断 m 是否是素数。程序如下：

```
#include<stdio.h>
#include<math.h>
void main()
{
    int m,k,i,n=0;
    printf("100 到 150 之间的素数如下: \n");
    for(m=101; m<=150; m=m+2)
      { k=sqrt(m);
      for(i=2; i<=k; i++)
          if (m%i==0) break;
      if(i>=k+1)
        { printf("%d   ", m);
        n=n+1;                    /*n 累计素数的个数*/
        if(n%5==0) printf("\n");  /*控制每行输出 5 个数据*/
        }
      }
}
```

运行结果：

```
100 到 150 之间的素数如下：
101 103 107 109 113
127 131 137 139 149
```

【例 3.58】　编写程序实现用一元人民币换成一分、两分、五分的硬币共 50 枚。

```c
/*用一元人民币换成一分、两分、五分的硬币共 50 枚*/
#include<stdio.h>
void main()
{
    int coin1,coin2,coin5,count=0;
    printf("\n 用一元人民币换成一分、两分、五分的硬币共 50 枚的方案分别为：");
    for(coin5=0;coin5<=20;coin5++)
      for(coin2=0;coin2<=50;coin2++)
        for(coin1=0;coin1<=100;coin1++)
        {
          if((coin1+coin2+coin5==50)&&(coin1+coin2*2+coin5*5==100))

          {
            count++;
            printf("\n 方案[%d]为:%d 个 5 分硬币,%d 个 2 分硬币,%d 个 1 分硬币",
            count,coin5,coin2,coin1);
          }
        }
}
```

此算法代码还可以优化为两重循环或一重循环来实现，请读者自行分析实现。

【例 3.59】　编写单词计数程序。本程序用来统计输入中的行数、单词数和字符数。这里对单词的定义比较宽松，它是任何不包含空格、换行符和制表符的字符序列。下面这段程序是 UNIX 系统中 wc 程序的骨干部分。

```c
#define IN 1                    /*在单词中*/
#define OUT 0                   /*不在单词中*/
/*统计输入中的行数、单词数和字符数*/
#include<stdio.h>
void main()
{
    int c, nl, nw, nc, state;
    state = OUT;
    nl=nw=nc=0;
    while ((c = getchar()) != EOF)
```

```
        {
            ++nc;
            if (c == '\n') ++nl;
            if (c == ' ' || c == '\n' || c = '\t') state = OUT;
            else if (state == OUT)
            {
                state = IN;
                ++nw;
            }
        }
        printf("%d %d %d\n", nl, nw, nc);
    }
```

程序中，假设 nl、nw、nc 分别表示输入的行数、单词数和字符数。程序执行时，每遇到单词的第一个字符，它就作为一个新单词统计一次。state 变量记录当前读入的字符是否正在目前的单词之中，它的初值为 OUT(不在目前单词之中)。若在单词中，则状态为 IN。此程序中使用了符号常量 IN 和 OUT，而没有使用其对应的数值 1 和 0，这样程序的可读性更高。虽然这样做在这个小程序里看不出什么优势，但是在较大的程序中，可提高程序的可读性，便于程序的修改。

【例 3.60】 假定有 50 个学生的 C 语言课程考试成绩，计算这门课程的平均成绩和 90～100 分、80～89 分、70～79 分、60～69 分及 60 分以下各个分数段的学生人数。

```
#include<stdio.h>
void main()
{
    float    mark;
    int i;
    float sum;
    float av;
    int d9, d8, d7, d6, d5;
    sum =0.0;
    d9=d8=d7=d6=d5=0;
    for(i=1; i<=50; i++)
    { printf("请输入第%d 个同学的成绩:", i);
      scanf("%f", &mark);
      sum += mark;
      if(mark >=90)         d9++;
      else if(mark >=80)    d8++;
      else if(mark >=70)    d7++;
      else if(mark >=60)    d6++;
```

```
        else d5++;
    }
    av= sum /50;
    printf("C 语言平均成绩=%5.2f\n",av);
    printf("90～100 分人数=%d, 80～89 分人数=%d\n", d9, d8);
    printf("70～79 分人数=%d, 60～69 分人数=%d \n",d7, d6);
    printf("60 分以下人数=%d \n",d5);
}
```

【例 3.61】　用下面的公式求出 π 的近似值，直到最后一项的绝对值小于 $10^{-6}$ 为止。

$$\frac{\pi}{4} \approx 1 - \frac{1}{3} + \frac{1}{5} - \frac{1}{7} + \cdots$$

无限接近 方得始终

```
#include<math.h>
#include<stdio.h>
void main()
{
    int s;
    float n, t, pi;
    t=1; pi=0; n=1.0; s=1;
    while (fabs(t)>=1e-6)
    {  pi=pi+t;
       n=n+2;
       s=-s;
       t=s/n;
    }
    pi=pi*4;
    printf("pi=%10.6f\n", pi);
}
```

运行结果：

```
pi=  3.141594
```

【例 3.62】　统计并打印出现在输入串中的不同类型字符数目。

问题分析：可以从键盘接收输入串，每读入一个字符，判断它的类型是空格、字母、数字、标点符号或其他，然后对相应的类型进行计数。整个程序读入字符可以采用 while 循环语句控制，不同类型字符的判断处理采用分支语句。字符类型的判断可以使用函数库 ctype.h 中的字符函数，只需将该库函数包含在头文件里即可。

```
#include<stdio.h>
#include<ctype.h>                    /*字符函数库*/
#define width 5                      /*输出数据所占的宽度 */
```

```c
void main()
{ int ch;                        /*下一个输入字符*/
  unsigned long spaces;          /*空格数*/
  unsigned long letters;         /*a~z，A~Z*/
  unsigned long digits;          /*0~9*/
  unsigned long puncts;          /*标点符号*/
  unsigned long others,total;    /*其他符号数和字符总数*/
  spaces=letters=digits=puncts=others=0;
  printf("Please input :\n");
  while ((ch=getchar())!=EOF)
  {   if (isspace(ch))         spaces++;
      else if (isalpha(ch))    letters++;
      else if (isdigit(ch))    digits++;
      else if (ispunct(ch))    puncts++;
      else others++;
  }
      total=spaces+letters+digits+puncts+others;
      printf("Total=%*lu\n",width,total);
      if (total!=0)
      {
          printf("spaces=%*lu\n",width,spaces);
          printf("letters=%*lu\n",width,letters);
          printf("digits=%*lu\n",width,digits);
          printf("puncts=%*lu\n",width,puncts);
          printf("others=%*lu\n",width,others);
      }
  getch();
}
```

运行结果：

```
Please input:
abc12345 ; , ; ^Z<回车>
Total=      14
spaces=      3
letters=     3
digits=      5
puncts=      3
others=      0
```

**注意**：本程序中定义了符号常量 width=5，目的是便于在实际使用时根据输入的字符串大小修改统计输出宽度。因为程序用 EOF 判断键盘上输入字符的结束，因此该程序运行时应输入 Ctrl+Z，然后回车，否则无法结束输入。

## 3.4.9　循环语句小结

本节介绍了 4 种循环语句，从结构化程序设计的角度考虑，不提倡使用 if 和 goto 语句的结合构造循环，推荐采用 while 语句、do-while 语句和 for 语句构造循环。

通常 while 语句、do-while 语句用于条件循环，for 语句用于计数循环。while 语句、for 语句是先判断循环条件，后执行循环体，若循环的条件一开始就不成立，则循环体一次都不执行。do-while 语句是先执行循环体，后判断循环条件，循环体至少执行一次。

如果循环的次数是确定的，就选用 for 语句实现循环；如果循环的次数不确定，就选用 while 语句、do-while 语句实现循环。为了保证循环体至少执行一次，应选用 do-while 语句实现循环。

在设计循环条件时，可从循环执行的条件与退出循环的条件正反两方面加以综合考虑。有些问题循环的条件是隐含的，甚至需要人为地去构造。通常将一些非处理范围的数据，即一些特殊的数据作为循环条件构造的基础。例如，求一些数的和是一个累加问题，则需要循环语句来完成，但循环条件并没有给出，这时可用一个很小的数或一个很大的数来构造循环的条件。

注意：循环体有多条语句时，一定要用复合语句，循环体外的语句不要放至循环体中，循环体中的语句也不要放至循环体外。

# 习 题 3

3.1　什么是算法？算法的基本特征是什么？

3.2　什么是计算思维？计算思维的本质是什么？

3.3　请为朋友制作一个贺年卡，并将它显示在屏幕上。

3.4　输入一个华氏温度 f，计算并输出对应的摄氏温度 c。计算摄氏温度的公式为

$$c = \frac{9(f-32)}{5}$$

输出取两位小数。要求画出算法的流程图，并写出程序。

3.5　编写程序，输入四个数，并求它们的平均值。

3.6　从键盘上输入一个整数，分别输出它的个位数、十位数和百位数。

3.7　从键盘上输入一个大写字母，将大写字母转换成小写字母并输出。

3.8　在计算机上运行本章各例题，熟悉 Visual C++ 6.0 集成开发环境的使用方法。

3.9　编写程序，求某门课程全班的平均分，并用流程图表示该算法。

3.10　请编写一个加法和乘法计算器程序。

3.11　编写程序，输入三角形的 3 个边长 a、b、c，求三角形的面积 area，并画出算法的流程图和 N-S 结构图。三角形面积的计算公式为

$$area = \sqrt{S(S-a)(S-b)(S-c)}$$

其中，S = (a+b+c)/2。

3.12 选择题。

(1) 希望当 num 的值为奇数时，表达式的值为"真"；当 num 的值为偶数时，表达式的值为"假"。则以下不能满足该要求的表达式是(　　)。

  A．num%2==1         B．!(num%2)

  C．!(num%2==0)        D．num%2

(2) 以下程序的运行结果是(　　)。

```
#include <stdio.h>
void main()
{
    int k=2;
    switch(k)
    {
        case 1:printf("%d\n",k++);    break;
        case 2:printf("%d ",k++);
        case 3:printf("%d\n",k++);    break;
        case 4:printf("%d\n",k++);
        default:printf("Full!\n");
    }
}
```

  A．3 4    B．3 3    C．2 3    D．2 2

(3) 以下程序的运行结果为(　　)。

```
#include<stdio.h>
void main()
{   int x=1, y=0, a=0, b=0;
    switch(x)
    { case 1: switch(y)
        {   case 0: a++;break;
            case 1: b++;break;
        }
    case 2:a++;b++;break;
    }
    printf("a=%d, b=%d\n",a,b);
}
```

  A．a=2, b=1   B．a=1, b=1   C．a=1, b=0   D．a=2, b=2

(4) 下列条件语句中，功能与其他语句不同的是(　　)。

  A．if(a==0) printf("%d\n",x);     B．if(a) printf("%d\n",x);

    else printf("%d\n",y);         else printf("%d\n",y);

C．if(a==0)　printf("%d\n",y);　　　D．if(a!=0)　printf("%d\n",x);
　　　else　　printf("%d\n",x);　　　　　　else　　printf("%d\n",y);

(5) 以下程序正确的说法是(　　)。

```
#include<stdio.h>
void main()
{
  int x=0,y=0;
  if(x=y)   printf("*****\n");
  else      printf("#####\n");
}
```

A．有语法错误不能通过编译
B．输出#####
C．可以通过编译，但不能通过连接，因此不能运行
D．输出*****

(6) 语句　if(x!=0)　y=1;
　　　　　else　　y=2;
与(　　)等价。

A．if(x)　　y=1;　　　　　　　　B．if(x)　　y=2;
　　else　　y=2;　　　　　　　　　　else　　y=1;
C．if(!x)　y=1;　　　　　　　　D．if(x=0)　y=2;
　　else　　y=2;　　　　　　　　　　else　　y=1;

(7) 下列程序段运行后 x 的值是(　　)。

```
int a=0,b=0,c=0,x=35;
if(!a)  x--;
else if(b);
if(c) x=3;
else x=4;
```

A．34　　　　　　B．4　　　　　　C．35　　　　　　D．3

(8) 若在 if()括号中的表达式表示 a 不等于 0 的时候值为"真"，则能正确表示这一关系的表达式为(　　)。

A．a　　　　　B．!a　　　　C．a=0　　　　D．a==0

(9) 下面程序的运行结果是(　　)。

```
#include <stdio.h>
void   main ()
{
  int a, b, c;
  a = 20;
  b = 30;
  c = 10;
```

```
        if (a < b)   a = b;
        if (a >= b) b = c; c = a;
        printf("a=%d, b=%d, c=%d\n", a, b, c);
    }
```

  A．a=20, b=10, c=20　　　　　B．a=30, b=10, c=20

  C．a=30, b=10, c=30　　　　　D．a=20, b=10, c=30

 (10)　以下程序运行时，输入的 x 值在(　　)范围时才会有输出结果。

```
#include <stdio.h>
void main()
{
    int x;
    scanf("%d",&x);
    if(x<=3);
    else if(x!=10)
    printf("%d\n",x);
}
```

  A．不等于 10 的整数　　　　　B．大于 3 且不等于 10 的整数

  C．大于 3 且等于 10 的整数　　D．小于 3 的整数

 3.13　编写一个程序，判断从键盘输入的整数的正负性和奇偶性。

 3.14　某公司要将员工以年龄分配职务，22～30 岁担任外勤业务员，31～45 岁担任内勤文员，45～55 岁担任仓库管理员，56 岁以上退休。请编写程序实现。

 3.15　编写程序按下式计算 y 的值，x 的值由键盘输入。

$$y = \begin{cases} 5x+11, & 0 \leqslant x < 20 \\ \sin x + \cos x, & 20 \leqslant x < 40 \\ e^x - 1, & 40 \leqslant x < 60 \\ \ln(x+1), & 60 \leqslant x < 80 \\ 0, & \text{其他值} \end{cases}$$

 3.16　用条件运算符的嵌套来完成此题：学习成绩≥90 分的学生用 A 表示，在 70～89 分之间的学生用 B 表示，在 60～79 分之间的学生用 C 表示，在 60 分以下的学生用 D 表示。

 3.17　计算器程序。用户输入运算数和四则运算符，输出计算结果。

 3.18　给一个不多于 5 位的正整数，求出它的位数，并按逆序打印出各位数字。

 3.19　编写程序实现银行 ATM 自动取款机的功能。取款机内只有 100 元和 50 元两种面值，要求支取金额都在 2000(含)元以内。该取款机将用户输入的金额按照人民币从大到小的面值进行折合计算。先算出最多可以出多少 100 元，剩下的再计算可以出多少 50 元。例如，用户要取款 750 元，则取款机应支出的钱币种类及张数为 7 张 100 元和 1 张 50 元；如果用户输入的钱数不是 50 的倍数，则显示"输入钱数必须是 50 的倍数"。

 3.20　编写一个程序，计算-32 768～+32 767 之间任意整数(由键盘输入)中各位奇数的平方和。

3.21　鸡兔问题：鸡兔共 30 只，脚共有 90 个。编写一个程序，求鸡、兔各多少只。

3.22　编写一个程序，求 s = 1 + (1 + 2) + (1 + 2 + 3) + … + (1 + 2 + 3 + … + n)的值。

3.23　编写一个程序，求 $1 - \dfrac{1}{2} + \dfrac{1}{3} - \dfrac{1}{4} + \cdots + \dfrac{1}{99} - \dfrac{1}{100}$ 的值。

3.24　编写一个程序，将一个二、八或十六进制整数与十进制整数相互转换。

3.25　编写一个程序，求 e 的值，当通项小于 $10^{-7}$ 时停止计算。

$$e \approx 1 + \frac{1}{1!} + \frac{1}{2!} + \cdots + \frac{1}{n!}$$

3.26　编写程序，打印以下图形(行 n 的值由键盘输入)。

```
*******
 ******
  *****
   ****
    ***
     **
      *
```

3.27　输出以下由*字符组成的图案(要求仅用一个二重循环来实现，其中第三行第一个*在第 10 格输出)。

```
      **
     ****
    ******
     ****
      **
```

3.28　从键盘上输入若干个学生某门课的成绩，计算出平均成绩，并输出低于 60 分的学生成绩，当输入负数时结束输入。

3.29　编写一个程序，输出 3～100 之间的全部素数，每 10 个一行。

3.30　编写一个程序，输入从 2001 到 2010 年中的任何一年，用 for 循环输出一个日历。注意对闰年的处理。

3.31　编写一个程序，小学生可以用这个程序进行两个数的四则运算。要求：测验者可以选择难度(如取加减乘除或位数为不同难度)，可以选择每次做的题数 n，计算机会对结果进行正确或错误的评判。注意：题目中的运算数据应随机产生。

3.32　编写一个程序，打印乘法"九九表"，即

第 1 行：1 × 1 = 1, 1 × 2 = 2, …, 1 × 9 = 9。

第 2 行：2 × 1 = 2, 2 × 2 = 4, …, 2 × 9 = 18。

……

第 9 行：9 × 1 = 9, 9 × 2 = 18, …, 9 × 9 = 81。

# 第4章
## 指 针 与 数 组

前面学习了 C 语言的基本语法和基本程序结构，许多简单问题通过 C 语言程序都得到了有效的解决。此前 C 语言程序中用到的变量类型均为基本类型，但对于复杂问题的程序设计，往往需要处理结构复杂的数据，程序中仅用基本数据类型是难以有效解决复杂问题的。因此，需要一些新的派生数据类型来提高程序设计的效率和性能。冯·诺依曼计算机工作原理的核心是"存储程序"和"程序控制"。程序和数据以二进制代码形式不加区别地存放在内存中，存放位置由地址确定，执行时控制器自动地逐一从内存中取出程序中指令，分析并执行规定的操作。复杂程序设计往往需对内存中的数据按照存储的地址进行操作，大量的相同类型数据在内存中存取和处理，都需要新的数据类型的支持。C 语言提供了两种新的数据类型：指针和数组，新的数据类型方便了程序设计中内存地址的操作和大量相同数据类型数据的存取处理。

一个变量对应的数据在内存中存放的位置，即地址，称为指针。通过指针可以对变量对应的内存地址进行直接操作。掌握好指针，可以在 C 语言编程中起到事半功倍的效果。一方面，使用指针可以提高程序的编译效率和执行速度，实现动态的存储分配；另一方面，使用指针可以使程序更灵活，便于表达各种数据结构，从而编写出高质量的程序。

数组是 C 语言提供的一种构造类型数据，可以把具有相同类型的若干变量按规律排列起来存入内存中，用一组带下标的变量来表示。数组有非常广泛的应用，例如，数值计算领域中的矩阵运算、线性方程组求解、海量数据的查找和排序、图形图像的计算机表示和各种处理(压缩、增强和复原等)。

物以类聚 择善而从

本章将介绍指针的基本概念和指针变量、数组的定义和数组元素的引用、数组和指针的关系、数组和指针的简单应用等。

## 4.1 典 型 题 例

【例4.1】 高考分数排序。
问题描述：2019 年陕西省有 26.8 万学生参加高考统考考试，要求对这 26.8 万学生的数学成绩(假设分数为 0~150 的整数)进行排序。
【例4.2】 大数计算。
问题描述：计算机语言在描述数据类型时都有一定的精度和位数限制，在一些数学运算中，有时参与运算的数字很大或者对运算结果的精度要求很高。例如，在高级加密系统 AES 中，密钥是 256 位的大整数。那么，如何用 C 语言进行大整数计算呢？

【例 4.3】　用户登录。

问题描述：编写一个用户登录程序。用户每次登录需要输入用户名、密码和随机生成的三位数的验证码。程序判断用户名、密码和验证码是否正确。如果正确，则显示"登录成功！"，否则，显示"用户名、密码或者验证码错误！请重新输入！"。如果三次输入都错误，则显示"拒绝登录！"。

【例 4.4】　藏尾诗。

问题描述：输入一首藏尾诗(假设只有 4 句)，输出其藏尾的真实含义。例如输入：

悠悠田园风，然而心难平

兰花轻涌浪，兰香愈幽静

输出：

风平浪静

## 4.2　地址和指针的概念

指针基础(上)

冯·诺依曼计算机工作时程序和数据都存储在内存中，需要频繁地从内存中读写数据，因此，计算机工作是需要频繁地对内存进行操作的。当 C 语言程序操作内存时，就需要用到指针数据类型。指针是 C 语言的核心及精髓所在，是 C 语言效率提升的关键。掌握好指针，可以在 C 语言编程中起到事半功倍的效果。

但指针的用法灵活，不恰当的操作会导致严重的程序错误。编程者想要学好指针，先要明白数据在内存中是如何存储的，又是如何读取的。

抽象思维

### 4.2.1　变量的内容和变量的地址

众所周知，程序运行中的数据都是存储在内存中的，内存中的一个字节称为一个存储单元，不同类型的数据需要占用的存储单元数不同。在程序中，我们要不断地对一些数据进行操作，但要操作这些数据，首先要知道这些数据存放在什么地方。

系统的内存就像是带有编号的小房间，如果想使用内存，就需要知道房间的编号。假如定义一个整型变量 i，整型变量需要 4 个字节，则编译器为变量 i 分配的编号为 1000～1003，如图 4.1 所示。

什么是地址？地址就是内存中对每个字节的编号，例如，图 4.1 中的 1000 和 1001 就是地址。为了进一步说明，我们来看图 4.2。

图 4.2 中的 1000、1004 等就是内存单元的地址，而 0、1 就是内存单元的内容。换种说法，就是整型变量 i 在内存中的地址从 1000 开始，因为整型占 4 个字节，所以变量 j 在内存中的地址从 1004 开始。图 4.2 中变量 i 的值为 0，变量 j 的值为 1。

每个房间都有一个房间号。我们找人的时候，如果知道要找的人所在的房间号，那就很容易找到那个人，这个过程中的关键就是房间号。同理，如果我们知道存放数据的"房间号"，也就能够很容易地找到这些数据。在这里，数据值即为变量的内容，对应的"房间号"就是变量的地址。

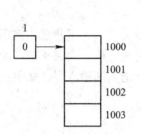

图 4.1  变量在内存中的存储图

图 4.2  变量存放

## 4.2.2  直接访问和间接访问

直接用变量名从对应的地址存取变量的值，称为直接访问。

例如，程序定义了 2 个整型变量 a 和 b，编译时系统给每个变量分配 4 字节内存，a 的起始地址为 3200，b 的起始地址为 3204。执行语句 scanf("%d %d",&a,&b)时，从键盘输入 18 和 25，系统根据变量名与地址的对应关系，把输入的 18 和 25 直接送到 a 和 b 的起始地址 3200 和 3204 开始的存储单元中。如果再执行语句 a=a+b，则系统直接从 a 的起始地址 3200 开始的整型存储单元中取出 a 的值，再直接从 b 的起始地址 3204 开始的整型存储单元中取出 b 的值，并将它们相加，将结果 43 送到 a 的起始地址 3200 开始的整型存储单元中。这种直接通过变量名访问变量的方式就是直接访问的方式。

还可以将变量 a 的地址存放在另一个变量 p 中。访问时，先从 p 中取出变量 a 的地址，再按该地址存取变量的值，这种通过另一个变量名访问的方式称为间接访问。C 语言规定用指针类型的变量来存放地址。通过指针类型的变量就可以实现间接访问。

例如，给上例中增加一个存放地址的变量 p，p 的起始地址为 2600，用它存放整型变量 a 的地址值 3200。要访问变量 a，可先从变量 p 中取出地址值 3200，再访问该地址中存放的值，见图 4.3(a)，这就是间接访问方式。当把 p 的内容改为变量 b 的地址值 3204 时，通过 p 以间接访问方式访问的就是 b 的值，见图 4.3(b)。

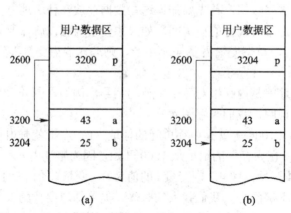

图 4.3  间接访问示意图

可以打一个形象的比喻，直接访问相当于直接根据"房间号"访问住在里面的人，而间接访问相当于根据"房间号"找到里面放的写着"另一房间号"的纸条，再间接地根据纸条上的"另一房间号"访问住在里面的人。

### 4.2.3  指针的概念

在间接访问中通过另一变量中存储的地址能找到所需的变量，可以认为该地址指向目标变量，C 语言形象地把地址称为指针。变量的指针就是变量的地址，指针类型就是地址类型，而存放指针的另一变量就是指针类型的变量(简称指针变量)。在图 4.3(a)中，可以说指针变量 p 存放着变量 a 的地址 3200，也可以说指针变量 p 指向目标变量 a。在图 4.3(b)中，可以说指针变量 p 存放着变量 b 的地址 3204，也可以说指针变量 p 指向目标变量 b。在示意图中，一般用箭头表示这种"指向"关系。

**注意**：地址并不是一个简单的数字，它含有存储位置和该位置存储的是哪种类型的数据两个概念。所以，定义指针变量时，必须指明它所指向变量的类型。

# 4.3  指 针 变 量

指针基础(下)

变量的地址是变量和指针之间连接的纽带，如果一个变量包含了另一个变量的地址，那么可以说，第一个变量指向第二个变量。所谓指向，是通过地址来体现的，在程序中用符号*表示指向。因为指针变量是指向一个变量的地址，所以将一个变量的地址值赋给这个指针变量后，这个指针变量就指向了该变量。例如，将变量 i 的地址放到指针变量 p 中，p 就指向 i，其关系如图 4.4 所示。

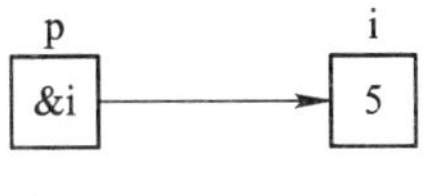

图 4.4  地址与指针

在程序代码中，通过变量名来对内存单元进行存取操作，但是代码经过编译后已经将变量名转换为该变量在内存中的存放地址，变量值的存取都是通过地址来进行的。例如，对图 4.2 中的变量 i 和变量 j 进行 i+j 运算，具体的操作为：根据变量名和地址的对应关系，找到变量 i 的地址 1000，然后从 1000 开始读取 4 字节数据放到 CPU 寄存器中，再找到变量 j 的地址 1004，从 1004 开始读取 4 字节数据放到 CPU 的另一个寄存器中，再通过 CPU 进行加法运算，计算出结果。

### 4.3.1  指针运算符

**1. 地址运算符&**

地址运算符也称取地址运算符，顾名思义就是取地址用的。

地址运算符&是一个单目运算符。C 语言中规定，&只能取内存中变量的地址。也就是说，通过使用取地址运算符&可以获得相应变量的地址。

**2. 取值运算符\***

取值运算符\*是一个单目运算符，它与指针组合使用，获取指针所指向变量的值，即可通过指针间接地访问变量。

假设有两个变量，分别为 num_temp 和 p_num，有下面这段程序：

(1) int num_temp;

(2) int *p_num;

(3) p_num=&num_temp;

(4) *p_num=5;

在这段程序中，第(1)、(2)条语句定义了一个整型变量 num_temp 和一个指向整型变量的指针变量 p_num。

第(3)条语句通过使用取地址运算符&的功能，获得了整型变量 num_temp 的地址，并把这个地址赋给了指针变量 p_num(前面说过，指针变量的值即为地址)。如果换个说法，这条语句的功能就是让指针变量 p_num 指向整型变量 num_temp。

第(4)条语句通过使用取值运算符*获得了指针变量 p_num 指向的变量，并把整型值 5 赋给变量。这条语句其实就是利用取值运算符间接地访问了变量 num_temp。因为在第(3)条语句中，我们已经让指针变量 p_num 指向了整型变量 num_temp。所以，第(4)条语句等效于下面的语句：

num_temp=5;

由以上介绍可以看出，指针运算符的作用比较简单，但要充分理解地址运算符&和取值运算符*的含义。

3. "&*" 和 "*&" 的区别

设有如下两条语句：

int a,*p;

p=&a;

分析这两条语句，理解 "&*" 和 "*&" 之间的区别。&和*这两个运算符的优先级相同，按照自右向左的方向进行结合。因此&*p 先进行*运算，*p 相当于变量 a；再进行&运算，&*p 即为&a，相当于取变量 a 的地址，也就是指针 p。*&a 先进行&运算，&a 就是取到变量 a 的地址，然后进行*运算，*&a 就相当于取变量 a 所在地址的值，即为*p，也就是变量 a。下面通过两个例子再具体学习 "&*" 和 "*&" 的应用。

【例 4.5】 "&*" 的应用。

```
#include<stdio.h>
void main()
{
    long i;
    long *p;
    printf("请输入一个整数值: \n");
    scanf("%ld",&i);
    p=&i;
    printf("输出&*p 结果为: %ld\n",&*p);    //输出变量*p 的地址
    printf("输出&i 结果为: %ld\n",&i);        //输出变量 i 的地址
}
```

运行结果：

> 请输入一个整数值：
>
> 5
>
> 输出&*p 结果为: 140734799804600
>
> 输出&i 结果为: 140734799804600

【例 4.6】 "*&" 的应用。

```
#include<stdio.h>
void main()
{
    long i;
    long *p;
    printf("请输入一个整数值: \n");
    scanf("%ld",&i);
    p=&i;
    printf("输出*&i 的结果为: %ld\n",*&i);    //输出变量 i 的值
    printf("输出 i 的结果为: %ld\n",i);        //输出变量 i 的值
    printf("输出*p 的结果为: %ld\n",*p);       //使用指针形式输出变量 i 的值
}
```

运行结果：

> 请输入一个整数值：
>
> 5
>
> 输出*&i 的结果为：5
>
> 输出 i 的结果为：5
>
> 输出*p 的结果为：5

## 4.3.2 指针变量的定义

由于通过地址能访问指定的内存存储单元，因而可以说地址指向该内存单元。地址可以形象地称为指针，意思是通过指针能找到内存单元。一个变量的地址称为该变量的指针，如果有一个变量专门用来存放另一个变量的地址，那么，它就是指针变量。

### 1. 定义格式

　　基类型名　*指针变量名　=&变量名

其中：指针变量名为所定义的指针变量的名称；基类型名为该指针变量所指向变量的类型名；=&变量名是可选项，意为将该变量名对应的地址作为初值赋给所定义的指针变量。

说明：

(1) 为所定义的指针变量分配存储单元，其长度等于存储地址时需要的字节数。

(2) 指针变量指向变量的类型由基类型名确定，基类型确定了用指针变量"间接"存取数据的字节数和存储形式。指针变量只允许指向基类型的变量，不允许指向其他类型的变量。例如：

```
        char *p1;
        double *p2;
```
定义 p1 为指向字符型变量的指针变量(简称字符型指针变量), p2 为指向双精度型变量的指针变量(简称双精度型指针变量)。由于它们的基类型不同，执行 p1++ 后，p1 的地址字节值增加了 1；执行 p2++后，p2 的地址字节值增加了 8。

### 2. 定义时的初始化

在定义指针变量时，可以用选项"=&变量名"来对它初始化，表示将指定变量的地址作为初值赋给所定义的指针变量。选项中的变量名必须是已定义过的，其类型与基类型相同，变量名前的"&"是取地址运算符。例如：
```
        double   d,*p=&d;
```
也可以在定义指针变量时不赋初值，以后再用赋值语句给它赋值。例如：
```
        double   d,*p;
        p=&d;                    /* 将变量 d 的地址赋给指针变量 p */
```
但如果定义为
```
        int   n;
        double   *p=&n;
```
则不正确，因为类型不匹配。

**注意：** 虽然地址字节值用无符号整数表示，可以用 printf()语句以无符号整数的格式输出地址字节值，但整型变量不能存储地址，指针变量也不能存储整数。整数或其他非地址量都不能作为地址值给指针变量赋初值。例如：
```
        float   *p2=2000;
```
会在编译时出现警告错误。不能用整数作为初值赋给指针变量。

如果没有给指针变量赋初值，则指针变量的初值不定，在某些系统中被默认为"空指针"(地址字节值为 0)。

**【例 4.7】** 从键盘中输入一个整数和一个字符，分别定义两个指针指向它们，要求分别用直接输出和利用指针输出两种方式输出整数和字符。

```
        #include<stdio.h>
        void main()
        {
          int a;
          char b;
          int *aint;                /*定义一个整型指针变量*/
          char *ch;                 /*定义一个字符型指针变量*/
          printf("请输入一个整数和一个字符: \n");
          scanf("%d,%c",&a,&b);
          aint=&a;                  /*使整型指针变量指向整数 a*/
          ch=&b;                    /*使字符型指针变量指向字符 b*/
          printf("直接输出整数: %d\n",a);
          printf("使用指针输出整数: %d\n",*aint);
```

```
        printf("直接输出字符: %c\n",b);
        printf("使用指针输出字符: %c\n",*ch);
    }
```

运行结果：

```
    请输入一个整数和一个字符：
    23,F
    直接输出整数：23
    使用指针输出整数：23
    直接输出字符：F
    使用指针输出字符：F
```

例 4.7 采用的是先定义指针变量，再赋值的方式。要特别注意这种赋值方式与定义指针变量的同时就进行赋值初始化的区别。

### 4.3.3　指针变量的引用

引用指针变量是对变量进行间接访问的一种形式。对指针变量的引用形式如下：
　　*指针变量
其含义是引用指针变量所指向的值。

【例 4.8】　利用指针变量改变原始数据。

```
    #include<stdio.h>
    void main()
    {
        int a;
        char b;
        int *aint;                      /*定义一个整型指针变量*/
        char *ch;                       /*定义一个字符型指针变量*/
        printf("请输入一个整数和一个字符: \n");
        scanf("%d,%c",&a,&b);
        aint=&a;                        /*使整型指针变量指向整数 a*/
        ch=&b;                          /*使字符型指针变量指向字符 b*/
          *aint=*aint+24;               /*使用指针改变整数的值*/
          *ch=tolower(*ch);             /*使用指针改变字符的值*/
        printf("改变后的整数: %d\n",*aint);  /*使用指针输出整数 a*/
        printf("改变后的字符: %c\n",*ch);     /*使用指针输出字符 b*/
    }
```

运行结果：

```
    请输入一个整数和一个字符：
    23,F
```

改变后的整数: 47

改变后的字符: f

例 4.8 采用的赋值方式为先定义指针变量再赋值的方式。现将程序修改成定义指针变量的同时就进行赋值初始化的赋值方式:

```c
#include<stdio.h>
void main()
{
    int a;
    char b;
    int *aint=&a;                        /*定义一个整型指针变量并使其指向 a*/
    char *ch=&b;                         /*定义一个字符型指针变量并使其指向 b*/
    printf("请输入一个整数和一个字符: \n");
    scanf("%d,%c",&a,&b);
    *aint=*aint+24;                      /*使用指针改变整数的值*/
    *ch=tolower(*ch);                    /*使用指针改变字符的值*/
    printf("改变后的整数: %d\n",*aint);  /*使用指针输出整数 a*/
    printf("改变后的字符: %c\n",*ch);    /*使用指针输出字符 b*/
}
```

这个程序的运行结果与例 4.8 的运行结果完全相同。

# 4.4 一 维 数 组

## 4.4.1 一维数组的定义和初始化

一维数组的概念

一维数组的定义格式:

元素类型说明符   数组名[ 整常量表达式 ] ={元素初值列表};

说明:

(1) 元素类型说明符用于定义数组元素的类型。

(2) 数组名即数组的名称,其命名规则同变量名。

(3) 方括号中的整常量表达式代表数组的元素数,即该数组的数组元素的个数,又称为数组长度。元素数应为整常量表达式,其中,可包含常量和符号常量,但不允许包含变量。也就是说,C 语言不允许动态定义元素数,即数组的大小不依赖于程序运行过程中变量的值。C 语言规定,数组元素的下标一律从 0 开始。例如:

```c
int    iarry[9];
float    f[10];
#define N 30
int ia[N];
```

表示整型数组 iarry 有 9 个整型数组元素：iarry[0], iarry [1], …, iarry [8]；下标取值范围为 0～8。实型数组 f 有 10 个实型数组元素：f[0], f[1], …, f[9]；下标取值范围为 0～9。整型数组 ia 有 30 个整型数组元素：ia[0], ia[1], …, ia[29]；下标取值范围为 0～29。

下面的定义是错误的：

```
float f[0];                       /* 错误，数组大小为 0 没有意义 */
char ch(10);                      /* 错误，不能用( ) */
float f[11.0];                    /* 错误，元素数不能为实型 */
int i; scanf("%d",&i) ; int n[i+5];   /* 错误，元素数的表达式中有变量 i */
```

(4) ={元素初值列表}为可选项，用于给数组各元素赋初值，称为数组的初始化。数组的初始化可用以下几种方式进行：

① 元素初值列表含全部元素的初始值，各值之间用逗号分隔。例如：

int a[10]={1,2,3,4,5,6,7,8,9,10};

意为将 1～10 作为初值分别赋给 a[0]～a[9]，等价于

a[0]=1; a[1]=2; …; a[9]=10;

只能给元素逐个赋值，不能给数组整体赋值。即使对所有数组元素赋同一初值，也必须一一列出。例如：

int    a[8]={3,3,3,3,3,3,3,3};

不可写成：

int    a[8]={3};

② 也可以只给一部分元素赋初值。例如：

int    a[10]={1,2,3,4};

a[0]～a[3] 的初值由初值列表确定，后 6 个元素由系统设置为 0。

③ 如果元素初值列表含全部元素的初始值，则可省略方括号中的元素数，所定义的数组的元素数由初值个数自动确定。例如：

int    a[]={1,2,3,4,5,6};

大括号中有 6 个数，表示一维数组 a 的元素数为 6，a[0]～a[5] 的初值为 1～6。

④ 元素初值列表中的初值数目不能超过数组元素数，否则系统编译出错。例如：

int    d[4]={1,2,3,4,5,6};

是错误的。

(5) 存储方式：一维数组的所有元素从数组名代表的地址开始，按下标的顺序依次连续存放在内存中。例如：

int    id[10]={1,2,3,4,5,6,7,8,9,10};

的存储结构如图 4.5 所示。

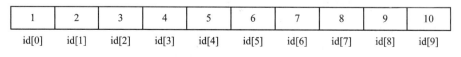

| 1 | 2 | 3 | 4 | 5 | 6 | 7 | 8 | 9 | 10 |
|---|---|---|---|---|---|---|---|---|---|
| id[0] | id[1] | id[2] | id[3] | id[4] | id[5] | id[6] | id[7] | id[8] | id[9] |

图 4.5　一维数组 id 的内存存储结构图

(6) 数组名代表数组元素的首地址，即数组名 id 表示 id[0]元素的地址：id 等于&id[0]。

(7) 数组一旦定义，其首地址就是固定不变的，即数组名是一个常量地址，程序运行

过程中也是不能发生改变的。

## 4.4.2　一维数组元素的引用

数组元素是组成数组的基本单元。数组元素也是一种变量，其标识方法为数组名后跟一个下标。下标表示了元素在数组中的顺序号。

数组元素的引用格式为

数组名[下标]

其中，下标只能为整型常量或整型表达式。C 语言规定，下标一律从 0 开始编号，最小值不能小于 0，最大值不能超过数组长度减 1，引用时下标不得越界，即必须在 0~(数组长度−1)中，上溢和下溢都会产生异常结果，甚至会造成系统的崩溃。方括号内是下标运算符，引用数组元素是根据数组名和下标值来实现的。例如，语句"int id[8];"编译后，将给数组 id 分配连续的 8 个 int 型的内存单元。假设数组的首地址为 100，每个整型数据占 2 个字节，则引用数组元素 id[3]时先计算出实际地址 100+3*2=106，再访问地址 106 中的内容，即 id[3]数据元素值。

C 语言作为旧式编程语言，编译时不会对数组做越界检查(越界一般不会报错误信息)，但运行时会出现意想不到的结果，可能会把数据写在程序需要调用的核心部分的内存上，这样就会导致系统崩溃。例如：

```
main()
{ int i,a[3]={1,3,5};
    i=a[0]+a[1];                  /* 正确，赋值后 i 的值为 4 */
    a[2]=a[0]+a[a[0]]+2;          /* 正确，赋值后 a[2]的值为 6 */
    a[3]=i;                        /* 下标 3，越界，上溢出，危险！ */
    a[0]=a[i-a[2]];               /* 下标 i-a[2]=-1，越界，下溢出 */
    for(i=1;i<=3;i++)
    printf("a[%d]=%d\n",i,a[i]);   /* 下标 i=3 时，越界 */
}
```

在程序中，一般只能逐个引用数组元素。引用数组元素等价于引用一个与它同类型的变量。当用函数 scanf()通过键盘给数组元素赋值时，数组元素名前也必须有&。

在 C 语言中只能逐个地使用下标变量，而不能一次引用整个数组。例如，输出有 10 个元素的数组必须使用循环语句逐个输出：

```
for(i=0; i<10; i++)
        printf("%d",a[i]);
```

而不能用一个语句输出整个数组。下面的写法是错误的：

```
printf("%d",a);
```

## 4.4.3　一维数组应用举例

【例 4.9】　求一名学生 11 次 C 语言程序设计的测试成绩总分与平均分。其中 11 次测验的成绩分别为：80，85，77，56，68，83，90，92，80，98，100。

(1) 用简单变量实现的程序。

```
#include<stdio.h>
void main()
{
    int sum;float average=0.0;                      /*总分，平均分*/
    int t1,t2,t3,t4,t5,t6,t7,t8,t9,t10,t11;         /*11 个变量存 11 次成绩*/
    t1=80;t2=85;t3=77;t4=56; t5=68;                 /*分别赋值*/
    t6=83;t7=90;t8=92;t9=80;t10=98; t11=100;
    sum= t1+t2+t3+t4+t5+t6+t7+t8+t9+t10+t11;        /*计算总分*/
    average=sum/11.0;
    /*计算平均分，用 11.0 是为了得到精确的结果，若用 11，则结果为整数*/
    printf("总分=%d\n",sum);
    printf("平均分=%f\n", average);
}
```

如果用该程序计算另一名学生的 11 次成绩，就得修改程序；若考试测验次数改变，则也需要修改程序。因此，该程序的可扩充性与通用性较差。

(2) 用数组实现的程序。

根据测试次数与测试成绩的关系，采用数组结构存储测试成绩，利用循环对它们进行重复处理，可以提高程序的适用范围。

```
#include<stdio.h>
void main( )
{
    int sum；int i;
    float average=0.0;
    int t[11] ={80,85,77,56,68,83,90,92,80,98,100};
    sum=0;                        /*总分置初值*/
    for (i=0; i<11; i++)
    sum=sum+t[i];
    average=sum/11.0;             /*计算平均分*/
    printf("总分=%d\n",sum);
    printf("平均分=%f\n", average);
}
```

一维数组的应用(上)

分析例 4.9 给出的两个程序，虽然都可以正确地解决问题，但采用不同的方式存储成绩数据，可以生成不同的程序设计方式。因此，选择最佳的数据组织方式，有效地利用这些数据，可以高效、低耗地解决问题。

【例 4.10】 定义一个由整数组成的数组，求出其中奇数的个数和偶数的个数，并打印。

```
#include <stdio.h>
#include <stdlib.h>
```

```
void    main()
{
    int arr[ ]={1,2,3,4,5,6,8};
    int i,js=0,os=0;
    int len =sizeof(arr)/sizeof(int);          /* sizeof 返回一个对象或者类型所占的内存字节数的
                                                  操作符，本处计算结果 len=7*/
    printf("数组元素为: \n");
    for(i=0;i<len;i++)
    {
        if(arr[i]%2==0)
        os+=1;
        else
        js+=1;
        printf("%d ",arr[i]);
    }
    printf("\n 偶数个数为: %d\n 奇数个数为: %d",os,js);
}
```

本例程序中 for 语句逐个判断数组 arr 中元素的奇偶性，如果是奇数则 js++，如果是偶数则 os++。

运行结果：

```
数组元素为：
1 2 3 4 5 6 8
偶数个数为：4
奇数个数为：3
```

【例 4.11】 编写一段程序，要求定义一个含有 5 个元素的数组，实现数组接收键盘输入的数字，输入完毕后打印数组元素，并比较得出数组中元素的最大值和最小值，再进行输出。

```
#include <stdio.h>
#include <stdlib.h>
void main()
{
    int arr[5];
    int i,max,min;
    printf("请输入五个整数: ");
    fflush(stdout);                    /*清空标准输出 stdout 的缓冲区*/
    for(i=0;i<5;i++){
    scanf("%d",&arr[i]);}
    printf("数组元素为: \n");
```

```
for(i=0;i<5;i++)
printf("%d ",arr[i]);
max=min=arr[0];
for(i=0;i<=4;i++)
{
    if(max<arr[i])
    max=arr[i];
    else if(min>arr[i])
    min=arr[i];
}
printf("\n");
printf("最大值为: %d\n 最小值为: %d\n",max,min);
}
```

一维数组的应用(下)

本例程序中第一个 for 语句逐个输入 5 个整数到数组 arr 中；第二个 for 语句逐个输出数组 arr 中的 5 个整数，然后把 a[0]送入 max 和 min 中；在第三个 for 语句中，从 arr[1]到 arr[4]逐个与 max 和 min 的值比较，若比 max 的值大，则把该下标变量对应的数组元素送入 max 中，若比 min 的值小，则把该下标变量对应的数组元素送入 min 中。因此，max 总是已知比较过的数组元素中的最大者，min 总是已知比较过的数组元素中的最小者。比较结束，输出 max 和 min 的值。

运行结果：

```
请输入五个整数：4 5 3 2 -5
数组元素为：
4 5 3 2 -5
最大值为：5
最小值为：-5
```

【例 4.12】 从键盘输入序列{48,62,35,77,55,14,35,98,22,40}，用冒泡排序法由小到大排序，并输出排序结果。

冒泡排序是一种简单的交换类排序方法，它是通过相邻数据的交换，逐步将待排序序列变成有序序列的过程，此排序算法也称为相邻排序。

冒泡排序的思路是反复扫描待排序序列，在扫描的过程中顺次比较相邻的两个数据的大小，若逆序就交换位置。

下面以升序冒泡排序为例讲解。

在第一趟冒泡排序中，从第一个数据开始，扫描整个待排序序列，若相邻的两个数据逆序，则交换位置。在扫描的过程中，不断地将相邻两个数据中大的数据向后移动，最后必然将待排序序列中的最大数据换到待排序序列的末尾，这也是最大数据应在的位置。

在第二趟冒泡排序中，对前 n−1 个数据进行同样的操作，其结果是使次大的数据被放在第 n−1 位置上。

在第三趟冒泡排序中，对前 n−2 个数据进行同样的操作，其结果是使第三大的数据被放在第 n−2 位置上。

如此反复，每一趟冒泡排序都将一个数据排到位，直到剩下一个最小的数据。

若在某一趟冒泡排序过程中，没有发现一个逆序，则可直接结束整个排序过程，所以冒泡过程最多进行 n−1 趟。

序列{48,62,35,77,55,14,35,98,22,40}的冒泡排序过程如图 4.6 所示。

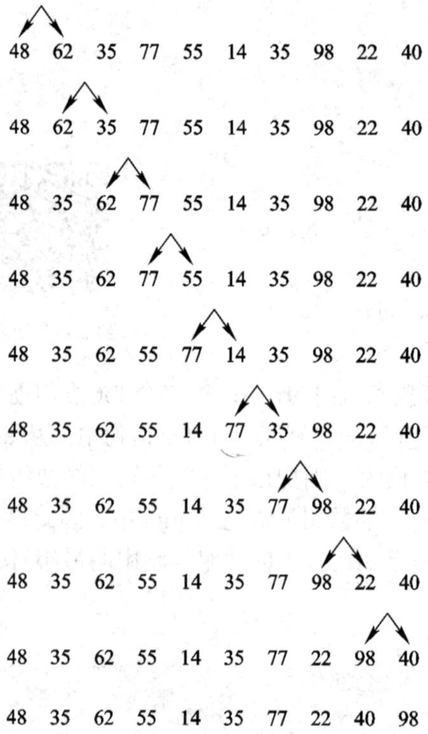


(a) 第一趟冒泡排序示例

| | | | | | | |
|---|---|---|---|---|---|---|
| 48 | 35 | 35 | 35 | 14 | 14 | 14 |
| 35 | 48 | 48 | 14 | 35 | 35 | 22 |
| 62 | 55 | 14 | 35 | 35 | 22 | 35 |
| 55 | 14 | 35 | 48 | 22 | 35 | **35** |
| 14 | 35 | 55 | 22 | 40 | **40** | |
| 35 | 62 | 22 | 40 | **48** | | |
| 77 | 22 | 40 | **55** | | | |
| 22 | 40 | **62** | | | | |
| 40 | **77** | | | | | |
| **98** | | | | | | |

(b) 冒泡排序全过程

图 4.6　冒泡排序示例

程序如下：

```
#include <stdlib.h>
#include <stdio.h>
void main()
{
   int i=0;
   int j=0,t=0;
   int change=1;
   int d[10]= {48,62,35,77,55,14,35,98,22,40};
   for(i=0;i<10&&change;i++)    /*如果比较一趟没有发生交换，这说明已经有序*/
   {
      change=0;
      for(j=0;j<10-i-1;j++)
      if(d[j]>d[j+1])
```

```
        { /*相邻交换*/
            t=d[j];
            d[j]=d[j+1];
            d[j+1]=t;
            change=1;                /*如果发生交换，change 置为 1*/
        }
    }
    printf("The sorted results:\n");
    for(i=0;i<10;i++)
    printf("%5d",d[i]);
    printf ("\n");
}
```

运行结果：

The sorted results:
　14　22　35　35　40　48　55　62　77　98

**注意**：程序中标记变量 change 的作用是，如果某趟所有相邻的数都不需要交换，则 change 置为 0，表示所有的数都已全部有序，后面各趟不需要进行，冒泡排序可提前结束。

# 4.5　二维数组

前面介绍的数组只有一个下标，称为一维数组，其数组元素也称为单下标变量。在实际问题中有很多对象是二维的或多维的，如数学中矩阵的元素是二维分布的，3D 图像是三维的，因此 C 语言允许构造多维数组。多维数组元素有多个下标，以标识它在数组中的位置，所以也称为多下标变量。本节介绍具有两个下标的二维数组，多维数组可由二维数组类推得到。

## 4.5.1　二维数组的定义和初始化

二维数组的定义格式如下：

　　元素类型说明符　数组名[ 行数 ] [ 列数 ]={元素初值列表};

二维数组的概念

说明：

(1) 用元素类型说明符来定义该数组每个元素的类型。数组名的命名规则同变量名。

(2) 行数、列数分别表示二维数组应有多少行、多少列，即行数代表第一维下标的长度，列数代表第二维下标的长度。它们都是常量表达式，常量表达式中可包含常量和符号常量，不允许有变量。例如：

　　int b[2][3];

该语句定义了一个 2 行 3 列的数组，数组名为 b，其下标变量的类型为整型。该数组的下标变量共有 2×3 个，即

　　　　b[0][0],b[0][1],b[0][2]
　　　　b[1][0],b[1][1],b[1][2]

　　(3) 二维数组元素的存放顺序是按行优先存放的。二维数组在逻辑上是二维的，其下标在行方向和列方向都有变化，下标变量在数组中的位置处于二维平面之中，而一维数组只是一个向量。但是，实际的硬件存储器却是连续编址的，也就是说，存储器单元是按一维线性排列的。把二维甚至多维的数组存放在一维的内存中，常用的两种方式是按行优先排列和按列优先排列。按行优先排列就是同一行元素连续排列在一起，即放完一行之后再顺序放入下一行；按列优先排列就是同一列元素连续排列在一起，即放完一列之后再顺序放入下一列。C 语言规定，二维数组是按行优先存放的。有的语言(如 FORTRAN 语言)是按列优先存放的。

　　在 C 语言中，上述二维数组是按行优先存放的，即先存放 b[0]行，再存放 b[1]行，每行中 3 个元素也依次存放。因为数组 b 说明为 int 类型，该类型在 32 位的系统中占 4 个字节的内存空间，所以每个元素均占有 4 个字节。

　　有时，也可以将二维数组看成是由若干个一维数组组成的。例如：
　　　　int d[3][5]={1,2,3,4,5,6,7,8,9,10,11,12,13,14,15};
则有数组名为 d[0]、d[1]、d[2] 的三个一维数组，每个数组有 5 个元素，如图 4.7 所示。

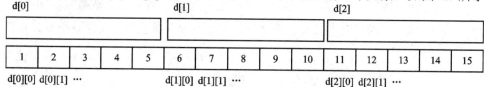

图 4.7　二维数组的内存存储示意图

　　三个数组 d[0]、d[1]、d[2] 的元素分别为
　　　　d[0]：d[0][0], d[0][1], d[0][2], d[0][3], d[0][4]
　　　　d[1]：d[1][0], d[1][1], d[1][2], d[1][3], d[1][4]
　　　　d[2]：d[2][0], d[2][1], d[2][2], d[2][3], d[2][4]

　　由一维数组的特性可知：数组名 d[0]代表 d[0][0]的地址，数组名 d[1]、d[2]则分别代表 d[1][0]、d[2][0]的地址。

　　(4) 在定义时可以用可选项"={元素初值列表}"给数组各元素赋初值。

　　① 同一维数组一样，元素初值列表用逗号分隔，按存储顺序依次给前面的各元素赋初值。例如：
　　　　int b[2][3]={ 1,2,3,4,5,6 };
　　　　int b[2][3]={ 1,2,3 };　　　　/* 后面的 3 个元素初值默认为 0 */

　　② 在初值列表中，将每行元素的初值用花括号括起来成为一组，按行分段赋初值。例如：
　　　　int b[2][3]={{1,2,3},{4,5,6}};
这种赋值方法非常直观，第一个花括号中的数据赋给第一行，第二个花括号中的数据赋给第二行，以此类推。其实，对于每行而言，也是先存放下标为 0 的元素，再存放下标为 1 的元素……这样不会造成数据的遗漏，也便于检查。

③ 可以对部分元素赋初值，但必须表达清楚。例如：

    int b[2][3]={{1,2},{3}};

它不同于

    int b[2][3]={1,2,3};

两者分别相当于：

$$
\begin{matrix} 1 & 2 & 0 \\ 3 & 0 & 0 \end{matrix} \quad 和 \quad \begin{matrix} 1 & 2 & 3 \\ 0 & 0 & 0 \end{matrix}
$$

④ 初始化时，行数可省略(列数不能省略)，通过元素初值列表来确定二维数组的行数。例如：

    int b[][4]={{1,2},{4},{9}};        /* 3 行 4 列 */

    int c[][4]={1,2,0,0,4,0,0,0,9};    /* 3 行 4 列，初值与 b 数组相同 */

(5) 数组定义和存储可推广至三维、n 维数组。n 维数组定义中有 n 个方括号括起来的各维元素数，有 n 个下标，每维元素数都是常量表达式。多维数组在内存中的存放形式也有两种：一种是以行为主序，即最右边的下标变化得最快，左边 n−1 个下标相同的元素连续存放在一起；另一种是以列为主序，即最左边的下标变化得最快，右边 n−1 个下标相同的元素连续存放在一起。在 C 语言中，多维数组和一维数组一样，都是以行为主序的，即最右边的下标变化得最快。例如：

    int c[3][2][3]={1,2,3,4,5,6,7,8,9,10,11,12,13,14,15,16,17,18};

可以这样理解：数组 c 含有数组名为 c[0]、c[1]、c[2] 的 3 个二维数组，每个二维数组又含有 2 个一维数组，每个一维数组有 3 个元素，如图 4.8 所示。

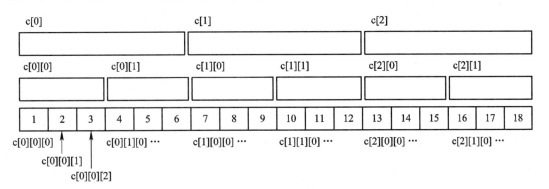

图 4.8   三维数组的内存存储示意图

## 4.5.2　二维数组元素的引用

二维数组元素的引用格式：

    数组名[ 行下标 ][ 列下标 ]

其中，行下标和列下标均为整型常量或整型表达式。二维数组元素的引用格式和一维数组元素的引用格式一样，数组元素的每个下标都从 0 开始，行下标的最大下标等于数组定义的行数减 1，列下标的最大下标等于数组定义的列数减 1。在引用数组元素时，行下标和列下标都不能越界，否则，可能会发生严重的系统错误。

同一维数组的引用方式一样，在 C 语言中，除了函数调用语句外，其他语句都只能逐个引用数组元素，不能单独用数组名引用整个数组，不能给数组整体赋值。引用二维数组元素也相当于引用同类型的简单变量，而且在引用数组元素之前，也必须先定义该数组。例如，a[2][3]的下标变量表示数组 a 第 2 行第 3 列的元素。下标变量和数组说明在形式上有些相似，但这两者具有完全不同的含义。数组说明的方括号中给出的是某一维的长度，只能是常量；而数组元素中的下标是该元素在数组中的位置标识，可以是常量、变量或表达式。

【例 4.13】 求两个矩阵 MA 和 MB 之差。

求两个矩阵之差，应该计算所有对应元素之差，将结果存储在 MA 中。

程序如下：

```c
#include<stdio.h>
void main()
{
    int i,j;
    int MA[3][4]={{8,7,6,5},{1,2,3,4},{9,7,6,5}};
    int MB[3][4]={{1,2,3},{4,5},{6}};
    printf("MATRIX   MA: \n ");            /*输出矩阵 MA*/
    for(i=0;i<3;i++)
    {
        for(j=0;j<4;j++)
            printf("%5d",MA[i][j]);
        printf("\n");
    }
    printf("MATRIX   MB: \n ");            /*输出矩阵 MB*/
    for(i=0;i<3;i++)
    {
        for(j=0;j<4;j++)
            printf("%5d",MB[i][j]);
        printf("\n");
    }
    for(i=0;i<3;i++)
        for(j=0;j<4;j++)
            MA[i][j]-=MB[i][j];            /*对应元素相减*/
        printf("MATRIX   MA-MB: \n ");     /*输出 MA-MB 的结果*/
    for(i=0;i<3;i++)
    {
        for(j=0;j<4;j++)
            printf("%5d",MA[i][j]);
        printf("\n");
    }
}
```

二维数组的应用(上)

运行结果:

```
MATRIX    MA:
    8    7    6    5
    1    2    3    4
    9    7    6    5
MATRIX    MB:
    1    2    3    0
    4    5    0    0
    6    0    0    0
MATRIX    MA-MB:
    7    5    3    5
   -3   -3    3    4
    3    7    6    5
```

说明:

(1) 如果不在数组定义时赋初值,数组元素必须逐个赋值,用赋值语句或键盘输入,与简单变量赋值的方法相同,都必须有&。

(2) 二维数组一般通过二重循环改变行下标和列下标,对数组元素逐个进行访问。

### 4.5.3　二维数组应用举例

传承与创新

【例4.14】 从键盘输入一个 2 行 3 列的矩阵,并将其转置(行和列元素互换),再存到另一个二维数组中,如:

$$C = \begin{bmatrix} 3 & 4 & 5 \\ 6 & 7 & 8 \end{bmatrix}, \quad D = \begin{bmatrix} 3 & 6 \\ 4 & 7 \\ 5 & 8 \end{bmatrix}$$

程序如下:

```c
#include<stdio.h>
void main()
{
    int i,j;
    int C[2][3];
    int D[3][2];
    printf("Input matrix C[2][3]:\n");
    for(i=0;i<2;i++)
    for(j=0;j<3;j++)
        scanf("%d",&C[i][j]);
    printf("matrix C[2][3]:\n");
    for(i=0;i<2;i++)
    {
```

```
            for(j=0;j<3;j++)
            {
                    printf("%3d ",C[i][j]);
                    D[j][i]=C[i][j];
            }
            printf("\n ");
        }
        printf("matrix D[3][2] \n");
        for (i=0; i<=2; i++)
        {
            for (j=0; j<=1; j++)
                printf("%3d", D[i][j]);
            printf("\n");
        }
    }
```

运行结果:

```
Input matrix C[2][3]:
3 4 5
6 7 8
matrix C[2][3]:
    3    4    5
    6    7    8
 matrix D[3][2]
    3    6
    4    7
    5    8
```

【例 4.15】 在二维数组 A 中选出各行最小值的元素，并组成一个一维数组 B。例如:

$$A = \begin{bmatrix} 3 & 2 & 1 & 5 \\ 8 & 6 & 5 & 7 \\ 9 & 8 & 6 & 7 \end{bmatrix}, \quad B = \begin{bmatrix} 1 & 5 & 6 \end{bmatrix}$$

算法分析: 在数组 A 的每一行中寻找最小的元素，找到之后把该值赋给数组 B 相应的元素即可。

程序如下:

```
#include <stdlib.h>
#include <stdio.h>
void main()
{
```

```
int A[3][4]={3,2,1,5,8,6,5,7,9,8,6,7};
int B[3],i,j,k;
for(i=0;i<=2;i++)
{
    k=A[i][0];
    for(j=1;j<=3;j++)
        if(A[i][j]<k) k=A[i][j];
    B[i]=k;
}
printf("\narray A:\n");
for(i=0;i<=2;i++)
{
    for(j=0;j<=3;j++)
        printf("%4d",A[i][j]);
    printf("\n");
}
    printf("\narray B:\n");
    for(i=0;i<=2;i++)
        printf("%5d",B[i]);
    printf("\n");
}
```

运行结果:

```
array A:
   3    2    1    5
   8    6    5    7
   9    8    6    7


array B:
    1    5    6
```

程序中第一个 for 语句中又嵌套了一个 for 语句,组成了双重循环。外循环控制逐行处理,并把每行的第 0 列元素赋给 k。进入内循环后,将 k 与后面各列元素比较,并把比 k 小者赋给 k。内循环结束时,k 即为该行最小的元素,然后把 k 值赋给 B[i]。等外循环全部完成时,数组 B 中已记录了 A 各行中的最小值。后面的两个 for 语句分别输出数组 A 和数组 B。

【例 4.16】 矩阵乘法实现,如:

$$C = \begin{bmatrix} 1 & 3 & 5 \\ 2 & 4 & 6 \end{bmatrix}, \quad D = \begin{bmatrix} 1 & 2 \\ 3 & 4 \\ 5 & 6 \end{bmatrix}, \quad E = C \times D = \begin{bmatrix} 35 & 44 \\ 44 & 56 \end{bmatrix}$$

算法分析：乘积 E 的任意元素 $E_{ij}$ 等于矩阵 C 的第 i 行和矩阵 D 的第 j 列对应元素乘积之和，即 $E[i][j] = C[i][0] \times D[0][j] + C[i][1] \times D[1][j] + C[i][2] \times D[2][j] + \cdots$，可以用一个求累加和的循环实现：

```
for(k=0;k<3;k++)
E[i][j]+=C[i][k]*D[k][j];
```

对矩阵 E 的各行和各列元素都按这种算法计算，将此 k 循环嵌套在遍历 E 的所有元素的二重循环中。

程序如下：

```
#include<stdio.h>
void main()
{
    int C[2][3]={{1,3,5},{2,4,6}},D[3][2]={{1,2},{3,4},{5,6}};
    int i,j,k,E[2][3]={0};
    for (i=0;i<2;i++)                    /* 遍历 C 矩阵的各行 */
        for (j=0;j<2;j++)
            for (k=0;k<3;k++)            /* 用 k 循环求累加和来计算 E[i][j] */
    E[i][j]+=C[i][k]*D[k][j];
    printf ("Array E=C*D:\n");
    for(i=0;i<2;i++)
    {
        for (j=0;j<2;j++)
            printf ("%5d",E[i][j]);
        printf ("\n");
    }
}
```

二维数组的应用(下)

运行结果：

```
Array E=C*D:
   35    44
   44    56
```

【例 4.17】 从键盘输入 4 个学生语文和数学课程的成绩，求每个学生两门课的总分，并按总分从高到低的顺序输出每个学生两门课程的总分。

算法分析：

(1) 定义数组 int score[4][2] 存储 4 个学生两门课程的成绩，数组 int sum[4]存储 4 个学生的总分。

(2) 用 for 循环从键盘按行输入每个学生语文和数学课的成绩。

(3) 用 for 循环计算出每个学生的总分，并存入数组 sum 中。

(4) 用简单选择排序法，按照总分从高到低的顺序进行排序，交换时应注意除了总分交换外，对应学生的两门课程成绩也需要进行交换。

(5) 按要求输出。

程序如下：

```c
#include <stdlib.h>
#include <stdio.h>
void main()
{
    int i,j,k,m,score[4][2];              /* 定义数组和变量*/
    int t,sum[4];
    printf("Input 4 student's scores(Chinese and Math): \n");
    for(i=0;i<4;i++)                      /* 输入成绩*/
        scanf("%d,%d ",&score[i][0],&score[i][1]);
    for(i=0;i<4;i++)                      /* 求总分*/
        sum[i]= score[i][0]+score[i][1];
    for(i=0;i<3;i++)                      /* 选择排序*/
    {
        k=i;                             /* 用 k 存储第 i 趟总分最高者的下标*/
        for(j=i+1;j<4;j++)
            if (sum[j]> sum [k])    k=j;
        if (k!=i)                        /* 将第 i 趟总分最高者的两门课的总分交换到第 i 行*/
        {
            for(j=0;j<2;j++)
            {
                m=score[i][j];
                score[i][j]= score[k][j];
                score[k][j]=m;
            }
            t= sum [i];
            sum[i]= sum[k];
            sum[k]=t;
        }
    }

    printf("The sorted scores： \n");
    printf("Chinese    Math    sum： \n");
    for(i=0;i<4;i++)                      /* 输出每个学生的成绩和总分*/
        printf("%6d%6d%6d%\n", score[i][0], score [i][1],sum[i]);
}
```

运行结果：

Input 4 student's scores(Chinese and Math)：

30,50

```
60,70
80,50
90,40
The sorted scores:
Chinese   Math   sum:
     60      70    130
     80      50    130
     90      40    130
     30      50     80
```

简单选择排序基本思想的说明：每一趟在 n−i+1(i=1, 2, …, n−1)个数据中选取关键字最小的数据作为有序序列中的第 i 个数据。

第 1 趟排序时，从第 1 个数据开始，通过 n−1 次关键字的比较，从 n 个数据中选出关键字最小的数据，并和第 1 个数据进行交换。

第 2 趟排序时，从第 2 个数据开始，通过 n−2 次关键字的比较，从 n−1 个数据中选出关键字最小的数据，并和第 2 个数据进行交换。

……

第 i 趟排序时，从第 i 个数据开始，通过 n−i 次关键字的比较，从 n−i+1 个数据中选出关键字最小的数据，并和第 i 个数据进行交换。

如此反复，经过 n−1 趟简单选择排序，将把 n−1 个数据排到位，剩下一个直接在最后，所以，共需进行 n−1 趟简单选择排序。

【例 4.18】　假设数组 a 中的数据是按从小到大的顺序排列的：

$$-12 \quad 0 \quad 6 \quad 16 \quad 23 \quad 56 \quad 80 \quad 100 \quad 110 \quad 115$$

现从键盘上输入一个数，判定该数是否在数组中，若在，输出所在序号；若不在，输出相应信息。

算法分析：在一批有序数据中查找某数，可以采用折半查找的方式进行。选定这批数中居中间位置的一个数，与所查数进行比较，看是否为所找的数，若不是，利用数据的有序性，可以决定所找的数是在选定数之前还是之后，从而可以将查找范围缩小一半。以同样的方法在选定的区域中进行查找，每次都会将查找范围缩小一半，从而较快地找到目的数。

假设输入的数为 80，具体查找步骤如下：

第一步，设 low、mid 和 high 三个变量分别指示数列中的起始元素、中间元素与最后一个元素位置，其初始值为 low=0, high=9, mid=(low+high)/2=4，判断 mid 指示的数是否为所求，mid 指示的数是 23，不是要找的 80，需继续进行查找。

```
[−12     0      6      16      23      56      80      100     110     115 ]
 ↑ low                         ↑ mid                            ↑ high
```

第二步，确定新的查找区间。因为 80 大于 23，所以查找范围可以缩小为 23 后面的数，新的查找区间为[56  80  100  110  115], low、mid 和 high 分别指向新区间的开始、中间与最后一位数。实际上 high 不变，将 low(low=mid+1)指向 56, mid (mid=(low+high)/2)

指向 100，还不是要找的 80，需继续查找。

| | | | | | | | | | |
|---|---|---|---|---|---|---|---|---|---|
| −12 | 0 | 6 | 16 | 23 | [ 56 | 80 | 100 | 110 | 115 ] |
| | | | | | ↑low | | ↑mid | | ↑high |

第三步，上一步中，所找数 80 比 mid 指示的 100 小，可知新的查找区间变为[56　80]，low 不变，mid 与 high 的值做相应的修改。mid 指示的数为 56，还要继续查找。

| | | | | | | | | | |
|---|---|---|---|---|---|---|---|---|---|
| −12 | 0 | 6 | 16 | 23 | [ 56 | | 80 ] | 100 | 110 | 115 |
| | | | | | ↑low | | ↑ high | | | |
| | | | | | ↑ mid | | | | | |

第四步，根据上一步的结果，80 大于 mid 指示的数 56，可确定新的查找区间为[80]，此时，low 与 high 都指向 80，mid 亦指向 80，即找到了 80，到此为止，查找过程完成。

| | | | | | | | | | |
|---|---|---|---|---|---|---|---|---|---|
| −12 | 0 | 6 | 16 | 23 | 56 | [ 80 ] | 100 | 110 | 115 |
| | | | | | | ↑ low | | | |
| | | | | | | ↑ mid | | | |
| | | | | | | ↑ high | | | |

若在查找过程中出现 low>high 的情况，则说明序列中没有该数，结束查找过程。
程序如下：

```c
#include <stdio.h>
#define M 10
void   main()
{
    int a[M]={-12,0,6,16,23,56,80,100,110,115};
    int n,low,mid,high,found;
    low=0;
    high=M-1;
    found=0;
    printf("Input a number to be searched:");
    scanf("%d",&n);
    while(low<=high)
    {
        mid=(low+high)/2;
        if (n==a[mid]) {   found=1;break; }   /*找到，结束循环*/
        else if (n>a[mid]) low=mid+1;
              else        high=mid-1;
    }
    if (found==1) printf("The index of %d is %d",n,mid);
    else printf("There is not   %d",n);
}
```

查找成功运行结果：

> Input a number to be searched:56
>
> The index of 56 is 5

查找失败运行结果：

> Input a number to be searched:90
>
> There is not   90

# 4.6  字符数组

字符数组的概念

元素是字符的数组就是字符数组，它的形式和前面讲的数值型数组一样，字符数组也有一维字符数组、二维字符数组和三维字符数组等。C 语言中没有字符串数据类型，但可以使用字符数组来表示字符串。

## 4.6.1  一维字符数组的定义和引用

### 1. 定义格式

char    数组名[ 元素数 ] ={元素初值列表}；

元素类型名是 char，元素数应为常量表达式，它定义了该字符数组的元素个数，即数组长度，常量表达式中不允许有变量。一维字符数组的定义和初始化形式同前面讲的一维数组一样。例如：

char c[10]={'d','o','g'}；

(1) 在一维字符数组初始化时，如果元素初值列表给出的字符数小于定义的元素数，则后面自动补 ASCII 码为 0 的字符 "\0"。在字符串处理中，字符 "\0" 作为字符串结束符。如果给出的字符数大于数组元素数，则编译时出现语法错误。若给出的字符数恰好等于元素数，则不会自动补字符 "\0"。

(2) 在一维字符数组初始化时，可去掉定义时的元素数，用元素初值列表的元素个数来定义元素数。这种情况下，字符数组元素数等于{}中的字符数。例如：

char d[]={'I',' ','a','m',' ','a',' ','b','o','y','.'}；

定义 d 的长度为 11，后面不会自动加字符串结束符 "\0"。

(3) 一维字符数组元素的引用格式为

数组名[下标]

其中，下标为整型表达式，用它确定所引用元素的位置。

一般语句都只能引用字符数组元素，引用一个元素相当于引用一个字符变量。字符数组与其他类型的数组不同，除了函数调用语句外，字符数组还可以整体用于输入和输出语句。

### 2. 通过字符串初始化

(1) 将字符串常量放在初始化的花括号内。如：

char d[30]={"I am a boy."}；

数组 d 的长度为 30，d[0]～d[11]存放有效字符，d[12]自动存放 "\0"。该字符串的有效长度为 12。

(2) 也可以省略花括号{ }，直接写为

```
char d[30]="I am a boy.";
```

可以去掉定义时的长度设置：

```
char d[]="I am a boy.";
```

或

```
char d[]={"I am a boy."};
```

系统会自动加 "\0"，元素数为双引号内的有效字符数加 1，字符数组的长度为 11+1，d[12]存放 "\0"。所以在定义字符数组时，定义的元素数一定要大于实际使用的有效长度。

(3) 如果用独立的字符初始化，并去掉定义时的长度设置，使字符数组存储字符串，则应在最后增加字符串结束符 "\0"。

```
char g[]={'I',' ','a','m',' ','a',' ','g','i','r','l','.', '\0'};
```

数组 g 的长度为 13，有字符串结束符 "\0"。

## 4.6.2　字符数组的输入与输出

在用 scanf() 和 printf() 输入和输出字符数组时，可以采用如下两种格式符：

%c——逐个元素输入和输出字符(char)。

%s——整体一次输入和输出字符串(string)。

### 1. 用格式符%c 逐个输入和输出字符

这种格式和其他数值型数组的用法完全一样。一般将 scanf() 和 printf() 放在循环中，用%c 指定格式，用数组元素作输入和输出项。元素下标在循环中不断变化，逐个进行元素的输入和输出。输入时数组元素前一定要加地址符&。

注意：用此法输入时系统不会自动加 "\0"，输出时也不会自动检测 "\0"。因此若要使用字符串输出函数，则应该自己加上 "\0"。

【例 4.19】　用格式符%c 逐个输入字符到字符数组，然后逐个输出字符。

程序如下：

```
#include <stdlib.h>
#include <stdio.h>
void main()
{
    char d[20];   int i;
    printf("please input 10 char:\n");
    for(i=0;i<10;i++)
        scanf("%c",&d[i]);    /* 必须输入 10 个字符，不会自动加结束符'\0' */
    d[i]= '\0';               /* 在末尾加上结束符'\0' */
    for(i=0;i<10;i++)
        printf("%c",d[i]);            /* 逐个输出*/
```

```
        printf("\n");
        printf("%s",d);           /* 因为在末尾加了结束符，所以可以整体输出*/
    }
```

运行结果：

```
please input 10 char:
I am a boy
I am a boy
I am a boy
```

### 2. 用格式符％s 整体输入字符串

在 scanf()中用格式符％s 指定格式，直接用数组名作为输入项，整体输入字符串。例如：

```
        char str[20];
        scanf("%s",str);
```

**注意：**

(1) 数组名本身就代表该数组的首地址，所以 scanf() 中输入项的数组名前不需要再加地址符 &。

(2) 因为是整体输入，所以在输入字符串的末尾，系统会自动加上"\0"。

(3) 输入多个字符串，可用空格隔开。例如：

```
        char str1[15],str2[15],str3[15];
        scanf ("%s%s%s",str1,str2,str3);
```

若输入：

```
        How are you!
```

则 str1、str2、str3 的内容分别为 "How"、"are"、"you!"。

正因为 scanf() 中的空格是多个字符串的分隔符，所以企图用此法输入带空格的字符串给一个字符数组时，只有第一个空格前的字符串有效。例如：

```
        char str[30];
        scanf("%s",str);
```

如果输入：

```
        I'm a girl! <回车>
```

则只会将 I'm 输入到 str 中，且只存了 4 个字符：'I'、'''、'm'、'\0'，空格后面的 a  girl!并没有被输入到 str 中。

如果要将带空格的字符串全部输入到 str 中，可以使用字符串处理函数 gets。例如：

```
        char str[30];
        gets(str);
```

如果输入：

```
        You are a girl! <回车>
```

则会将 You are a girl!都输入到 str 中。

### 3. 用格式符%s 整体输出字符数组

在 printf( )中用格式符%s 指定格式，用数组名作输出项整体输出字符数组。例如：

    char str[]={"How do you do "};
    printf("%s",str);

**注意：**

(1) 遇到"\0"即结束输出。例如：

    char c[20]=" How do you do ";
    printf(" %s?",str);

输出结果：

> How do you do?

(2) 如果数组中有多个"\0"，则输出时遇到第一个"\0"即结束。

(3) 如果数组中没有"\0"，用此格式整体输出数组时会将内存中该数组之后的内容一并输出，直到遇见第一个"\0"为止。例如：

    char str[]={'H','e','l','l','o'};
    printf("%s",str);          /* 输出结果在 Hello 之后可能还有其他内容 */

输出结果(一次运行结果)：

> Hello 烫烫烫?O!還

另一次运行的结果：

> Hello 烫烫烫莛 i} +

说明：每次运行的结果可能不一样，因为每次内存分配的地址不一样，Hello 之后的其他内容可能不一样。

在 C 语言中，最常用的字符数组是字符串，字符串存放在一个字符数组中，存放一个字符串的字符数组是一维字符数组。这里，需要搞清楚的一个概念是一维字符数组不等于字符串，但是字符串是一维字符数组。因此在一维字符数组中存放若干个字符，如果该字符数组以"\0"为结束字符，则该字符数组是字符串，否则不是字符串，而是一般字符数组。例如：

    char s1[3] = {'a','b','c'};
    char s2[3] = {'a','b','\0'};

其中，s2 是一个字符串，而 s1 是一般的一维字符数组。

(4) 在 C 语言中，只有字符数组可以整体输入和输出，其他类型的数组都不能整体输入和输出。

## 4.6.3 字符串处理函数

计算机处理的数据分为数值数据和非数值数据，字符串是最基本的非数值数据。字符串处理在语言编译、信息检索、文字编辑等方面有着广泛的应用，需要对字符串做整体的处理。但字符数组不能整体赋值，也不能整体比较。C 语言为了方便对字符串的处理，提供了一些字符串处理函数。一般地，系统将字符串处理函数放在 string.h 文件中。系统提供的常用的字符串处理函数有如下几种：

- strlen (字符串)：计算字符串长度，返回字符串有效长度。
- gets (字符数组)：输入一行字符序列到字符数组，返回字符数组的首地址。
- puts (字符串)：将字符串输出到终端。
- strcat(字符数组，字符串)：将字符串连接到字符数组的后面，返回字符数组的首地址。
- strcpy (字符数组，字符串)：复制字符串到字符数组，返回字符数组的首地址。
- strcmp (字符串 1，字符串 2)：两个字符串比较，返回比较结果。
- strlwr (字符串)：将字符串的大写字母转换为小写字母，返回该串的首地址。
- strupr (字符串)：将字符串的小写字母转换为大写字母，返回该串的首地址。

下面介绍最常用的几种函数。

### 1．字符串长度函数 strlen()

格式：

　　strlen(字符串);

功能：返回字符串的有效长度，不包括 "\0"。例如：

　　char str[20]="789";

strlen(str)的字符串长度为 3。请注意数组的长度 sizeof(str)是 20。

### 2．字符串整行输入函数 gets()

格式：

　　gets(字符数组);

功能：从键盘将带空格的字符序列(以回车键结束)全部输入到指定的字符数组中，并自动加字符串结束符 "\0"。该函数的返回值是字符数组的首地址。例如：

　　char str[30];

　　gets(str);

运行时从键盘输入一行字符：

```
How dou you do        /* 注意与 scanf("%s", str)的结果不同 */
```

结果将包括空格在内的 14 个有效字符和 "\0" 字符共 15 个存入 str。

### 3．字符串整体输出函数 puts()

格式：

　　puts(字符串);

功能：将指定的字符串(以 "\0" 结束)作为一行输出到终端，输出完字符串后自动换行。

puts(str) 与 printf("%s\n", str)功能相同。str 可以是字符串常量或存有 "\0" 的字符数组，字符串中可以有转义字符。例如：

　　char str[]="Hello !\nHow do you do?";

　　puts(str);　 puts("Thank you !");

运行后输出：

```
Hello !
How do you do?
Thank you !
```

## 4．字符串比较函数 strcmp()

格式：

strcmp(字符串 1，字符串 2);

功能：先对函数内的字符串进行比较，再返回比较结果。它对字符串 1 和字符串 2 中的字符从左向右逐个按其 ASCII 码值进行比较，直到字符值不相等或遇到字符串结束符"\0"时结束。如果两个字符串相等，则函数返回整数 0；如果两个字符串不相等，且字符串 1 的字符较大，则函数返回正整数，否则，函数返回负整数。注意，大写字母比相应小写字母的 ASCII 码值小 32。

**注意**：字符串的比较不能采用关系运算符(>、<、>=、<=、==)直接进行。

例如：

char str[30]="google !";

printf("%d,%d\n",strcmp(str,"Google !"),strcmp("dfe","dfw"));

运行后输出：

```
1   -1
```

## 5．字符串复制函数 strcpy()

格式：

strcpy(字符数组 s1，字符串 s2);

功能：将一个已知字符串复制到指定的字符数组或字符指针中。该函数返回新复制的字符串的首地址。

函数 strcpy 格式中，s1 和 s2 是字符数组名或字符指针名。执行该函数时将字符串 s2 拷贝到字符数组 s1 中去。返回的指针实际上是 s1 的首地址。使用该函数时一定要注意：字符数组 s1 要有足够大的空间可将字符串 s2 包含进去，否则越界，不判错但将造成数据上的混乱。

例如：

char str[30];

strcpy(str,"GOOD !");

puts(str);

运行后输出：

```
GOOD !
```

**注意**：字符串的复制不能采用赋值运算符( = )进行。

## 6．字符串连接函数 strcat()

格式：

strcat(字符数组 1，字符串 2);

功能：将字符串 2 连接到字符数组 1 中的字符串后面，生成一个新的字符串。这里，字符串 2 可以是字符串常量或字符数组名，而字符数组 1 只能是字符数组名。该函数的返回值是一个指针，指向新生成的字符串的首地址，即字符数组 1 的首地址。

使用该函数时一定要注意：字符数组 1 要有足够大的空间可将字符串 2 包含进去，否则越界，不判错但将造成数据上的混乱。

例如：

```
char s1[30]="I am a ";
puts(strcat(s1,"student."););
```

运行后输出：

> I am a student.

【例 4.20】 上述 6 个字符串处理函数应用举例。

程序如下：

```
#include <stdio.h>
#include <string.h>              /*字符串处理函数库 */
void main()
{
    char str1[30]="Happy birthday",str2[30]="2014";
    puts(strcat(str1,str2));
    printf("%d   %d\n",strlen(str1),strcmp(str1,str2));
    gets(str1);
    printf("%d   %d\n",strlen(str1),strcmp(str1,str2));
    puts(strcpy(str1,str2));
    printf("%d   %d\n",strlen(str1),strcmp(str1,str2));
    gets(str1);
    puts(strcat(str1,str2));
}
```

运行结果：

> Happy birthday2014
>
> 18   1
>
> google<回车>
>
> 6   1
>
> 2014
>
> 4   0
>
> baidu<回车>
>
> baidu2014

## 4.6.4　二维字符数组

二维字符数组与二维数值数组的定义方法相同，只是数据类型为 char 类型。例如：

```
char a[2][5],b[3][7];
```

数组 a 有 2 行 5 列，可以存放 2 个长度为 4 的字符串；数组 b 有 3 行 7 列，可以存放 3 个长度为 6 的字符串。

例如，二维字符数组初始化为

```
char c[3][8]={"str1","str2","string3"};
```

其内存分配如图 4.9 所示。

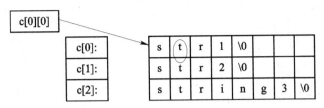

图 4.9　二维字符数组的内存分配举例

## 4.6.5　字符数组应用举例

【例 4.21】　统计选票，假设候选人有 3 人，参加投票的有 6 人。

算法分析：用一个二维的字符数组存储 3 个候选人的名字，用一个一维的整型数组存储各个候选人的得票数。首先将一维整型数组各元素初始化为 0，用循环语句从第 0 个到第 5 个逐个处理选票，然后将相应的候选人对应的一维整型数组元素的值加 1，最后统计结束就可以输出所有候选者的名字及其得票数。各数组组成可参考图 4.10。

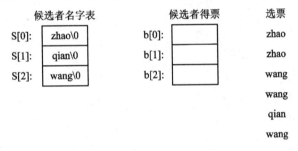

图 4.10　例 4.21 的数组组成

程序如下：

```
#include<stdio.h>
#include<string.h>
void main()
{
    char k[15],s[3][15];
    int b[3],i,j;
    printf("请输入 3 个候选人: \n");
    for(i=0;i<3;i++)
    {
        gets(s[i]);
        b[i]=0;
    }
    printf("请输入 6 张选票: \n");
    for(i=0;i<6;i++)          /*6 张选票*/
    {
```

```
        gets(k);
        for(j=0;j<3;j++)
            if (!strcmp(s[j],k))      b[j]++;
    }
    printf("选票结果: \n");
    for(i=0;i<3;i++)
        printf("%s:%d",s[i],b[i]);
}
```

运行结果:

```
请输入 3 个候选人:
zhao
qian
wang
请输入 6 张选票:
zhao
zhao
wang
wang
qian
wang
选票结果:
zhao:2qian:1wang: 3
```

【例 4.22】 编写一个程序, 输入 3 个字符串(长度均不超过 20)存入一个二维的字符型数组中, 将第 3 个字符串连接到第 2 个字符串之后, 然后将连接后的字符串再连接到第 1 个字符串之后, 组成新的字符串存入一维的字符型数组中, 最后输出该新的字符串。要求所编程序不允许使用字符串连接函数。

算法分析: 两个字符串的连接算法是, 先将第 1 个字符串复制到某个字符数组中, 再将第 2 个字符串复制到该字符数组中(注意包括字符串结束标记)。本题要求连接 3 个字符串, 可以用次数为 3 的次数型循环来实现。

程序如下:

```
#include <stdlib.h>
#include <stdio.h>
#include <string.h>
void main()
{
    char dest[61],str[3][21];
    int i,j,k;
    scanf("%s%s%s",str[0],str[1],str[2]);
    k=0;
```

```
    for(i=0;i<3;i++)
       for(j=0;j<21;j++)
          if(str[i][j]=='\0')        break;
          else
          {
             dest[k]=str[i][j];
               k++;
          }
    dest[k]='\0';
    printf("%s",dest) ;
}
```

运行结果：

You are happy

Youarehappy

# 4.7  指 针 与 数 组

前面指出，数组名是指向数组首元素的指针类型符号常量，而指针变量可以存放地址数据，即指向该地址处存放的数据。所以，也可以让指针变量指向数组元素。数组元素可以通过数组名和下标被访问，也可以通过指向它的指针变量被访问。

## 4.7.1  指向数组元素的指针

### 1．定义指向数组元素的指针变量

变量在内存中存放是有地址的，数组在内存中存放也同样是有地址的。对数组来说，数组名就是数组在内存中存放的首地址。指针变量是用于存放变量的地址，可以指向变量，当然也可存放数组的首地址或数组元素的地址。这就是说，指针变量可以指向数组或数组元素。对数组而言，数组和数组元素的引用，也同样可以使用指针变量。

定义指向数组元素的指针变量与指向一般数据的指针变量的方法相同，只是要求定义中的基类型和数组元素的类型相同。定义的同时也可以赋初值，例如：

```
int c[10],d[20];        /* 数组 c 和 d 的元素都是整型*/
int *p,*q=&c[0];        /* 定义指向整型的指针变量 p 和 q，给 q 赋初值&c[0]*/
p=&c[3];                /* p 指向 c 数组的 3 号元素 */
p=d;                     /* p 指向 d 数组的 0 号元素，即 d 的起始地址 */
```

由于数组名是指向数组 0 号元素的地址符号常量，所以 c 和&c[0]相等，d 和&d[0]相等。同样，p=d 和 p=&d[0]两句等价，int *q=&c[0]和 int *q=c 两句也等价。

**注意**：p=d 是让 p 指向 d 数组的 0 号元素，而不是把 d 的各元素赋给 p。虽然此时 p 和 d 都指向 d 数组的 0 号元素即首元素，但它们是有区别的，p 是变量，而 d 是常量。

## 2. 指针运算

(1) 当指针变量指向数组元素时，指针变量加(减)一个整数 m，表示指针向前(后)移动 m 个元素(不是 m 个字节)。指针变量每增减 1，地址字节值的增减量 d 等于基类型字节数。假设在某一个 32 位编译系统中，int 占用 4 个字节，double 占用 8 个字节，例如：

```
int c[20]; int *p1=&c[9];    /* p1 指向整型(d=4)，初值为 c[9]的地址*/
p1--;                        /* p1 减 1，它指向 c[8]，地址字节值减 4 */
p1+=3;                       /* p1 加 3，它指向 c[11]，地址字节值加 12 */
```

再如：

```
double a[10],*p=&a[4];       /* p 指向 double 型(d=8)，初值为 a[4]的地址 */
p++;                         /* p 增 1，它指向 a[5]，地址字节值加 8 */
p-=2;                        /* p 减 2，它指向 a[3]，地址字节值减 16 */
```

(2) 两个同类型指针可以相减，得到一个整数，等于二者之间相差的元素个数，即两者的地址字节值之差除以基类型字节数。两个指针之间不能进行加法、乘法、除法等算术运算。

(3) 两个同类型指针可以进行比较运算，即进行 <、<=、>、>=、!=、== 运算，但是类型不同不能进行比较运算，而且运算时用它们的地址值进行比较。

(4) C 语言设置了一个指针常量"NULL"，称为空指针。空指针不指向任何存储单元，但空指针可以赋给任何指针类型的变量。空指针可以和任何类型的指针作等于或不等于的比较(不能作 <、<=、>、>= 的比较)。

## 3. 通过指针访问数组元素

通过指针变量访问数组元素，首先必须将数组元素的地址赋给它，然后才能通过增减等运算使它指向不同的元素，再通过指向运算符就能访问对应的数组元素。C 语言将数组元素中的"[ ]"称为变址运算符，一维数组元素 b[j]的表示形式等价于 *(b+j)。

例如：

```
int b[30],*p=b;
```

(1) 表达式*(p+j)或*(b+j)都表示数组元素 b[j]，而 p+j 或 b+j 则都表示 b[j]的地址&b[j]。

(2) 指针变量也可带下标，如 p[j]与*(p+j)等价。所以，b[j]、*(b+j)、p[j]、*(p+j) 四种表示法全部等价，都表示数组 b 中 j 号元素。

(3) 注意 b 是符号常量，不能给 b 赋值，语句 b=p 和 b++都是错误的。而 p 是变量，可以进行这些操作。

归纳起来，当定义 int *p=b 时，引用数组 b 的元素可以用 4 种方法：用数组名以下标法和指针法引用，如 b[i]、p[i]；用指针变量以下标法和指针法引用，如*(p+i)、*(b+i)。

最后还必须指出，C 语言对地址运算不做越界检查，移动指针时程序员要自己控制好地址的边界。所以，指针运算是最容易出错的地方，初学者一定要注意。

【例 4.23】 指针运算和地址字节值的输出。要求采用下标法和指针法访问数组元素。

```
#include<stdio.h>
void main()
{
```

```
    int b[10]={100,200,300,400,500,600,700,800,900,1000};
    int *p=b;                                              /* 可将*p=b 改为*p=&b[0];*/
    float s[8],*pf=s;
    printf("sizeof(int) = %d\n",sizeof(int));              /* 32 位编译系统中 int 类型字节数是 4*/
    printf("sizeof(float) = %d\n",sizeof(float));          /* float 类型字节数是 4*/
    printf("pf=%X     pf+1=%X \n",pf,pf+1);                /* pf 基类型字节数是 4*/
    printf("p=%X       p+1=%X \n",p,p+1);                  /* p 基类型字节数是 4*/
    printf("&p[0]=%X &p[1]=%X\n",&p[0],&p[1]);             /* 改为下标法效果相同*/
    printf("&a[0]=%X &a[1]=%X\n",&b[0],&b[1]);             /* 将 p 换为 b 效果相同*/
    printf("*p+4=%d    *(p+4)=%d\n",*p+4,*(p+4));          /* *p+4 和*(p+4)不同*/
    printf("*b+4=%d    *(b+4)=%d\n",*b+4,*(b+4));          /* 将 p 换为 b 效果相同*/
}
```

运行结果：

```
sizeof(int) = 4
sizeof(float) = 4
pf=18FED4      pf+1=18FED8
p=18FF08       p+1=18FF0C
&p[0]=18FF08 &p[1]=18FF0C
&a[0]=18FF08 &a[1]=18FF0C
*p+4=104    *(p+4)=500
*b+4=104    *(b+4)=500
```

【例 4.24】　分别用数组名和指针变量，以下标法和指针法输入和输出数组的所有元素。

```
#include<stdio.h>
void main()
{
    int i=0;
    int array[6];
    int *p= array;
    printf("\n Please input array [6]: \n");
    while(p<( array +6))
        scanf("%d",p++);
    printf("\n Output array [i]: \n");
    for(i=0;i<6;i++)
        printf("%d,", array [i]);                /* (1)数组名，下标法*/
    printf("\n Output *( array +i): \n");
    for(i=0;i<6;i++)
        printf("%d, ",*( array +i));             /* (2)数组名，指针法*/
    printf("\n Output p[i]):  \n");
```

```
        p=array;                        /* p 指向数组的首地址*/
      for(i=0;i<6;i++)
        printf("%d, ",p[i]);            /* (3)指针变量，下标法*/
      printf("\n Output *(p+i): \n");
      for(i=0; i<6; i++)
        printf("%d, ",*(p+i));          /* (4)指针变量，指针法*/
      printf("\n Output *p++: \n");
      while(p<( array +6))
        printf("%d, ",*p++);            /* (5)指针变量，指针法，效率最高*/
      printf("\n");
   }
```

运行结果：

```
 Please input array [6]:
9 8 7 6 5 4
 Output array [i]:
9,8,7,6,5,4,
 Output *( array +i):
9, 8, 7, 6, 5, 4,
 Output p[i]):
9, 8, 7, 6, 5, 4,
 Output *(p+i):
9, 8, 7, 6, 5, 4,
 Output *p++:
9, 8, 7, 6, 5, 4,
```

综上所述，数组元素可以用数组名或指针变量，以下标法或指针法访问，其效果是一样的。需要注意的是，数组名是一个地址常量，不能做加减运算，而指针变量是变量而不是常量，可以做加减等移动操作。

## 4.7.2　字符指针、字符数组和字符串

### 1. 用字符指针访问字符数组

字符数组元素和其他类型的数组一样，可以通过数组名或指针变量，以下标法和指针法等四种方法来访问它的各元素。字符串是字符数组的主要形式，对字符串更多的是做整体操作，如连接、比较、整串查找等，较少进行单个字符的操作。

字符数组可以整体存储字符串和整体输入与输出字符串，字符数组的名字就是它所存储的字符串的起始地址。因此，能用字符指针变量指向字符串的起始地址，自然也能整体输入与输出字符串。

【例 4.25】 用字符数组名和字符指针变量两种方法整体输入与输出字符串。

```
#include<stdio.h>
void main()
{
    char str[62]="\ngood morning!",*p=str;    /* 定义 ps 为指向字符串的首字符的指针变量*/
    char *nstr="nice   to meet you!";
    printf("%s\n",str);                /* 用字符数组整体输出字符串 */
    printf("%s\n",nstr);               /* 用字符指针整体输出字符串 */
    gets(str);                         /* 用字符数组整体输入带空格的字符串 */
    printf("%s\n",str);
    gets(p);                           /* 用字符指针整体输入带空格的字符串 */
    printf("%s\n",str);                /* 与 printf("%s\n",p); 等价 */
}
```

运行结果:

```
good morning!
nice to meet you!
good afternoon!
good afternoon!
good evening!
good evening!
```

在输出语句中,可以整体输出存放字符串的字符数组,也可以用字符指针变量直接处理字符串常量。也就是说,可以用指向字符串常量的字符指针变量整体输出该字符串常量。

整体输入带空格的字符串也有两种方法,即在 gets()函数中用字符数组名 str 或者用指向字符数组元素的指针变量 p,由于 p 的初值为 str,输入的字符串实际上都是存储在数组 str 中的。

**注意**:用字符数组和字符指针变量都能实现字符串的存储和运算,但有以下几点区别:

(1) 分配的内存单元不同。编译时,为定义的字符数组的所有元素分配确定地址的内存,而只给字符指针变量分配一个存放地址的内存单元,若未赋初值,则未指向明确的地址,所以在使用之前必须要先赋值。

(2) 用未赋值的指针变量输入字符串,有时也能运行,但后果是危险的。编译时,该指针变量的内容是不可预料的值;此时,如果用 gets()或 scanf()函数将字符串输入到它所指向的一段内存单元中,就可能破坏程序或数据,造成严重的后果。例如:

```
#include<stdio.h>
void main()
{
    char str[62]="\ngood morning!";
    char *p;           /* 指针变量 p 没有赋值,没有确定的地址*/
    printf("%s\n",str);  /* 用字符数组整体输出字符串*/
    gets(p);           /* 错误! p 没有确定地址,没有分配到空间,可能出现严重错误*/
    printf("%s\n",p);
}
```

编译过程会出现警告:

warning C4700: 使用了未初始化的局部变量"p"

执行过程就会出现如图 4.11 所示错误。

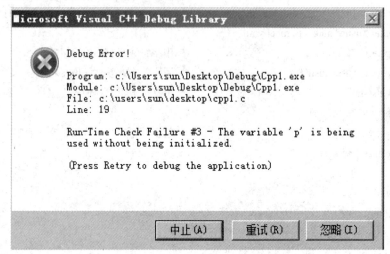

图 4.11　指针没有初始化错误

(3) 赋值方法不同。对字符数组只能在变量定义时整体赋初值,不能用赋值语句整体赋值。对字符指针变量,可以用赋值语句将字符串首地址赋值给它,起到整体赋值的效果。例如:

```
char *q;   q=" nice to meet you!";        /* 赋给 q 的是字符串的首地址 */
```

(4) 指针变量的值是可以改变的,字符数组名是地址常量,它的值是不能改变的。

### 2. 字符串处理函数的实现

在信息管理和事务处理领域中,大量用到字符串的整体操作,C 语言标准函数库中提供了许多字符串处理函数,在这些函数中都会用到字符数组的整体引用传递。下面利用指针变量实现字符串合并。

【例 4.26】 用指向字符串的指针变量进行两个字符串的合并。

```
#include<stdio.h>
void main()
{
    char str1[80],str2[30],*ptr1=str1,*ptr2=str2;
    printf("inputstr1:");
    gets(str1);
    printf("inputstr2:");
    gets(str2);
    printf("str1----------str2\n");
    printf("%s.......%s\n",ptr1,ptr2);
    while(*ptr1)     ptr1++;                /*移动指针到串尾*/
    while(*ptr2)     *ptr1++=*ptr2++;       /*连接串*/
```

```
    *ptr1='\0';                    /*写入串的结束标志*/
    ptr1=str1;ptr2=str2;
    printf("str1-------------str2\n");
    printf("%s.......%s\n",ptr1,ptr2);
}
```

运行结果：

```
inputstr1:good
inputstr2:morning
str1------------str2
good.......morning
str1-----------------str2
goodmorning.......morning
```

### 4.7.3　地址越界问题

引用数组元素时，它的下标不要超越上下界。同样，用指针变量引用数组元素时也不应发生地址越界。虽然用指针变量更加灵活，但是在使用时更容易出现越界的问题。指针变量重新赋值后，其中存储的新地址值是否指向所需要的变量，新地址值是否有实际意义；系统对此都不做检查，都需要由程序员自己检查。有时，当新地址值已经指向存放程序的指令区时，如果还把它当作变量给它赋值，就会引起意想不到的结果，如导致运行混乱或死机。因此，使用指针时一定要细心，应注意以下几点：

(1) 用指针变量访问数组元素，要随时检查指针的变化范围，始终不能越界。

(2) 引用指针变量前一定要对它正确赋值。在选择结构的程序中，每一个分支路径都应在引用指针变量之前对它正确赋值，不引用没有赋值的指针变量。

(3) 在指针运算中应注意各运算符的优先级和结合顺序，多使用括号，使程序容易理解。

(4) 字符串整体输入时，一定要限制输入字符串的长度。

【例 4.27】　地址越界实例。

```
    #include<stdio.h>
    void main()
    {
        char ps[]="Good!",*p=ps;
        char pt[]="you are a student.";
        printf("%s\n",ps);
        for(p=ps;p<ps+10;p++)    *p='M';      /* 错误：地址越界 */
        printf("%s\n",ps);                    /* 错误：ps 的字符串结束标志被破坏 */
        scanf("%s",ps);                       /* 如果输入字符串的长度超过 5，则越界 */
        printf("%s\n",ps);                    /* 可能输出乱符 */
    }
```

本程序不能正常运行，大家可以通过单步调试的方式观察其运行过程中的越界问题，很可能以系统错误而结束。所以，使用数组时应该警惕的事情是数组的越界，一定要养成良好的习惯，凡是有数组的地方务必要做越界检查。

### 4.7.4  指针数组

#### 1. 指针数组的概念

数组元素可以是各种数据类型，当然也可以是指针类型，如果数组元素为指针类型的变量，则称这样的数组为指针数组。指针数组的定义和普通数组的定义一样，只是其元素为指针类型。一维指针数组的定义形式为

基类型名　*数组名[ 数组长度 ]={地址初值列表}

其中，基类型名必须是已定义过的类型名，用以定义元素类型为指向该基类型的指针数组。注意数组名前面的"*"是指针定义符。还可以用可选项"={地址初值列表}"给指针数组的各元素赋初值。

由于[ ]比*优先级高，因此数组名先与[ ] 结合，表示它是数组；再与前面的*结合，表示此数组的元素是指针类型；然后和前面的基类型名结合，表示元素类型是指向基类型变量的指针类型。例如：

```
int   i=1；int j=2；int k=2；int m=3；
int   *p[4]={&i,&j,&k,&m }；
```

p 先与[4]结合形成 p[4]，显然这是数组形式，它有 4 个元素；再与前面的*结合，表示此数组的元素是指针类型；然后和前面的 int 结合，表示每个数组元素是指向整型变量的指针变量。本例中，p 的各元素已赋初值，它们分别指向 i、j、k、m 这 4 个整型变量。

#### 2. 用二级指针变量访问指针数组

通过指针变量可以访问数组元素，要求它的类型必须是指向该元素类型的指针类型。那么，要想通过指针变量来访问指针数组的元素，就必须定义二级指针变量，用所定义的二级指针变量来指向指针数组的各元素，进行间接访问。若要通过该指针变量来访问指针数组元素所指向的变量的内容，则需要进行两次间接访问。例如：

```
int **p；
```

定义 p 为一个指向整型指针的二级指针变量，用它可访问整型指针数组元素所指向的整型数据。

【例 4.28】 指针数组的各元素指向整型数据的简单实例。

```
#include<stdio.h>
void main()
{
    int sp[4]={5,6,7,8}；
    int *q[4]={&sp[0],&sp[1],&sp[2],&sp[3] }；
    int **p；                              /* 定义二级指针变量 p */
    printf("二级指针访问:\n ")；
    for(p=q;p<q+4;p++)
```

```
        printf("%3d ",**p);                /* **p 表示两次指针访问 */
    }
```

运行结果：

二级指针访问：
　　5　6　7　8

　　程序说明：q 数组是整型指针数组，给它赋的初值是数组 sp 的各元素的地址。指针数组名 q 是一个指针常量，它指向该指针数组的 0 号元素。p 是指向指针变量，经过 p=q 赋值后，p 也指向 q 的 0 号元素，再移动指针 p 就可以通过两次间接访问输出数组 sp 的各元素的值。

### 4.7.5　多维数组和指向分数组的指针

#### 1．多维数组的地址

　　现以二维数组为例，设二维数组 a 有 3 行 5 列，定义如下：

　　　　int a[3][5]={{1,2,3,4,5},{6,7,8,9,10},{11,12,13,14,15}}

　　a 数组的元素是按行存储的，可以将 a 数组的 3 行看成 3 个分数组：a[0]、a[1]、a[2]。每个分数组是含 5 个列元素的一维数组，如图 4.12 所示。

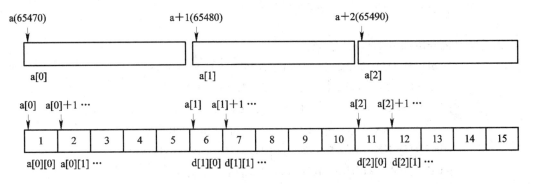

图 4.12　二维数组内存存储示意图

　　其中，数组名 a 是指向 0 号分数组的指针常量，a+1 和 a+2 则是指向 1 号和 2 号分数组的指针常量，对应的地址字节值分别是 65470、65480 和 65490，这些指针常量的基类型字节数都是 10。a[0]、a[1]、a[2]是 3 个分数组的数组名，这 3 个数组名又分别是指向各分数组的 0 号元素 a[0][0]、a[1][0]、a[2][0]的指针常量。a[0]、a[1]、a[2]对应的地址字节值还是 65470、65480、65490，但它们的基类型字节数是 2 不是 10，而 a[0]+1 和 a[0]+2 则分别是指向 a[0][1]和 a[0][2]的指针常量，对应的地址值分别是 65472 和 65474。

　　数组元素中的"[ ]"是变址运算符，相当于"*( + )"，b[j]相当于*(b+j)。对二维数组元素 a[i][j]，将分数组名 a[i]当作 b 代入*(b+j)，得到*(a[i]+j)，再将其中的 a[i]换成*(a+i)又得到*(*(a+i)+j)。a[i][j]、*(a[i]+j)、*(*(a+i)+j)三者相同，都表示第 i 行第 j 列元素。对于图 4.12 所示的二维数组可得到表 4.1。

表 4.1　不同表示形式的含义及内容

| 表示形式 | 含　义 | 内　容 |
|---|---|---|
| a, &a[0] | 二维数组名，0 行分数组的地址 | 65470 |
| a[0], *a, &a[0][0] | 0 行分数组名，0 行 0 列元素的地址 | 65470 |
| a[0]+1,*a+1,&a[0][1] | 0 行 1 列元素的地址 | 65472 |
| a+1,&a[1] | 1 行分数组的地址 | 65480 |
| a[1],*(a+1),& a[1][0] | 1 行分数组名，1 行 0 列元素的地址 | 65480 |
| a[1]+3,*(a+1)+3,&a[1][3] | 1 行 3 列元素的地址 | 65486 |
| *(a[2]+3),*(*(a+2)+3),a[2][3] | 2 行 3 列元素 | 14 |

　　**注意：** a 和 a[0]的地址字节值都是 65470，但不等价，它们的基类型字节数不同，可以从 a+1 和 a[0]+1 地址字节值不同得到证实。从以上的比较中可体会到，多维数组名并不是指向整个多维数组的指针，而是指向 0 号分数组的指针。一维数组名也不是指向整个一维数组的指针，而是指向 0 号数组元素的指针。因此，可以统称数组名是指向 0 号分量的指针。

　　**【例 4.29】** 输出二维数组的分数组和元素的地址。

```
#include<stdio.h>
void main()
{
    int i=100;int j=200;int k=300;
    int b[3][5]={{31,32,33,24,25},{16,17,8,9,10},{19,11,51,14,15}};
    printf("&i=%X    &j=%X       &k=%X\n",&i,&j,&k);
    printf("b=%X      b+1=%X        b+2=%X\n",b,b+1,b+2);
    printf("b[0]=%X b[0]+1=%X b[0]+2=%X\n",b[0],b[0]+1,b[0]+2);
    printf("b[1]=%X *(b+1)=%X &b[1][0]=%X\n",b[1],*(b+1),&b[1][0]);
    printf("b[2][4]=%d *(*(b+2)+4)=%d\n",b[2][4],*(*(b+2)+4));
}
```
运行结果：

```
&i=18FF2C    &j=18FF20     &k=18FF14
b=18FED0    b+1=18FEE4      b+2=18FEF8
b[0]=18FED0 b[0]+1=18FED4 b[0]+2=18FED8
b[1]=18FEE4 *(b+1)=18FEE4 &b[1][0]=18FEE4
b[2][4]=15 *(*(b+2)+4)=15
```

### 2. 指向数组元素和指向分数组的指针变量
指向多维数组元素的指针变量与指向基类型的指针变量相同。
指向多维数组的分数组的指针变量，应该指向整个一级分数组，基类型字节数为一级分数组所占字节数。指向二维数组的分数组的指针变量，应该指向整个一维分数组。指向三维数组的分数组的指针变量，应该指向整个二维分数组。

现介绍指向整个数组的指针变量的定义。以定义指向整个一维数组的指针变量为例，其格式为

　　　　基类型名　(*指针变量名)[长度];

其中，长度是常量表达式，表示所指向数组的元素个数。指针变量名用来指定所定义的指向整个一维数组的指针变量，它可用来作为指向二维数组的分数组的指针变量。圆括号是必需的，有圆括号则它首先被定义为指针变量，该指针变量指向的是整个数组，总的表示它是指向数组的指针变量。如果没有圆括号，则由于"[ ]"优先级高，它首先被定义为数组，而数组元素为指向基类型的指针变量，总的表示它是指针数组。

【例 4.30】　在二维数组中，用指向数组元素和指向分数组的指针变量，按行输出二维数组各元素的值。

```
#include<stdio.h>
void main()
{
    int b[3][5]={{31,32,33,24,25},{16,17,8,9,10},{19,11,51,14,15}};
    int *q;                      /*q 是指向整型的指针变量,可用来指向元素*/
    int (*p)[5];                 /*p 是指向一维数组的指针变量,可用来指向分数组*/
    for(p=b;p<b+3;p++)           /*用 p 指向各行数组*/
    {   for(q=*p;q<*p+5;q++)     /*用*p 指向各行数组的首元素*/
            printf("%5d",*q);
        printf("\n");
    }
}
```

运行结果：

| 31 | 32 | 33 | 24 | 25 |
|----|----|----|----|----|
| 16 | 17 | 8  | 9  | 10 |
| 19 | 11 | 51 | 14 | 15 |

注意：如果将 int (*p)[5]的圆括号去掉，定义为 int *p[5]，则由于"[ ]"优先级高，就变成了定义有 5 个元素的指针数组。

【例 4.31】　利用指向分数组的指针变量，输入多个字符串，将它们按行存储在二维字符数组中，然后输出全部字符串。

```
#include<stdio.h>
void main()
{
    char a[4][20];
    char (*p)[20];               /* p 是指向分数组的指针变量*/
    printf("Input strings:\n");
    for(p=a;p<a+4;p++)       gets(*p);
    printf("Output strings:\n");
    for(p=a;p<a+4;p++)       printf("%s ",*p);
```

```
        printf("\n");
    }
```

运行结果:

```
    Input strings:
    one
    two
    three
    four
    Output strings:
    one two three four
```

### 4.7.6 动态数组

在前面介绍过,数组的长度都是预先定义好的,在整个程序运行过程中是固定不变的。

声明一个数组,一般将它的大小尽可能设得大些,再抹去那些不必要的元素。但是,如果过度使用这种方法,会导致内存的操作变慢。

例如:

```
    int n;scanf("%d",&n);int a[n];    /* 用变量表示长度,想对数组的大小作动态说明,这是错误的 */
```

但是在实际的编程中,往往会发生这种情况,即所需的内存空间取决于实际输入的数据,因而无法预先确定其大小。对于这种问题,用数组的办法很难解决。为了解决上述问题,在 C99 规范中新加入了对动态数组的支持,即数组的长度可以由某个非 const 变量来定义。C 语言提供了一些内存管理函数,这些内存管理函数可以按需要动态地分配内存空间,也可把不再使用的空间回收待用,为有效地利用内存资源提供了手段。动态数组的空间大小直到程序运行时才能确定,因此只有在程序运行时才能为动态数组分配空间。由于程序要在运行时才能为数组分配空间,在开始分配空间之前空间的大小是不确定的,因此分配空间的起始地址也是不确定的。

本节所说的"动态数组",指的就是利用内存的申请和释放函数,在程序的运行过程中,根据实际需要指定数组的大小,其本质是一个指向数组的指针变量。常用的内存管理函数有以下三个。

#### 1. 分配内存空间函数 malloc()

调用形式:

    (类型说明符*) malloc (unsigned int size)

其中,"类型说明符"表示把该区域用于何种数据类型,(类型说明符*)表示把返回值强制转换为该类型指针,"size"是一个无符号数。

功能:在内存的动态存储区中分配一块长度为"size"字节的连续区域。

函数的返回值:成功则返回所开辟空间首地址,失败则返回空指针。

例如:

    int * pc=(int *) malloc (5*sizeof(int));

表示分配 5 个 int 类型大小的内存空间,并强制转换为字符指针类型,函数的返回值为指向该字符数组的指针，把该指针赋予指针变量 pc。其中 sizeof 是返回一个对象或者类型所占的内存字节数的操作符。

分配的结果就相当于 int pc[5]分配的内存结果。

**注意**：使用 malloc()函数时，要包含头文件 <stdlib.h>。

2．分配内存空间函数 calloc()

calloc 也用于分配内存空间。

调用形式：

(类型说明符*)calloc(n,size)

其中，(类型说明符*)用于强制类型转换。

功能：在内存动态存储区中分配 n 块长度为"size"字节的连续区域。

函数的返回值：成功则返回所开辟空间首地址，失败则返回空指针。

calloc()函数与 malloc()函数的区别仅在于一次可以分配 n 块区域。例如：

ps=(struet stu*) calloc(2,sizeof (struct stu));

其中的 sizeof(struct stu)是求 stu 的结构长度。因此该语句的意思是：按 stu 的长度分配 2 块连续区域，强制转换为 stu 类型，并把其首地址赋予指针变量 ps。

3．释放内存空间函数 free()

调用形式：

free(void*ptr);

功能：释放 ptr 所指向的一块内存空间，ptr 是一个任意类型的指针变量，它指向被释放区域的首地址。被释放区域应是由 malloc()或 calloc()函数所分配的区域。

【例 4.32】用动态数组实现一维数组的创建和使用。

```c
#include <stdio.h>
#include <malloc.h>
#include <stdlib.h>
void main()
{
    int *array = NULL, num, i;
    printf("please input the number of element: ");
    scanf("%d", &num);                    /*申请动态数组使用的内存块*/
    array = (int *)malloc(sizeof(int)*num);
    if (array == NULL)                    /*内存申请失败，提示退出*/
    {
        printf("out of memory,press any key to quit...\n");
        exit(0);                          /*终止程序运行，返回操作系统*/
    }
    /*提示输入 num 个数据*/
    printf("please input %d elements: ", num);
    for (i = 0; i < num; i++)
```

```
        scanf("%d", &array[i]);
    /*输出刚输入的 num 个数据*/
    printf("%d elements are: \n", num);
    for (i = 0; i < num; i++)
        printf("%d,", array[i]);
    free(array);                    /*释放由 malloc()函数申请的内存块*/
}
```

运行结果:

```
please input the number of element:4
please input 4 elements:3 5 7 9
4 elements are:
3，5，7，9
```

【例 4.33】 用动态数组实现二维数组的创建和使用。

```
#include <stdlib.h>
#include <stdio.h>
void main()
{
    int n1,n2;
    int **array,i,j;
    puts("输入一维长度:");
    scanf("%d",&n1);
    puts("输入二维长度:");
    scanf("%d",&n2);
    /* 先遵循从外层到里层，逐层申请的原则：*/
    /* 第一维，开辟元素个数为 n1 的指针数组，用来存放二维数组每行的首地址*/
    array=(int**)malloc(n1*sizeof(int*));
    if (array == NULL)              /*内存申请失败,提示退出*/
    {
        printf("out of memory,press any key to quit...\n");
        exit(0);                    /*终止程序运行，返回操作系统*/
    }
    for(i=0;i<n1; i++)
    {
    array[i]=(int*)malloc(n2* sizeof(int));
    if (array[i] == NULL)           /*内存申请失败，提示退出*/
    {
            printf("out of memory,press any key to quit...\n");
            exit(0);                /*终止程序运行，返回操作系统*/
    }
}
```

```
        for(j=0;j<n2;j++)
        {
            array[i][j]=i+j+1;
            printf("%d\t",array[i][j]);
        }
        puts("");
    }
    /*最后不要忘了释放这些内存，这要遵循释放的时候从里层往外层，逐层释放的原则*/
    for(i=0;i<n1;i++)
        free(array[i]);                 /*释放第二维指针*/
        free(array);                    /*释放第一维指针*/
}
```

运行结果：

| 输入一维长度： | | | | | | | |
|---|---|---|---|---|---|---|---|
| 5 | | | | | | | |
| 输入二维长度： | | | | | | | |
| 8 | | | | | | | |
| 1 | 2 | 3 | 4 | 5 | 6 | 7 | 8 |
| 2 | 3 | 4 | 5 | 6 | 7 | 8 | 9 |
| 3 | 4 | 5 | 6 | 7 | 8 | 9 | 10 |
| 4 | 5 | 6 | 7 | 8 | 9 | 10 | 11 |
| 5 | 6 | 7 | 8 | 9 | 10 | 11 | 12 |

　　动态数组是相对于静态数组而言的。静态数组的长度是预先定义好的，在整个程序中，一旦给定大小后就无法改变，而动态数组则不然，它可以随程序需要而重新指定大小。动态数组的内存空间是从堆(heap)上分配(动态分配)的，是通过执行代码而为其分配存储空间的。当程序执行到相关语句时，才为其分配，程序员自己负责释放内存。

　　动态数组与静态数组的相对优缺点：

　　(1) 静态数组创建非常方便，使用完也无须释放，要引用也简单，但是创建后无法改变其大小是其致命弱点。

　　(2) 动态数组创建麻烦，使用完必须由程序员自己释放，否则严重时会引起内存泄漏，但其使用非常灵活，能根据程序需要动态分配大小。

## 4.8　题例分析与实现

　　【例 4.1 的分析与实现】计数排序是对已知数量范围的数组进行排序。它创建一个长度为这个数据范围的数组 C，C 中每个元素记录要排序数组中对应记录的出现个数。这个算法于 1954 年由 Harold H. Seward 提出。

下面以示例来说明计数排序算法。假设要排序的数组为 A = {1,0,3,1,0,1,1}，这里最大值为 3，最小值为 0，因此创建一个数组 C，数组长度为 4。然后扫描一趟数组 A，得到 A 中各个元素的总数，并保持到数组 C 的对应单元中，如表 4.2 所示。

表 4.2　元 素 计 数 表

| 数组元素 | C[0] | C[1] | C[2] | C[3] |
|---|---|---|---|---|
| 出现次数 | 2 | 4 | 0 | 1 |

因为数组 C 是以 A 中的元素值为下标的，所以 A 中的元素在 C 中自然就成为有序排列的了，A 中的元素顺序依次为 0、1、3 (2 的计数为 0)。最后，我们把这个在 C 中的记录按每个元素的计数值展开到输出数组 B 中，排序就完成了。C[0]值为 2，展开 2 次，形成 0、0；C[1]值为 4，展开 4 次，形成 1、1、1、1。

程序实现如下：

```c
#include <stdlib.h>
#include <stdio.h>
void main()
{
    int i=0; int j = 0; int k= 0;
    int base_array[151];        /* 数学成绩的取值有 151 种，即[0,150]中所有的整数可能取值*/
    int sort_array[10];         /* 为了便于实验，我们只用了 10 个学生的高考数学成绩，没有用
                                   26.8 万个*/
    printf("请输入 10 个学生的高考数学成绩：");
    for(i=0;i<10;i++)
    scanf("%d",& sort_array [i]);
    for (i = 0; i< 101;i++)     /* 先初始化基数组*/
        base_array[i] = 0;      /* 初始化为 0*/
    for (i = 0; i< 10; i++)
        base_array[sort_array[i]]++;        /*统计各个数学成绩出现的次数*/
    /*更新排序结果到 sort_array 中*/
    for (i = 0; i < 101; i++)
    {
        if (base_array[i] != 0)
        {
            for ( k = 0; k< base_array[i] ;k++)     /*将重复成绩按照统计出现的次数输出*/
            {
                sort_array[j] = i;
                j++;
            }
        }
```

```
    }
    printf("排序结果:\n");
    for(i=0;i<10;i++)
    printf("%4d", sort_array[i]);
    printf ("\n");
}
```

运行结果：

请输入 10 个学生的高考数学成绩：80 90 91 70 80 85 70 90 20 30

排序结果：

20　30　70　70　80　80　85　90　90　91

【例 4.2 的分析与实现】　实现大数存储最常见的一类方法是利用数组，即将一个 n 位的大数存入数组，每个数组的一个元素表示一位十进制数，再按十进制由低到高逐位相加，同时考虑进位。

大数加法运算实现过程：① 将 A、B 按位对齐；② 低位开始逐位相加；③ 对结果做进位调整。

算法过程：

(1) 初始化：将两个大整数存入两个字符数组，将这两个字符数组的各元素右移，使最低位的元素位置对齐，高位补 0。为了存储最高位的进位，位数多的数最高位前也应补一个 0。

(2) 从最低位对应的数组元素开始，将数字字符转换为整型数据相加。因为数字字符"0"对应的 ASCII 值是 48，则整型数据 1+2 相当于('1'−48)+('2'−48)，即'1'+'2'−96。

(3) 将和整除 10，余数就是该位的结果，并转换为字符(整型数据+48)存入该位，商就是进位数。

(4) 再对高一位对应的数组元素进行操作，将该位数字字符转换为整型数据相加，并与低位的进位数相加，将和整除 10，余数就是该位的结果，商就是本位的进位数。

(5) 重复(4)直到最高位。

(6) 如果最高位相加时进位数大于 0，则将此进位数转换为字符存入最高位的上一位。

程序实现如下：

```
#include<stdio.h>
void main()
{
    char a[201],b[201]; /*最长 200 位*/
    int i,j,k,m,n;
    scanf("%s",a);
    scanf("%s",b);
    m=strlen(a);
    k=n=strlen(b);
```

```
    if(m>k) k=m;           /*k 是两个字符串长度的最大值*/
    a[k+1]=0;
    for(i=0;i<k;i++)       /*使数组 a 的字符串以 a[k]右对齐*/
        a[k-i]=a[m-i-1];
    for(i=0;i<=k-m;i++)    /*使数组 a 的高位补 0*/
        a[i]='0';
    for(i=0;i<k;i++)       /*使数组 b 的字符串以 b[k]右对齐，这样两字符串就都右对齐了*/
        b[k-i]=b[n-i-1];
    for(i=0;i<=k-n;i++)    /*使数组 b 的高位补 0*/
        b[i]='0';
    j=0;
    for(i=0;i<k;i++)
    {   j=(a[k-i]+b[k-i]+j-96);/*数字字符转换为整型数据相加*/
        a[k-i]=j%10+48;
        j=j/10;            /*取出相加和整除的商，作为本位的进位数*/
    }
    if(a[0]=='0')
    printf("%s\n",a+1);
    else   printf("%s\n",a);
}
```

运行结果：

```
9876545678998
23489764398
9900035443396
```

【例 4.3 的分析与实现】　程序如下：

```
#include <stdio.h>
#include <string.h>
#include <stdlib.h>
int main ()
{
    char * password[2] = {"admin", "admin123"};    //用户名和密码
    int count = 3;                                 //可输入次数
    char name[10] = {0};
    char pword[10] = {0};
    while (count)
    {
        printf ("用户名：");
```

```
gets (name);
printf ("密码：");
gets (pword);
if (strcmp (name, password[0]) != 0 || strcmp (pword, password[1]) != 0)     break;
--count;
if (count != 0)     puts ("用户名或密码错误！请重新输入！");
}
if (count != 0)     puts ("\n 成功登录！");
else     puts ("\n 拒绝登录！");
return 0;
}
```

【例 4.4 的分析与实现】 程序如下：

```
#include <stdio.h>
#include <string.h>
void main()
{
    char p[16];
    char    s[4][20];
    int    i ,len;
    for(i=0;i<4;i++)
        scanf("%s",s[i]);
    len=strlen(s[0]);
    for(i=0;i<4;i++)
    {
        p[2*i]=s[i][len-2];         /* strlen 的长度包括'\0' */
        p[2*i+1]=s[i][len-1];       /* 注意：汉字占两个字符的位置*/
    }
    p[2*i]='\0';
    puts("诗中藏意为：\n");
    puts(p);
}
```

运行结果：

```
悠悠田园风
然而心难平
兰花轻涌浪
兰香愈幽静
诗中藏意为：
风平浪静
```

# 习 题 4

4.1 写出下面程序执行后的输出结果。

(1) 
```c
void main()
{
    int k=2,m=4,n=6;
    int *p1=&k,*p2=&m,*p3=&n;
    *p1=*p3;*p3=*p1;
    if (p1==p3) p1=p2;
    printf("p1=%d   p2=%d   p3=%d\n",*p1,*p2,*p3);
}
```

(2) 
```c
void main()
{
    int m=1,n=2,*p=&m,*q=&n,*r;
    r=p;p=q;q=r;
    printf("%d,%d,%d,%d\n",m,n,*p,*q);
}
```

(3) 
```c
void main()
{
    int i,n[]={1,2,3,4,5,6,7,8,9};
    for(i=0;i<9;i++)        n[i]=9-i;
    printf("%5d %5d",n[3],n[5]);
}
```

(4) 
```c
void main()
{
    int i,j=1,a[]={1,2,3,4,5,6};
    for(i=0;i<4;i++)
    {   a[i]+=i;
        j+=a[i]*i; }
        printf("%5d",j);
}
```

(5) 
```c
void main()
{
    int i,a[3][5]={1,2,3,4,5,6,7,8,9,10,11};
    for(i=0;i<3;i++)
        printf("%5d",a[i][4-i]);
}
```

(6) void main()
```
{
    int i,j,a[3][4]={{0,1,2},{3,4,5,6},{7,8}};
    for(i=0;i<3;i++)
    {   for(j=i;j<4;j++)
            printf("%5d",a[2-i][j]);
        printf("\n");
    }
}
```

(7) void main()
```
{
    int i,j,a[][4]={1,2,3,4,5,6,7,8,9,10,11};
    for(i=1;i<3;i++)
        for(j=i;j<4;j++)
            a[i][j]+=a[i][j-1];
    for(i=0;i<3;i++)
        for(j=0;j<4;j++)
            printf("%5d",a[i][j]);
}
```

(8) void main()
```
{
    char s[20];
    scanf("%s",s);
    printf("%s\n",strcat(s," is a doctor."));
}
```
输入为 Chen qi。

(9) void main()
```
{
    char st[16]="123456\0abcdef";
    printf("%d %d %s\n",strlen(st),sizeof(st),st);
}
```

(10) void main()
```
{
    char i,s[][5]={"ab","1234","wxyz"};
    for(i=1;i<2;i++)
        printf("%s\n",s[i]);
}
```

(11) void main()
```
{    int d[]={10,9,8,7,6,5,4,3,2,1,0},*p=d;
     printf("%5d %5d\n",*(p+5),*p+5);
}
```

(12) void main()
```
{    int d[][4]={1,2,3,4,5,6,7,8,9,10,11};
     int *p[3],j;
     for(j=0;j<3;j++) p[j]=d[j];
     printf("%5d %5d\n",*(*(p+2)+3),*(*(p+1)+1));
}
```

4.2　以下程序试图通过指针 p 为变量 n 读入数据并输出，但程序中有多处错误，请指出并改正。

```
void main()
{
    int n,*p=NULL;
    *p=&n;
    printf("input n: ");
    scanf("%d", &p);
    printf("ouput n: ");
    printf("%d\n", p);
}
```

4.3　从键盘输入 10 个学生的成绩存储在数组中，求成绩最高者的序号和成绩。

4.4　计算和存储 0°～90°的正弦函数值和 0°～45°的正切函数值，每隔 1°计算一个值。

4.5　将整型数组中的所有元素镜像对调，第一个与最后一个对调，第二个与倒数第二个对调，按对调后的结果输出。

4.6　在有序的数列中插入若干个数，使数列在插入过程中始终保持有序。

4.7　将两个按升序排列的数列，仍按升序合并存放到另一个数组中，要求每个数都一次到位，不得在新数组中重新排序。

4.8　用数组存储 x 的 10 次多项式的各项系数，输入多个 x，分别用秦九韶公式计算对应的多项式值。秦九韶公式：

$$p_n(x) = a_0x^n + a_1x^{n-1} + \cdots + a_{n-1}x + a_n = (\cdots((a_0x + a_1)x + a_2)x + \cdots + a_{n-1})x + a_n$$

4.9　将矩阵 A 的转置矩阵存入矩阵 B，输出 B。

4.10　找出 6×6 矩阵每列绝对值最大的元素，并与同行对角线元素交换。

4.11　编写程序生成如下规律的矩阵：

| 1 | 2 | 3 | 4 | 5 | 6 | 7 |
|----|----|----|----|----|----|----|
| 24 | 25 | 26 | 27 | 28 | 29 | 8 |
| 23 | 40 | 41 | 42 | 43 | 30 | 9 |
| 22 | 39 | 48 | 49 | 44 | 31 | 10 |

$$
\begin{matrix}
21 & 38 & 47 & 46 & 45 & 32 & 11 \\
20 & 37 & 36 & 35 & 34 & 33 & 12 \\
19 & 18 & 17 & 16 & 15 & 14 & 13
\end{matrix}
$$

4.12　编写一程序，键盘输入月份号，输出该月的英文月份名。如输入"5"，则输出"May"。当输入的月份号小于 0 或大于 12 时，为输出错误信息，输入 0 则程序终止执行。

4.13　用二维字符数组的每行存储键盘输入的字符串，将这些字符串按字典顺序升序排序，并输出排序结果。

4.14　用动态数组编程实现：输入一批整数，求其平均值。

# 第 5 章

# 函　数

在求解一个复杂问题时，通常采用逐步分解、分而治之的方法。也就是把一个较大的、复杂的程序，分解成多个功能简单的较小模块，每个模块分别实现相对独立的特定功能，通过各个模块的相互配合完成复杂的功能。程序员在设计一个复杂的应用程序时，往往也是把整个程序划分为若干个功能较为单一的程序模块，然后分别予以实现，最后再把所有的程序模块像搭积木一样装配起来。这种在程序设计中采用多个模块分而治之的策略，称为模块化程序设计方法。

模块化设计时要遵循模块独立性的原则，即模块之间的关系应尽可能简单，具体要求如下：

(1) 一个模块只能完成一个特定的功能。

(2) 模块之间只能通过参数进行调用。

(3) 一个模块只有一个入口和一个出口。

这样设计出来的程序，逻辑关系明确，结构清晰，可读性好，便于查错和修改。当程序出错时，只需改动相关的模块及连接。模块化设计有利于大型软件的开发，程序员可以分工编写不同的模块。在 C 语言中是通过函数来实现程序模块化的。利用函数可以化整为零，简化程序设计。

团结合作 优势互补

## 5.1 典型题例

【例 5.1】 单科成绩的分析统计。

问题描述：某课程考试结束后，教师需要对授课班级所有学生该课程成绩进行统计分析，统计出平均分、最高分、最低分，以及各分数段的人数和及格率，并对该门课程的成绩进行降序排序。

【例 5.2】 万年历程序。

问题描述：用户输入年份和月份，输出该年该月的日历。例如输入年份：2020，月份：4，输出 2020 年 4 月的日历。

【例 5.3】 进制转换。

问题描述：日常生活中使用的计数主要是十进制，也同时使用其他进制，计算机以二进制为基础，在进行输入、输出和显示时也会用到其他进制。这时候就要进行进制转换，将一种进制的数字转换为另一种进制的数字。编写程序，用户先输入一个数，并选择该数应该转换成几进制数，再将结果输出。如果用户输入过程中出现错误，程序会给出出错信息。

# 5.2 概 述

函数概述、定义及调用

在 C 语言中，函数是程序的基本单位，每个函数都是具有独立功能的模块。利用函数可以方便地实现程序的模块化，同时使整个程序的组织、编写、阅读、调试、修改和维护更加方便，使程序结构清晰、易读、易理解。函数的合理运用还大大提高了程序的可重用性，可以丰富 C 语言函数库。

## 5.2.1 C 程序的基本结构

C 语言中采用结构化程序设计方法，每个模块的划分应合理，函数的名字应取得合适，注释应准确恰当。整个程序可以分为若干层，不管在哪个层面上，对其要完成的任务均应清晰明了，这样才有利于在下面的各层函数中实现解决问题的细节。图 5.1 即为 C 程序的基本结构。

工程结构化 逐个击破

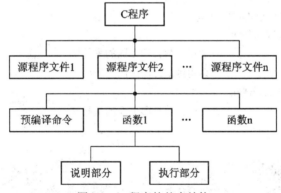

图 5.1 C 程序的基本结构

在前面已经介绍过，C 语言源程序是由函数组成的。虽然在前面各章的程序中大都只有一个主函数 main()，但程序往往由多个函数组成。函数是 C 源程序的基本模块，通过对函数模块的调用实现特定的功能。C 语言中的函数相当于其他高级语言中的子程序。C 语言不仅提供了极为丰富的库函数(如 Turbo C 和 MS C 都提供了 300 多个库函数)，还允许用户建立自己定义的函数。用户可以把自己的算法编写成一个个相对独立的函数模块，然后用调用的方法来使用函数。简单地说，函数可以看作是一个可以执行特定功能的"黑匣子"，当给定输入时，它就会给出正确的输出，其内部程序是怎么执行的不必知道；只有当编写一个函数时才需要熟悉内部是怎么实现的。

由于采用了函数模块式的结构，C 语言易于实现结构化程序设计。使程序的层次结构清晰，便于程序的编写、阅读和调试。通过下面的函数程序的例子，可以对函数有一个初步的了解。

【例 5.4】 求矩形的面积。

```
#include <stdio.h>
```

```
        void print_star()                /*打印星号函数*/
        {
            int i;
            for(i=1;i<=55;i++)
                printf("*");
            printf("\n");
        }
        float area(float a, float b)    /*求矩形面积函数*/
        {
            float s;
            s=a*b;
            return s;
        }
        /* 主函数 */
        void main()
        {
            float a,b,s;
            printf(" Please input a and b:\n");
            scanf("%f,%f",&a,&b);
            print_star();               /*调用函数打印上面的星号*/
            s=area(a,b);                /*调用函数打印中间的日历*/
            printf("area=%.2f\n",s);
            print_star();               /*调用函数打印下面的星号*/
        }
```

运行结果：

```
Please input a and b:
3.5,5<回车>
*******************************************************
area=17.50
*******************************************************
```

该程序是由以下三个函数构成的：main()，print_star()，area()。从模块化的观点来看，这个程序由三个模块构成，每个模块由一个函数构成，其中 main()为主调函数，它们之间的调用关系如图 5.2 所示。

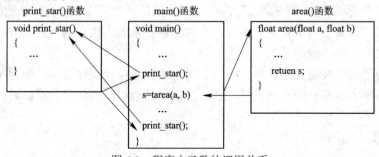

图 5.2  程序中函数的调用关系

关于函数在 C 语言源程序中的使用说明：

(1) 一个 C 语言源程序可以由一个或多个源文件构成，一个源文件又可由一个或多个函数构成。

(2) 一个 C 语言源程序中的所有函数都是相互独立的，各个函数间可以相互调用，但任何函数均不能调用 main 函数。

(3) 一个 C 语言源程序总是从 main 函数开始执行，直到 main 函数结束。

## 5.2.2　函数分类

C 语言为我们提供了丰富的函数，这些函数又可以从不同的角度进行分类。

### 1．从用户的使用角度

从用户的使用角度，函数可分为库函数和用户自定义函数两种。

(1) 库函数(也称标准函数)：由系统提供，用户不必定义，只需在程序前包含该函数原型所在的头文件，就可以在程序中直接调用。在 C 编译系统中，提供了很多库函数，可以方便用户使用。不同的系统提供的库函数的名称和功能是不完全相同的。

(2) 用户自定义函数：根据需要，遵循 C 语言的语法规则，用户自己编写一段程序，用于实现特定的功能。

### 2．从函数参数传送的角度

从函数参数传送的角度，函数可分为有参函数和无参函数两种。

(1) 有参函数：在函数定义时带有参数的函数。在函数定义时的参数称为形式参数(简称形参)；在相应的函数调用时也必须有参数，称为实际参数(简称实参)。在函数调用时，主调函数和被调函数之间通过参数进行数据传递。主调函数可以把实际参数的值传给被调函数的形式参数。

(2) 无参函数：在函数定义时没有形式参数的函数。在调用无参函数时，主调函数并不将数据传送给被调函数。此类函数通常用来完成一组指定的功能，可以返回或不返回函数值。

### 3．从函数的使用范围角度

从函数的使用范围角度，函数可分为内部函数和外部函数两种。

(1) 内部函数：只允许在本源文件内使用的函数。

(2) 外部函数：除允许在本源文件内使用，还可在其他源文件内使用的函数。

# 5.3　函数的定义

函数的定义就是建立函数。在 C 语言中，所有函数的定义是并列的、独立的，各个函数之间没有嵌套或者从属的关系。

C 语言规定，在程序中用到的所有函数，除了 C 编译系统提供的标准库函数外，其他函数必须"先定义、后使用"。

函数定义的一般形式如下:

    类型名 函数名(形参类型说明表)    /*函数首部*/

    {   /*函数体*/

        说明语句

        执行语句

    }

其中:

(1) 函数名必须是一个合法的标识符,并且不能与其他函数或变量重名。

(2) 类型名指定函数返回值的类型,如果定义函数时不指定函数类型,系统会隐含指定函数的类型为 int 型。无返回值的函数类型名应指定为 void 空类型。

(3) 形参类型说明表又称为形参列表,它的一般格式为

    数据类型名 1 形参名 1,数据类型名 2 形参名 2,…,数据类型名 n 形参名 n

如果是无参函数,则形参类型说明表可以省略。

(4) 说明语句和执行语句合在一起称为函数体。函数体可以暂时没有具体内容,此时表示占一个位置,若要实现一定的功能,可以后再补写其内容。

例如:

    dump()

      {}

它没有函数类型说明,没有形参类型说明表,也没有函数体,是最简单的一个 C 语言函数。实际上 dump()函数不执行任何操作,在程序开发过程中常用来代替尚未完全开发的函数。

(5) 函数包括函数首部和函数体两部分。函数首部用函数的类型、名称、参数和参数类型等来定义函数的调用规范;函数体用于定义该函数要完成的工作。

【例 5.5】 无参函数定义举例。

```
output()
{
    printf("****************************************\n");
    printf("                How are you!                \n");
    printf("****************************************\n");
}
void main()
{
    output();
}
```

运行结果:

```
****************************************
                How are you!
****************************************
```

【例 5.6】 求半径为 r 的圆的面积。

```
#define PI 3.1415926
```

```
        float a(float r)
        {
            return(PI*r*r);
        }
        void main()
        {
            float r;
            printf("请输入圆的半径: \n");
            scanf("%f",&r);
            printf("area=%f", a(r));
        }
```
运行结果:

请输入圆的半径:
3.5<回车>
area=38.484509

## 5.4   函数的调用与返回值

当一个函数被定义之后,它不会自己执行自己,必须通过调用才能被执行。在 C 语言中通过函数调用来进行函数的控制转移和相互间数据的传递,并对被调函数进行展开执行。

### 5.4.1   函数调用的一般形式

函数调用的一般形式如下:
        函数名(实参表列);
例如:
        max(a, b);
其中:

(1) 实参表列是用逗号分隔开的变量、常量、表达式、函数等,不管实参是什么类型,在进行函数调用时,实参必须有确定的值,以便把这些值传给形参。

(2) 函数的实参和形参应在个数、类型和顺序上一一对应,否则会发生类型不匹配的错误。

(3) 对于无参函数,调用时实参表列为空,但括号()不能省略。

### 5.4.2   函数调用的方式

函数调用有以下两种方式。

#### 1. 函数语句调用

函数语句调用方式是把函数调用作为一条独立的语句放在调用函数中。这时,不要求函数带回明确的返回值，只要求函数完成一定的操作。如例 5.5 中 output()函数的调用，在主函数中，调用 output()函数只是完成输出操作，没有返回值，显然此类函数应定义为 void 类型。

### 2．函数表达式调用

函数的调用以表达式的形式出现在程序中(可以出现表达式的地方)，称为函数表达式调用。这时要求函数必须带回一个确定的返回值。

【例 5.7】 函数表达式调用。

```
max(int x,int y)
{
    int z;
    z=(x>y)?x:y;
    return(z);
}
void main()
{
    int a,b,m;
    scanf("%d,%d",&a,&b);
    m=max(a,b);              /* max(a,b)作为表达式出现在赋值号右边*/
    printf("max=%d",m);
}
```

运行结果：

```
3,5<回车>
max=5
```

【例 5.8】 函数表达式调用出现在实参表中。

```
max(int x,int y)
{
    int z;
    z=(x>y)?x:y;
    return(z);
}
void main()
{
    int a,b,c,m;
    scanf("%d,%d,%d",&a,&b,&c);
    m=max(max(a,b),c);
    printf("max=%d",m);
}
```

运行结果：

```
5,8,3<回车>
max=8
```

max(a,b)作为 max(max(a,b),a) 的一个实参，该实参值就是 max(a,b) 所带回的返回值。

## 5.4.3 函数的返回值

函数的返回值是指函数被调用、执行完后返回给主调函数的值。

### 1．函数的返回语句

返回语句的一般形式如下：

    return 表达式；

功能：将表达式的值带回给主调函数。

### 2．返回语句的说明

(1) 函数内可以有多条返回语句，但每条返回语句的返回值只有一个。

(2) 当函数不需要指明返回值时，可以写成：

    return；

当函数中无返回语句时，表示最后一条语句执行完自动返回，相当于最后加一条：

    return；

(3) 为了明确表示不带回值，可以用 void 定义为无返回值类型的函数，简称"无类型"或"空类型"函数，表示函数在返回时不带回任何值。如例 5.5 中的 output()函数，用 void 来定义更为确切，它的函数首部可改为

    void output()

对于非"空类型"函数，如果没有指明返回值，则函数实际上是返回一个不确定的值，而不是没有返回值。

(4) 函数中允许有多条 return 语句，当函数执行到任何一条时就结束调用并返回，因此最多只有一条 return 语句被执行，即函数只能返回一个函数值。例如：

```
int max(int x,int y)
{
    if(x>y) return x;
    return y;
}
```

(5) 返回值的类型为函数的类型，如果函数的类型和 return 中表达式的类型不一致，则以函数类型为准，先将表达式的值转换成函数类型后，再返回。

【例 5.9】 将用户输入的华氏温度换算成摄氏温度输出。华氏温度与摄氏温度的换算公式为 $C=(5/9)\times(F-32)$。

```
int ftoc(float f)
{
    return(5.0/9.0)*(f-32);
}
void main()
{
    float f;
```

```
        printf("请输入一个华氏温度：\n");
        scanf("%f",&f);
        printf("摄氏温度为：%d",ftoc(f));
    }
```

运行结果：

> 请输入一个华氏温度：
>
> 78<回车>
>
> 摄氏温度为：25

本例的返回值类型与函数类型不一致，返回值类型为 float 型，函数类型为 int 型。系统在返回结果值时，按函数类型要求的数据类型 int 型进行转换，然后将一个 int 型的值提供给主调函数。

# 5.5  函数的参数

函数参数传递

函数作为一个数据处理的功能部件，是相对独立的。但在一个程序中，各函数要共同完成一个总的任务，所以函数之间必然存在数据传递。函数间的数据传递包括了两个方面：

(1) 数据从主调函数传递给被调函数(通过函数的参数实现)。

(2) 数据从被调函数返回到主调函数(通过函数的返回值实现)。

## 5.5.1  形式参数和实际参数

在函数定义的首部，函数名后括号中说明的变量称为形式参数，简称形参。形参的个数可以有多个，多个形参之间用逗号隔开。与形参相对应，当一个函数被调用的时候，在被调用处给出对应的参数，这些参数称为实际参数，简称实参。实参可以是常量、变量和表达式。

在 C 语言中，实参向形参传递数据的方式是"值传递"。规则如下：

(1) 形参定义时编译系统并不为其分配存储空间，也无初值，只有在函数调用时临时分配存储空间，接收来自实参的值。函数调用结束，内存空间释放，值消失。

(2) 实参可以是常量、变量和表达式，但必须在函数调用之前有确定的值。

(3) 实参与形参之间是单向的值传递。在函数调用时，将各实参表达式的值计算出来，赋给形参变量。因此，实参与形参必须类型相同或赋值兼容、个数相同、一一对应。在函数调用过程中，即使实参为变量，形参值的改变也不会改变实参变量的值。

【例 5.10】 实参与形参之间单向的值传递。

```
main()
{
    int a=3,b=5;
    swap(a,b);
    printf("a=%d,b=%d",a,b);
}
```

```
void swap(int x,int y)
{
    int t;
    t=x;
    x=y;
    y=t;
}
```

运行结果：

```
a=3,b=5
```

函数调用前 a 和 b 的值分别为 3 和 5，通过函数调用将它们的值分别传给 x 和 y。函数调用后 x 和 y 的值通过交换变为 5 和 3，但 a 和 b 的值并没有因为 x 和 y 值的改变而改变(如图 5.3 所示)，因为它们占用的是不同的内存单元。

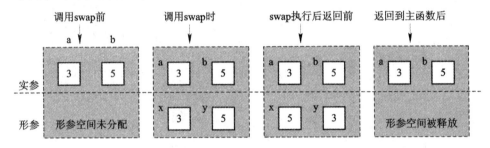

图 5.3　实参和形参的变化情况

(4) 当实参的各表达式之间有联系时，实参的求值顺序在不同的编译系统下是不同的。

【例 5.11】　实参的求值顺序。

```
#include <stdio.h>
int f(int a,int b,int c)          /*函数定义*/
{
    printf("%d %d %d\n",a,b,c);
    return(a+b+c);
}
void main()
{
    int i=3,p;
    p=f(i,++i,++i);               /*函数调用*/
    printf("%d",p);
}
```

在 Visual C++6.0 中的运行结果：

```
5 5 4
14
```

在函数调用 f 时，Visual C++ 6.0 按从右至左的顺序求实参的值，相当于 f(5,5,4)。如果按从左至右的顺序求实参的值，则相当于 f(3,4,5)。

### 5.5.2　函数参数

前面已经介绍了使用普通变量可以作函数的参数，同样数组也可以作为函数的参数使用，进行数据传送。数组用作函数参数有两种形式：一种是数组元素作为函数调用的实参使用；另一种是数组名作为函数调用的形参和实参使用。

#### 1．数组元素作为函数的参数

数组元素就是变量，它与普通变量并无区别。因此，数组元素作为函数实参与普通变量是完全相同的。在进行函数调用时，把作为实参的数组元素的值传送给形参，实现一一对应、单向的值传递。

【例 5.12】　数组元素作函数的形参。

```
float max(float x,float y)
{
    if(x>y)      return x;
    else      return y;
}
void main()
{
    float m,a[10]={12.3,105,34.5,50,67,9,78,98,89,-20};
    int k;
    m=a[0];
    for(k=1;k<10;k++)
        m=max(m,a[k]);
    printf("%.2f\n",m);
}
```

运行结果：

```
105.00
```

max()在调用时，将 m 的值传递给形参 x，a[k]的值传递给形参 y，函数的返回值赋给变量 m。

注意：数组元素只能作为函数的实参，不能作为函数的形参。

#### 2．数组名作为函数的参数

C 语言中的数组名有两种含义：一是标识数组；二是代表数组的首地址。数组名的实质就是数组的首地址。因此，数组名作为函数参数与数组元素作为函数的参数有本质的区别。在 C 语言中，可以用数组名作为函数参数，此时实参与形参都使用数组名。参数传递时，实参数组的首地址传递给形参数组名，被调用函数通过形参使用实参数组元素的值，并且可以在被调用函数中改变实参数组元素的值。

1) 一维数组名作函数参数

【例 5.13】　编写冒泡法排序函数，对主函数中输入的无序整数按由大到小的顺序进行排序。

　　分析：定义 sort 函数，在主函数中使用传递数组名的方法调用函数，然后在 sort 中对形参数组进行排序。

```
sort(int b[10],int n)
{
    int i,j,t;
    for(i=0;i<n-1;i++)
        for(j=0;j<n-i-1;j++)
            if(b[j]<b[j+1])                    /* b[j]和 b[j+1]交换*/
            {
                t=b[j];
                b[j]=b[j+1];
                b[j+1]=t;
            }
}
void main()
{
    int a[10],i;
    printf("Please input 10 numbers:\n");
    for(i=0;i<10;i++)
        scanf("%d",&a[i]);
    sort(a,10);                                /*调用函数对数组进行排序*/
    printf("Sorted data is:\n");
    for(i=0;i<10;i++)
        printf("%d",a[i]);
    printf("\n");
}
```

运行结果：

```
Please input 10 numbers:
12 34 1 65 67 87 78 98 125 6<回车>
Sorted data is:
125 98 87 78 67 65 34 12 6 1
```

　　上面的程序中定义了一个 sort 函数，它的形参中使用了一个整型数组 b。在 main 函数中调用 sort 函数时，与形参 b 对应的实参是一个数组名。

　　从上面例子中可以看出，用数组名作函数参数与用数组元素或普通变量作参数有以下几点不同：

　　(1) 用数组元素作实参时，只要数组元素类型和函数的形参变量的类型一致，对数组元素的处理是按普通变量对待的。用数组名作函数参数时，则要求形参和相对应的实参都必须是类型相同的数组，都必须有明确的数组说明。当形参和实参两者不一致时，会发生错误。

(2) 在普通变量或数组元素作函数参数时，形参和实参是由编译系统分配的两个不同的内存单元。在函数调用时发生的值的传递是把实参变量的值赋予形参变量。在用数组名作函数参数时，不是进行值的传送，即不是把实参数组的每一个元素的值都赋予形参数组的各个元素。因为实际上形参数组并不存在，编译系统并不为形参数组分配内存，而是把实参数组的首地址赋给形参数组名，形参数组和实参数组共享一段内存空间。因此，在数组名作函数参数时所进行的传送实质是地址的传递，如图 5.4 所示。

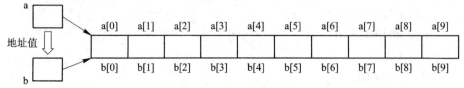

图 5.4　数组 a 和 b 占用同一段内存单元

(3) 前面已经介绍过，在变量作函数参数时所进行的值传递是单向的，即只能从实参传向形参，不能从形参传回实参。形参和实参是两个独立的内存单元，形参值的变化并不影响实参。而当用数组名作函数参数时，由于实际上形参和实参共享同一数组，因此当形参变化时，形参和实参共享的数组就发生了变化，即实参也随之变化。这种情况不能理解为发生了"双向"的值传递。但从实际情况来看，调用函数之后实参的值将随着形参值的变化而变化。在 sort 函数中形参数组的定义是长度为 10 的整型数组，main 函数中实参数组的定义也是长度为 10 的整型数组，但是实际使用时有时形参数组和实参数组的长度定义不一致，在程序运行过程中可能会产生错误。因此，在使用一维数组名作实参时建议定义形参数组无须指定长度，以自动适应实参数组长度。如例 5.13 中的定义，可改成 sort(int b[],int n)。

2) 二维数组名作函数参数

【例 5.14】 求 3×4 的矩阵中所有元素的最大值，要求用函数实现。

分析：主函数中给出 3×4 矩阵的初始值，在 main 函数中用传递数组名的方式调用 max 函数找到最大值，并返回。

```c
max(int b[][4])
{
    int i,j,k,max1;
    max1=b[0][0];
    for(i=0;i<3;i++)
        for(j=0;j<4;j++)
            if(b[i][j]>max1)
                max1=b[i][j];
    return(max1);
}
void main()
{
    int m,a[3][4]={5,16,30,40,23,4,156,8,1,3,50,37};
```

```
        m=max(a);
        printf("max is %d\n",m);
    }
```

运行结果：

```
    max is 156
```

说明：

(1) 二维数组名作为函数的参数和一维数组名作为函数的参数传递的过程是一样的，唯一不同的是在函数中定义形参数组时，第一维的大小可以不指定，但第二维的大小必须指定，即程序中形参如果定义为 int b[][]是不对的，但在程序中形参数组 b 定义为 int b[][4]或 int b[3][4] 都是正确的。

(2) 在该例中，实参是二维数组名 a，形参是与数组 a 同类型的二维数组 b。在进行函数调用时，从实参传来的是二维数组的首地址，使得二维数组 b 与数组 a 共用同一存储空间，即 b[0][0]与 a[0][0]占用同一单元，b[0][1]与 a[0][1]占用同一单元，以此类推。

### 3. 数组或指针变量作函数参数

在排序、矩阵运算、解方程组等程序中，可以将这些算法编写为函数。函数调用时，需要将整个数组传递给函数，返回时也希望将整个数组的修改结果带回到调用函数。也就是说，应该实现整个数组的引用传递。这种情况下，调用语句的实参要用数组，被调函数相应的形参也要定义为数组。函数调用时，将把主调函数的实参数组的首地址传给形参，此时，对应的形参和实参实际上代表同一个数组，实现了整个数组的引用传递。

【例 5.15】 通过调用一个函数，将整型数组的所有元素都加 3。

程序如下：

```
    void add(int b[],int n)
    {
        int i;
        for(i=0;i<n;i++)
            b[i]+=3;
    }
    void main()
    {
        int i,a[8]={1,2,3,4,5,6,7,8};
        add(a,8);
        for(i=0;i<8;i++)
            printf("%4d",a[i]);
    }
```

运行结果：

```
    45   6   7   8   9   10   11
```

在程序中，a 为实参数组名，b 为形参数组名。调用 add 函数时，C 语言的编译系统并没有给 b 分配整个数组的存储空间(故又称 b 为虚数组或形式数组)，而是只给它分配了一个存储地址的单元，相当于一个指针变量，用来接收实参数组的首地址。编写程序时需注意：形参数组名不同于实参数组名(用语句定义的数组名)，定义时方括号[ ]中没有长度(如果是多维形参数组，则第一维无长度)。被调用函数 add 在执行过程中，由于形参 b 中存储的是 a 数组的首地址，因此对 b[i]的访问就是对 a[i]的访问，形参数组 b 成为实参数组 a 的"替身"，所有 a[i]和 b[i]自然"都被"加 3，实现了整个数组的引用传递，如图 5.5 所示。

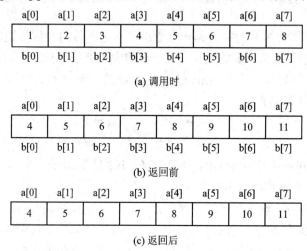

图 5.5　调用中实参数组和形参数组首地址相同代表同一数组

**注意**：实参数组名是指针常量，而形参数组名是被调函数内的局部指针变量。可将函数的首部 void add(int b[ ], int n)改写为 void add(int *b, int n)，两者完全等价。

add 函数可改为

```
void add(int *b,int n)
{
    int *bend=b+n;
    for(;b<bend;b++)
        *b+=3;
}
```

调用该函数时，局部指针变量(或虚数组)b 接收传来的实参数组 a 的首地址。在被调函数中，通过 b 就可以访问实参数组 a 的元素。无论形参是 int b[]还是 int *b 形式，b 都是一个变量，可以修改它的值；被调函数中既可以用*(b+i)形式，也可以用 b[i]形式来访问，访问的都是实参数组 a 的元素。

当然，实参也可以用存放数组首地址的指针变量 p，调用时将 p 存放的数组首地址传送给形参 b，效果与数组 a 作实参相同。

归纳起来，传递一个数组，实参与形参的形式有以下四种：

(1) 实参和形参都用数组名。

(2) 实参用数组名，形参用指针变量。

(3) 实参用指针变量，形参用数组名。

(4) 实参和形参都用指针变量。

四种方法实质上都是地址值的传递，都实现了整个数组的引用传递。例 5.15 中的 add() 函数和 main()函数可有四种组合，四种运行结果均相同。

### 5.5.3　引用传递

C 语言规定，函数调用实参传递给形参一律采用值传递。如果直接用变量名作实参，函数对形参的修改结果不会带回到主调函数。但编写程序时，常需要将多个变量的修改结果返回到主调函数，实现变量的"引用传递"。如果用指针变量作形参，实参用变量的地址，就可以通过地址的值传递实现指向变量的引用传递。

要实现对一般的非指针类型变量的引用传递，需要用指向该类型的指针变量作形参。函数调用时，将实参变量的地址赋给形参，通过指针的值传递实现它指向变量的引用传递。

【例 5.16】　输入两个整数，按从小到大的顺序输出，调用 swap 函数实现变量值的交换。

如果用整型变量作形参，交换结果不能返回到主调函数。

程序如下：

```
swap(int a1,int a2)          /*将 m 和 n 的值赋给 a1 和 a2*/
{
    int a;
    a=a1;
    a1=a2;
    a2=a;                    /*交换 a1 和 a2，m 和 n 不变*/
}
void main()
{
    int m,n;
    printf("Input m,n:");
    scanf("%d%d",&m,&n);
    if(m>n)
        swap(m,n);           /*实参传送 m 和 n 的值*/
    printf("Sorted:%d %d \n",m,n);
}
```

运行结果：

> Input m,n: 9 5<回车>
>
> Sorted: 9　5

调用 swap(m, n) 时采用值传递，m 和 n 的值赋给整型变量 a1 和 a2。在 swap 函数中，虽然 a1 和 a2 的值进行了交换，但 m 和 n 的值与 a1 和 a2 的值不相关，a1 和 a2 的交换结果不会带回到 main 函数。调用 swap 函数后，m 和 n 的输出值无变化，不能实现交换 m 和 n 的目的，如图 5.6 所示。

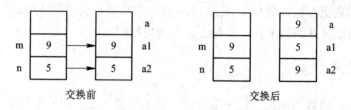

交换前　　　　　　　　　　　交换后

图 5.6　用整型变量作实参没有实现交换

要想达到交换 m 和 n 的目的，程序应修改为

```
swap(int *p1,int *p2)            /*&m,&n 赋给 p1,p2; *p1 就是 m; *p2 就是 n*/
{
    int a;
    a=*p1;
    *p1=*p2;
    *p2=a;                       /*交换*p1 和*p2 就是交换 m 和 n*/
}
void main()
{
    int m,n;
    printf("Input m,n: ");
    scanf("%d%d",&m,&n);
    if(m>n)
      swap(&m,&n);               /*实参为 m 和 n 的地址*/
    printf("Sorted: %d %d\n",m,n);
}
```

运行结果：

```
Input m,n:  9   5<回车>
Sorted:  5   9
```

执行 swap(&m,&n)时虽然还是值传递，但传递的是地址值，即将 m 和 n 的地址值赋给指针形参 p1 和 p2。在 swap()函数中对*p1 和*p2 的操作实际就是对 m 和 n 的操作，修改结果自然会带回到 main()，这样就通过地址值的传递实现了指向变量的引用传递，如图 5.7 所示。

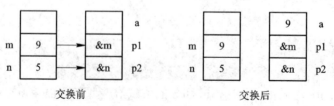

交换前　　　　　　　　　　　交换后

图 5.7　通过交换*p1 和*p2 实现 m 和 n 的交换

如果 main()函数不变，而将 swap()函数改为

```
swap(int *p1,int *p2)          /*将 m 和 n 的地址赋给 p1 和 p2*/
{
    int *p;
    p=p1;
    p1=p2;
    p2=p;                        /*交换后 p1 指向 n, p2 指向 m，m 和 n 的内容并没有改变*/
}
```

则虽然在 swap()函数中仍然用指针 p1 和 p2 作形参，但交换的是指针 p1 和 p2，不是它们指向的变量 *p1 和*p2。交换完后，p1 指向 n，p2 指向 m，结果只是 p1 和 p2 的内容变化了，m 和 n 的内容并没有改变。结果仍然达不到预期，如图 5.8 所示。

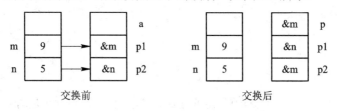

图 5.8   直接交换指针 p1 和 p2 未实现 m 和 n 的交换

# 5.6   函数声明和函数原型

C 语言程序可以由若干文件组成，每一个文件可以单独编译。如果在编译函数的调用时不知道该函数参数的个数和类型，编译系统就无法检查形参和实参是否匹配。为了确保函数调用时编译系统能检查出形参和实参是否满足类型相同、个数相等，并由此决定是否进行类型转换，必须为编译系统提供所调用函数的返回值类型、参数类型、参数个数，以确保函数调用成功。而且，即使在同一个文件中，函数也应遵循先定义后使用的原则。因此，C 语言引入了函数声明的概念。

### 1．函数声明

主调函数调用某函数之前对被调函数进行的说明称为函数声明。对被调函数的声明有以下几种情况。

(1) 对系统预定义函数的声明。一般系统函数的说明都包含在相应的头文件"*.h"中。在调用系统函数之前，应先加上含有该系统函数声明的头文件组成的包含命令，其一般形式如下：

```
#include "头文件名.h"
```

例如：

```
#include "math.h"     /*数学函数*/
```

(2) 对用户定义的被调函数的声明。当被调函数在主调函数之后定义，其函数类型不是 int 型或 char 型时，一定要在主调函数之前或主调函数的说明部分对被调函数进行声明。

【例 5.17】 对用户定义的被调函数作声明。

```
void main()
{
    float add(float x, float y);        /*对被调函数的声明*/
    float a,b,c;
    scanf("%f, %f",&a, &b);
    c=add(a ,b);
    printf("sum is %f",c);
}
/*函数定义*/
float add(float x, float y)
{
    return(x+y);
}
```

在这里，要注意函数声明和函数定义是不同的概念。函数定义是对函数完整功能的确定，包括函数首部(函数名、函数类型、形参、形参类型)、函数体等的指定。函数声明则是将函数首部各部分通知编译系统，进行调用时的对照检查。从例 5.17 中可以看出，函数声明用函数定义的首部加分号组成。

如果将函数声明放在整个源程序文件最前面的说明部分，则该函数声明的有效范围是整个源文件，这时所有需要调用该函数的主调函数不再对它重复声明。

(3) 有时不需要对被调函数进行声明。有两种情况可以对被调函数不加以声明：

① 被调函数的函数定义出现在主调函数之前，已经符合先定义后引用的原则，不需要对被调函数再作声明而直接调用。

② 被调函数在主调函数之后定义，且被调函数的返回值是 int 型或 char 型时，可以不对被调函数作声明。

**2．函数原型**

C 语言中，函数声明的一般形式称为函数原型。函数原型有以下两种形式：

    函数类型 函数名(参数类型 1，参数类型 2，…)；
    函数类型 函数名(参数类型 1，参数名 1，参数类型 2，参数名 2，…)；

在进行声明时应该保证函数原型与函数首部在写法上一致，即函数类型、函数名、参数类型、参数个数等一一对应。

例如：

```
int add(int a,int b);              /*声明一个整型函数*/
float average(float a[],int n);    /*声明一个实型函数*/
void star();                       /*声明一个不带回返回值的函数*/
```

说明：早期 C 版本的函数声明仅声明函数类型和函数名，不需要声明函数的参数类型和参数个数。以例 5.17 中声明 add 为例：

```
float add();
```

这种声明不检查函数的参数，仅进行函数类型和函数名的一致性检查。新版本兼容这种做法，但不提倡。

## 5.7 函数的嵌套调用

函数的嵌套调用

在 C 语言中，所有的函数定义，包括主函数 main 在内，都是平行的，不存在上一级函数和下一级函数的问题。也就是说，在一个函数的函数体内，不能再定义另一个函数，即不能嵌套定义。但是允许函数的嵌套调用，即在某一个函数执行过程中，又可以对另一个函数进行调用。也就是说，函数在执行过程中，不是执行完一个函数再去执行另一个函数，而是可以在任何需要的时候对其他函数进行调用。这与其他语言的子程序嵌套的情形是类似的。函数的嵌套调用如图 5.9 所示。

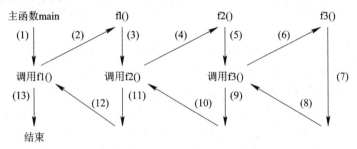

图 5.9　函数的嵌套调用

函数的调用是逐级调用，逐级返回。该例中在主函数中调用了 f1 函数，在 f1 函数中调用了 f2 函数，f2 函数中调用了 f3 函数。逐级调用(2)、(4)、(6)，逐层返回(8)、(10)、(12)，后调用的先返回。程序的执行过程如下：

(1) → (2) → (3) → (4) → (5) → (6) → (7) → (8) → (9) → (10) → (11) → (12) → (13)

【例 5.18】 函数的嵌套调用：求圆环的面积。

```
#include <math.h>
#define PI 3.1415926
float area_ring(float x,float y);        /*函数声明*/
float area(float r);                     /*函数声明*/
void main()
{
    float r,r1;
    printf("input two figure:\n");
    scanf("%f,%f",&r,&r1);               /*输入两个同心圆的半径*/
    printf("area_ring is %f ",area_ring(r,r1));
}

float area_ring(float x,float y)          /*求圆环的面积,形参值为两个同心圆的半径*/
{
```

```
        float c;
        c=fabs(area(x)-area(y));           /*两圆面积之差即为圆环面积*/
        return(c);
    }


    float area(float r)                    /*求圆的面积*/
    {
        return(PI*r*r);
    }
```

运行结果：

input r,r1:

5,6<回车>

area_ring is 34.557518

程序说明：

(1) 定义名为 main、area_ring 和 area 的三个函数，无从属关系。

(2) area_ring 和 area 函数的定义均在 main 函数之后，因此先对它们进行声明。

(3) 程序从 main 函数开始执行。先输入两个同心圆的半径 r 和 r1，然后调用 area_ring 函数求圆环的面积，在 area_ring 函数中又两次调用 area 函数求单个圆的面积。每次调用 area 函数执行结束后返回到 area_ring 函数中调用 area 函数处，继续执行 area_ring 函数剩余部分，area_ring 函数执行结束后再返回到 main 函数中调用 area_ring 函数处，继续执行 main 函数的剩余部分，从 main 函数处结束整个函数的调用。这就是函数的嵌套调用。

## 5.8 函数的递归调用

在函数的执行过程中直接或间接地调用该函数本身，称为函数的递归调用，C 语言中允许递归调用。在函数中直接调用函数本身称为直接递归调用。在函数中调用其他函数，其他函数又调用原函数，称为间接递归调用。函数的递归调用如图 5.10 所示。

函数的递归调用

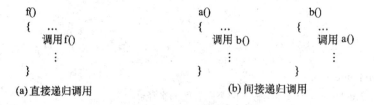

言传身教 寓教于行

图 5.10 函数的递归调用

例如，求一个数 x 的 n 次方：

$$x^n = \begin{cases} 1, & \text{当 n=0 时} \\ n * x^{n-1}, & \text{当 n>0 时} \end{cases}$$

在求解 $x^n$ 中使用了 $x^{n-1}$，即要计算出 $x^n$，必须先求出 $x^{n-1}$，而要知道 $x^{n-1}$，则必须先求出 $x^{n-2}$，依此类推，直到求出 $x^0=1$ 为止；再以此为基础，返回来计算 $x^1$, $x^2$, …, $x^{n-1}$, $x^n$。这种算法称为递归算法。递归算法可以将复杂问题化简。显然，通过函数的递归调用可以实现递归算法。

递归算法具有以下两个基本特征：

(1) 递推归纳(递归体)。将问题转化成比原问题规模小的同类问题，归纳出一般递推公式。问题规模往往需要用函数的参数来表示。

(2) 递归终止(递归出口)。当规模小到一定的程度时应结束递归调用，逐层返回。常用条件语句来控制何时结束递归。

【例 5.19】用递归方法求 n!。

阶乘函数的一般数学定义为

$$x! = \begin{cases} 1, & \text{当 n=0 时} \\ n*(n-1)!, & \text{当 n=1, 2, 3, … 时} \end{cases}$$

显然，这个定义是递归的。

递推归纳：$n! \rightarrow (n-1)! \rightarrow (n-2)! \rightarrow \cdots \rightarrow 2! \rightarrow 1!$，得到递推公式 $n! = n \times (n-1)!$。

递归终止：n=0 时，0!=1。

程序如下：

```
long int fac(unsigned int n)
{
    long int f;
    if(n==0) return 1;
    f=fac(n-1)*n;
    return(f);
}
void main()
{
    unsigned int n;
    printf("input a unsigned interger number:\n");
        scanf("%d",&n);
    printf("%d!=%10ld",n,fac(n));
}
```

运行结果：

```
input a unsigned interger number:
4<回车>
4!=24
```

计算 4! 的过程如图 5.11 所示。

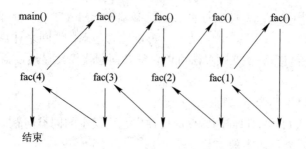

图 5.11　fac 函数的递归调用过程

递归调用的执行分为两个阶段。第一阶段是逐层调用，调用的是函数自身。第二阶段是逐层返回，返回到调用该层的位置继续执行后续操作。递归调用是多重嵌套调用的一种特殊情况，每层调用都要用堆栈保护主调层的现场和返回地址，调用的层数一般比较多。递归调用的层数称为递归的深度。

【例 5.20】　利用递归算法求 Fibonacci 数列。

Fibonacci 数列的通项公式为

$$f(n) = \begin{cases} 1, & \text{当 n=1 或 2 时} \\ f(n-1) + f(n-2), & \text{当 n>2 时} \end{cases}$$

用递归方法求解此数列，要知道 $f(n)$ 的值，只要知道 $f(n-1)$ 和 $f(n-2)$ 的值就行。$f(n)$、$f(n-1)$ 和 $f(n-2)$ 的求解过程相同，并且 $f(1)$ 和 $f(2)$ 的值是确定的，因此满足一般递推公式和递归终止的条件为

$$f(n) = \begin{cases} 1, & \text{当 n=1, 2 时} \\ f(n-1) + f(n-2), & \text{当 n=3, 4, 5, } \cdots \text{ 时} \end{cases}$$

程序如下：

```c
#include <stdio.h>
long f(int n)
{
    long s;
    if(n==1||n==2)   return 1;
    s=f(n-1)+f(n-2);
    return s;
}
void main()
{
    int n;
    printf("please input n:");
    scanf("%d",&n);
    if(n<0)   printf("error!\n");
```

```
   else    printf("第%d 项 fibonacci 数列的值为%ld",n,f(n));
  }
```

运行结果:

> please input n:8<回车>
>
> 第 8 项 fibonacci 数列的值为 21

【例 5.21】 汉诺(Hanoi)塔问题。这是一个典型的递归问题。问题描述:设有三个塔座(A、B、C),在一个塔座(设为 A 塔)上有 64 个盘片,盘片大小不等,按大盘在下、小盘在上的顺序叠放着,如图 5.12 所示。现要借助于 B 塔,将这些盘片移到 C 塔去,要求在移动的过程中,每个塔座上的盘片始终保持大盘在下、小盘在上的叠放方式,每次只能移动一个盘片。编程实现移动盘片的过程。

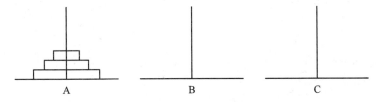

图 5.12 汉诺(Hanoi)塔问题

可以设想:只要能将除最下面的一个盘片外,其余的 63 个盘片从 A 塔借助于 C 塔移至 B 塔上,剩下的一片就可以直接移至 C 塔上。再将其余的 63 个盘片从 B 塔借助于 A 塔移至 C 塔上,问题就解决了。这样就把一个 64 个盘片的 Hanoi 问题化简为 2 个 63 个盘片的 Hanoi 问题,而每个 63 个盘片的 Hanoi 问题又按同样的思路,可以化简为 2 个 62 个盘片的 Hanoi 问题。继续递推,直到剩一个盘片时,可直接移动,递归结束。

编程实现:假设要将 n 个盘片按规定从 A 塔移至 C 塔,移动步骤可分为 3 步完成。

(1) 把 A 塔上的 n–1 个盘片借助 C 塔移动到 B 塔。

(2) 把第 n 个盘片从 A 塔移至 C 塔。

(3) 把 B 塔上的 n–1 个盘片借助 A 塔移至 C 塔。

算法用函数 hanoi (n, x, y, z)以递归算法实现。hanoi()函数的形参为 n、x、y、z,分别存储盘片数、源塔、借用塔和目的塔。每调用 hanoi()函数 1 次,盘片数减 1,当递归调用到盘片数为 1 时结束递归。算法描述如下:

如果 n 等于 1,则将这一个盘片从 x 塔移至 z 塔,否则有:

(1) 递归调用 hanoi(n-1, x, z, y);将 n–1 个盘片从 x 塔借助 z 塔移动到 y 塔。

(2) 将 n 号盘片从 x 塔移至 z 塔。

(3) 递归调用 hanoi(n-1, y, x, z);将 n–1 个盘片从 y 塔借助 x 塔移动到 z 塔。

程序如下:

```
   void hanoi(int n,char x,char y,char z)
   {
     if(n==1) printf("%c—>%c\n",x,z);
     else
     {
       hanoi(n-1,x,z,y);                     /*递归调用*/
```

```
        printf("%c—>%c\n",x,z);
        hanoi(n-1,y,x,z);                    /*递归调用*/
    }
}
void main()
{
    int m;
    printf("Input the number of disks:");
    scanf("%d",&m);
    printf("The step to moving %3d disks:\n",m);
    hanoi(m,'A','B','C');
}
```

运行结果：

```
Input the number of disks:3<回车>
The step to moving 3 disks:
A—>C
A—>B
C—>B
A—>C
B—>A
B—>C
A—>C
```

本程序只是输出了盘片的移动顺序，用它代表盘片的移动过程。该程序的执行过程如图 5.13 所示，其中函数上方的小方框表示本次调用时 n、x、y、z 的值。

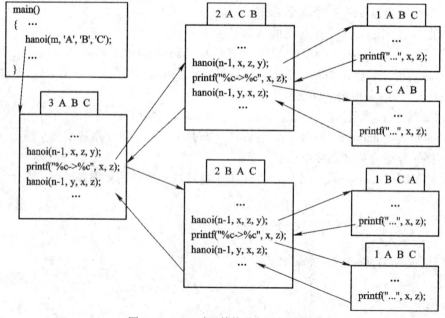

图 5.13　n=3 时函数的递归调用过程

通过使用递归算法，用一个并不复杂的程序解决了一个本来很复杂的问题。掌握好这种思维方法，对以后处理类似问题将有很大帮助。

# 5.9　变量的作用域

当程序中有多个函数时，定义的每个变量只能在一定的范围内访问，称之为变量的作用域。按作用域划分，可以将变量分为局部变量和全局变量。

## 5.9.1　局部变量

在一个函数内部定义的变量或复合语句内定义的变量称为局部变量。局部变量的作用域仅限于定义它的函数或复合语句中，任意一个函数都不能访问其他函数中定义的局部变量。因此，在不同的函数之间可以定义同名的局部变量，虽然同名但却代表不同的变量，不会发生命名冲突。例如：

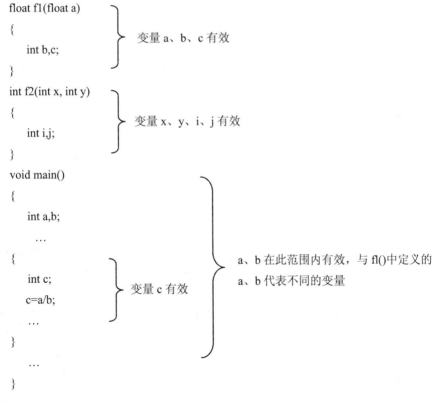

说明：

(1) 主函数中定义的变量属于局部变量，其作用域仅限于主函数内，所有其他被调函数并不能使用。

(2) 不同的函数中定义的变量，其作用域都限定在各自的函数中，即使使用相同的变量名也不会互相干扰、互相影响。

(3) 形参也是局部变量，例如 f1 函数中的形参 a。

(4) 编译时，编译系统不为局部变量分配内存单元，而是在程序运行中，当局部变量所在函数被调用时，编译系统才根据需要临时分配内存。调用结束，内存空间释放。

## 5.9.2　全局变量

在所有函数(包括 main 函数)外定义的变量即为全局变量。全局变量存放在静态存储区中，其作用域是从定义的位置开始到本源文件结束。对于全局变量，如果在定义时不进行初始化，则系统将自动赋予其初值，对数值型赋 0，对字符型赋字符'\0'。例如：

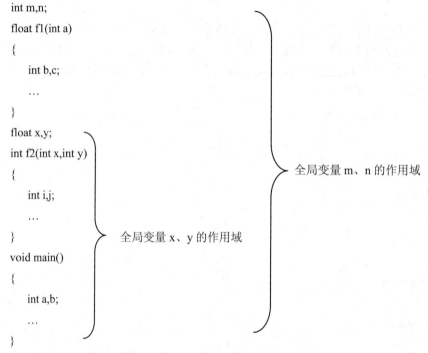

```
int m,n;
float f1(int a)
{
    int b,c;
    …
}
float x,y;
int f2(int x,int y)
{
    int i,j;
    …
}
void main()
{
    int a,b;
    …
}
```

全局变量 m、n 的作用域

全局变量 x、y 的作用域

m、n、x 和 y 均为全局变量，但它们的作用域不同：m、n 的有效作用域为 f1、f2 和 main 函数，而 x、y 的有效作用域为 f2 和 main 函数。

说明：

(1) 使用全局变量，增加了各函数之间的数据联系，这使得函数与函数之间的数据联系不仅仅限于参数传递和返回值这两种途径。特别是当一个函数返回多个值时，使用全局变量更为有效。

【例 5.22】　已知圆的半径，求周长、面积。

```
#define PI 3.14
float c,area;
void f(float r)
{
    c=2*PI*r;
```

```
        area=PI*r*r;
    }
    void main()
    {
        float r;
        printf("Input radius:")
        scanf("%f",&r);
        f(r);
        printf("%f,%f\n",c,area);
    }
```

运行结果：

> Input radius:3<回车>
> 18.840000,28.260000

该例中通过定义全局变量 r 和 area，将 main 函数和 f 函数联系起来。同时 main 函数要得到函数调用后的两个值，通过 return 语句只能得到一个返回值，在此使用全局变量就可以得到多于一个的返回值了。

(2) 如果在同一个源文件中，全局变量和局部变量同名，则在局部变量的作用范围内，全局变量不起作用。

【例 5.23】 比较两个数，输出较大者。

```
    int a=3,b=5;
    max(int x,int y)
    {
        int c;
        c=x>y?x:y;
        return c ;
    }
    void main()
    {
        int a=8;
        printf("%d\n",max(a,b));
    }
```

运行结果：

> 8

main 函数中的变量 a 和全局变量 a 同名，在 main 函数中，使用的是 main 函数中定义的变量 a 的值。

(3) 全局变量在函数的编译阶段分配内存，在程序的执行阶段不释放，因此全局变量只进行一次初始化。

使用全局变量所带来的不利因素主要有以下两点：

(1) 全局变量的作用范围大，为此要付出的代价是其占用存储单元时间长，它在程序的全部执行过程中都占据着存储单元。

(2) 降低了函数使用的通用性和安全性。函数过多使用外部变量，增加了与其他函数的相互影响。函数的独立性、封闭性、可读性和可移植性大大降低。尤其是现在的程序规模都很庞大，并有多人开发，全局变量很容易被错误地修改，出错的概率大大增加。

# 5.10　变量的存储类型

在 C 语言中，变量和函数有两种类型：数据类型和存储类型。数据类型表示数据的含义、取值范围和允许的操作；而存储类型是指变量在内存中的存储方式，有静态存储方式和动态存储方式，它表示了变量的生存期。

内存中供用户使用的存储空间可分为程序区、动态存储区和静态存储区。程序区用来存放程序代码，动态存储区和静态存储区用来存放数据。动态和静态存储区中的变量生存期是不同的。变量的生存期是从变量分配存储空间到释放存储空间的全部时间。

### 1．静态存储方式

静态存储方式的变量存储在内存中的静态存储区，在编译时就分配了存储空间。在整个程序运行期间，该变量一直占有固定的存储空间，程序结束后，这部分空间才释放。这类变量的生存期为整个程序。静态局部变量和全局变量都存放在静态存储区中。

### 2．动态存储方式

动态存储方式的变量存储在内存中的动态存储区，在程序运行过程中，只有当变量所在函数被调用时，编译系统才临时为该变量分配一段内存单元。函数调用结束后，所占空间被释放，变量值消失。这类变量的生存期仅在函数调用期间。

## 5.10.1　自动变量

函数中的局部变量，如果不用关键字 static 声明存储类别，它就是自动变量，自动变量存放在动态存储区中。函数中的形参和在函数中定义的变量都属于此类变量。在调用该函数时，系统自动地给它们分配存储空间，函数调用结束时自动释放这些存储空间。如果自动变量的定义含有赋初值的表达式，则在每次调用时都要重新对该变量赋初值。自动变量在函数的两次调用之间不会保持它的值。所以，如果自动变量的定义没有赋初值，每次调用函数时都必须重新给它赋值，然后才能引用，否则该变量的值为随机的不定值。

不加关键字 static 的局部变量都属于自动变量，此外，还可以用关键字 auto 作自动类型说明。其一般形式如下：

auto 数据类型说明符 变量名；

因此

auto int a;　　　　　等价于　　　int a;
auto float b;　　　　　等价于　　　float b;

【例 5.24】　自动变量的应用。

```
func(int n)
```

```
    {
        auto int a=2;              /*自动变量 a，每调用一次都要重新赋初值*/
        a+=2;
        ++n;
        printf("func:n=%d    a=%d\n",n,a);
    }
    void main()
    {
        int a=0;                   /*自动变量，与 func()中的变量 a 不同*/
        func(1);
        printf("main:n=1a=%d\n",a);
            a+=10;
        func(2);
        printf("main:n=1a=%d\n",a);
    }
```

运行结果：

```
    func:n=2    a=4
    main:n=1    a=0
    func:n=3    a=4
    main:n=1    a=10
```

说明：

(1) 复合语句中说明的变量及函数的形参均属于自动局部变量。

(2) 全局变量不能是自动变量。

(3) 若不对自动变量赋初值，则其值是随机的。

## 5.10.2  静态变量

静态变量存放在内存中的静态存储区，编译系统为其分配固定的存储空间，重复使用时会保留变量中的值。

定义静态变量的一般形式如下：

static   数据类型说明符 变量名；

静态变量有两种：静态全局变量和静态局部变量。静态全局变量的作用域从定义处开始到本文件结束，而静态局部变量仅作用于本函数或本复合语句内。

### 1. 静态全局变量

在由多个源文件组成的程序中，全局变量的作用域可以通过关键字来指定。当需要把全局变量的作用域限定在本文件内时，可以在定义全局变量时用关键字 static 来限定，称之为静态全局变量。静态全局变量只能在定义它的源程序文件中被使用，不能被其他的源程序文件使用；而非静态全局变量可以扩展到整个源程序。

使用静态全局变量的好处是，在同一程序的两个不同的程序文件中可以使用相同名称的变量名，而它们之间互不干扰。

在由多个程序文件组成的 C 程序中，如果限制外部变量不能被其他源程序文件使用，就可以将其定义为静态外部变量。

**2. 静态局部变量**

用关键字 static 说明的局部变量是静态局部变量，它存放在内存中的静态存储区中，所占用的存储单元不释放，直到整个程序运行结束。所以，静态局部变量在函数调用结束后仍保持原值。在下一次函数调用时，该变量的值就是上一次函数调用结束时保存的值。

静态局部变量仅在函数第一次被调用时初始化一次，以后再次调用函数不再进行初始化，而是引用上次函数被调用结束时该静态局部变量的值。只有程序结束并再次运行程序时，静态局部变量才重新被赋初值。

【例 5.25】 使用静态局部变量计算 1～n 的阶乘。

```c
#include <stdio.h>
int fact(int n)
{
    static int f=1;     /*定义静态局部变量,初始化为 1*/
    f=f*n;
    return f;
}
void main()
{
    int i,n;
    printf("Please input n:");
    scanf("%d",&n);
    for(i=1;i<=n;i++)
        printf("%d!=%d",i,fact(i));
}
```

在 fact 函数中，将变量 f 定义为静态局部变量，每次函数调用结束后，f 变量将保留上次计算的阶乘值，上次阶乘值再乘以 i，即为 i 的阶乘。

【例 5.26】 共同使用静态全局变量和静态局部变量。

```c
int n=1;   /*静态全局变量*/
func()
{
    static int a=2;        /*静态局部变量，与 main()函数中的 a 不同  */
    a+=2;
    ++n;
    printf("func:n=%d    a=%d\n",n,a);
}
void main()
{
```

```
        static int a;        /*静态局部变量，初始化为 0*/
        printf("main:n=%d   a=%d\n",n,a);
        func();
            a+=10;
        printf("main:n=%d   a=%d\n",n,a);
        func();
        printf("main:n=%d   a=%d\n",n,a);
    }
```

运行结果：

```
main:n=1    a=0
func:n=2    a=4
main:n=2    a=10
func:n=3    a=6
main:n=3    a=10
```

本例中 main 函数中的变量 a 和 func 函数中的 a 不同，从中可以看出，静态局部变量有如下特点：

(1) 静态局部变量属于静态存储类别，是在静态存储区分配存储单元。

(2) 静态局部变量与全局变量一样，均只在编译时赋初值一次，以后每次调用时不会重新赋初值，而是使用上次函数调用结束时保留下来的值。

(3) 静态局部变量定义时如果没有赋初值，系统编译时会自动给其赋初值，重新进行初始化。对数值型变量赋 0，对字符型变量赋空字符。

(4) 虽然静态局部变量在函数调用结束后仍然存在，但它们仅能被定义它们的函数所使用，不能被其他函数使用。

## 5.10.3 寄存器变量

前面介绍的几种存储类型的变量都分配在内存中，程序运行中要访问这些变量时必须到内存中访问相应的存储单元。如果某个变量在程序中被频繁使用，则必须多次访问内存。众所周知，寄存器中数据的访问速度要远远快于内存中数据的访问速度。如果把通用寄存器分配给被频繁访问的变量，将大大提高程序的执行效率。为此，C 语言设置了一种存储类型，直接分配在 CPU 的寄存器中，这种变量称为寄存器变量。

寄存器变量用关键字 register 作存储类型说明，其一般形式如下：

    register 数据类型说明符  变量名;

例如：

    register int m;

【例 5.27】寄存器变量。

```
    void main()
    {
        register int temp=0,j;
```

```
        int i;
        for(i=1;i<100;i++)
        {
            for(j=0;j<1000;j++)
                temp+=j;
            printf("i=%d    temp=%d",i,temp);
                temp +=i;
        }
    }
```

变量 temp 和 j 在程序运行时被频繁访问，将它们定义为寄存器变量，它们的值被保存到 CPU 的寄存器中，访问速度比普通变量快。

说明：

(1) 寄存器是与硬件密切相关的，不同类型的计算机，寄存器的数目是不同的，通常为 2 到 3 个。对于一个函数中声明的多于 2 到 3 个的寄存器变量，C 编译系统会自动地将寄存器变量变为自动类型变量。由于受硬件寄存器长度的限制，因此寄存器变量只能是 char、int、short 或指针型。

(2) 寄存器变量的作用域和生命周期与自动变量是一样的，因此只有自动类型局部变量可以声明为寄存器变量。

(3) 寄存器变量的分配方式是动态的，静态变量不能声明为寄存器变量。

## 5.10.4　外部变量

外部变量在函数的外部定义，它的作用从变量定义处到源文件结束。关于外部变量的使用有两种情况：如果在外部变量定义之前的语句要使用该外部变量，则应该在引用之前使用关键字 extern 对该外部变量进行声明；如果在外部变量定义之后引用该外部变量，则可以直接使用。

外部变量声明语句的一般形式如下：

　　　　extern 数据类型说明符 变量名；

【例 5.28】 用 extern 声明外部变量，扩大变量的作用域。

```
    void main()
    {
    extern int a;            /*外部引用声明*/
    printf("%d\n",a);
    }
    int a=5;
```

运行结果：

```
5
```

该例中非静态全局变量 a 的定义点出现在程序的最后一行，前面的函数本来不能访问它。但由于在 main 函数用外部变量声明语句“extern int a;”对它进行了外部引用声明，因此它的作用域扩大到了 main 函数中。

从此例可以看出，非静态全局变量的定义和外部变量声明不同。它们的区别主要有以下三点：

(1) 同名变量的定义只能有一次；而同名外部变量声明语句可以有多次。

(2) 位置不同。非静态全局变量的定义在所有函数之外；外部变量声明可以在函数内。

(3) 作用不同。非静态全局变量在定义时系统分配存储单元，并可以对它进行初始化；而外部变量声明语句的作用仅仅是扩大已定义变量的作用域。

静态全局变量和非静态全局变量的区别：① 静态全局变量的作用域只限制在定义该变量的源文件内，而非静态全局变量的作用域可以是整个程序的所有源文件。② 由于静态全局变量的作用域局限于一个源文件内，因此可以避免在其他源文件中的错误引用；非静态全局变量可以在整个程序的所有源文件中被访问。

**注意**：非静态全局变量不是存储在动态存储区中，而是存储在静态存储区中。

由于非静态全局变量可以在其他源文件中被访问，多个源文件都能修改它的值，相互影响较大，使程序的安全性和可靠性变差，因此应尽量避免使用它。

### 5.10.5　存储类型小结

从不同的角度对变量的存储类型归纳如下：

(1) 从变量的作用范围划分，变量可分为局部变量和全局变量。

(2) 按变量的生存期划分，变量可分为动态存储和静态存储两种。

(3) 按变量的存储介质划分，变量可分为内存变量和寄存器变量。

综合起来，按存储类型变量可分为 5 种：自动局部变量、静态局部变量、寄存器变量、静态全局变量和非静态全局变量，见表 5.1。

表 5.1　存储类型小结

| 变量类型 | 自动局部变量 | 静态局部变量 | 寄存器变量 | 静态全局变量 | 非静态全局变量 |
|---|---|---|---|---|---|
| 存储区 | 动态区 | 静态区 | 寄存器 | 静态区 | 静态区 |
| 函数结束时变量的值 | 消失 | 保存 | 消失 | 保存 | 保存 |
| 未初始化的变量默认值 | 不确定 | 0 | 不确定 | 0 | 0 |
| 作用域 | 本函数 | 本函数 | 本函数 | 本文件 | 整个程序 |

**注意**：变量的存储类型与变量类型不同，类型是一种存储模式，是按照数据的存储空间大小、存储格式和基本操作来分类的，有整型、实型、字符型等。同一类型的变量可以是不同存储类型，不同类型的变量可以同属一种存储类型。

## 5.11　内部函数和外部函数

C 语言的所有函数都是外部的，即不能在一个函数内定义另一个函数。函数之间只有调用关系，没有从属关系。C 语言的这种特性称为"函数的外部性"。但是，根据函数能否被其他源文件调用，可以将函数分为内部函数和外部函数。

### 5.11.1　内部函数

所定义的函数只能被本源文件中的函数调用，这种函数称为内部函数。内部函数不能被同一程序其他源文件中的函数调用。

定义内部函数的一般形式如下：

　　static　类型说明符　函数名(形参表)

例如：

　　static int f(int a,int b)

内部函数也称为静态函数，但此处静态 static 的含义已不是指存储方式，而是指对函数的调用范围只局限于本文件。因此，在不同的源文件中定义同名的静态函数不会引起混淆。

### 5.11.2　外部函数

外部函数在整个源文件中都有效，用关键字 extern 来表示。由于函数的本质是全局的，因此，函数定义时可以不加关键字 extern，C 语言隐含其为外部函数。

类似于非静态全局变量，同一个外部函数在所有源文件中只定义一次。如果在其他源文件中要调用该外部函数，则需要用 extern 关键字加函数原型对它进行外部引用声明。

【例 5.29】　下面的程序由两个文件组成，请分析运行结果。

```
/*文件一*/
int x=10;              /*定义非静态全局变量 x、y*/
int y=10;
add()
{
    y=10+x;
    x=x*2;
}
void main()
{
    extern sub();        /*对外部函数 sub 进行引用声明*/
    x=x+5;
    add();
    sub();
    printf("x=%d,y=%d\n",x,y);
}
/*文件二*/
sub()                  /*函数 sub 的定义*/
{
    extern int x;        /*对非静态全局变量 x 外部引用声明*/
```

```
    x=x-5;
    }
```

运行结果：

```
    x=25, y=25
```

该程序由两个文件组成。在文件一中声明了两个非静态全局变量 x 和 y，main 函数中调用了两个函数 add 和 sub。由于 sub 函数与 main 函数不在同一个文件中，因此在 main 函数中要使用"extern sub();"语句对 sub 函数进行声明。同时在文件二的 sub 函数中，因为要使用文件一中定义的非静态全局变量 x，所以函数 sub 中用"extern int x"对变量 x 进行声明。程序编译连接后，文件一和文件二中使用的是系统分配的同一个非静态全局变量 x。

由于函数本质上的外部性，C 语言允许在声明外部函数时省略 extern，省略 extern 后该语句变为函数原型声明。换句话说，函数原型声明也可以把函数的作用域扩大到该函数的文件之外。在多文件组成的程序中，只需在要调用该函数的每个文件中包含函数原型声明即可。编译系统会根据函数原型声明在本文件或另一个文件中寻找该函数的定义。

# 5.12 指 针 与 函 数

## 5.12.1 返回指针值的函数

不仅函数的参数可以是指针类型，函数的返回值也可以定义为指针类型，通过函数调用将指针值返回到主调函数。

函数的返回值类型既可以是整型、实型、字符型，也可以是指针类型，返回值为指针类型的函数称为指针类型的函数，简称指针函数。指针函数首部定义格式如下：

  类型名  *函数名(参数表)

例如：

  int *f(int x)

其中 f 是函数名，调用它能返回一个指向整型的指针值；x 是函数 f 的形参。注意 f 的两侧分别为"*"运算符和"()"运算符。而"()"的优先级高于"*"，因此，f 先与()结合，表明 f()是函数形式。而这个函数前面有一个*，表示此函数返回值为指针类型。最前面的 int 表示返回值的类型是指向整型变量的指针类型。

【例 5.30】 实现系统提供的字符串复制函数 strcpy()的功能。

系统提供的 strcpy 函数，返回第一个实参字符数组的首地址。所以系统提供的 strcpy 函数的返回值类型应该是指向字符的指针类型。

```
    char *strcpy(char *s1,char *s2)
    {
        char *p=s1;          /*用 p 保存 s1 接收来的实参字符数组的首地址*/
        while(*s1++=*s2++);   /*当 s2 指到'\0'时，先赋值完成后循环结束*/
        return(p);           /*通过函数名返回指针值*/
    }
```

```
    void main()
    {
        char s[20];
        printf("%s\n",strcpy(s,"Welcome to you!"));        /*输出返回值指向的内容*/
    }
```

运行结果：

Welcome to you!

**【例 5.31】** 实现系统提供的字符串连接函数 strcat(s1,s2)的功能。

函数 strcat()将实参字符串 s2 连接到实参字符数组 s1 中的字符串后面。此函数的返回值是实参字符数组 s1 的首地址。所以，函数的返回值类型应该是指向字符的指针类型。

```
    char *strcat(char *s1,char *s2)
    {
        char *p=s1;                    /*用 p 保存 s1 接收来的实参字符数组的首地址*/
        while(*s1) s1++;               /*s1 指到'\0'时循环结束*/
        while(*s1++=*s2++);            /*当 s2 指到'\0'时，先赋值完成后循环结束*/
        return(p);                     /*通过函数名返回指针值*/
    }
    void main()
    {
        char s[40]="Hello, ";
        printf("%s\n",strcat(s,"Welcome to you!"));   /*输出返回值指向的内容*/
    }
```

运行结果：

Hello, Welcome to you!

显然，在主调函数中，第一个实参必须是字符型数组，数组定义的长度必须足够，以保证调用字符串连接函数后数组能容纳下连接起来的字符串，且不出现地址越界现象。

## 5.12.2　指向函数的指针变量

指针变量除了可以指向各种类型的变量，还可以指向一个函数。C 语言中，每个函数在编译时都分配了一段连续的内存空间和一个入口地址，这个入口地址就称为"指向函数的指针"，简称函数指针。若用变量来存储函数指针，则称之为"指向函数的指针变量"或函数指针变量。通过函数指针变量可以调用所指向的函数，改变它的值就可以动态地调用不同的函数。用它作参数可以将不同的函数传递到被调用函数中。

指向函数的指针变量定义的一般形式如下：

　　类型说明符 (*变量名) ( );

其中，将"*变量名"括起来的圆括号是必需的，否则就变成定义返回值为指针类型的函数。"(*变量名)"表示该变量名首先被定义为指针变量；其后的空括号()表示该指针变量所指向的是一个函数；最前面的"类型说明符"，则定义了该函数的返回值的类型。例如：

```
int (*p)();
```
定义 p 是一个指向函数的指针变量，该函数的返回值是整型。p 专门用来存放整型函数的入口地址，但定义时它并不指向哪一个具体的函数，而是空指针。

要想通过 p 实现对函数的调用，就必须让 p 指向一个具体的函数，即将某一个函数的入口地址赋给它。函数名就代表函数的入口地址，是函数指针类型的符号常量(正如数组名是指针类型的符号常量一样)。所以给 p 赋值时，赋值运算符的右边只写函数名而不写后面的括号和实参。如：
```
p=fname;
```
此时仅仅是将 fname 函数的入口地址赋给 p，不涉及函数调用和虚实结合的问题。

赋值后就可以通过 p 调用所指向的函数 fname。通过指针变量调用函数时，只要在应出现函数名的地方用 "(*指针变量名)" 来代替函数名就可以了，函数名后的括号和实参表应按原样书写。由于指向函数的指针变量存储的是函数的入口地址，而函数名存储的也是函数的入口地址，只不过函数名是符号常量，因此通过指针变量调用函数也可以用指针变量名直接代替函数名。如：
```
y=(*p)(a,b);
```
或　　　　　`y=p(a,b);`
两条语句都表示：调用 p 指向的函数，返回的函数值赋给 y，调用的实参为(a,b)。

由于各函数的入口地址之间没有固定的数量关系，因此对指向函数的指针变量不能进行诸如 p++ 和 p-- 这样的加减操作。

【例 5.32】 指向函数的指针程序举例。
```
#include <stdio.h>
int f(int x)
{
    return 3*x*x+5*x-7;
}
void main()
{
    int(*p)();                      /*定义 p 为指向函数的指针变量*/
    int a;
    p=f;                            /*对指向函数的指针变量 p 赋值*/
    printf("Input x=");
    scanf("%d",&a);
    printf("(*p)(a)=%d\n",(*p)(a)); /*用函数指针调用函数，相当于 f(a)*/
    printf("p(2a)=%d\n",p(2*a));    /*p(a)以指针变量名代替函数名来调用*/
}
```
运行结果：
```
Input x= 4<回车>
(*p)(a)=61
p(2a)=225
```

从本例中可以看出，通过指针变量调用函数的步骤如下：

(1) 定义指向函数的指针变量。

(2) 对指向函数指针变量赋值(用赋值语句或参数传递)。

(3) 用"(*指针变量名)(实参表)"形式调用函数，此时"(*指针变量名)"等价于函数名；或直接用"指针变量名"代替函数名，以"指针变量名(实参表)"形式调用函数。

【例 5.33】 求自然数 1～n 的奇数和或者偶数和，用指向函数的指针变量实现。

```c
#include <stdio.h>
int evensum(int n)     /*求自然数 1～n 中偶数的和*/
{
    int i,sum=0;
    for(i=2;i<=n;i+=2)
        sum+=i;
    return sum;
}
int oddsum(int n)     /*求自然数 1～n 中奇数的和*/
{
    int i,sum=0;
    for(i=1;i<=n;i+=2)
        sum+=i;
    return sum;
}
void main()
{
    int n,sum,flag;
    int (*p)(int);              /*定义指向函数的指针变量*/
    printf("Input n:");
    scanf("%d",&n);
    printf("Input flag(0 or 1):");
    scanf("%d",&flag);          /*输入标志*/
    if(flag==1)   p=oddsum;     /*当 flag 为 1 时，p 指向函数 oddsum*/
    else   p=evensum;           /*当 flag 不为 1 时，p 指向函数 evensum*/
    sum=(*p)(n);
    printf("sum=%d\n",sum);
}
```

运行结果：

```
Input n:10
Input flag(0 or 1):1
sum=25
```

## 5.12.3 指向函数的指针变量作为函数参数

【例 5.34】 用指向函数的指针变量作为函数参数，实现例 5.33。

```
#include <stdio.h>
int evensum(int n)                  /*求自然数 1~n 中偶数的和*/
{
    int i,sum=0;
    for(i=2;i<=n;i+=2)
        sum+=i;
    return sum;
}
int oddsum(int n)                   /*求自然数 1~n 中奇数的和*/
{
    int i,sum=0;
    for(i=1;i<=n;i+=2)
        sum+=i;
    return sum;
}
int result(int n,int (*p)(int))     /*参数 p 为指向函数的指针变量*/
{
    int sum;
    sum=(*p)(n);                    /*调用 p 所指向的函数*/
    return sum;
}
void main()
{
    int n,sum,flag;
    printf("Input n:\n");
    scanf("%d",&n);
    printf("Input flag(0 or 1):\n");
    scanf("%d",&flag);
    if(flag==1)   sum=result(n,oddsum);
    else    sum=result(n,evensum);
    sum=(*p)(n);
    printf("sum=%d\n",sum);
}
```

程序运行结果同例 5.33 的程序运行结果。

说明：

函数 result 的第二个形参 p 是一个指向函数的指针变量，如果在 main 函数中执行 sum=result(n,oddsum)函数调用，此时，除了将实参 n 的值传给 result 函数的第一个形参 n

外，还以函数名 oddsum 作为实参将函数 oddsum 的入口地址传递给了 result 函数的第二个形参 p，使 p 指向 oddsum 函数。在 result 函数中通过指针变量 p 调用 oddsum 函数求得 1~n 的奇数和。

## 5.13　多文件程序的运行

在很多情况下，利用 C 语言开发的应用系统都很庞大，常由多人合作完成，包括多个源程序文件。那么，如何把这些源程序文件编译连接成一个统一的可执行文件并运行呢？

如果一个 C 程序由源文件 file1.c、file2.c 和 file3.c 组成，则可以使用以下两种方法运行多个源程序文件。

### 1. 使用#include 命令

将 file2.c 和 file3.c 包含到 file1.c 文件中。在 file1.c 文件最前面加上：

```
#include "file2.c"
#include "file3.c"
```

进行编译时，编译系统自动将这两个文件放到 main 函数之前，作为一个整体进行编译。编译之后再运行即可。这种情况下，file1.c、file2.c 和 file3.c 的所有内容被认为在同一个文件中，其中的全局变量的作用域可能扩大，原有的 extern 声明可以不要。

### 2. 使用项目文件(project 文件)

以 Visual C++ 6.0 运行环境为例，使用项目文件运行多文件。

(1) 分别建立若干个 C Source File(C 源程序文件)，每个文件单独编写、存盘。

(2) 建立一个"项目文件"，具体过程如下：

选择"文件/新建"菜单，在"新建"对话框中，点击"工程"选项卡下的"Win32 Console Application" (Win32 控制台程序)，然后输入工程名称 test 和位置 E:\CODE\test，如图 5.14 所示；单击"确定"按钮，建立一个空的工程 test，并单击"完成"按钮，如图 5.15 所示；再单击"确定"按钮，完成工程的创建。

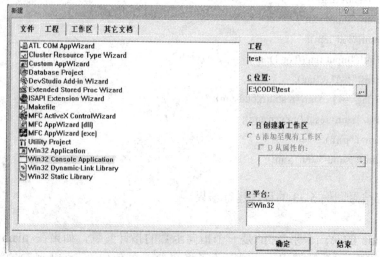

图 5.14　新建工程窗口

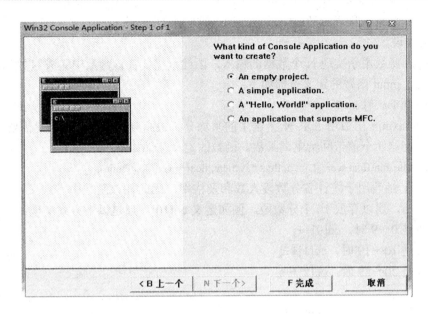

图 5.15 创建空的工程

(3) 将创建的源文件添加到项目文件中。

选择"工程/增加到工程/文件"菜单，在出现的对话框中，同时选中要加入到工程中的所有 C 程序源文件，单击"确定"按钮。

(4) 编译、连接项目文件。

单击"编译""运行"按钮即可。

# 5.14  题例分析与实现

【例 5.1 的分析与实现】  程序编写要求如下：

(1) 从键盘输入 N 名学生成绩；

(2) 求其平均分、最高分、最低分；

(3) 统计各分数段人数和及格率；

(4) 对学生成绩进行降序排序；

(5) 使用菜单完成各功能。

问题分析：

(1) 数据结构设计。

N 个数据要存入计算机中，需要定义包含 N 个元素的一维数组 score[N]，可将数组定义为局部变量。

(2) 总体设计。

该程序要完成的功能较多，因此可将其划分成函数实现，包括：input 函数，用于实现 N 个数据输入；avemaxmin 函数，用于求 N 名学生成绩的平均分、最高分和最低分；count 函数，用于统计各分数段人数和及格率；sort 函数，用于实现 N 名学生成绩的排序；main

函数,用于完成系统集成。通过菜单方式调用这些函数。

(3) 函数设计。

① input 函数用于实现 N 个数据的输入,因此只需要在该函数中完成 N 次 scanf 函数的输入即可。input 函数的定义首部如下:

```
input(float s[], int n);
```

② avemaxmin 函数用于求 N 个学生的平均分、最高分和最低分,因此需要通过参数的引用传递将这 3 个值带回给主调函数。函数的定义首部如下:

```
avemaxmin(float score[], int n, float *average, float *max, float *min);
```

③ count 函数用于统计各分数段人数和及格率,因此在该函数中需定义一个包含 10 个元素的数组,用以存放 10 个分数段。例如定义 cn[10],通过以下方式实现:

当分数是 0~9 时,cn[0]++;

当分数是 10~19 时,cn[1]++;

当分数是 20~29 时,cn[2]++;

$\vdots$

当分数是 90~100 时,cn[10]++;

不及格人数就是对 cn[0]~cn[5]求和,及格率是及格人数/总人数 × 100%,函数定义首部如下:

```
count(float score[],int n);
```

④ sort 函数与本章例 5.13 类似,可采用冒泡排序法对 N 名学生成绩进行排序。函数定义首部如下:

```
sort(float b[],int n);
```

程序如下:

```c
#include <stdio.h>
#define N 30
/*输入学生信息*/
void input(float s[],int n)
{
    int i;
    printf("请输入%d 名学生成绩:\n",n);
    for(i=0;i<n;i++)
        scanf("%f",&s[i]);
}
/*统计各分数段人数和及格率*/
count(float score[],int n)
{
    int i,j,cn[10]={0};
    float failure=0;
    for(i=0;i<n;i++)
    {
```

```
            j=score[i]/10;
            cn[j]++;
        }
        for(i=0;i<=5;i++)
            failure+=cn[i];
        printf(" 0-19,10-19,20-29,30-39,40-49,50-59,60-69,70-79,80-89,90-100\n");
        for(i=0;i<10;i++)
            printf("%-4d",cn[i]);
        printf("\n 及格率:%.2f%%\n",(n-failure)/n*100);
    }
/*求平均值、最大值和最小值*/
avemaxmin(float score[],int n,float *average,float *max,float *min)
    {
        int i;
        float sum=0;
        for(i=0;i<n;i++)
            sum+=score[i];
        *average=sum/n;
        *max=score[0];
        *min=score[0];
        for(i=0;i<n;i++)
        {
            if(score[i]>*max)    *max=score[i];
            if(score[i]<*min)    *min=score[i];
        }
    }
/*对成绩进行排序*/
void sort(float b[],int n)
    {
        int i,j;
        float t;
        for(i=0;i<n-1;i++)
            for(j=0;j<n-i-1;j++)
                if(b[j]<b[j+1])              /* b[j]和 b[j+1]交换*/
                    { t=b[j]; b[j]=b[j+1]; b[j+1]=t; }
    }
/*输出排序后的学生成绩*/
void output(float b[],int n)
    {
```

```
    int i;
    printf("排序后的成绩为:\n");
    for(i=0;i<n;i++)
    printf("%.2f      ",b[i]);
    printf("\n");
}
void main()
{
    float score[N],ave,max,min;
    int choice;
    int n;
    do
    {
        printf("1.输入 N 名学生成绩(必须先输入成绩)\n");
        printf("2.求平均分、最高分、最低分\n");
        printf("3.分段统计人数和及格率\n");
        printf("4.排序\n");
        printf("0.退出系统\n");
        printf("请选择(0-4):");
        printf("请输入选择: ");
        scanf("%d",&choice);
        switch(choice)
        {
            case 1: printf("请输入学生人数:");
                    scanf("%d",&n);
                    input(score,n);
                    break;
            case 2: avemaxmin(score,n,&ave,&max,&min);
                    printf("平均分=%.2f,最高分=%.2f,最低分=%.2f\n",ave,max,min);break;
            case 3: count(score,n);      break;
            case 4: sort(score,n); output(score,n); break;
            case 0: break;
        }
    }while(choice!=0);
}
```

运行结果:

1. 输入 N 名学生成绩(必须先输入成绩)
2. 求平均分、最高分、最低分

3. 分段统计人数和及格率

4. 排序

0. 退出系统

请选择(0-4)：请输入选择：1

请输入学生人数：10

请输入 10 名学生成绩：

87　79　67　99　83　54　43　45　73　92

1. 输入 N 名学生成绩(必须先输入成绩)

2. 求平均分、最高分、最低分

3. 分段统计人数和及格率

4. 排序

0. 退出系统

请选择(0-4)：请输入选择：4

排序后的成绩为：

99.00　92.00　87.00　83.00　79.00　73.00　67.00　54.00　45.00　43.00

1. 输入 N 名学生成绩(必须先输入成绩)

2. 求平均分、最高分、最低分

3. 分段统计人数和及格率

4. 排序

0. 退出系统

请选择(0-4)：请输入选择：2

平均分=72.20，最高分=99.00，最低分=43.00

1. 输入 N 名学生成绩(必须先输入成绩)

2. 求平均分、最高分、最低分

3. 分段统计人数和及格率

4. 排序

0. 退出系统

请选择(0-4)：请输入选择：3

0-9, 10-19, 20-29, 30-39, 40-49, 50-59, 60-69, 70-79, 80-89, 90-100

　　0　　0　　0　　0　　0　　2　　1　　1　　2　　2　　2

及格率：70.00%

1. 输入 N 名学生成绩(必须先输入成绩)

2. 求平均分、最高分、最低分

3. 分段统计人数和及格率

4. 排序

0. 退出系统

请选择(0-4)：请输入选择：0

Press any key to continue

【例 5.2 的分析与实现】　例如输入年份 2020，月份 4，输出 2020 年 4 月的日历。输出结果如图 5.16 所示。

图 5.16　万年历

问题分析：从输出结果可以看出，万年历的日历表由日历表的标题和主体两部分组成。标题部分采用 printf 函数的格式化输出即可实现。本题重点是主体部分的输出，在输出时需要计算：

(1) 要输出的日历表所在年月有多少天？

众所周知，1、3、5、7、8、10、12 月份有 31 天，4、6、9、11 月份有 30 天，平年的 2 月有 28 天、闰年有 29 天。

(2) 日历表第一天是星期几？

假设已知 1900 年 1 月 1 日为星期一，计算出要计算的月份第一天距离 1900 年 1 月 1 日有多少天，天数对 7 求余(每个星期有 7 天)，余数就是要计算的第一天星期数。注意：星期天的时候余数是 0。

通过以上分析，可将以上计算内容划分成函数实现：isLeapYear()函数，用于判断某一年是否是闰年；getMonthDays()函数，用于计算用户从键盘输入的年月总天数；getTotalDay()函数，用于计算输入的年月份距离 1900 年 1 月 1 日的间隔总天数；getStartDay()函数，用于计算输入月份的第一天是星期几；printCalendar()函数，用于打印日历主体；printCalTitle()函数，用于打印日历标题。

```
#include <stdio.h>
int isLeapYear(int year);
int getMonthDays(int year,int month);
int getTotalDay(int year,int month);
int getStartDay(int year,int month);
void printCalendar(int year,int month);
void printCalTitle(int year,int month);
/*判断闰年*/
int isLeapYear(int year)
{
    if((year%4==0&&year%100!=0)||(year%400==0))
```

```
                return 1;
        else
                return 0;
}
/*计算输入的年月天数*/
int getMonthDays(int year,int month)
{
    int monthdays;
    if(month==1||month==3||month==5||month==7||month==8||month==10||month==12)
            monthdays=31;
    if(month==4||month==6||month==9||month==11)
            monthdays=30;
    if(month==2)
    if(isLeapYear(year)==1)
                monthdays=29;
      else
                monthdays=28;
      return monthdays;
}
/*计算输入的年月份距离 1900 年 1 月 1 日的间隔天数*/
int getTotalDay(int year,int month)
{
    int total_days=0;
    int i=0;
    for(i=1900;i<year;i++)
        if(isLeapYear(i)==1)
                total_days+=366;
        else
                total_days+=365;
    for(i=1;i<month;i++)
        total_days+=getMonthDays(year,i);
    return total_days;
}
/*确定输入月份的第一天是星期几*/
int getStartDay(int year,int month)
{
    int startday;
    startday=(1+getTotalDay(year,month))%7;
    return startday;
}
```

```c
/*打印日历*/
void printCalendar(int year,int month)
{
    int count;
    int days;
    int i;
    count=getStartDay(year,month);
    days=getMonthDays(year,month);
    for(i=0;i<count;i++)
        printf("    ");
    for(i=1;i<=days;i++)
    {
        printf("%-4d",i);
        count++;
        if(count%7==0)
            printf("\n");
    }
    printf("\n-------------------------\n");
}
/*打印日历标题*/
void printCalTitle(int year,int month)
{
    printf("\n\t%d 年%d 月\n",year,month);
    printf("-------------------------\n");
    printf("%-4s%-4s%-4s%-4s%-4s%-4s%-4s\n","日","一","二","三","四","五","六");
}
int main()
{
    int year,month;
    printf("    ------------------    \n");
    printf("            万年历            \n");
    printf("    ------------------    \n");
    printf("\n 请输入年份： ");
    scanf("%d",&year);
    printf("请输入月份： ");
    scanf("%d",&month);
    printCalTitle(year,month);
    printCalendar(year,month);
}
```

拓展：在该例实现的基础上，可进一步扩展为输入年份，打印出全年的日历。请读者思考实现程序。

**【例 5.3 的分析与实现】**日常生活中使用的计数主要是十进制，也同时使用其他进制。计算机以二进制为基础，在进行输入、输出和显示时也会用到其他进制。这时候就要进行数字的进制转换，也就是将一种进制的数字转换为另一种进制的数字。编写程序，首先用户输入一个数，并选择该数应该转换成几进制数，再将结果输出。如果用户输入过程中出现错误，程序会提示出错。

问题分析：用户输入的数分为十进制数和非十进制数。如果是十进制数，用辗转相除法计算，即除 N 取余，一直除到商为 0 时为止，将除得的结果按逆序输出；如果是非十进制数，则按权展开，得到十进制数。

```c
/*把输入的字符数字转换成十进制数字*/
long change(int a[],int len,int b)
{
    int i,k =1;
    long num =0;
    for(i=1;i<=len;i++)
    {
        num = num + a[i]*k;
        k = k*b;                        /*k 表示权值*/
    }
    return num;
}
ten_to_oth()                            /*十进制转换为其他进制*/
{
    int sum,n,j,i=0,arr[80];
    printf("Please input a Dec_num:");  /*输入十进制数*/
    scanf("%d",&sum);
    printf("Please input the base:");   /*输入想要转换的进制*/
    scanf("%d",&n);
    do
    {   i++;
        arr[i]=sum%n;                   /*从下标 1 开始计数*/
        sum =sum/n;
        if(i>=80) printf("overflow\n");
    }while(sum != 0);
    printf("The result is:\t");
    for(j=i;j>0;j--)                    /*逆序输出该数*/
    printf("%d",arr[j]);
```

```
            printf("\n");
        }
            oth_to_ten()                    /*其他进制转换为十进制*/
        {
            int base,i,num,arr[80];
            long sum = 0;
            char ch;
            printf("Please input the base you want to change: ");
            scanf("%d",&base);
            printf("Please input number:");
            scanf("%d",&num);
            f or(i=1;num!=0;i++)
            {   arr[i]=num%10;              /*从下标 1 开始计数*/
                num=num/10;
            }
            sum=change(arr,i-1,base);
            printf("The result is:% ld\n",sum);
        }
        void main()
        {   int flag=1;
            while(flag!=0)
            {   printf("\n1:ten_to_oth \n");
                printf("2:oth_to_ten \n");
                printf("0:exit\n");
                printf("\nEnter a number:");
                scanf("%d",&flag);
                switch(flag)
            {   case 1:ten_to_oth();break;      /*其他进制转换为十进制*/
                case 2:oth_to_ten();break;      /*十进制转换为其他进制*/
                case 0:exit();
            }
            }
        }
```

运行结果:

```
1:ten_to_oth
2:oth_to_ten
0:exit
```

```
Enter a number:1
Please input a Dec_num:255
Please input the base:2
The result is:11111111


1:ten_to_oth
2:oth_to_ten
0:exit


Enter a number:2
Please input the base you want to change:8
Please input number:1000
The result is:512
1:ten_to_oth
2:oth_to_ten
0:exit


Enter a number:0
```

【例 5.35】 一个素数经过任意次调换位，仍然为素数，则称其为绝对素数，例如 13(31)就是一个绝对素数。求所有两位数的绝对素数，并输出。

问题分析：求所有两位数的绝对素数的问题，可以定义一个判断是否是绝对素数的函数 ab_prime。在实现 ab_prime 函数时，首先要判断该数是否是素数，换位后还要判断新的两位数是否是素数，所以需要定义一个判断一个数是否是素数的 prime 函数。

```c
#include<stdio.h>
#include<math.h>
/*判断一个数是否是素数*/
int prime(int n)
{
    int i;
    if(n<=1)                /*小于 2 不是素数*/
        return 0;
    else if(n==2)           /*2 是素数*/
        return 1;
    else                    /*大于 2 要判断是不是素数*/
    {
        for(i=2;i<sqrt(n);i++)
```

```
                    if(n%i==0)
                        return 0;        /*如果能整除 i，则 n 不是素数*/
                    return 1;            /*如果能执行这条语句，则代表 n 从来没被 i 整除过，n 是素数*/
                }
        }
        /*判断一个两位数是否是绝对素数*/
        int ab_prime(int m)
        {
            int a;
            a=(m%10)*10+m/10;            /*得到换位后的数*/
            if(prime(m)&&prime(a))        /*若 m 和 a 都是素数,则 m 为绝对素数,否则不是绝对素数*/
                return 1;
            else
                return 0;
        }
        void main()
        {
            int i;
            for(i=10;i<=99;i++)          /*循环从 10 到 99 找绝对素数*/
                if(ab_prime(i))          /*判断是否是绝对素数*/
                    printf("%d,",i);
        }
```

运行结果：

```
11，13，17，31，37，71，73，79，97
```

以上程序定义了一个判断是不是绝对素数的函数 ab_prime，把一个复杂的问题转换成了调用 ab_prime 函数判断 10～99 间的所有绝对素数的问题。在实现 ab_prime 函数时，要判断参数 m 和经过换位的参数是不是素数，又定义了 prime 函数，从而把判断是不是绝对素数的问题转化成了调用 prime 函数判断参数和换位的参数是不是素数的问题，这样问题就大大简化了。

# 习　题　5

5.1　选择题。

(1) 下列叙述正确的是(　　)。

　　A．在 C 语言中，总是从第一个开始定义的函数开始执行

　　B．在 C 语言中所有调用到的函数必须在 main 函数中定义

C．C 语言总是从 main 函数开始执行

D．在 C 语言中，main 函数必须放在最前面

(2) 以下说法正确的是(　　)。

A．实参和与其对应的形参各占用独立的存储单元

B．实参和与其对应的形参共用一个存储单元

C．只有当实参和与其对应的形参同名时才共用存储单元

D．形参是虚拟的，不占用存储单元

(3) C 语言允许函数类型默认定义，此时该函数值隐含的类型是(　　)。

A．float 型　　　　　　B．void 型　　　　　　C．int 型　　　　　　D．char 型

(4) C 语言中的函数(　　)。

A．可以嵌套定义，但不可以嵌套调用

B．嵌套调用和递归调用均不可以

C．可以嵌套调用，但不能递归调用

D．嵌套调用和递归调用均可

(5) C 语言规定，调用函数时，实参变量和形参变量之间的数据传递方式是(　　)。

A．地址传递　　　　　　　　B．由实参传给形参，并由形参传回给实参

C．值传递　　　　　　　　　D．由用户指定传递方式

(6) 如果用数组名作为函数调用的实参，传递给形参的是(　　)。

A．数组中第一个元素的值　　B．数组的首地址

C．数组中全部元素的值　　　D．数组元素的个数

(7) 以下程序的输出结果是(　　)。

```
#include "math.h"
void main()
{
    float a=-3.0,b=2;
    printf("%3.0f %3.0f\n",pow(b,fabs(a)),pow(fabs(a),b));
}
```

A．9 8　　　　　　B．8 9　　　　　　C．6 6　　　　　　D．4 9

(8) 以下程序的运行结果是(　　)。

```
int func(int x)
{
    static int c=1;
    c++;
    x=x+c;
    return(x);
}
void main()
{
```

```
      int k;
      k=fun(3);
      printf("%d   %d",k,func(k));
   }
```

　　A. 5  5　　　　　　B. 5  6　　　　C. 5  8　　　　　D. 5  7

(9) 为提高程序的运行速度,在函数中对于自动变量和形参可用(　　)型的变量。

　　A. extern　　　　　B. static　　　　C. register　　　D. auto

(10) 下列函数的返回值是(　　)。

```
      fun(int *p)
      {     return *p;     }
```

　　A. 不确定的值　　　　　　　　B. 形参 p 中存放的值

　　C. 形参 p 的地址值　　　　　　D. 形参 p 所指向存储单元的值

5.2　程序填空题。

(1) 计算 x 的平方值并输出。

```
      void main()
      {
          int x;
          scanf("%d",&x);
          x=_____;
          printf("\n the square is %d",x);
      }
      square(int x)
      {
          return(x*x);
      }
```

(2) 计算矩形面积。

```
      void main()
      {
          float a,b;
          scanf("%f%f",&a,&b);
          printf("%f",mult(a,b));
      }
      float mult(_____)
      {
          return(a*b);
      }
```

　　(3) 以下 search 函数的功能是利用顺序查找法从数组 a 的 10 个元素中对关键字 m 进行查找。

```
int search(int a[10],int m)
{
    int i;
        if(_____)   return i;
        return -1;
}
void main()
{
    int a[10],m,i,number;
    for(i=0;i<10;i++)
            _____;
    scanf("%d",&m);
    number=search(_____);
    if(_____)   printf("OK FOUND %d!\n",number+1);
    else printf("NOT FOUND %d!\n",number+1);
}
```

5.3  阅读程序，写出运行结果。

(1)
```
void main()
{
    int a=2,b=3;
    printf("f=%d\n",f(a,b));
}
f(int i,int j)
{
    int t=1;
    for(;j>0;j--)
    t*=i;
    return(t);
}
```

(2)
```
int m=13;
fun(int x, int y)
{
    int m=3;
    return(x*y-m);
}
void main()
{
    int a=7,b=5;
```

```
        printf("%d\n",fun(a,b)/m);
    }
(3) fun(int m)
    {
        static int t=3;
        m+=t++;
        return m;
    }
    void main()
    {
        int m,i,j;
        m=0;j=0;
        for(i=0;i<3;i++)
            j+=fum(m++);
        printf("%d\n",j);
    }
(4) fun(int *a,int b[])
    {
        b[0]=*a+6;    }
    void main()
    {
        int a,b[5];
        a=0;b[0]=4;
        fun(&a,b);
        printf("%d\n",b[0]);
    }
```

5.4 编写一个程序，已知一个圆筒的半径、外径和高，计算该圆筒的体积。

5.5 编写一个求水仙花数的函数，求 100~999 之间的全部水仙花数。所谓水仙花数，是指一个三位数，其各位数字立方的和等于该数。例如 153 就是一个水仙花数：$153 = 1 \times 1 \times 1 + 5 \times 5 \times 5 + 3 \times 3 \times 3$。

5.6 编写一个函数，输出整数 m 的全部素数因子。例如 m = 120，因子为 2，2，2，3，5。

5.7 编写一个函数，求 10 000 以内所有的完数。所谓完数，是指一个数正好是它的所有约数之和。例如 6 就是一个完数，因为 6 的因子有 1、2、3，并且 6 = 1 + 2 + 3。

5.8 如果有两个数，每一个数的所有约数(除它本身以外)的和正好等于对方，则称这两个数为互满数。求出 10 000 以内所有的互满数，并显示输出。要求：求一个数和它的所有约数(除它本身)的和用函数实现。

5.9 编写一个计算幂级数的递归函数。

$$x^n = \begin{cases} 1, & n = 0 \\ x * x^{n-1}, & n > 0 \end{cases}$$

5.10 用递归函数求 $s = \sum\limits_{i=1}^{n} i$ 的值。

5.11 用递归的方法计算下列函数的值。

$$p(x, n) = x - x^2 + x^3 - x^4 + \cdots + (-1)^{n-1} x^n \quad n \geqslant 1$$

5.12 已知某数列前两项为 2 和 3，其后继项根据当前的前两项的乘积按下列规则生成：

(1) 若乘积为一位数，则该乘积就是数列的后继项。

(2) 若乘积为两位数，则乘积的十位和个位数字依次作为数列的后继项。

例如，当 n = 10，求出该数列的前 10 项是：

   2 3 6 1 8 8 6 4 2 4

编程实现 n = 10 时的数列。

# 第 6 章
## 复杂数据类型

## 6.1　结　构　体

　　数组对于组织和处理大批量的同类型数据来说，是非常灵活方便的。但在信息处理中，经常会遇到要对某一客观事物及其属性进行描述的情况。例如，管理学生档案，每个学生记录由他的姓名、性别、学号、年龄、家庭住址和学习成绩等多个不同类型的数据项组成；管理商品信息，每种商品记录由它的商品名、分类、价格、进货日期和存货数量等多个不同类型的数据项组成。为了方便处理此类数据，把这些关系密切的数据项组织成为一个有机的整体，并为其命名。

　　C 语言提供的结构体类型的变量称为结构体。结构体可以有多个数据项，每一个数据项的数据类型可以不同，这些数据项也被称为分量、成员或属性。有些高级语言将结构称为记录。

　　结构可以拷贝、赋值、传递给函数，函数也可以返回结构类型的返回值等，这些都为处理复杂的数据结构提供了有利的方式。因此，结构体类型被广泛应用于现代的大型信息管理系统中。

### 6.1.1　案例引入

　　随着科学的发展和社会的进步，过去许多由人工处理的繁杂事务开始交付给计算机来完成。学生成绩管理系统是一个教育单位不可缺少的部分，该系统对于学校的管理者和任课老师来说都是至关重要的，能为他们提供充足的信息和快捷的查询手段。可以说，该系统是每个教育单位的得力助手。学生成绩管理系统利用计算机对学生及其成绩信息进行统一管理，具有录入学生信息、计算成绩平均值、按照成绩或其他信息排序、查找学生信息、以报表形式输出学生信息等功能，为操作者提供了便捷。在本章的案例分析与实现中，将重点介绍如何利用结构体数组实现学生成绩管理。

　　学生成绩管理系统旨在让大家掌握利用结构体数组存储方式实现对学生成绩管理的原理和开发流程。理解 C 语言中结构体类型定义及结构体数组的各种基本操作，便于大家将其推广应用到影院管理系统、点餐系统、电话簿管理系统中。

## 6.1.2　结构体类型定义

与数组不同,结构体在使用的过程中,必须首先定义结构体类型,然后声明结构体变量。简单类型是由系统预定义的,如 int、float 和 char,直接可以使用。而结构体类型和数组类型一样需要由程序员定义,必须先定义后引用。

结构体的基本概念

结构体类型定义的一般格式如下:

```
struct   <结构标记>
{
    成员 1;
    成员 2;
       ⋮
    成员 n;
};         /*必须以分号结尾*/
```

包容开放　道路自信

其中,struct 是结构体类型定义的关键字,它与其后用户指定的类型标识符共同组成结构体类型名。花括号中的结构体成员表由若干成员定义组成,每一个成员定义的形式如下:

　　　类型名　　成员名;

例如,学生结构体类型的定义如下:

```
struct   date
{
    int   year;
    int   month;
    int   day;
};
struct   student
{
    char    num[9];           /*学号,有效长度为 8 位*/
    char    name[21];         /*姓名,有效长度为 20 位*/
    char    sex;              /*性别*/
    int     age;              /*年龄*/
    float   score;            /*成绩*/
    char    address[31];      /*家庭住址,有效长度为 30 位*/
    struct  date  birthday;   /*引用了 struct date 类型*/
};
```

说明:

(1) 结构体类型在花括号后必须以分号结尾。

(2) date、student 是自定义的结构标记,与 struct 一起构成结构体类型名(struct   date、struct   student)。year、month、day 是 struct   date 的成员名;num、name、sex、age、score、address 和 birthday 是 struct   student 的成员名。

(3) 定义结构体成员与定义变量格式相同，但不能赋初值。

(4) 结构体成员可以是简单变量(sex、age 等)、数组(num、name 等)或另一个结构体变量(birthday)。必须先定义 struct　date 类型，再定义 struct　student 类型，因为在 struct student 中引用了 struct　date 类型。

(5) 结构体类型的定义可以在函数的内部，也可以在函数的外部。在函数内部定义的结构体只在函数内有效；在函数外部定义的结构体，从定义点到源文件尾之间的所有函数都有效。

(6) 结构标记用于为结构命名，在定义后，结构标记代表花括号内的声明。

(7) 结构体成员名、结构标记和普通变量(非成员)可以采用相同的名字，它们之间不会冲突，因为系统可以通过上下文将它们进行区分，不会混淆。但从编程的风格方面来说，通常只有密切相关的对象才会使用相同的名字。

(8) 定义结构体类型只是规定了构成这种数据类型的模型，在编译时并不给它分配存储空间。所以绝对不允许对定义的结构体类型进行存取数据的操作，正如不能给 int、float、char 这些类型赋值一样，也不能给定义的结构体类型赋值。

## 6.1.3　结构体变量

结构体类型定义之后，才可以进行结构体变量的定义。正如系统中有了 int、float、char 这些类型，才能用这些类型定义相对应的变量。结构体变量的声明类似于其他数据类型变量的声明。

识大局　拘小节

懂规矩　强能力

### 1. 结构体变量的定义

结构体类型在编译时并不为其分配存储空间，不能对定义的结构体类型进行赋值或运算。要想分配存储空间并参与运算，还必须使用结构体变量。结构体变量也必须遵循先定义后引用的原则。结构体变量有三种定义方法：先定义结构体类型，再定义变量；在定义结构体类型的同时定义变量；不定义类型名，直接定义结构体变量。

(1) 先定义结构体类型，再定义变量，类型和变量分开定义。

一般形式如下：

　　　结构体类型定义；

　　　结构体类型名　结构体变量名表；

例如：

　　　struct student　　　　　　　　　/*定义结构体类型*/

　　　{

　　　　　⋮

　　　};

　　　struct student stu1,stu2;　　　　　/*定义结构体变量 stu1 和 stu2*/

(2) 在定义结构体类型的同时定义变量。

一般形式如下：

　　　struct　<结构标记>

　　　{

```
        成员 1;
        成员 2;
          ⋮
        成员 n;
    } 结构体变量名表;
```
例如：
```
    struct student
    {
        ⋮
    }stu1,stu2;
```
该定义方法的作用同第一种定义方式，也是定义了一个结构体类型 struct student，同时定义了两个结构体变量 stu1 和 stu2。

(3) 不定义类型名，直接定义结构体变量。

一般形式如下：
```
    struct
    {
        成员 1;
        成员 2;
          ⋮
        成员 n;
    } 结构体变量名表;
```
例如：
```
    struct
    {
        ⋮
    }stu1, stu2;
```
该方法定义了两个结构体变量 stu1 和 stu2。

以上三种结构体变量定义方法各自的优点如下：

方法(1)是最常用的方法，在该定义之后的任意位置仍可用该结构体类型来定义其他变量，适用于需要大量引用该结构体类型的情况。它可以把那些可通用的类型定义集中在一个单独的源文件中，再用文件包含命令"#include"供多个程序使用。

方法(2)是一种简略形式，此时类型定义与变量定义组合在一起。此后，该结构体类型还可再次引用，适用于该结构体类型引用不太多的情况。

方法(3)中，struct 后面没有结构标记，因此采用这种方法定义不出现结构体类型名，只适用于对变量进行一次性定义的情况，不能再在别处用它来定义其他该类型的结构体变量。

**注意：**

(1) 结构体类型不分配存储空间，结构体变量分配必要的存储空间。定义结构体类型相当于设计一套公寓的图纸，而定义结构体变量相当于按图纸盖起公寓实体。在定义结构体类型时，系统并不分配内存；当定义结构体变量时，系统为每一成员分配相应的存储单元。每个结构体变量在内存中所占的字节数为其所包含的所有成员的字节数之和。如上定义的 stu1 结构体变量各成员占据的字节数如表 6.1 所示，则 stu1 结构体变量占据的字节数是其之和，即 74 字节。

表 6.1　结构体变量所占字节数

| stu1 成员 | num | name | sex | age | score | address | birthday | | |
| --- | --- | --- | --- | --- | --- | --- | --- | --- | --- |
| | | | | | | | year | month | day |
| 所占字节数 | 9 | 21 | 1 | 2 | 4 | 31 | 2 | 2 | 2 |

(2) 在定义结构体类型和结构体变量时，应先定义类型，后定义变量。结构体变量的定义一定要在结构体类型定义之后或同时进行，对尚未定义的结构体类型，不能利用它来定义结构体变量。

(3) 当为结构体变量分配 sizeof(struct student)大小的内存空间后，按照结构体类型定义中成员定义的顺序为各个成员安排内存空间。

## 2. 结构体变量的使用

结构体类型是数据类型，而结构体变量是数据对象，因此在 C 语言程序设计时，只能对结构体变量进行操作，即对结构体变量进行赋值、存取或运算，而不能对一个结构体类型进行操作。

### 1) 结构体变量的初始化

正如在定义数组时可以同时进行初始化一样，在定义结构体变量的同时给其赋值，即为结构体变量初始化。与其他数据类型一样，结构体变量也可以在编译时进行初始化。初始化的实质是对其中的各成员变量赋初值，其一般格式如下：

结构体类型名　结构体变量={初始值表};

例如，前面已定义了结构体类型 struct student，可用它定义结构体变量，并对其进行初始化。

```
void main()
{
    struct student stu1={"04121022","li si",'m',18,92,"Xian",1996,9,1};
    struct student stu2={"04121023","wang wu",'w'};
    ...
}
```

说明：

(1) 可选项"={初始值表}"是定义中的初始化式，其中的"初始值表"由若干个用逗号分隔的初始值组成，初始值的顺序和类型要与相应成员的顺序和类型一致。

(2) 初始化对整个结构体变量进行。允许部分初始化，这样只初始化前面的一些成员，未初始化的成员必须位于列表的末尾。

(3) 初始值的个数不得超过成员数，若小于成员数，则剩余成员将被初始化为默认值。上例中的初始化结果如表 6.2 所示。

表 6.2　结构体变量初始化

| 变量 | num | name | sex | age | score | address | birthday | | |
|------|-----|------|-----|-----|-------|---------|------|-------|-----|
| | | | | | | | year | month | day |
| stu1 | 04121022 | li si | m | 18 | 92.0 | Xian | 1996 | 9 | 1 |
| stu2 | 04121023 | wang wu | w | 0 | 0.0 | \0 | 0 | 0 | 0 |

注：① 对于整数和浮点数，默认值为零；② 对于字符和字符串，默认值为"\0"。

(4) 只能在定义结构体变量时使用该初始化格式。例如，下列语句是错误的。

```
void main()
{
    struct student stu1,stu2;
    stu1={"04121022","li si",'m',18,92,"Xian",1996,9,1};
    stu2={"04121023","wang wu",'w'};
    …
}
```

**2) 结构体变量成员的引用**

结构体变量的引用和数组一样，只能以分量的方式对结构体变量进行访问，如同用下标法引用一个数组的元素，但对结构体变量的成员引用不能通过下标法来实现。访问和给结构体成员赋值有多种方法。但成员本身不是变量，它们必须与结构体变量相链接，以便使用它们的成员。C 语言规定：可以对结构体变量最低一级的成员进行引用。对结构体变量的成员引用的一般格式如下：

　　　　结构体变量名.成员名

其中，"."是结构体成员运算符，它是所有运算符中优先级别最高的运算符，结合性是自左至右。用这种形式就可以按该成员类型的变量对结构体成员进行操作。如果结构体成员又属于另一个结构体类型，则需要再用成员运算符一级一级地找到最低级的成员。

例如，给结构体变量 stu1 的各个成员赋值。

```
void main()
{
    struct student stu1;
    strcpy(stu1.num,"04121022");
    strcpy(stu1.name,"li si");
    stu1.sex='m';
    stu1.age=18;
    stu1.score=92;
    strcpy(stu1.address,"Xian");
    stu1.birthday.year=1996;
    stu1.birthday.month=9;
    stu1.birthday.day=1;
}
```

注意：对 stu1.birthday 成员，还必须再通过 "." 对其最低级的各成员赋值。

显然，结构体成员扮演的角色和同类型的普通变量完全一样。所以，结构体成员还可进行该成员类型允许的各种运算操作。例如：

```
sum=stu1.score+stu2.score;                              /*算术运算*/
if(stu.score>max)
    max=stu.score;                                     /*比较运算*/
scanf("%s",&stu.name);                                 /*字符串输入*/
scanf("%d%d",&stu.birthday.year,&stu.birthday.month);  /*输入*/
printf("%d-%d",stu.birthday.year,stu.birthday.month);  /*输出*/
```

在对 stu1.name 输入时，如果考虑到输入字符串中有空格，则可以使用 gets 函数。例如：

```
gets(stu1.name);        /*输入一个字符串给 stu1.name 字符数组*/
```

同数组相似，C 语言只允许对结构体变量的成员进行算术运算，比较运算，输入、输出等操作，但不允许对结构体变量整体进行此类操作。例如，下列语句是错误的。

```
sum=stu1+stu2;
scanf("%s",&stu1);
```

3) 对结构体变量整体的引用

结构体变量整体的引用限制较大，只能对它进行一部分操作。例如：

(1) 可作为函数的形参、实参或函数返回值等进行函数的数据传递。

(2) 当两个结构体变量的类型相同时，可以互相整体赋值。例如前面定义的 2 个结构体变量 stu1 和 stu2，由于它们的类型相同，因此可以互相赋值，即

```
stu1=stu2;
```

(3) C 语言不允许对结构体变量进行任何逻辑操作。在这种情况下，如果需要对它们进行比较，可以逐个比较其成员。例如，下列语句是错误的。

```
stu1 == stu2;
stu1 != stu2
```

注意：不能把初始化中的 "{初始值表}" 作为一个结构体类型常量赋给结构体变量。不能对结构体变量整体进行输入、输出，只能对它的各成员分别进行输入、输出。

【例 6.1】 输入一个学生的基本信息，包括学号、姓名、性别、年龄、出生日期、三门成绩，输出该学生的基本信息和平均成绩。

```
#include <stdio.h>
struct   date
{
    int   year;             /*年份*/
    int   month;            /*月份*/
    int   day;              /*日期*/
};
struct   student
```

```
{
    char    num[9];                  /*学号*/
    char    name[21];                /*姓名*/
    char    sex;                     /*性别*/
    int     age;                     /*年龄*/
    struct  date  birthday;          /*引用了 struct date 类型*/
    int     score[3];                /*三门成绩*/
    float   aver;                    /*三门成绩的平均值*/
};
void main()
{
    struct student stu;
    int i,sum=0;
    printf("please input the information:\n");
    printf("please input num:");
    scanf("%s",&stu.num);
    printf("please input name:");
    scanf("%s",&stu.name);
    printf("please input sex:");
    flushall();                      /*清除输入缓存区，以便正确输入性别*/
    scanf("%c",&stu.sex);
    printf("please input age:");
    scanf("%d",&stu.age);
    printf("please input birthday:");
    scanf("%d%d%d",&stu.birthday.year,&stu.birthday.month,&stu.birthday.day);
    printf("please input scores:");
    for(i=0;i<3;i++)                 /*循环输入该学生的三门成绩*/
        scanf("%d",&stu.score[i]);
    for(i=0;i<3;i++)                 /*计算该学生的三门成绩的总和*/
        sum+=stu.score[i];
    stu.aver=sum/3.0;                /*计算该学生的三门成绩的平均值*/
    printf("\nthe information is :");
    printf("\nthe num is %s",stu.num);
    printf("\nthe name is %s",stu.name);
    printf("\nthe sex is %c",stu.sex);
    printf("\nthe age is %d",stu.age);
    printf("\nthe birthday is %02d-%02d-%02d",
                        stu.birthday.year,stu.birthday.month,stu.birthday.day);
    printf("\nthe score is ");
    for(i=0;i<3;i++)
```

```
        printf("%d ",stu.score[i]);
    printf("\nthe aver is %.2f\n",stu.aver);
}
```

运行结果:

```
please input the information:
please input num:04121022✓
please input name:lisi✓
please input sex:m✓
please input age:18✓
please input birthday:1996    9    1✓
please input scores:98    90    92✓

the information is :
the num is 04121022
the name is lisi
the sex is m
the age is 18
the birthday is 1996-09-01
the score is 98 90 92
the aver is 93.33
```

说明:

在上述程序中,&stu.score[i]实际上是结构体变量 stu 的成员 score 中下标为 i 的数组元素的地址。在这个表达式中有 3 个运算符(&、.、[ ])。其中, . 和[ ]的优先级最高,且它们都具有左结合性。因此,先 stu.score,即对 stu 的成员 score 进行引用,然后进行下标运算,即 stu.score[i],最后才进行&运算。它们的运算顺序如图 6.1 所示。

图 6.1　&stu.score[i]的运算顺序

数组是构造类数据,其数组元素必须是同一数据类型的。结构体也是构造类数据,但其成员可以是任何类型的。构造类型使用户可以像处理单个变量一样来处理复杂的数据结构。

使用结构体的一般步骤如下:

(1) 根据问题的要求定义一个结构体类型。

(2) 用自己定义的结构体类型定义结构体变量。

(3) 在程序中使用结构体变量处理问题。

结构体数组

## 6.1.4　结构体数组

我们知道数组类型是构造数据类型的一种，是一种较常用的数据类型，它的特点是数组中每个元素的类型相同。因此数组元素可以是相同的简单类型(int、float、char 等)，也可以是相同的自定义类型(结构体类型、共用体类型等)。当用相同类型的结构体作为数组元素时就可以构成结构体数组。其中，虽然每个元素的内部包含不同类型的成员，但从整体上看，每个元素的类型是相同的，不违反数组定义的法则。

如果将结构体的成员看作是列，结构体数组就是一张表格。在实际应用中，经常用结构体数组来表示具有相同数据结构的一个群体，如一个班的学生档案、一个学校的学生宿舍表等。

### 1. 结构体数组的定义

结构体数组可以在定义结构体类型时定义，也可以先定义结构体类型，再定义结构体数组。结构体数组的定义方法与结构体变量的定义方法类似，也有三种形式。但结构体数组必须先定义才能使用。结构体数组的三种定义方法如下：

(1) 先定义结构体类型，再定义结构体数组，类型和数组分开定义。

一般形式如下：

  结构体类型定义；

  结构体类型名　结构体数组名[数组长度]；

其中，"结构体类型名"必须是已经定义过的结构体类型，"数组长度"是结构体数组元素的个数。

例如：

```
struct student                  /*定义结构体类型*/
{
    char    num[9];             /*学号*/
    char    name[21];           /*姓名*/
    char    sex;                /*性别*/
    int     score[3];           /*三门成绩*/
};
struct student    stu[3];       /*定义结构体数组 stu，数组长度为 3*/
```

(2) 在定义结构体类型的同时定义数组。

一般形式如下：

```
struct    <结构标记>
{
    成员 1；
    成员 2；
        ⋮
    成员 n；
} 结构体数组名[数组长度]；
```

例如：

```
struct student
    {
        ⋮
    }stu[3];
```

(3) 不定义类型名，直接定义结构体变量。

一般形式如下：

```
struct
    {
        成员 1;
        成员 2;
            ⋮
        成员 n;
    } 结构体数组名[数组长度];
```

例如：

```
struct
    {
        ⋮
    }stu[3];
```

这三种方式都定义了一个结构体数组 stu，它有三个数组元素。该结构体数组的定义与其他类型数组的定义一样。由于 stu 是一个数组，因此可以采用数组下标访问的方式访问单个元素，然后用 "." 访问其对应的每一个成员。stu 数组的每个数组元素都含有结构体类型中定义的所有成员。数组中的各元素在内存中是连续存放的，stu 数组的实际存储示意图如图 6.2(a)所示。

### 2. 结构体数组元素的使用

1) 结构体数组元素的初始化

结构体数组在定义的同时也可以进行初始化。其一般格式如下：

结构体类型名　结构体数组名 [数组长度] = {初始值表};

其中，可选项 "={初始值表}" 是定义中的初始化式，"初始值表"由若干个用逗号分隔的结构体成员的初始值组成，初始值的顺序和类型要与相应成员变量的顺序和类型匹配。为了增强可读性，一般将每一个数组元素对应的初始数据用花括号括起来，以此来明确区分各个数组元素。例如，对图 6.2(a)所示的结构体数组 stu 初始化，程序如下：

```
struct student    stu[3]={ {"04121022","zhangsan",'m',90,91,89},
                           {"04121023","lisi",'w',88,87,95},
                           {"04121024","wangwu",'m',75,81,69}};
```

stu 数组初始化后的结果如图 6.2(b)所示。

当有初始化式时，定义中的数组长度可省略。定义结构体数组的另外两种方法也都可以同时进行初始化，方法与此例相似。

| stu[0].num | |
|---|---|
| stu[0].name | |
| stu[0].sex | |
| stu[0].score[0] | |
| stu[0].score[1] | |
| stu[0].score[2] | |
| stu[1].num | |
| stu[1].name | |
| stu[1].sex | |
| stu[1].score[0] | |
| stu[1].score[1] | |
| stu[1].score[2] | |
| stu[2].num | |
| stu[2].name | |
| stu[2].sex | |
| stu[2].score[0] | |
| stu[2].score[1] | |
| stu[2].score[2] | |

(a) 存储情况

| stu[0].num | 04121022 |
|---|---|
| stu[0].name | zhangsan |
| stu[0].sex | m |
| stu[0].score[0] | 90 |
| stu[0].score[1] | 91 |
| stu[0].score[2] | 89 |
| stu[1].num | 04121023 |
| stu[1].name | lisi |
| stu[1].sex | w |
| stu[1].score[0] | 88 |
| stu[1].score[1] | 87 |
| stu[1].score[2] | 95 |
| stu[2].num | 04121024 |
| stu[2].name | wangwu |
| stu[2].sex | m |
| stu[2].score[0] | 75 |
| stu[2].score[1] | 81 |
| stu[2].score[2] | 69 |

(b) 初始化情况

图 6.2　stu 数组在内存中的存储示意图

**注意**：初始值表中的初始值，一般应与各数组元素的成员一一对应，当某些元素给定的初始值个数较少时，必须将每一个数组元素对应的初始数据用花括号括起来。如果初始值的个数小于对应元素的成员个数，则剩余成员将被初始化为默认值。

2) 结构体数组元素的引用

结构体数组中的每个元素相当于一个结构体变量，可以进行结构体变量允许的各种操作。结构体数组元素引用既要遵循数组元素的引用法则，又要遵循引用结构体变量的规定。如果要引用结构体数组整体元素，则应用数组名加下标；如果要引用元素中的成员，还应在其后面加成员访问符"."和成员名。其一般形式如下：

```
结构体数组名[下标]        /*引用数组某一元素*/
结构体数组名[下标].成员名   /*引用数组某一元素的某成员*/
```

例如：

```
strcpy(stu[0].num,"04121022");
stu[0].sex='m';
stu[0].score[0]=90;
```

说明：

(1) 可以将结构体(变量、数组元素或函数值)赋给同类型的结构体数组元素或变量。例如，当数组 stu 的元素类型与变量 t 的类型为相同结构体类型时，要交换两个数组元素，可进行如下赋值：

```
t=stu[i];
stu[i]=stu[j];
stu[j]=t;
```

(2) 与结构体变量相同，结构体数组元素不能整体进行输入或输出操作。

【例 6.2】选票的统计。设有三个班长候选人 fu、lu、shou，全班共 80 个人，每人只能选一位班长候选人名字，再按得票数从高到低的顺序输出各候选人的得票数。

```c
#include <stdio.h>
#include <string.h>
struct person
{
    char name[20];
    int count;
};
void main()
{
    struct person leader[3]={"fu", 0, "lu", 0, "shou", 0 },t;
    int i,j,k;
    int n=3,m;                      /*候选班长人数*/
    char    name[20];
    printf("please input count of votes: ");
    scanf("%d",&m);
    printf("please input the election's name:\n");
    for(i=1; i<=m; i++)             /*根据选票，统计候选者票数*/
    {
        printf("No.%d: ",i);
        scanf("%s", name);
        for(j=0; j<3; j++)
            if(strcmp(name,leader[j].name)==0)
                leader[j].count++;
    }
    for(i=0;i<n-1;i++)              /*以得票数为关键字，进行升序排序*/
    {
        k=i;
        for(j=i+1;j<n;j++)
            if(leader[k].count < leader[j].count)
                k=j;
```

```
            if(k!=i)
            {
                t=leader[i];
                leader[i]=leader[k];
                leader[k]=t;
            }
        }
    printf("the vote of leader is:\n");
    for(i=0;i<n;i++)
        printf("%s\t%d\n",leader[i].name,leader[i].count);
}
```

运行结果：

```
please input count of votes: 10↙

please input the election's name:

No.1: fu↙

No.2: lu↙

No.3: shou↙

No.4: fu↙

No.5: shou↙

No.6: lu↙

No.7: fu↙

No.8: lu↙

No.9: fu↙

No.10: fu↙

the vote of leader is:

fu       5

lu       3

shou     2
```

## 6.1.5　结构体和函数

通过第 5 章的学习，我们知道 C 语言的精髓是函数的使用。因此，C 语言支持把结构体值作为参数的形式。结构体变量可以作为函数参数，函数的返回类型也可以是结构体类型。

### 1. 结构体作函数参数

结构体的值从一个函数传递给另一个函数，有以下三种方法。

(1) 把结构体变量的每个成员作为函数调用的实参进行传递，然后就可以像普通变量一样来处理实参，这是最基本的方法。但如果结构体很大，这种方法就变得难以控制，效率也不高。

(2) 结构体变量整体作函数的参数，函数的调用过程实际是将整个结构体的副本传递给被调用函数(系统给形参分配内存空间，进行"值传递")。因为函数使用的是结构体的副本，所以在函数中对形参结构体变量成员的任何修改都不能反映到实参结构体变量中。此时，需要函数将整个结构体变量值返回给调用函数。这样被调用的函数在定义时就必须以该结构体类型作为函数的返回类型。

定义返回值为结构体类型函数的一般形式如下：

结构体类型名　　函数名(形参表)

(3) 使用指针以参数形式来传递结构体变量。在这种情况下，结构体变量的地址传递给被调用函数。该函数可以间接地访问该结构体变量的成员。与方法(2)相比，这种方法更有效。

### 2. 返回值为结构体类型的函数

结构体数组名作为函数参数时，和普通数组名作为函数参数一样，传递的是数组的首地址值。该函数可以间接地访问和修改该数组元素的成员。

【例6.3】 编写一个竞赛用的时钟程序，按 S 键开始计时，按 E 键停止计时。

```
#include <stdio.h>
#include <conio.h>
#include <windows.h>
struct clock
{
    int hours;
    int minutes;
    int seconds;
};
void display(struct clock t)            /*显示时钟时间，结构体变量整体作为函数参数 */
{
    printf("\r%02d:",t.hours);
    printf("%02d:",t.minutes);
    printf("%02d",t.seconds);
}
struct clock update(struct clock t)     /*时钟时间每隔 1 秒进行更新，结构体类型作为函数的
                                          返回值*/
{
    t.seconds++;
    if(t.seconds==60)
    {
        t.seconds=0;
        t.minutes++;
    }
```

```
        if(t.minutes==60)
        {
            t.minutes=0;
            t.hours++;
        }
        if(t.hours==24)
            t.hours=0;
        Sleep(1000);                    /*系统暂定 1 秒*/
        return t;
    }
    void main()
    {
        struct clock cl={0,0,0};        /*初始化从 0 开始*/
        char ch;
        printf("please press \"s\" to start my clock\n");
        printf("Please press \"e\" to end my clock\n");
        display(cl);
        ch=getch();
        while(1)
        {
            if(ch=='s' || ch=='S')
            {
                cl=update(cl);
                display(cl);
                if( kbhit( ) )          /*检查当前是否有键盘输入，若有，则返回一个
                {                          非 0 值，否则返回 0*/
                    ch=getch();
                    if(ch=='e' || ch=='E')
                        break;
                }
            }
            else if(ch=='e' || ch=='E')
                break;
            else
                ch=getch();
        }
        printf("\n");
    }
```

运行结果：

please press "s" to start my clock

Please press "e" to end my clock

00:00:18

注意：

(1) 被调用函数中用作实参的结构体变量和相应形参必须为相同的结构体类型。

(2) 只有当被调用函数返回数据给调用函数时，才需要 return 语句。其表达式可以是任意简单的变量、结构体变量或使用简单变量的表达式。

## 6.1.6　指针与结构体

### 1. 指向结构体的指针变量

结构体类型是一种构造类型，它同简单类型(int、float 和 char 等)一样，也可以定义指针变量，定义方式也一样。但必须先定义结构体类型，再定义指向结构体类型数据的指针变量。引用这个指针变量前，还必须将已存在的结构体变量的地址赋给它，此时该指针变量的值就是该结构体变量的起始地址。例如：

```
typedef struct student          /*结构体类型的定义*/
{
    int id;
    char name[20];
    int score;
}STUDENT, *STU;
STUDENT    s, *p=&s;            /*定义结构体变量 s 和结构体指针变量 p，并将结构体
                                  变量 s 的地址赋给 p*/
```

结构体变量的引用方式有三种：

(1) 结构体变量名.成员名。

(2) (*结构体指针变量名). 成员名。

(3) 结构体指针变量名->成员名。

这样，可以使用下面三种方法访问结构体成员。在"p=&s;"的情况下它们是等价的。

(1) s.name：使用结构体变量 s 访问结构体成员 name。

(2) (*p).name：使用结构体指针变量 p 访问结构体成员 name。

(3) p->name：使用结构体指针变量 p 访问结构体成员 name。

说明：

(1) 在(*p).name 访问中，*p 两侧应加圆括号，即(*p)，不能写成*p.name。因为符号 . 的优先级比符号*的优先级高。

(2) ->由一个减号和一个大于号组成，含义是"指向结构体的"，称为指向成员运算符或指向分量运算符。

指针变量也可以用来指向结构体数组中的元素，改变指针变量的值就可以通过它访问结构体数组中的各元素。

【例 6.4】 编写程序输出已初始化的结构体数组中的元素信息。

程序如下：

```
#include <stdio.h>
typedef struct student              /*结构体类型的定义*/
{
    int id;
    char name[20];
    int score;
}STUDENT, *STU;
void main()
{
    STUDENT st[3]={ {10101, "Li Lin",98},{10102,"Zhang Fen",87},
    {10103,"Wang Min",79}};          /*结构体数组初始化*/
    STUDENT *p;                       /*STU p; 也可以定义结构体类型指针变量 p*/
    for(p=st;p<st+3;p++)              /*将指针 p 作为循环控制条件*/
            printf("%-6d%s\t%d\n",p->id,p->name,p->score);
}
```

运行结果：

| 10101 | Li Lin | 98 |
|-------|--------|----|
| 10102 | Zhang Fen | 87 |
| 10103 | Wang Min | 79 |

当使用结构体指针时，应注意各种运算符的优先级和结合方向。其中，运算符->、.、( )、[ ]的优先级最高。因此，以下语句的含义分别是：

(1) p->n++：引用 p 指向的结构体变量中成员 n 的值，然后使 n 增 1。

(2) (p++)->n：引用 p 指向的结构体变量中成员 n 的值，然后使 p 增 1。

(3) ++p->n：使 p 指向的结构体变量中成员 n 的值先增 1(不是 p 的值增 1)，再引用 n 的值。

(4) (++p)->n：使 p 的值增 1，再引用 p 指向的结构体变量中成员 n 的值。

### 2．用指向结构体的指针作函数参数

我们知道在函数调用时允许采用值传递的方式将整个结构体变量的值传递给另一个函数。参数传递是以整体赋值的方式实现的，形参是结构体类型的局部变量，在函数调用期间占用内存单元。所以，这种传递方式既费时间又多占空间，有时这种时间和空间的开销是很大的。另外，它是值传递，被调函数对形参的修改结果不会返回到主调函数。

使用较多的是另一种引用传递方式。它用指向结构体的指针变量作形参和实参，调用函数时，只需将结构体变量(或数组)的地址传给形参。形参只占用一个存地址的单元，时间和空间的开销都比较小。如果在被调用函数中改变了形参指向的结构体的值，那么该值就可以带回主调函数。

【例 6.5】 编写程序输入一个学生的基本信息，包括学号、姓名、三门成绩，并计算该生三门成绩的平均值，最后输出该生信息。

程序如下:

```c
#include <stdio.h>
typedef struct person                   /*结构体类型的定义*/
{
    int    num;
    char    name[21];
    int    s[3];
    float    aver;
}PERSON;
void Input(PERSON *p)                 /*用指向结构体的指针变量作形参*/
{
    scanf("%d%s%d%d%d",&p->num,p->name,&p->s[0],&p->s[1],&p->s[2]);
    p->aver=(p->s[0]+p->s[1]+p->s[2])/3.0;
}
void main()
{
    PERSON st;
    printf("please input information\n");
    Input(&st);                    /*实现引用传递*/
    printf("\nthe information is:\n");
    printf("%d\t%s\t%d %d %d %5.2f\n",st.num,st.name,st.s[0],st.s[1],st.s[2],st.aver);
}
```

运行结果:

```
please input information
1001    lisi    89    90    92✓


the information is:
1001       lisi       89   90   92   90.33
```

# 6.2 链　表

在各种信息管理系统的程序设计中,常需要用到大量的数据记录表格,如果采用结构体数组存储这些数据,会出现一些问题:其一是数组必须定义固定的长度,程序运行时数组元素的数目是固定的,即使比定义时多一个元素,程序也无法正确运行,所以必须按可能遇到的最大数目来定义数组的长度,这样会造成内存浪费;其二是在数组中插入、删除一个元素,需要移动数组中的大量元素,尤其是数组长度特别大时需要移动的元素更多,这将占用大量的机时,效率很低。

为了更好地处理此类问题,可以采用动态存储分配的数据结构——链表。它的特点是:用则申请,不用则释放,插入和删除只需少量操作,能大大提高空间利用率和时间效率。

要实现动态链表，必须在程序的运行过程中能够根据需要来分配空间或释放空间。

## 6.2.1 案例引入

在时代飞速发展的今天，我们在追求科学技术日新月异的同时也更注重对传统文化精髓的学习和鉴赏。古风古韵的优秀古诗词是我们中华民族丰富璀璨的优秀文化的重要代表之一。《中国诗词大会》以"赏中华诗词，寻文化基因，品生活之美"为宗旨，带动全民重温那些曾经学过的古诗词，分享诗词之美，感受诗词之趣。诗词信息管理系统利用计算机对诗词进行统一管理，包括增加、删除、修改、查询记录等功能，实现诗词信息管理的系统化、规范化和自动化，为热爱诗词的人们提供便利。在本章的案例分析与实现中将重点介绍如何利用单链表实现诗词信息管理系统。

诗词信息管理系统旨在让大家掌握利用单链表存储、释放方式，实现诗词管理的原理和开发流程，理解 C 语言中单链表的各种基本操作，便于大家将其推广到学生成绩、电话簿等管理系统中。

## 6.2.2 *存储空间的分配和释放*

C 语言标准函数库中提供了 4 个函数 malloc()、calloc()、realloc()和 free()，用来实现内存的动态分配与释放。前 3 个函数用于动态存储分配，第 4 个函数涉及动态存储释放，而最常用的是 malloc()、free()函数。这 4 个函数的原型说明在 stdlib.h 头文件和 alloc.h 头文件中，使用这 4 个函数时也要包含头文件 stdlib.h 或 alloc.h，下面分别予以介绍。

### 1. 函数 malloc()——动态分配一段内存空间

malloc()函数的原型为

    void *malloc(unsigned int size);

其功能是在内存的动态存储区申请一个长度为 size 字节的连续存储空间。malloc 函数会返回一个指针，并指向所分配存储空间的起始地址。如果没有足够的内存空间可分配，则函数的返回值为空指针 NULL。

说明：

函数值为指针类型，由于基类型为 void，因此如果要将这个指针值赋给其他类型的指针变量，则应当进行强制类型转换。

malloc()函数的参数中经常使用 C 语言提供的类型长度运算符 sizeof()，通过它来计算申请空间的大小。由于不同机器的同一类型所占的字节数有可能不同，因此用 sizeof()运算符使程序适应不同的机器，便于程序的移植。例如：

    int  *p=(int *)malloc(sizeof(int));

申请一个 int 类型长度的存储空间，并将分配到的存储空间地址转换为 int 类型地址，赋给所定义的指针变量 p，基类型字节数为 int 型所占的空间为 2 或 4(由机器决定)。

再例如：

    struct  stud  *p=(struct stud *)malloc(sizeof(struct stud));

申请可存放 struct stud 结构体类型数据的空间,将其地址存入指针 p 中,当 struct  stud 结构体类型的定义改变时，本语句申请空间的大小会随之改变，程序适应性增强。

**【例 6.6】** 使用 malloc 函数动态分配空间。

```
#include <stdio.h>
#include <stdlib.h>
void main()
{
    int *pi=(int *)malloc(sizeof(int));        //分配空间
    *pi=100;                                    //使用该空间保存数据
    printf("%d\n",*pi);                         //输出数据
}
```

在该程序中，使用 malloc()函数分配了内存空间，通过指向该内存空间的指针，使用该空间保存数据，最后显示该数据，表示保存数据成功。程序的运行结果为：100。

### 2. 函数 calloc()——动态分配连续内存空间

calloc()函数的原型为

```
void*calloc(unsigned int n,unsigned int size);
```

其功能是在内存申请 n 个长度为 size 字节的存储空间,并返回该存储空间的起始地址。如果没有足够的内存空间可分配，则函数的返回值为空指针 NULL。该函数主要用于为动态数组申请存储空间，n 为元素的个数，size 为元素存储长度。例如：

```
int   *p=(int *)calloc(10, sizeof(int));
```

该语句的含义为申请 10 个 int 类型长度的存储空间，并将分配到的存储空间地址转换为 int 类型地址，将其首地址赋给所定义的指针变量 p。此后，就可以将 p 作为 10 个元素的整型数组使用,此数组没有数组名只能用指针变量 p 来访问。该语句的功能也可用 malloc()函数来实现：

```
int   *p=(int *)malloc(sizeof(int)*10);
```

**【例 6.7】** 使用 calloc 分配数组内存。

```
#include <stdio.h>
#include <stdlib.h>
void main()
{
    int i;                              /*循环变量 i*/
    /*使用 malloc 动态分配一个长度为 26 字符的字符数组*/
    char *ch1=(char *)malloc(26*sizeof(char));
    /*使用 calloc 动态分配一个长度为 26 字符的字符数组*/
    char *ch2=(char *)calloc(26, sizeof(char));
    for (i=0; i<26; i++)                /*为两个字符数组赋值*/
    {
        ch1[i]=65+i;                    /*ch1 是大写字符数组*/
        ch2[i]=97+i;                    /*ch2 是小写字符数组*/
    }
    printf("26 个大写字母：\n");
```

```
        for (i=0; i<26; i++)                        /*打印大写字母*/
        {
            printf("%c ",ch1[i]);
        }
        printf("\n");
        printf("26 个小写字母：\n");
        for (i=0; i<26; i++)                        /*打印小写字母*/
        {
            printf("%c ",ch2[i]);
        }
        printf("\n");
    }
```

在该程序中，首先采用 malloc 函数动态分配一个字符数组空间，包括 26 个元素，再使用 ch1 得到空间的首地址。因为首地址即为第一个元素的地址，所以通过该指针可以直接输出第一个元素的值。最后通过移动指针指向数组中其他的元素，然后按顺序将其进行输出。同时，也可使用 calloc 函数分配一个同样大小的空间，也能达到类似的效果。(所以说，C 语言是一种很灵活的语言，同一种操作可以用很多不同的方法去完成。)

程序的运行结果：

26 个大写字母：

A B C D E F G H I J K L M N O P Q R S T U V W X Y Z

26 个小写字母：

a b c d e f g h i j k l m n o p q r s t u v w x y z

### 3. 函数 realloc()——改变指针指向空间的大小

realloc()函数的原型为

```
        void *realloc(void *ptr, size_t size);
```

其功能是改变 ptr 指针指向大小为 size 的空间。设定 size 的大小可以是任意的，也就是说可以比原来的数值大，也可以比原来的数值小。返回值是一个指向新地址的指针，如果出现错误，则返回 NULL。

例如，改变一个浮点型空间大小为整型大小，代码如下：

```
        double *p=(double *)malloc(sizeof(double));
        int *q=realloc(p, sizeof(int));
```

其中，p 是指向分配的浮点型空间，然后使用 realloc 函数改变 p 指向空间的大小，其大小设置为整型，然后将改变后的内存空间的地址返回赋值给 q 指针。

【例 6.8】 使用 realloc 函数重新分配内存。

```
        #include <stdio.h>
        #include <stdlib.h>
        void main()
        {
            int *q;                                /*定义整型指针变量 q*/
```

```
double *p=(double *)malloc(sizeof(double));        /*申请 double 类型变量所占内存空间*/
printf("指针 p 指向内存空间的起始地址：%p\n",p);              /*打印首地址*/
printf("指针 p 指向内存空间的大小，%d 字节\n",sizeof(*p));   /*打印空间大小*/
q=realloc(p, sizeof(int));                               /*重新分配内存*/
printf("指针 q 指向内存空间的起始地址：%p\n",q);           /*打印首地址*/
printf("指针 q 指向内存空间的大小，%d 字节\n",sizeof(*q));  /*打印空间大小*/
}
```

说明：%p 格式输出指针本身的值，也就是指针指向的地址值。该输出为十六进制形式，具体输出值取决于指针指向的实际地址值。

在该程序中，先使用 malloc 函数分配了一个浮点型大小的内存空间，然后输出内存空间的首地址，再通过 sizeof 函数输出内存空间的大小，之后使用 realloc 函数得到新的内存空间的大小。输出新空间首地址和大小后，比较两者的数值，可以看出新空间与原来的空间起始地址是一样的，但大小不一样。

程序的运行结果：

```
指针 p 指向内存空间的起始地址：00741720
指针 p 指向内存空间的大小，8 字节
指针 q 指向内存空间的起始地址：00741720
指针 q 指向内存空间的大小，4 字节
```

### 4. 函数 free()——释放存储空间

free()函数的原型为

```
void    free( void *p)
```

其功能是将指针变量 p 指向的存储空间释放，交还给系统。free 函数无返回值。

说明：p 只能是程序中此前最后一次调用 malloc 或 calloc 函数所返回的地址。

例如：

```
int    *p,*q=(int *)malloc(10*sizeof(int));
p=q;
q++;
free(p);              /*将 p 指向的、此前调用 malloc 函数申请的存储空间释放*/
```

如果改用 free(q)则运行时会提示错误，因为执行了 q++之后，q 已改变。

【例 6.9】 使用 free 函数释放内存空间。

```
#include <stdio.h>
#include <stdlib.h>
void main()
{
    int *p;
    p=(int *)malloc(sizeof(int));
    *p=100;
    printf("%d\n",*p);
    free(p);
```

```
        printf("%d\n",*p);
    }
```

在该程序中，定义指针 p 来指向动态分配的内存空间，使用新空间保存数据，然后利用指针进行输出。接着调用 free 函数，将其空间释放。当再输出时，因为保存数据的空间已经被释放，所以数据也就不存在了，此时输出的就是一个不可预料的值。

程序的运行结果如下：

```
100
-572662307
```

## 6.2.3　链式存储结构——链表

链表是一种常见的采用动态存储分配方式的数据结构。之前介绍过可以使用静态数组来存放数据，但使用数组时，要先指定数组中包含元素的个数，即数组长度。如果向这个数组中加入的元素个数超过了数组的长度，便不能正确保存所有的内容。也可以使用动态数组来存放数据，根据实际元素个数动态调整数组大小，但分配的存储空间必须是连续的，且在插入或删除等操作过程中涉及大量元素的移动。

例如，在定义一个班级的人数时，小班最多是 30 人，普通班级最多是 45 人。如果定义班级人数时使用的是数组，那么就要至少定义 45 个元素，否则就不能满足最多时的情况。这种方式非常浪费空间，此时我们就会希望有一种新存储方式，其存储元素的个数是不受限定的，当要添加更多元素时，存储的个数会随之增加，这种新方式就是链表。

链表结构的示意图如图 6.3 所示。

图 6.3　链表结构示意图

在链表中，有一个头指针变量，图 6.3 中 head 表示的就是头指针变量，用这个指针变量保存一个地址。从图中的箭头可知，该地址为一个变量的地址，也就是说，头指针指向一个变量，这个变量称为元素。在链表中，每一个元素包含两个部分：数据部分和指针部分。数据部分用来存放元素所包含的数据，指针部分用来指向下一个元素。最后一个元素的指针指向 NULL，表示指向的地址为空。

在链表中，第一个结点之前虚加一个头结点，头指针指向头结点，头结点的指针域指向第一个实际有效结点，该结点也可以称为首元结点。头结点的数据域可以不使用。对带头结点的链表，空表还保留着头结点。带头结点的链表比不带头结点的链表在创建、插入和删除等操作时代码更简洁，这点将在单链表小节详细介绍。

根据对链表的描述，可以将链表想象成铁链，一环扣一环。然后通过头指针寻找链表中的元素，这就好比在幼儿园，老师拉着第一个小朋友的手，第一个小朋友又拉着第二个小朋友的手，这样下去幼儿园的小朋友就连成了一条线，最后一个小朋友没有拉着任何人，所以他的一只手是空的，就好比是链表中的链尾，而老师就是头指针，通过老师可以找到这个队伍中的任何一个小朋友。

### 1. 动态链表

通过链表的概念知道，链表是通过指针实现的，在程序执行过程中从无到有地建立起一个链表，即一个一个地开辟结点和输入各结点的数据，并建立起前后相连的关系。链表中结点的分配和回收都是动态的，这种称为动态链表。动态链表的创建、插入、删除等操作将在单链表小节详细介绍。

### 2. 静态链表

静态链表是把线性表的元素存放在数组中，且每个元素除了存放数据信息外，还要存放指向下一个元素的位置，即下一个元素所在的数组单元的下标。静态链表虽然是采用数组来实现的，但这些元素可能在物理上是连续存放的，也有可能不是连续的，它们之间通过逻辑关系来连接。

静态链表的结构定义如下：

```
#define Maxsize 10
typedef int Datatype;
typedef struct SNode
{
    Datatype data;
    int    next;                //游标 cursor
}Snode,StaticList[Maxsize+1];
```

| | data | next |
|---|---|---|
| 头结点　0 | | 4 |
| 1 | $a_3$ | 2 |
| 2 | $a_4$ | 3 |
| 3 | $a_5$ | −1 |
| 4 | $a_1$ | 6 |
| 5 | | |
| 6 | $a_2$ | 1 |
| 7 | | |
| 8 | | |
| 9 | | |

静态链表结点中的 next 是一个整型成员变量，指结点在数组中的下标，称为游标 cursor，也就是用游标来模拟指针。

静态链表结构示意图如图 6.4 所示。这是一个带头结点的链表，从头结点的 next 域得到 4，找到结点 $a_1$ 的位置；再从 $a_1$ 的 next 域得到 6，找到 $a_2$ 的位置；以此类推，可以依次找到链表的所有结点，即 $a_1$, $a_2$, $a_3$, $a_4$, $a_5$。

图 6.4　静态链表结构示意图

## 6.2.4　单链表

如果在链表中，每个结点只有一个指针，所有结点都是单线联系，除了末尾结点指针为空外，每个结点的指针都指向下一个结点，一环扣一环形成一条线性链，则称此链表为单向线性链表或简称单链表。图 6.3 所示的链表即为一个带头结点的单链表。

单链表的基本概念

单链表的特点：

(1) 有一个 head 指针变量，它存放头结点的地址，称之为头指针。

(2) 头结点的指针域 head->next，存放首元结点(第一个实际有效结点)的地址。

(3) 每个结点都包含一个数据域和一个指针域，数据域存放用户需要的实际数据，指针域存放下一个结点的地址。从头指针 head 开始，head 指向头结点，头结点指向首元结点，首元结点指向第二个结点，…，直到最后一个结点。所有结点都是单线联系环环相扣。

(4) 最后一个结点不再指向其他结点，称为"表尾结点"，它的指针域为空指针"NULL"，表示链表到此结束。指向表尾结点的指针称为尾指针。

(5) 链表各结点之间的顺序关系由指针域 next 来确定，并不要求逻辑上相邻的结点物理位置上也相邻，也就是说，链表依靠指针相连不需要占用一片连续的内存空间。

(6) 随着处理数据量的增加，链表可以不受程序中变量定义的限制无限地延长(仅受内存总量的限制)。在插入和删除操作中，只需修改相关结点指针域的链接关系，不需要像数组那样大量地改变数据的实际存储位置。链表的使用，可以使程序的内存利用率和时间效率大大提高。

### 1. 单链表的初始化

由于链表的每个结点都包含数据域和指针域，即每个结点都要包含不同类型的数据，所以结点的数据类型必须选用结构体类型。该类型可包含多个各种类型的成员，其中必须有一个成员的类型是指向本结构体类型的指针类型。

对于这种结构体类型，C 语言允许递归定义。例如建立一个链表表示一个班级，其中链表的结点表示学生，它的结点结构体类型定义如下：

```
typedef struct node
{
    char name[20];          /*姓名*/
    int number;             /*学号*/
    struct node *next;      /*next 的类型是指向本结构体类型的指针类型*/
}Node, *LinkList;
```

其中，Node 是结构体类型，LinkList 是结构体指针类型。LinkList head 相当于 Node *head，也相当于 struct node *head。

注意：在 next 成员定义中，引用了本结构体类型。也就是说类型定义中采用了递归。

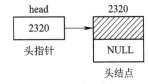

图 6.5　空单链表

单链表的初始化就是创建一个头结点，头结点的数据域可以不使用，头结点的指针域为空，表示空单链表，如图 6.5 所示。

单链表初始化代码如下：

```
LinkList InitList()
{
    LinkList head;                          /*定义头指针变量*/
    head=(Node *)malloc(sizeof(Node));      /*头指针指向分配的头结点内存空间*/
    head->next=NULL;                        /*头结点的指针域为空*/
    return head;                            /*返回头结点的地址，即头指针*/
}
```

### 2. 单链表的建立

单链表的建立就是在程序的运行过程中，从无到有地建立一个链表，即一个一个分配结点的内存空间，然后输入结点中的数据，并建立结点间的相连关系。

单链表的建立

单链表的建立可以分为两种方法：一是在单链表的尾部插入新结

点，二是在单链表的头部插入新结点。

(1) 在尾部插入新结点建立单链表。

在单链表尾部插入新结点建立单链表的方法简称尾插法。从一个空表开始，重复读入数据，生成新结点，将读入数据存放到新结点的数据域中，然后将新结点插入到当前链表的表尾上，直至读入结束标志为止。由于每次插入的新结点都插入到链表尾部，所以增加一个指针 r 来始终指向链表的最后一个结点，以便新结点的插入。使用尾插法建立单链表的过程示意图如图 6.6 所示，数据读入顺序和链表的结点顺序完全相同，即 data1、data2、data3。

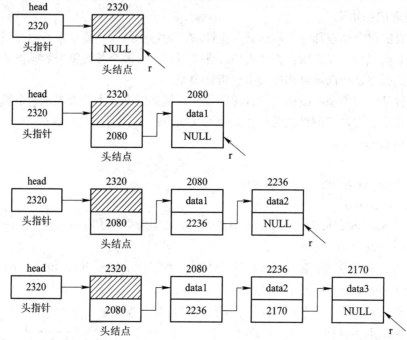

图 6.6　尾插法建立单链表过程示意图

尾插法创建单链表代码如下：

```c
void CreatByRear(LinkList head)
{
    Node *r,*s;
    char name[20];
    int number;
    r=head;                          /*r 指向头结点*/
    printf("请输入学生的姓名和学号：\n");
    while(1)
    {
        scanf("%s",name);
        scanf("%d",&number);
        if(number==0)
            break;
        s=(Node *)malloc(sizeof(Node)); /*分配结点的内存空间*/
```

```
        strcpy(s->name,name);
        s->number=number;
        r->next=s;                      /*原来的结点指向新结点*/
        r=s;                            /*r 指向新结点*/
    }
    r->next=NULL;                       /*链表的尾结点指针为空*/
}
```

CreatByRear 函数的功能是创建链表，在该函数中，首先定义需要用到的指针变量 r 和 s，r 指向当前单链表的表尾结点，s 用来指向新创建的结点。

在 while 循环中，读入姓名和学号。如果学号为 0，则结束输入，退出循环。接着采用 malloc 函数分配内存，用 s 指向新分配的内存，分别赋值姓名和学号；将原来最后一个结点的指针 r 指向新结点(r->next=s)，再将 r 指针指向最后一个结点(即新结点，r=s)。

一个结点创建之后，循环再次进行分配内存，然后向其输入数据，再次连接到链表的尾部。当学号为 0 时，退出循环。最后，将链表最后一个结点的指针域赋值为 NULL，表示链表创建结束。

通过上述过程，一个单链表通过动态分配内存的方式创建完成。

(2) 在头部插入新结点建立单链表。

在单链表头部插入新结点建立单链表的方法简称头插法。从一个空表开始，重复读入数据，生成新结点，将读入数据存放到新结点的数据域中，然后将新结点插入到当前链表的表头结点之后，直至读入结束标志为止。使用头插法建立单链表的过程示意图如图 6.7 所示，数据读入顺序和链表的结点顺序正好相反，即 data3、data2、data1。

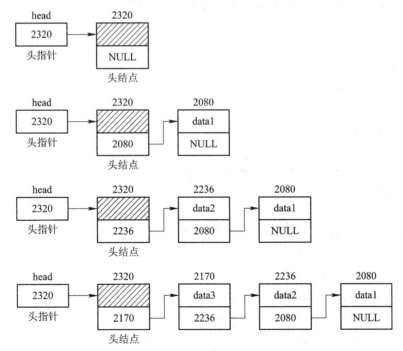

图 6.7　头插法建立单链表过程示意图

### 3. 单链表的遍历

链表已经由上节介绍的头插法或尾插法方式创建出来，接下来介绍如何遍历链表中的数据并进行输出。

笃学深思 求真务实

```c
void OutPut(LinkList head)
{
    Node *p;              /*循环所用的临时指针*/
    p=head->next;         /*p 指向链表的首元结点*/
    while(p)
    {
        printf("姓名：%s\n",p->name);       /*输出姓名*/
        printf("学号：%d\n\n",p->number);    /*输出学号*/
        p=p->next;     /*移动临时指针到下一个结点*/
    }
}
```

OutPut 函数的功能是将链表中的数据进行输出。函数参数中，head 表示一个链表的头指针；函数中定义一个临时指针 p 用来进行循环操作，使其指向要输出链表的首元结点。在 while 循环中，每输出一个结点的内容后，就移动 p 指针到下一个结点的地址，如果是最后一个结点，指针指向 NULL，表示链表中的结点都已输出，循环结束。

【例 6.10】 链表的初始化、创建和输出。

根据以上介绍的链表初始化、创建及输出操作，将各功能的代码整合到一起，编写一个包含学生信息的链表结构，并且将链表中的信息进行输出。

```c
#include <stdio.h>
#include <stdlib.h>
#include <string.h>
typedef struct node
{
    char name[20];        /*姓名*/
    int number;           /*学号*/
    struct node *next;    /*next 的类型是指向本结构体类型的指针*/
}Node, *LinkList;

LinkList InitList()        /*单链表初始化函数*/
{
    LinkList head;
    head=(Node *)malloc(sizeof(Node));   /*分配头结点的内存空间*/
    head->next=NULL;    /*头结点的指针域为空*/
    return head;         /*返回头结点的地址，即头指针*/
}
```

```
void CreatByRear(LinkList head)          /*尾插法创建单链表*/
{
     Node *r,*s;
     char name[20];
     int number;
     r=head;                             /*r 指向头结点*/
     printf("请输入学生的姓名和学号: \n");
     while(1)
     {
          scanf("%s",name);
          scanf("%d",&number);
          if(number==0)
               break;
          s=(Node *)malloc(sizeof(Node));     /*分配结点的内存空间*/
          strcpy(s->name,name);
          s->number=number;

          r->next=s;                     /*原来的结点指向新结点*/
          r=s;                           /*r 指向新结点*/
     }
     r->next=NULL;                       /*链表的尾结点指针为空*/
}


void CreatByHead(LinkList head)          /*头插法创建单链表*/
{
     Node *s;
     char name[20];
     int number;
     printf("请输入学生的姓名和学号: \n");
     while(1)
     {
          scanf("%s",name);
          scanf("%d",&number);
          if(number==0)
               break;
          s=(Node *)malloc(sizeof(Node));     /*分配结点的内存空间*/
          strcpy(s->name,name);
          s->number=number;
```

```c
            s->next=head->next;              /*新结点指向原来的首元结点*/
            head->next=s;                    /*链表的头结点指向新结点*/
        }
    }
    void OutPut(LinkList head)                /*输出单链表*/
    {
        Node *p;              /*循环所用的临时指针*/
        p=head->next;         /*p指向链表的首元结点*/
        printf("\n**********学生信息如下**********\n");
        while(p)
        {
            printf("姓名：%s\n",p->name);        /*输出姓名*/
            printf("学号：%d\n\n",p->number);    /*输出学号*/
            p=p->next;        /*移动临时指针到下一个结点*/
        }
    }
    void main()
    {
        LinkList ha,hb;          /*定义单链表头指针*/
        ha=InitList();           /*初始化单链表*/
        CreatByRear(ha);         /*尾插法创建单链表*/
        OutPut(ha);              /*输出单链表*/
        hb=InitList();           /*初始化单链表*/
        CreatByHead(hb);         /*头插法创建单链表*/
        OutPut(hb);              /*输出单链表*/
    }
```

在 main 函数中，定义了头指针 ha，然后调用 InitList 函数初始化单链表，并将单链表头结点返回给 ha 指针变量，再利用得到的头指针 ha 作为 CreatByRear 的参数，以尾插法创建单链表，最后调用 OutPut 输出 ha 链表中的各结点信息。定义头指针 hb，调用 InitList 函数初始化单链表，并将单链表头结点返回给 hb 指针变量，然后再利用得到的头指针 hb 作为 CreatByHead 的参数，以头插法创建单链表，最后调用 OutPut 输出 hb 链表中的各结点信息。

该程序的运行结果如下：

```
请输入学生的姓名和学号：
张三  1
李四  2
王五  3
马六  4
某某  0
```

**********学生信息如下**********

姓名：张三
学号：1

姓名：李四
学号：2

姓名：王五
学号：3

姓名：马六
学号：4

请输入学生的姓名和学号：
张三　1
李四　2
王五　3
马六　4
某某　0

**********学生信息如下**********

姓名：马六
学号：4

姓名：王五
学号：3

姓名：李四
学号：2

姓名：张三
学号：1

从以上程序的输出样例可以看出，尾插法创建的单链表，数据读入顺序和链表的结点顺序完全相同；头插法创建的单链表，数据读入顺序和链表的结点顺序正好相反。

### 4. 单链表的插入

链表的插入操作可以在链表的头指针位置进行插入，也可以在链表中某个结点的位置进行插入，或者在链表的最后面添加结点。虽然有三种

严谨细致 精益求精

单链表的插入与删除

插入操作,但是操作的思想都是一样的。下面以在指定位置进行插入为例进行介绍,如图
6.8 所示。

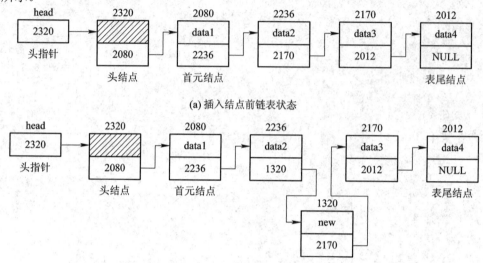

(a) 插入结点前链表状态

(b) 插入结点后链表状态

图 6.8　单链表的插入操作

插入结点的过程就像手拉手的小朋友连成一条线,这时来了一个新朋友,他要站在第
二个小朋友和第三个小朋友之间。那么就需要第二个小朋友放开第三个小朋友的手,拉住
新加入小朋友的手,这个新加入小朋友再拉住第三个小朋友的手,重新连成一条线,并且
新加入的小朋友变成了这条新链上的第三个。

设计一个函数,在单链表的第 i 个位置上插入新结点,代码如下:

```c
void Insert(LinkList head,int i)
{
    Node *p=head,*s;
    int j=0;
    while(j<i-1 && p)                  /*找到第 i-1 个结点的地址 p*/
    {   p=p->next;
        j++;
    }
    if(p)
    {   printf("请输入待添加学生的姓名和学号: \n");
        s=(Node *)malloc(sizeof(Node));    /*定义 s 指向新分配的空间*/
        scanf("%s",s->name);
        scanf("%d",&s->number);
        s->next=p->next;                   /*新结点指向原来的第 i 个结点*/
        p->next=s;                         /*新结点成为新链表的第 i 个结点*/
    }
}
```

在该程序中，首先从链表的头结点开始，找到链表的第 i-1 个结点的地址 p。如果该结点存在，则可以在第 i-1 个结点后面插入第 i 个结点。为插入的新结点分配内存，然后向新结点输入数据。插入时，首先将新结点的指针 s 指向原来第 i 个结点(s->next=p->next)，然后将第 i-1 个结点指向新结点(p->next=s)，这样就完成了插入结点的操作。

修改 main 函数的代码，增加插入结点操作，代码如下：

```
void main()
{
    LinkList ha;              /*定义单链表头指针*/
    ha=InitList();            /*初始化单链表*/
    CreatByRear(ha);          /*尾插法创建单链表*/
    OutPut(ha);               /*输出插入前的单链表*/
    Insert(ha, 3);            /*在链表的第 3 个位置插入新结点*/
    OutPut(ha);               /*输出插入后的单链表*/
}
```

该程序的运行结果如下：

```
请输入学生的姓名和学号：
张三  1
李四  2
马六  4
某某  0


**********学生信息如下**********
姓名：张三
学号：1


姓名：李四
学号：2


姓名：马六
学号：4


请输入待添加学生的姓名和学号：
王五  3


**********学生信息如下**********
姓名：张三
学号：1
```

```
姓名：李四
学号：2


姓名：王五
学号：3


姓名：马六
学号：4
```

若要在链表的表首位置后添加结点，则首先为插入的新结点分配内存，然后向新结点输入数据。插入时，首先将新结点的指针指向链表的首元结点(s->next = head->next)，然后将头结点的指针指向新结点(head->next = s)，这样就完成了插入结点的操作，代码如下：

```
void InsertHead(LinkList head)
{
    Node    * s;
    printf("请输入待添加学生的姓名和学号：\n");
    s = (Node*)malloc(sizeof(Node));        /*定义 s 指向新分配的空间*/
    scanf("%s", s->name);
    scanf("%d", &s->number);
    s->next = head->next;                   /*新结点的指针指向首元结点*/
    head->next = s;                         /*头结点的指针指向新结点*/
}
```

若在链表的最后添加结点，首先要找到尾结点。插入时，为插入的新结点分配内存，再向新结点输入数据，将尾结点的指针指向要插入的新结点(p->next = s)，新结点则指向空指针(s->next = NULL)，就完成了插入结点的操作，代码如下：

```
void InsertRear(LinkList head)
{
    Node *p=head,*s;
    while(p && p->next)                      /*找到链表最后一个结点的地址 p*/
        p=p->next;
    if (p)
    {
        printf("请输入待添加学生的姓名和学号：\n");
        s = (Node*)malloc(sizeof(Node));     /*定义 s 指向新分配的空间*/
        scanf("%s", s->name);
        scanf("%d", &s->number);
        p->next = s;                         /*尾结点的指针指向新结点*/
        s->next = NULL;                      /*新结点的指针指向 NULL*/
    }
}
```

### 5. 单链表的删除

Delete 函数中有两个参数，其中 head 表示链表的头指针，pos 表示要删除结点在链表中的位置。定义整型变量 j 来控制循环的次数，然后定义指针变量 p 表示该结点之前的结点。接着利用循环找到要删除的结点之前的结点 p；如果该结点存在并且待删除结点存在，则将指针变量 q 指向待删除结点(q=p->next)，再连接要删除结点两边的结点(p->next=q->next)，并使用 free 函数将 q 指向的内存空间进行释放(free(q))。下面以在指定位置进行删除为例进行介绍，如图 6.9 所示。

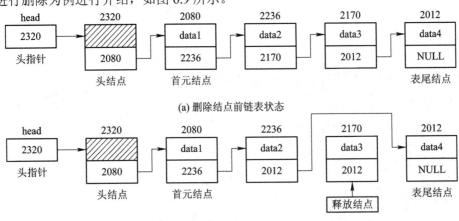

(a) 删除结点前链表状态

(b) 删除结点后链表状态

图 6.9　单链表的删除操作

```
void Delete(LinkList head,int pos)
{
    Node *p=head,*q;
    int j=0;
    printf("\n**********删除第%d 个学生**********\n",pos);
    while(j<pos-1 && p)          /*通过循环，找到第 pos-1 个结点的地址 p*/
    {
        p=p->next;
        j++;
    }
    if(p==NULL || p->next==NULL)  /*第 pos 个结点不存在*/
        printf("the pos is ERROR!");
    else
    {
        q=p->next;               /*q 指向第 pos 个结点*/
        p->next=q->next;         /*连接删除结点两边的结点*/
        free(q);                 /*释放要删除结点的内存空间*/
    }
}
```

修改 main 函数的代码执行删除操作，将链表中的第 3 个结点删除，如下：

```
void main()
{
    LinkList ha;              /*定义单链表头指针*/
    ha=InitList();            /*初始化单链表*/
    CreateByRear(ha);         /*尾插法创建单链表*/
    Delete(ha, 3);            /*删除链表的第 3 个元素*/
    OutPut(ha);               /*输出删除后的单链表*/
}
```

程序的运行结果如下：

```
请输入学生的姓名和学号：
张三  1
李四  2
王五  3
马六  4
某某  0


**********删除第 3 个学生**********


**********学生信息如下**********
姓名：张三
学号：1


姓名：李四
学号：2


姓名：马六
学号：4
```

### 6. 单链表的查询

Search 函数有两个参数，其中 head 表示链表的头指针，name 表示要查找的值。定义指针变量 p，使其从首元结点开始到链表结束。如果某结点的成员值和给定不等，则继续查找下一个结点(p=p->next;)。如果查找成功，则返回结点的地址值；若查找失败，则打印提示信息，并返回 NULL。

单链表的查询与长度

```
Node * Search(LinkList head,char name[ ])    /*在单链表 head 中找到值为 name 的结点*/
{
    Node *p= head->next;
```

```
        while(p)
        {
                if(strcmp(p->name,name)!=0)
                        p=p->next;
                else
                        break;              /*查找成功*/
        }
        if(p==NULL)
                printf("没有找到值为%s 的结点!",name);
        return p;
    }
```

修改 main 函数的代码执行查询操作，代码如下：

```
    void main()
    {
        LinkList ha;              /*定义单链表头指针*/
        Node* p;                 /*定义指针变量*/
        ha=InitList();           /*初始化单链表*/
        CreatByRear(ha);         /*尾插法创建单链表*/
        p=Search(ha, "李四");    /*查找"李四"结点，并将其地址赋给指针变量 p*/
        printf("\n**********查找到的信息如下**********\n");
        printf("姓名：%s\n", p->name);        /*输出姓名*/
        printf("学号：%d\n\n", p->number);    /*输出学号*/
    }
```

程序的运行结果如下：

```
请输入学生的姓名和学号：
张三  1
李四  2
王五  3
马六  4
某某  0


**********查找到的信息如下**********
姓名：李四
学号：2
```

## 7. 单链表的长度

单链表的长度是隐形表示的，从首元结点开始，依次遍历链表的所有结点，并同时统计结点个数，最后返回结点个数值。

```
    int ListLength(LinkList head)
```

```
    {
        int count=0;
        Node *p;
        p=head->next;           /*指针变量 p 指向链表的首元结点*/
        while(p)                /*结点存在，表示链表没有遍历结束*/
        {
            count++;            /*结点个数累加器加 1*/
            p=p->next;          /*指向当前结点的下一个结点*/
        }
        return count;           /*返回链表的结点个数*/
    }
```

修改 main 函数的代码计算单链表长度，代码如下：

```
    void main()
    {
        LinkList ha;            /*定义单链表头指针*/
        int length;
        ha=InitList();          /*初始化单链表*/
        CreatByRear(ha);        /*尾插法创建单链表*/
        length =ListLength(ha);
        printf("\n 共有%d 条学生信息\n", length);
        system("pause");
    }
```

程序的运行结果如下：

```
请输入学生的姓名和学号：
张三  1
李四  2
王五  3
马六  4
某某  0

共有 4 条学生信息
```

### 8. 不带头结点的单链表

在以上的单链表建立、遍历、插入、删除、查询、长度等操作中，单链表采用的是带头结点方式，因此在主函数中首先对链表进行初始化处理。当然单链表也可以采用不带头结点的方式，在操作过程中则必须针对第一个结点和其余结点分别进行操作。

1）不带头结点单链表的插入

插入结点前链表状态如图 6.10(a)所示。

链表的插入操作如果在链表的首位置，则插入时，首先为插入的新结点分配内存，然后将新结点的指针 s 指向原来首结点(s->next= head)，最后将头指针指向新结点(head=s)，这样就完成了插入结点的操作，如图 6.10(b)所示，很显然，这种情况下，头指针发生了改变，所以需要返回新头指针。

链表的插入操作如果插入位置不是首位置，则需要先通过循环找到链表的第 i−1 个结点的地址 p。如果该结点存在，则可以在第 i−1 个结点后面插入第 i 个结点。为插入的新结点分配内存，然后向新结点输入数据。插入时，首先将新结点的指针 s 指向原来第 i 个结点(s->next=p->next)，然后将第 i−1 个结点指向新结点(p->next=s)，这样就完成了插入结点的操作，如图 6.10(c)所示，很显然，这种情况下的操作和带头结点的操作是一样的。

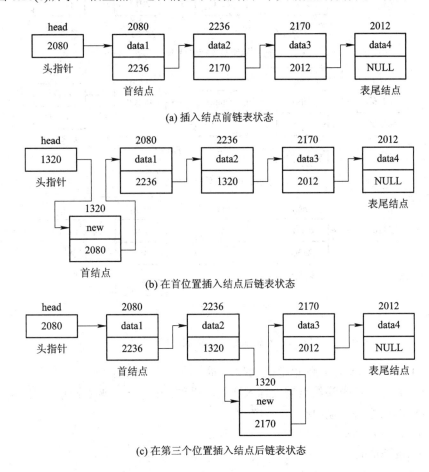

(a) 插入结点前链表状态

(b) 在首位置插入结点后链表状态

(c) 在第三个位置插入结点后链表状态

图 6.10　不带头结点单链表的插入操作

## 2) 不带头结点单链表的删除

删除结点前链表状态如图 6.11(a)所示。

删除的结点如果是链表的首结点，则定义指针变量 q 指向待删结点(q=head)，再让头指针指向第二个结点(head=head->next)，成为新的首结点，最后释放原来的首结点(free(q))，则这样就完成了删除首结点的操作，如图 6.11(b)所示。很显然，这种情况下头指针发生了改变，所以需要返回新头指针。

删除的结点如果不是链表的首结点，定义整型变量 j 来控制循环的次数，然后定义指针变量 p 表示该结点之前的结点。接着利用循环找到要删除的结点之前的结点 p；如果该结点存在并且待删除结点存在，则将指针变量 q 指向待删除结点(q=p->next)，再连接要删除结点两边的结点(p->next=q->next)，并使用 free 函数将 q 指向的内存空间进行释放(free(q))，这样就完成了删除结点的操作，如图 6.11(c)所示。很显然，这种情况下的操作和带头结点的删除操作是一样的。

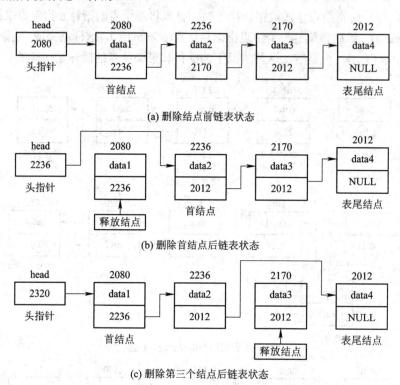

图 6.11　不带头结点单链表的删除操作

【例 6.11】　不带头结点的单链表创建、插入、删除和输出。

根据以上介绍的不带头结点链表插入和删除操作，编写一个包含学生信息的链表结构，并且将链表中的信息进行输出。

```c
#include <stdio.h>
#include <stdlib.h>
#include <string.h>
typedef struct node
{
    char name[20];          /*姓名*/
    int number;             /*学号*/
    int score;              /*成绩*/
    struct node *next;      /*next 的类型是指向本结构体类型的指针类型 */
}Node, *LinkList;
```

```
LinkList CreatByRear( )                /*尾插法创建单链表*/
{
    LinkList head=NULL;
    Node *r,*s;
    char name[20];
    int number;
    printf("请输入学生的姓名和学号: \n");
    while(1)
    {
        scanf("%s",name);
        scanf("%d",&number);
        if(number==0)
            break;
        s=(Node *)malloc(sizeof(Node));        /*分配结点的内存空间*/
        strcpy(s->name,name);
        s->number=number;
        s->next=NULL;                          /*新结点地址域设置为空*/
        if(head==NULL)
        {
            head=s;                            /*头指针指向第一个结点*/
            r=head;                            /*r 指向第一个结点*/
        }
        else
        {
            r->next=s;                         /*原来的结点指向新结点*/
            r=s;                               /*r 指向新结点*/
        }
    }
    return head;
}

void OutPut(LinkList head)                      /*输出单链表*/
{
    Node *p;                                    /*循环所用的临时指针*/
    p=head;                                     /*p 指向链表的第一个结点*/
    printf("\n**********学生信息如下**********\n");
    while(p)
    {
```

```
                printf("姓名：%s\n",p->name);          /*输出姓名*/
                printf("学号：%d\n\n",p->number);      /*输出学号*/
                p=p->next;                            /*移动临时指针到下一个结点*/
            }
    }


    LinkList Insert(LinkList head,int i)
    {
        Node *p,*s;
        int j;
        printf("请输入待添加学生的姓名和学号: \n");
        s=(Node *)malloc(sizeof(Node));          /*定义 s 指向新分配的空间*/
        scanf("%s",s->name);
        scanf("%d",&s->number);
        if(i==1)
        {
            s->next=head;                        /*新结点指针指向原来的第一个结点*/
            head=s;                              /*头指针指向新结点*/
        }
        else
        {
            p=head;
            j=1;
            while(j<i-1 && p)                    /*找到第 i-1 个结点的地址 p*/
            {
                p=p->next;
                j++;
            }
            if(p)
            {
                s->next=p->next;                 /*新结点指向原来的第 i 个结点*/
                p->next=s;                       /*新结点成为新链表的第 i 个结点*/
            }
        }
        return head;
    }


    LinkList Delete(LinkList head,int pos)
    {
```

```
        Node *p=head,*q;
        printf("\n**********删除第%d 个学生**********\n",pos);
        if(head==NULL)
        {
            printf("the pos is ERROR!");
            return ;
        }
        if(pos==1)
        {
            q=head;                        /*表示要删除的第一个结点*/
            head=head->next;               /*头指针指向第二个结点*/
            free(q);                       /*释放要删除结点的内存空间*/
        }
        else
        {
            int j=1;
            while(j<pos-1 && p)            /*通过循环，找到第 pos-1 个结点的地址 p*/
            {
                p=p->next;
                j++;
            }
            if(p==NULL || p->next==NULL)  /*第 pos 个结点不存在*/
                printf("the pos is ERROR!");
            else
            {

                q=p->next;                 /*q 指向第 pos 个结点*/
                p->next=q->next;           /*连接删除结点两边的结点*/
                free(q);                   /*释放要删除结点的内存空间*/

            }
        }
        return head;
}

void main()
{
        LinkList ha=NULL;                  /*定义单链表头指针*/
        ha=CreatByRear(ha);                /*尾插法创建单链表*/
```

```
        OutPut(ha);                         /*输出单链表*/
        ha=Insert(ha,1);                    /*插入单链表的第一个元素*/
        OutPut(ha);
        ha=Delete(ha,2);                    /*删除单链表的第二个元素*/
        OutPut(ha);
    }
```

该程序的运行结果如下：

```
请输入学生的姓名和学号：
李四 2
王五 3
某某 0

**********学生信息如下**********
姓名：李四
学号：2


姓名：王五
学号：3


请输入待添加学生的姓名和学号：
张三 1

**********学生信息如下**********
姓名：张三
学号：1


姓名：李四
学号：2


姓名：王五
学号：3


**********删除第 2 个学生**********

**********学生信息如下**********
姓名：张三
学号：1
```

姓名：王五
学号：3

### 9. 单链表的应用

单链表的应用

【例 6.12】　建立两个带头结点的学生链表，每个结点包含姓名、学号和成绩，链表都按学号升序排列，将它们合并为一个链表仍按学号升序排列。

算法分析：

合并链表用 Merge 函数实现。函数中定义两个指针变量 p 和 q，且分别指向 HA 链表、HB 链表的首元结点，并让 r 指向合并后的链表尾结点。合并后链表的头结点共用 HA 链表的头结点。

(1) 合并前，首先让 p 和 q 分别指向两个链表的首元结点，r 指向 HA 链表的头结点；

(2) 合并时应该分三种情况讨论：HA 和 HB 都没有处理完；HA 没处理完，但 HB 处理完毕；HB 没处理完，但 HA 处理完毕。

(3) 合并过程中应始终将 HA 和 HB 链表中较小的一个链接在 HC 中，方能保持有序。

根据需求，链表类型定义如下：

```
typedef struct node
{
    char name[20];          /*姓名*/
    int number;             /*学号*/
    int score;              /*成绩*/
    struct node *next;      /*next 的类型是指向本结构体类型的指针类型 */
}Node, *LinkList;
```

合并程序如下：

```
void Merge(LinkList HA,LinkList HB)
{
    LinkList HC;
    Node *p,*q,*r;
    p=HA->next;              /*合并前*/
    q=HB->next;
    r=HC=HA;
    while(p && q)            /*HA 和 HB 都没有处理完*/
    {
        if(p->number<=q->number)
        {
            r->next=p;
            r=p;
            p=p->next;
        }
```

```
        else
        {
            r->next=q;
            r=q;
            q=q->next;
        }
    }
    if(p)    r->next=p;                /*若 HA 没有处理完*/
    if(q)    r->next=q;                /*若 HB 没有处理完*/
    free(HB);                          /*释放 HB 的头结点*/
}
```

**【例 6.13】** 单链表的逆置。将单链表中第一个元素和最后一个元素交换，第二个元素和倒数第二个元素交换，以此类推，将单链表{$a_1$, $a_2$, …, $a_{n-1}$, $a_n$}逆置成{$a_n$, $a_{n-1}$, …, $a_2$, $a_1$}。

算法分析：

依次取出原单链表的每个结点，将其作为第一个结点插入到新链表中。逆置程序如下：

```
void Reverse(LinkList head)
{
    Node *p,*q;
    p=head->next;                      /*p 指向首元结点*/
    head->next=NULL;                   /*将原链表置为空表*/
    while(p)
    {
        q=p->next;
        p->next=head->next;            /*将当前结点插入到头结点的后面*/
        head->next=p;
        p=q;
    }
}
```

## 6.2.5 循环链表

类似于单链表，循环链表也是一种链式的存储结构，由单链表演化而来。单链表的最后一个结点的指针指向 NULL，而循环链表的最后一个结点的指针指向链表头结点，这样头尾相连，形成了一个环形的数据链。循环链表来源于单链表，因此单链表的操作基本都适合于循环链表。两者的不同点主要表现在链表的建立和链表表尾的判断。

### 1．链表的建立

单链表的尾结点指针域是 NULL。而循环链表的建立，尾结点指针指向头结点，程序如下：

```
        void CreatByRear(LinkList head)              /*创建循环单链表*/
        {
                Node *r,*s;
                char name[20];
                int number;
                r=head;                              /*r 指向头结点*/
                printf("请输入学生的姓名和学号：\n");
                while(1)
                {
                        scanf("%s",name);
                        scanf("%d",&number);
                        if(number==0)
                                break;
                        s=(Node *)malloc(sizeof(Node)); /*分配结点的内存空间*/
                        strcpy(s->name,name);
                        s->number=number;
                        r->next=s;                   /*原来的结点指向新结点*/
                        r=s;                         /*r 指向新结点*/
                }
                r->next=head;                        /*循环链表的尾结点指针指向头结点*/
        }
```

#### 2．链表表尾的判断

单链表判断结点是否为表尾结点，只需判断结点的指针域值是否为 NULL(p->next==NULL)，如果是，则为尾结点，否则不是。而循环链表判断结点是否为尾结点，则是判断该结点的指针域是否指向链表头结点(p->next==head)。

### 6.2.6　双向链表

双向链表也是基于单链表的。单链表是单向的，有一个头结点，一个尾结点，要访问任何结点，都必须知道头结点，不能逆着进行；而双向链表则是添加了一个指针域，通过两个指针域，分别指向结点的前一个结点和后一个结点。这样的话，可以通过双链表的任何结点访问到它的前一个结点和后一个结点。

在双向链表中，结点除含有数据域外，还有两个链域：一个存储直接后继结点地址，一般称之为右链域；另一个存储直接前驱结点地址，一般称之为左链域。在 C 语言中双向链表结点类型可以定义为

```
        typedef struct node
        {   int data;                    /*数据域*/
            struct node *prior;          /*链域，存储直接前驱结点地址*/
            struct node *next;           /*链域，存储直接后继结点地址*/
```

```
}DLNode, *DLinkList;
```

当然，也可以把一个双向链表构建成一个双向循环链表。双向链表与单向链表一样，也有三种基本运算：查找、插入和删除。通过介绍，大家可以自行实现双向链表的操作。

# 6.3 共 用 体

人与自然和谐共生

在 C 语言中，允许不同类型的数据使用同一段内存，即让不同类型的变量存放在起始地址相同的内存中。虽然它们占的字节数可能不同，但起始地址相同。共用体就是这样的类型，它采用了覆盖存储技术，允许不同类型数据互相覆盖，共享同一段内存。

## 6.3.1 共用体类型定义

与结构体类似，共用体类型可以使用关键字 union 来声明，其一般定义格式如下：

```
union    <共用体标记>
{
    成员 1;
    成员 2;
     ⋮
    成员 n;
};        /*必须以分号结尾*/
```

其中，union 是共用体类型定义的关键字，它与其后用户指定的类型标识符共同组成共用体类型名。花括号中的共用体成员表由若干个成员定义组成，每一个成员定义的形式如下：

```
    类型名    成员名；
```

例如：

```
union   utype
{
    char   ch;
    int   i;
    float   f;
};
```

通过以上可以看出，共用体的定义形式与结构体的定义形式除关键字不同外(共用体用 union，结构体用 struct)，其余部分完全一样。但它们在存储空间上是完全不同的，共用体的各个成员共享同一段内存，而结构体的各个成员都有各自的存储空间。

utype 是自定义的共用体标记，与 union 一起组成一个共用体类型名(union utype)。上述程序中，ch、i 和 f 是其成员名。

## 6.3.2　共用体变量

定义共用体类型之后，才可以进行共用体变量的定义。

### 1．共用体变量的定义

共用体变量的定义与结构体变量的定义一样，也有三种定义方法：先定义共用体类型，再定义变量；在定义共用体类型的同时定义变量；直接定义共用体变量。

例如：

```
union   utype                           struct   stype
{                                       {
    char   ch;                              char   ch;
    int   i;                                int   i;
    float   f;                              float   f;
};                                      };
union   utype   x;                      struct   stype   y;
```

通过以上可以看出，共用体的定义形式与结构体的定义形式除关键字不同(共用体用 union，结构体用 struct)外，其余部分完全一样，故在这里不做介绍。但它们在存储空间上是完全不同的。共用体的各个成员共享同一段内存，而结构体的各个成员都有各自的存储空间。

共用体变量 x 的存储空间示意图如图 6.12(a)所示。

从图 6.12 中可以看出，共用体变量 x 在内存中占 4 个字节(float 类型成员)，结构体变量 y 在内存中占 7 个字节。

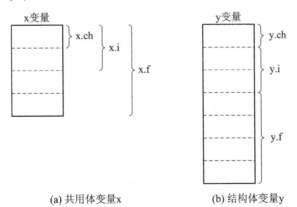

(a) 共用体变量x　　　　　　　(b) 结构体变量y

图 6.12　共用体变量 x 和结构体变量 y 的存储空间示意图

共用体与结构体有相似的语法，但二者有本质的区别。在结构体中，各成员有各自的内存空间，一个结构体变量所占内存空间的总长度是各成员所占内存空间长度之和；而在共用体中，各成员共享一段内存空间，一个共用体变量的存储空间的长度等于其各成员中存储空间最长的成员的长度。应该说明的是，这里所谓的共享，不是指把多个成员同时存入一个共用体变量内，而是指该共用体变量可被赋予任一成员值，但每次只能赋一种值，赋的新值则会覆盖旧值。在程序设计中，采用共用体要比采用结构体节省空间。但共用体变量各成员之间相互覆盖，任意时刻只有一个成员的数据有效。

共用体类型的变量可以是结构体类型的成员，同样，结构体类型的变量也可以是一个共用体类型的成员。和结构体类型一样，共用体类型也可以定义共用体数组，其定义方法与结构体数组的定义方法相同。

**2．共用体变量的初始化**

当声明变量时，可以对共用体进行初始化。但与结构体不同的是，初始化一个共用体变量，只能用一个值进行初始化。

例如：

```
union   utype   x1={'A'};         /*初始化是合法的*/
union   utype   x2={100};         /*初始化是合法的*/
union   utype   x3={'A',100};     /*初始化是不合法的*/
```

**3．共用体变量的引用**

共用体变量的引用同结构体变量的引用一样，一般格式如下：

共用体变量名.成员名

对于共用体变量成员，一般是通过赋值或从键盘读取数据来赋初值。

## 6.3.3　共用体应用举例

【**例 6.14**】 通过共用体变量，将一个整数的两个字节分别按十六进制和字符方式输出。

```
#include <stdio.h>
union   int_char
{
    char ch[2];
    int i;
};
void OutPut(union int_char x)
{
    printf("i=%d\ti=%X\n",x.i,x.i);
    printf("ch0=%X,ch1=%X\n",x.ch[0],x.ch[1]);
    printf("ch0=%c,ch1=%c\n",x.ch[0],x.ch[1]);
}
void main()
{
    union int_char x;
    x.i=19788;
    OutPut(x);
}
```

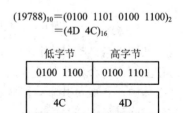

$(19788)_{10}=(0100\ 1101\ 0100\ 1100)_2$
$=(4D\ 4C)_{16}$

图 6.13　例 6.14 的解析

运行结果的解析如图 6.13 所示。

运行结果：

```
i=19788 i=4D4C
ch0=4C,ch1=4D
ch0=L,ch1=M
```

【**例 6.15**】　一个班进行体育课成绩测验。男生测验 1500 米跑步(成绩为×分×秒)，女生测验柔韧性(分 A、B、C、D 和 E 5 等)和俯卧撑次数，将测验数据放在一张表中，表中包括学号、姓名、性别和体育成绩，最后一项"体育成绩"的内容根据性别填写不同的内容。编程输入成绩数据，再以表格形式输出。

具体程序如下：

```c
#include <stdio.h>
#define   N   10
struct   boyscore
{
    int   minute;
    int   second;
};
struct   girlscore
{
    char flexibility;
    int   number;
};
struct   student
{
    char   num[9];
    char   name[21];
    char   sex;
    union
    {
        struct   boyscore   bs;
        struct   girlscore   gs;
    }score;
};
void main()
{
    struct   student   st[N];
    int   n,i;
    printf("please input number of students:");
    scanf("%d",&n);
    printf("please input num name sex score:\n");
```

```
        for(i=0;i<n;i++)
        {
            printf("No%d.stu is: ",i+1);
            scanf("%s%s %c",st[i].num,st[i].name,&st[i].sex);
            if(st[i].sex=='b' || st[i].sex=='B')
                scanf("%d%d",&st[i].score.bs.minute,&st[i].score.bs.second);
            else if(st[i].sex=='g' || st[i].sex=='G')
                scanf(" %c%d",&st[i].score.gs.flexibility,&st[i].score.gs.number);
            else
                printf("input error !");
        }
        printf("\nthe information is:\n");
        for(i=0;i<n;i++)
        {
            printf("%-8s %s\t",st[i].num,st[i].name,st[i].sex);
            if(st[i].sex=='b' || st[i].sex=='B')
                printf("%d:%d\n",st[i].score.bs.minute,st[i].score.bs.second);
            else
                printf("%c and %d\n",st[i].score.gs.flexibility,st[i].score.gs.number);
        }
    }
```

运行结果：

```
please input number of students:3↙
please input num name sex score:
No1.stu is: 1001 zhang    B    5    49↙
No2.stu is: 1002 li    G    A    42↙
No3.stu is: 1003 wang    B    5    58↙

the information is:
1001        zhang    5:49
1002        li        A and 42
1003        wang    5:58
```

## 6.4 枚举类型

编写程序时，某些变量的取值仅限于可一一列举(枚举)出来的几个固定值。例如，表示星期的变量取值只能有 7 个，表示月份的变量取值只能有 12 个等。在程序中，如果用整型数来表示取值，其可读性很差。同一个 1，很难看出它代表整数 1、星期一还是一月份。

若用 Mon 表示星期一，则不会误解。为了提高程序的可读性，C 语言设置了枚举类型。

### 1．枚举类型的定义

枚举类型定义的一般形式如下：

　　　　enum　<枚举标记> {枚举常量 1，枚举常量 2，…，枚举常量 n}；

其中，enum 是枚举类型的定义的关键字，enum 与枚举标记共同组成枚举类型名。每一个枚举常量都是用合法标识符表示的整型常量，要求不能重名，也不能与其他标识符重名。这些常量标识符代表该类型可取的枚举常量值，因此称为枚举常量或枚举值。

例如：

　　　　enum　weekday

　　　　{sun,mon,tue,wed,thu,fri,sat}；　　　　　/*枚举常量之间用逗号,隔开*/

它定义了一个枚举类型名 enum weekday 和该类型可取的 7 个枚举值。

### 2．枚举类型中枚举常量的默认值

在 C 语言中规定了枚举常量的默认值依次等于 0，1，2，…。枚举常量所表示的整型数值，后面一个值总是等于前面一个值+1，如图 6.14(a)所示。

在定义枚举类型时，也可以给枚举常量赋初值。在赋初值时，如果仅给一部分枚举常量赋了初值，则其后的枚举常量表示的整型值是前一个枚举常量表示的整型值+1，如图 6.14(b)所示。

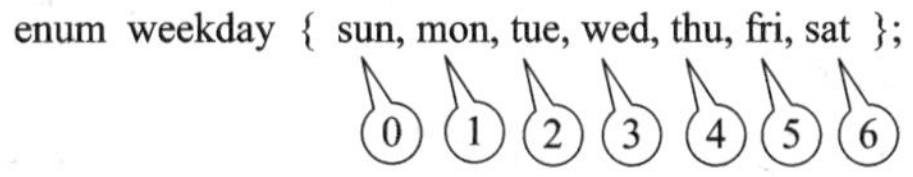

enum　weekday　{ sun, mon, tue, wed, thu, fri, sat }；
0　1　2　3　4　5　6

(a) 枚举常量为默认值

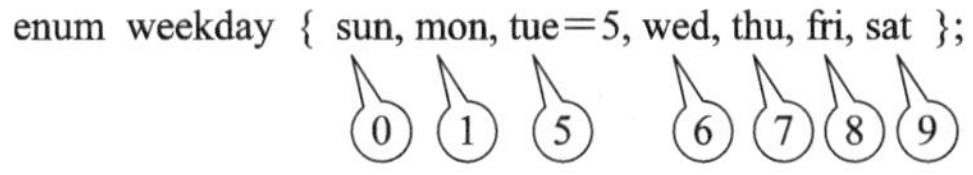

enum　weekday　{ sun, mon, tue＝5, wed, thu, fri, sat }；
0　1　5　　6　7　8　9

(b) 枚举常量部分赋值

图 6.14　枚举常量的整型值

**注意：**

(1) 枚举类型和结构体类型不同。结构体类型是构造类型，包含若干个成员；枚举类型不是构造类型，而是简单类型，类型中列举的仅是该简单类型的取值范围，没有成员的概念。

(2) 枚举常量所表示的整型数值不能相同。例如：

　　　　enum　weekday {sun,mon,tue=2,wed,thu=3,fri,sat}；

　　　　/*错误，枚举常量 wed 和枚举常量 thu 表示的整型值都是 3*/

### 3．枚举类型的变量和使用

在定义了类型之后，就可以用该类型来定义变量、数组。枚举类型变量的定义与结构体变量的定义一样，也有三种定义方法：先定义枚举类型，再定义变量；在定义枚举类型的同时定义变量；直接定义枚举类型变量。

例如：

```
enum    weekday {sun,mon,tue,wed,thu,fri,sat};        /*定义枚举类型 enum weekday*/
enum    weekday  d1, d2;                               /*定义枚举变量 d1 和 d2 */
```

一个枚举变量的值只能取该类型定义的几个枚举常量，可以将枚举常量或枚举变量赋给一个枚举变量，但不能直接将一个整数赋给它。若想将一个整数值赋给枚举变量，则可以通过强制类型转换来实现。

例如：

```
d1=sun;               /*正确，将一个枚举常量赋给 d1*/
d2=d1;                /*正确，将一个同类型的枚举变量赋给 d2*/
d1=red;               /*错误，enum    weekday 枚举类型中没有枚举常量 red*/
d1=2;                 /*错误，enum    weekday 枚举类型中没有枚举常量 2*/
d1=(enum weekday)2;   /*正确，相当于 d1=tue; */
```

其中，(enum weekday)2 的含义是将整数 2 强制转换为序号为 2 的枚举值 tue。显然，要转换的整数应在定义的枚举序号范围内。

两个枚举类型变量的值也可以比较大小，规则是按照它们各自的枚举常量(整数)的大小进行。例如：

```
d1=sun; d2=tue;
d1 < d2;              /*关系表达式的值为 1(真)*/
```

枚举值不能直接输入、输出，输入一般通过枚举常量(整数)转换，输出则一般通过 switch 语句以字符串的方式输出。

【例 6.16】 已知口袋中有红、黄、白、蓝、黑共 5 个不同颜色的小球，若依次从袋中取 3 个，求得到 3 种不同色的球的可能取法。以每行显示 5 种的方式，输出排列情况。

```
#include <stdio.h>
enum    color {red, yellow, white, blue, black};          /*定义枚举类型 color*/
void main()
{
    enum    color  b[3];
    int i,count=0;
    for(b[0]=red; b[0]<=black; b[0]++)
        for(b[1]=red; b[1]<=black; b[1]++)
            for(b[2]=red;   b[2]<=black;   b[2]++)
                if(b[0]!=b[1] && b[0]!=b[2] && b[1]!=b[2]) /*3 种球的颜色不相同*/
                {
                    count++;             /*使累加器 count+1*/
                    printf("No.%-2d ",count);
                    for(i=0; i<3; i++)
                    {
                        switch(b[i])      /*根据不同情况，输出球的颜色*/
```

```
        {
    case    red:
            printf("红"); break;
    case    yellow:
            printf("黄"); break;
    case    white:
            printf("白"); break;
    case    blue:
            printf("蓝"); break;
    case    black:    printf("黑");
            break;
        }
    }
    if(count%5==0)        /*每行输出 5 种情况*/
        printf("\n");
    else
        printf("\t");

    }

}
```

运行结果：

| | | | | |
|---|---|---|---|---|
| No.1　红黄白 | No.2　红黄蓝 | No.3　红黄黑 | No.4　红白黄 | No.5　红白蓝 |
| No.6　红白黑 | No.7　红蓝黄 | No.8　红蓝白 | No.9　红蓝黑 | No.10 红黑黄 |
| No.11 红黑白 | No.12 红黑蓝 | No.13 黄红白 | No.14 黄红蓝 | No.15 黄红黑 |
| No.16 黄白红 | No.17 黄白蓝 | No.18 黄白黑 | No.19 黄蓝红 | No.20 黄蓝白 |
| No.21 黄蓝黑 | No.22 黄黑红 | No.23 黄黑白 | No.24 黄黑蓝 | No.25 白红黄 |
| No.26 白红蓝 | No.27 白红黑 | No.28 白黄红 | No.29 白黄蓝 | No.30 白黄黑 |
| No.31 白蓝红 | No.32 白蓝黄 | No.33 白蓝黑 | No.34 白黑红 | No.35 白黑黄 |
| No.36 白黑蓝 | No.37 蓝红黄 | No.38 蓝红白 | No.39 蓝红黑 | No.40 蓝黄红 |
| No.41 蓝黄白 | No.42 蓝黄黑 | No.43 蓝白红 | No.44 蓝白黄 | No.45 蓝白黑 |
| No.46 蓝黑红 | No.47 蓝黑黄 | No.48 蓝黑白 | No.49 黑红黄 | No.50 黑红白 |
| No.51 黑红蓝 | No.52 黑黄红 | No.53 黑黄白 | No.54 黑黄蓝 | No.55 黑白红 |
| No.56 黑白黄 | No.57 黑白蓝 | No.58 黑蓝红 | No.59 黑蓝黄 | No.60 黑蓝白 |

# 6.5　typedef 语句

在 C 语言中，除了系统定义的标准类型(int、float、char 等)、用户自定义的结构体和共用体类型之外，还允许由用户自己定义类型说明符。也就是说，允许用户为数据类型取别名。引用数据类型的别名可增强程序的通用性、灵活性、可读性和可移植性。

**1. typedef 语句定义格式**

typedef 语句定义格式如下:

  typedef  <已定义的类型名> <新的类型名>;

其中,typedef 为类型定义语句的关键字;"已定义的类型名"可以是标准类型名,也可以是用户自定义的类型名;"新的类型名"为用户定义的与已定义的类型名等价的别名。

**2. typedef 语句举例**

(1) typedef  int INTEGER;

(2) typedef  float REAL;

指定用 INTEGER 代表 int 类型,用 REAL 代表 float 类型,这样可以将 INTEGER 和 int、REAL 和 float 看作具有同样意义的类型说明符。例如:

语句"INTEGER a, b;"与语句"int a, b;"二者等价。

语句"REAL x, y;"与语句"float x, y;"二者等价。

用 typedef 语句定义数组、指针、结构体等类型将带来很大的方便,不仅使程序书写简单,且使意义更为明确,增加了程序的可读性。

例如:语句"typedef char NAME[20];"表示 NAME 是字符数组类型,数组长度为 20;然后可以用 NAME 定义变量。例如,语句"NAME a;"与语句"char a[20];"二者等价。

(3) typedef struct student STUDENT;

例如,可直接进行如下定义:

```
typedef struct student
{
    int id;
    char name[20];
    int score[3];
    float aver;
}STUDENT, *STU;
```

或

```
typedef   struct
{
    ⋮
}STUDENT, *STU;
```

STUDENT 和 STU 都是类型名,注意它和直接定义结构体变量的区别。例如:

语句"STUDENT stu1;"与语句"struct student stu1;"二者等价。

语句"STU stu2;"与语句"struct student *stu2;"二者等价。

**注意**:在使用过程中不能写成"struct STU stu3;"的形式。

说明:

(1) 仅给已有的类型名重新命名,并不产生新的数据类型,原有的类型名仍然可用,即新类型名只是原类型的一个"别名"。

(2) 类型名的别名必须是合法标识符，通常用大写字母命名。

(3) typedef 语句要以分号结尾。

### 3．typedef 与#define 的区别

typedef 关键字的功能是给一个已经存在的数据类型起一个在本程序中能够体现实际作用的名字。#define 宏定义的功能是为一个字符串起一个别名，在程序中应用到该字符串时，用这个别名来替代。虽然它们有相似之处，但二者也有本质区别。

1) typedef与#define的相似处

例如：

```
#define   STRING   char
typedef   char   STRING;
STRING   str;
```

在此例中，宏定义和类型定义起到的作用是相同的，但实质上是有区别的：宏定义的作用是代替原有的字符串，而类型定义的作用是定义了一个 char 类型的变量 str。

2) typedef与#define的区别

例如：

```
#define   INTEGER   int*
typedef   int*   INTEGER;
INTEGER   a, b;
```

在此例中，宏定义和类型定义有本质的区别：

(1) 宏定义可以理解为"int   *a, b;"，表示声明了一个整型指针变量 a 和一个整型变量 b。

(2) 类型定义可理解为"int   *a, *b;"，表示声明了两个整型指针变量 a 和 b。

宏定义和类型定义还有一个很大的区别：宏定义的句尾没有分号，若有分号，则分号也作为字符串的一部分被替换到程序中；类型定义语句后面是有分号的。

# 习　题　6

6.1　选择题。

(1) 当定义一个结构体变量时，系统分配给它的内存是(　　)。

　　A．结构体中第一个成员所需的内存量

　　B．结构体中最后一个成员所需的内存量

　　C．结构体成员中占内存量最大者所需的内存量

　　D．结构体中各成员所需的内存量的总和

(2) 在 C 语言中，关于共用体类型数据的叙述，正确的是(　　)。

　　A．可以对共用体变量名直接赋值

　　B．一个共用体变量中可以同时存放其所有成员

　　C．一个共用体变量中不能同时存放其所有成员

　　D．共用体类型定义中不能出现结构体类型的成员

(3) 有以下枚举类型定义，则枚举 Italian 的值是(　　)。

```
enum    language
{
    English=6,
    French,
    Chinese=1,
    Japanese,
    Italian
};
```

A．10　　　　　　　B．4　　　　　　　C．3　　　　　　　D．5

(4) 设有以下说明语句，则下面的叙述不正确的是(　　)。

```
struct abc
{
    int   m;
    int   n;
}stype;
```

A．struct 是结构体类型的关键字

B．abc 是用户定义的结构体类型名

C．m 和 n 都是结构体成员

D．stype 是用户定义的结构体变量名

(5) 以下叙述中正确的是(　　)。

```
typedef   struct NODE
{
    int   num;
    struct   NODE   *next;
} OLD;
```

A．以上的说明形式非法　　　　　　B．NODE 是一个结构体类型

C．OLD 是一个结构体类型　　　　　D．OLD 是一个结构体变量

(6) 若要说明一个类型名 STP，使得定义语句 STP　s 等价于 char　*s，则以下选项中正确的是(　　)。

A．typedef  STP  char  *s;　　　　B．typedef  *char  STP;

C．typedef  stp  *char;　　　　　　D．typedef  char*  STP;

(7) 在对 typedef 的叙述中错误的是(　　)。

A．用 typedef 可以定义各种类型的别名，但不能用来定义变量的别名

B．用 typedef 可以增加新类型

C．用 typedef 只是将已存在的类型用一个新的标识符来表示

D．使用 typedef 有利于程序的通用和移植

(8) 若有以下说明和定义，则叙述正确的是(　　)。

```
typedef   int   *INTEGER;
INTEGER   p,*q;
```

A．p 是 int 型变量　　　　　　　B．p 是 int 的指针变量

C．q 是 int 的指针变量　　　　　D．程序中可用 INTEGER 代替 int 类型名

(9) 下面各输入语句中错误的是(　　)。

```
struct    ss
{
    char    name[10];
    int    age;
    char    sex;
}std[3],*p=std;
```

A．scanf("%d", &(*p).age);

B．scanf("%s", &std.name);

C．scanf("%c" ,&std[0].sex);

D．scanf("%c", &(p->sex));

(10) 设有以下说明语句，则下面的叙述不正确的是(　　)。

```
union    dt
{
    int    a;
    char    b;
    double    c;
}data;
void main()
{
    data.a=5;
    printf("%f\n",data.c);
}
```

A．data 的每个成员的起始地址都相同

B．变量 data 所占内存字节数与成员 c 所占字节数相等

C．程序段"data.a=5;　printf("%f\n",data.c);"的输出结果为 5.000000

D．data 可以作为函数的实参

6.2　分析以下程序的输出结果。

(1)
```
#include <stdio.h>
struct STU
{
    int    num;
    float    TotalScore;
};
void f(struct STU    p)
{
    struct STU    s[2]={{20044,550},{20045,537}};
```

```
                p.num = s[1].num;
                p.TotalScore = s[1].TotalScore;
            }
        void main()
            {
                struct STU    s[2]={{20041,703},{20042,580}};
                f(s[0]);
                printf("%d    %3.0f\n", s[0].num, s[0].TotalScore);
            }
```

(2)
```
        #include <stdio.h>
        #include <string.h>
        struct STU
            {
                char    name[10];
                int    num;
            };
        void f1(char    *name,    int    num)
            {
                struct STU    s[2]={{"SunDan",20044},{"Penghua",20045}};
                num = s[0].num;
                strcpy(name, s[0].name);
            }
        void f2(struct STU *q)
            {
                struct STU    s[2]={{"SunDan",20044},{"Penghua",20045}};
                q->num = s[0].num;
                strcpy(q->name, s[0].name);
            }
        void main()
            {
                struct STU    s[2]={{"YangSan",20041},{"LiSiGuo",20042}}, *p;
                p=&s[1];
                f1(p->name, p->num);
                f2(&s[0]);
                printf("%s    %d\n", p->name, p->num);
                printf("%s    %d\n", s[0].name, s[0].num);
            }
```

(3)
```
        #include <stdio.h>
        union int_st
```

```
    {
        int k;
        char ch[2];
    };
    void main()
    {
        union int_st x;
        x.ch[0]='M';
        x.ch[1]='n';
        printf("k=%d\nk=%X\n",x.k,x.k);
    }
```

6.3　某商品管理系统中用结构体数组存储商品信息，用三种不同的方式写出结构体数组的定义。每种商品应包含下列数据项：商品号、商品名、进货单位、电话号码、进货日期、进货单价、数量和销售单价。

6.4　用结构体数组存储某班 30 名学生的信息，每个学生的数据项有学号、姓名、性别和四门课的成绩。编写程序计算四门课的平均成绩，要求用键盘输入学生数据，再按平均成绩排序，并输出含平均成绩的报表。

6.5　有一个商品信息表，除了商品号、商品名、进货日期、进货单价、数量和销售单价等公共信息外，对于家电类商品应有保修单位名和服务电话，而对于食品类则应有保质期。请编程输入商品数据，以表格形式输出。

6.6　编写程序，定义结构体类型 struct date，成员有 year、month、day、weekday，其中 weekday 为枚举类型。通过键盘任意输入某日期，计算星期(1980 年 1 月 1 日为 Tuesday)，输出年、月、日及星期的英文名称。

6.7　建立一个链表，每个结点包括：学号、姓名、性别、年龄。输入一个年龄，如果链表中的结点所包含的年龄等于此年龄，则将此结点删去。

6.8　建立两个单链表 a 和 b，然后从 a 中删除那些在 b 中存在的结点。

6.9　将一个单链表逆置，即链表头当链表尾，链表尾当链表头。

6.10　已知链表 L1 和 L2 中分别存放一个升序序列。编写程序，将两个链表中的升序合并成一个升序序列并存放到链表 L1 中。

6.11　已知单链表以非递减有序排列。编写程序，将单链表中值相同的多余结点删除。例如，原单链表元素依次是{1，1，3，3，3，5，7，8，8，10}，则删除后单链表元素是{1，3，5，7，8，10}.

6.12　已知单链表中各结点的元素值为整型，且递增有序排列。编写程序，删除链表中值大于 x 且小于 y 的所有元素(x≤y)，并释放这些删除结点的存储空间。

6.13　有 n 个小朋友，按 1，2，…，n 编号围坐一圈，从第一个开始依次报数，报至 m 的退出；从下一个开始，继续从 1 开始循环报数，报到 m 的退出；如此重复，最后给剩下的一个小朋友发奖品。编写程序，输出获得奖品的小朋友的序号，用循环链表处理(将单链表尾结点的指针指向第一个结点就变成循环链表)。

# 第 7 章

# 文 件

数据处理是现代计算机应用领域中的一个重要方面，实现数据处理往往是通过文件的形式来完成的。文件大家应该也不陌生，一个 txt 文档、一张 excel 表格等都可以被称作文件。这些文件可以是可读可写的，也可以是只读不能写的，它们存放在磁盘等外部存储器中被长期保存以备处理。

之前我们学习的程序，使用的原始数据很多都是通过键盘输入的，并将输入的数据放入指定的变量或数组内，若要处理(运算、修改、删除、排序等)这些数据，则可以从指定的变量或数组中取出并进行处理，这些操作就是通过内存单元存储数据的。但我们都知道，内存具有"挥发性"，当计算机的电源关掉或程序重新执行时，这些输入的数据都会丢失。如果处理的数据量较少或不重要则影响并不大，但是当数据量很庞大时，一旦有一个输入错误，则全部数据都需要重新输入。另外，还有一些程序在编译运行之后会产生大量的输出结果，并且有些程序运行产生的输出结果是要反复查看或使用的，因此也有必要将输出的结果保存下来，以方便对输出结果进行查阅。

为了解决以上问题，C 语言引入了文件，将这些待处理的数据存储在指定的文件中。当需要处理文件中的数据时，可以通过文件处理函数，取得文件内的数据并存放到指定的变量或数组中进行处理，数据处理完毕后再将数据存回指定的文件中。有了对文件的处理，数据不但容易维护，而且同一份程序可处理数据格式相同但文件名不同的文件，增加了程序的使用弹性。

## 7.1 文 件 概 述

### 7.1.1 数据流

文件概述

数据的输入与输出依靠计算机的外围设备。不同的外围设备对于数据输入与输出的格式和方法有不同的处理方式，这就增加了编写文件访问程序的困难程度，而且很容易产生外围设备彼此不兼容的问题。可用数据流(Data Stream)来解决这个问题。数据流的性质比数据的各种输入和输出更单一，它将整个文件内的数据看作一串连续的字符(字节)，而没有记录的限制，如图 7.1 所示。数据流借助文件指针的移动来访问数据，文件指针目前所指的位置即是要处理的数据，经过访问后文件指针会自动向后移动。每个数据文件后面都有一个文件结束符号(EOF)，用来告知该数据文件到此结束，若文件指针指到 EOF，则表示数据已访问完毕。

图 7.1  数据流示意图

## 7.1.2  文件

文件是指存放在外部存储介质(可以是磁盘、光盘、磁带等)上的数据集合。操作系统对外部介质上的数据是以文件形式进行管理的。当打开一个文件或者创建一个新文件时，一个数据流和一个外部文件(也可能是一个物理设备)相关联。为标识一个文件，每个文件都必须有一个文件名作为访问文件的标志，其一般结构为

网络记忆 规范行为

　　文件名.扩展名

通常情况下应该包括盘符名、路径、主文件名和文件扩展名四部分信息。实际上在前面的各章中已经多次使用了文件，例如源程序文件、目标文件、可执行文件、库文件(头文件)等。程序在内存运行的过程中与外存(外部存储介质)交互主要是通过以下两种方法：

(1) 以文件为单位将数据写到外存中。

(2) 从外存中根据文件名读取文件中的数据。

也就是说，要想读取外部存储介质中的数据，必须先按照文件名找到相应的文件，然后从文件中读取数据；要想将数据存放到外部存储介质中，首先要在外部介质上建立一个文件，然后向该文件中写入数据。

C 语言支持的是流式文件，即前面提到的数据流，它把文件看作一个字节序列，以字节为单位进行访问，没有记录的界限，即数据的输入和输出的开始和结束仅受程序控制，而不受物理符号(如回车换行符)控制。

可以从不同的角度对文件进行分类，如下所述。

(1) 根据文件依附的介质，可分为普通文件和设备文件。

① 普通文件是指驻留在磁盘或其他外部介质上的一个有序数据集，可以是源文件、目标文件、可执行程序，也可以是一组待输入处理的原始数据，或者是一组输出的结果。源文件、目标文件、可执行程序可以称作程序文件，输入和输出数据则可称作数据文件。

② 设备文件是指与主机相连的各种外部设备，如显示器、打印机、键盘等。在操作系统中，把外部设备也看作是一个文件来进行管理，把它们的输入和输出等同于对磁盘文件的读和写。

(2) 根据文件的组织形式，可分为顺序读写文件和随机读写文件。

① 顺序读写文件顾名思义，是指按从头到尾的顺序读出或写入的文件。通常在重写整个文件操作时，使用顺序读写；而要更新文件中某个数据时，不使用顺序读写。此种文件每次读写的数据长度不等，较节省空间，但查询数据时都必须从第一个记录开始找，较费时间。

② 随机读写文件大都使用结构方式来存放数据，即每个记录的长度是相同的，因而通过计算便可直接访问文件中的特定记录，也可以在不破坏其他数据的情况下把数据插入到文件中，是一种跳跃式的直接访问方式。

(3) 根据文件的存储形式，可分为 ASCII 码文件和二进制文件。

① ASCII 文件也称为文本文件，这种文件在磁盘中存放时每个字符对应一个字节，用于存放对应的 ASCII 码。

例如，数 1124 的存储形式为

ASCII 码：　　00110001　00110001　00110010　00110100

　　　　　　　　↓　　　　↓　　　　↓　　　　↓

十进制数：　　　1　　　　1　　　　2　　　　4

共占用 4 个字节。ASCII 码文件可在屏幕上按字符显示。例如，源程序文件就是 ASCII 码文件，用 DOS 命令中的 TYPE 可显示文件的内容。由于是按字符显示，因此能读懂文件内容。

② 二进制文件是按二进制的编码方式来存放文件的。例如，数 1124 的存储形式为

00000100　01100100

只占两个字节。二进制文件虽然也可在屏幕上显示，但其内容无法读懂。C 系统在处理这些文件时，并不区分类型，都看成是字符流，按字节进行处理。

ASCII 码文件和二进制文件的主要区别在于：

(1) 从存储形式上看，二进制文件是按该数据类型在内存中的存储形式存储的，而 ASCII 码文件则将该数据类型转换为可在屏幕上显示的形式来存储。

(2) 从存储空间上看，ASCII 存储方式所占的空间比较多，而且所占的空间大小与数值大小有关。

(3) 从读写时间上看，由于 ASCII 码文件在外存上以 ASCII 码存放，而在内存中的数据都是以二进制存放的，所以，当进行文件读写时，要进行转换，造成存取速度较慢。对于二进制文件来说，数据就是按其在内存中的存储形式在外存上存放的，所以不需要进行这样的转换，在存取速度上较快。

(4) 从作用上看，由于 ASCII 文件可以通过编辑程序，如 edit、记事本等，进行建立和修改，也可以通过 DOS 中的 TYPE 命令显示出来，因而 ASCII 码文件通常用于存放输入数据及程序的最终结果。而二进制文件不能显示出来，所以用于暂存程序的中间结果，供另一段程序读取。

在 C 语言中，标准输入设备(键盘)和标准输出设备(显示器)是作为 ASCII 码文件处理的，它们分别称为标准输入文件和标准输出文件。

### 7.1.3　文件的操作流程

文件的操作包括对文件本身的基本操作和对文件中信息的处理。首先，只有通过文件指针，才能调用相应的文件；然后才能对文件中的信息进行操作，进而达到从文件中读数据或向文件中写数据的目的。具体涉及的操作：建立文件、打开文件、从文件中读数据或向文件中写数据、关闭文件等。一般的操作步骤如下：

(1) 建立/打开文件。打开文件是进行文件的读或写操作之前的必要步骤。打开文件就

是将指定文件与程序联系起来，为下面进行的文件读写工作做好准备。如果不打开文件就无法读写文件中的数据。当为进行写操作而打开一个文件时，如果这个文件存在，则打开它；如果这个文件不存在，则系统会新建这个文件，并打开它。当为进行读操作而打开一个文件时，如果这个文件存在，则系统打开它；如果这个文件不存在，则出错。数据文件可以借助常用的文本编辑程序建立，就如同建立源程序文件一样，当然，也可以是其他程序写操作生成的文件。

(2) 从文件中读数据或者向文件中写数据。从文件中读取数据，就是从指定文件中取出数据，存入程序在内存中的数据区，如变量或数组中。向文件中写数据，就是将程序中的数据存储到指定的文件中，即文件名所指定的存储区中。

(3) 关闭文件。关闭文件就是取消程序与指定的数据文件之间的联系，表示文件操作的结束。

在 C 语言中，所有的文件操作都是由文件处理函数来完成的。

## 7.1.4  文件和内存的交互处理

文件是存储在外存的，而计算机在处理数据时，CPU 都是和内存进行交互的。在 CPU 处理数据之前，外存上的文件是如何放置到内存中的？按照操作系统对磁盘文件的读写方式，文件可以分为缓冲文件系统和非缓冲文件系统。C 语言的文件处理函数按照有无提供缓冲区分为提供缓冲区的标准输入、输出(Standard I/O)函数和不提供缓冲区的系统输入、输出(System I/O)函数。所谓缓冲区，是指数据在访问时，为了加快程序运行的速度，在内存中事先建立一块区域来存放部分数据，接着再通过这个区域来访问整块数据，而不直接对磁盘进行访问。即系统自动地在内存区为每一个正在使用的文件名开辟一个缓冲区，它是内存中的一块区域，用于进行文件读写操作时数据的暂存，大小一般为 512 字节，这与磁盘的读写单位一致。

从内存中向磁盘输出数据必须先送到内存中的缓冲区，装满缓冲区后才一起送到程序数据区(程序变量)。在进行文件的读操作时，将磁盘文件中的一块数据一次读到文件缓冲区中，然后从缓冲区中取出程序所需的数据，送入程序数据区中指定变量或数组元素所对应的内存单元中，如图 7.2 所示。

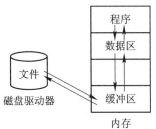

图 7.2　文件的读操作示意图

采用文件缓冲系统的原因：

(1) 磁盘文件的存取单位是"块"，一般一块为 512 字节。也就是说，从文件中读数据或向文件中写数据，就要一次读或写 512 字节。而在程序中，给变量或数组元素赋值却是一个一个进行的。

(2) 与内存相比，磁盘的读写速度是很慢的，如果每读或写一个数据就要和磁盘打一次交道，那么即使 CPU 的速率很高，整个程序的执行效率也会大打折扣。显然，文件缓冲区可以减少与磁盘打交道的次数，从而提高程序的执行效率。

## 7.2 文件类型的指针

文件指针与打开、关闭函数

调用一个文件时，一般需要该文件的一些信息，例如：文件当前的读写位置、与该文件对应的内存缓冲区的地址、缓冲区中未被处理的字符串、文件操作方式等。缓冲文件系统会为每一个文件系统开辟这样一个"文件信息区"，包含在头文件 stdio.h 中，它被定义为 FILE 类型数据。

```
typedef struct
{   short level;                    // 缓冲区"满"或"空"的程度
    unsigned flags;                 // 文件状态标志
    char fd;                        // 文件描述符
    unsigned char hold;             // 如无缓冲区则不读取字符
    short bsize;                    // 缓冲区的大小
    unsigned char *baffer;          // 数据缓冲区的读写位置
    unsigned char *curp;            // 指针指向当前文件的读写位置
    unsigned istemp;                // 临时文件，指示器
    short token;                    // 用于有效性检查
}FILE;
```

在编写源程序使用一个数据文件时，只需要先预包含 stdio.h 头文件，然后定义一个指向该结构体类型的指针，而不必关心 FILE 结构的细节。例如：

FILE *fp;

其中，fp 是一个指向 FILE 类型结构体的指针变量。可以使 fp 指向某一个文件类型的结构体变量，从而通过该结构体变量中的文件信息访问该文件。也就是说，通过该文件指针变量能够找到与它相关的文件。如果有 n 个文件，一般应设 n 个文件指针变量(指向 FILE 类型结构体的指针变量)，使它们分别指向 n 个文件(确切地说明指向存放该文件信息的结构体变量)，以实现文件的访问。

## 7.3 标准输入/输出函数

标准输入/输出函数，或称数据流输入/输出(Stream I/O)函数，提供一个缓冲区作为数据文件与程序的沟通管道。当使用标准输入函数读取文件内的数据时，若文件打开成功，会自动为磁盘驱动器指定文件最开始部分的数据先读入缓冲区，此时，系统会自动赋予一个文件指针，指到数据的起始位置。缓冲区内的数据通过标准输入函数，由文件指针所指的位置逐一读取数据放入指定的变量或数组中，再通过命令加以处理。当缓冲区的数据读

取完毕，计算机会自动到磁盘中指定的数据文件中读取另一部分数据到缓冲区继续处理，一直到文件指针指到 EOF 文件结束符号才结束读取的动作。

若要将数据写入磁盘的文件内，则其方式和读取文件相反。通过标准输入/输出函数将数据区中指定的数据由缓冲区内向目前文件指针所指向的地址开始存放，放置完毕，文件指针会自动向下移动到一个空的位置。当缓冲区的数据填满时，计算机自动将缓冲区的数据写入磁盘驱动器中指定的文件，再将缓冲区释放，一直到关闭文件才结束写入的动作。

采用标准输入/输出函数访问文件，可避免磁盘读写次数过于频繁的问题发生。但在使用这种方式进行写入模式时要注意，程序结束时若忘记关闭文件或计算机突然死机，会导致缓冲区的数据无法写回文件，造成数据的丢失。标准输入/输出函数具有数据格式的转换功能，它可以将二进制格式的数据自动转换成 ASCII 格式的文本文件。

## 7.3.1　打开文件

文件在进行读写操作之前要先打开，所谓打开文件，实际上是建立文件的各种有关信息，并使文件指针指向该文件，以便进行其他操作。要打开指定的文件可使用 fopen 函数。

函数原型：

　　　FILE *fopen(char *filename,char *mode);

功能：使用 mode 模式打开指定的 filename 文件。如打开文件成功，则返回一个 FILE 类型的指针；如打开文件失败，则返回 NULL。

其中，第一个参数 filename 用来设定打开的文件。若打开的文件与执行文件路径(文件夹)相同，只写文件名即可；若数据文件和程序文件分别存放在不同的文件夹，就必须指定完整的路径和文件名。第二个参数 mode 用来设定要打开的文件类型和指定文件的访问模式。第二个参数必须为字符串格式，头尾必须用双引号括起来。具体的访问模式参见表 7.1。

表 7.1　文件中的访问模式

| 文件使用方式 | 意　　义 |
| --- | --- |
| "rt" | 只读打开一个文本文件，只允许读数据 |
| "wt" | 只写打开或建立一个文本文件，只允许写数据 |
| "at" | 追加打开一个文本文件，并在文件末尾写数据 |
| "rb" | 只读打开一个二进制文件，只允许读数据 |
| "wb" | 只写打开或建立一个二进制文件，只允许写数据 |
| "ab" | 追加打开一个二进制文件，并在文件末尾写数据 |
| "rt+" | 读写打开一个文本文件，允许读和写 |
| "wt+" | 读写打开或建立一个文本文件，允许读和写 |
| "at+" | 读写打开一个文本文件，允许读，或在文件末追加数据 |
| "rb+" | 读写打开一个二进制文件，允许读和写 |
| "wb+" | 读写打开或建立一个二进制文件，允许读和写 |
| "ab+" | 读写打开一个二进制文件，允许读，或在文件末追加数据 |

例如：以只读方式打开一个和可执行文件在相同路径下的文本文件 test.txt。

```
FILE *fp;
fp=fopen("test.txt","r");
```

又如：以只读方式打开一个 E 盘下 code 文件夹下的 excel 文件 data.xls。

方法 1：

```
FILE *fp;
fp=fopen("e:\\code\\data.xls", "r");
```

方法 2：

```
FILE *fp;
fp=fopen("e:/code/data.xls", "r");
```

其中，方法 1 中指定路径时用了两个反斜线 "\\"，第一个表示转义字符，第二个表示根目录。方法 2 改用正斜线 "/" 也可以。

这两种方法都属于嵌入式文件方法，即文件名及其所在路径已在程序中设定。此外，还可以采用交互式文件方法，即由键盘输入所要打开的文件名及其路径。

例如：

```
FILE *fp;
char filename[40];
gets(filename);
fp=fopen(filename, "r");
```

可以看出，在打开一个文件时，通知给编译系统以下三个信息：

(1) 需要打开的文件名，也就是准备访问的文件名。

(2) 使用文件的方式（"读"还是"写"等）。

(3) 让哪一个指针变量指向被打开的文件。

对于文件使用方式有以下几点说明：

(1) 文件使用方式由 r、w、a、t、b、+、x 等六个字符拼成，各字符的含义：

积跬步 累小流 方有所成

| | |
|---|---|
| r(read) | 读 |
| w(write) | 写 |
| a(append) | 追加 |
| t(text) | 文本文件，可省略不写 |
| b(binary) | 二进制文件 |
| (x)(xls) | excel 文件，可省略不写 |
| + | 读和写 |

(2) 凡用 "r" 打开一个文件时，该文件必须已经存在，且只能从该文件读出。

(3) 凡用 "w" 打开的文件只能向该文件写入。若打开的文件不存在，则以指定的文件名建立该文件；若打开的文件已经存在，则将该文件删去，重建一个新文件。

(4) 若要向一个已存在的文件中追加新的信息，则只能用 "a" 方式打开文件。若此时该文件不存在，则会新建一个文件。

(5) 在打开一个文件时，如果出错，fopen 将返回一个空指针值 NULL。在程序中可以用这一信息来判别是否完成打开文件的工作，并作相应的处理。因此常用以下程序段打开文件：

```
FILE *fp;
fp=fopen("e:\\code\\test.txt","r");
if(fp==NULL)
{
    printf("\n 不能打开  e:\\code\\test.txt file! ");
    getch();
    exit(1);
}
```

这段程序的意义：如果返回的指针为空，表示不能打开 E 盘 code 文件夹下的 test.txt 文件，则给出提示信息"不能打开 e:\\code\\test.txt file!"，下一行 getch()的功能是从键盘输入一个字符，但不在屏幕上回显。在这里，该行的作用是等待，只有当用户从键盘按任意键时，程序才继续执行，因此用户可利用这个等待时间阅读出错提示。按键后执行 exit(0)退出程序。

(6) 标准输入文件(键盘)、标准输出文件(显示器)和标准出错输出(出错信息)是由系统打开的，可直接使用。

## 7.3.2　关闭文件

文件打开后若不再继续使用，则使用 fclose( )函数将指定的文件关闭，并将 FILE 文件指针的相关资源及所占用的缓冲区归还给系统。

函数原型：

```
int fclose(FILE *fp);
```

功能：将文件指针 fp 所指的文件关闭。若返回 0，则表示关闭成功；若返回非 0 值，则表示有错误发生。例如：

```
fclose(fp);
```

在程序中，一个文件使用完毕后，若采用读取模式打开文件，可以不必做关闭文件的操作；但若采用写入模式，一定要使用 fclose( )函数关闭文件，否则最后放在缓冲区的数据无法写回文件，从而发生数据遗失的情况。这是因为，当向文件写数据时，是先将数据写到缓冲区，待缓冲区充满后再整块传送到磁盘文件中。如果程序结束时，缓冲区尚未充满，则其中的数据并没有传到磁盘上，必须使用 fclose( )函数关闭文件，强制系统将缓冲区中的所有数据送到磁盘，并释放该文件指针变量；否则这些数据可能只是被送到了缓冲区中，而并没有真正写入到磁盘文件。

由系统打开的标准设备文件，系统会自行关闭。

## 7.3.3　获取文件的属性

打开一个文件时，系统都会自动赋予该文件一个文件描述字(File Handle Number)，在程序中若使用该文件描述字来代替对应的文件，就可以在程序中以文件描述字取代该文件的全名。其效果与使用#define 定义符号常量一样。

如果想知道某一个文件的大小，可以使用 fileno( )和 filelength( )函数来取得。

函数原型：

　　int fileno(FILE *fp);

功能：返回所打开文件指针 fp 对应的文件描述字(handle_no)。当打开文件成功后，操作系统会自动赋予一个号码，此号码用来代表所打开的文件。所在头文件为 stdlib.h。

函数原型：

　　long filelength(int handle_no);

功能：返回文件描述字(handle_no)对应的文件大小，以字节为单位。所在头文件为 io.h。

例如：取得 E 盘下 code 文件夹下 test.txt 文件的大小。

```
FILE *fp;
int fno,fsize;
fp=fopen("e:\\code\\test.txt","rt");
fno=fileno(fp);
fsize=filelength(fno);
fclose(fp);
```

【例 7.1】 采用交互式文件方式打开指定的文件，若文件打开成功，则显示该文件的大小(Byte)；若文件打开失败，则提示出错信息。

```
#include <stdio.h>
#include <stdlib.h>
#include <io.h>
#define LEN 100
void main( )
{
    FILE *fp;
    char filename[LEN];
    int fno, fsize;
    printf(" 请输入要打开文件的完整路径及文件名：");
    gets(filename);                 /* 输入要打开的文件所在路径及其名称 */
    fp=fopen(filename, "r");        /* 打开已经存在的文件 */
    if(fp==NULL)                    /* 判断是否打开文件成功 */
    {   printf("\n 打开文件失败, %s 可能不存在\n", filename);
        exit(1);                    /* 错误退出 */
    }
    fno=fileno(fp);                 /* 取得文件描述字 */
    fsize=filelength(fno);          /* 取得文件大小，以 Byte 为单位 */
    printf("\n %s 文件打开成功, 文件大小%d Bytes\n", filename, fsize);
    fclose(fp);
}
```

### 7.3.4 文件的顺序读写

中国力量 中国智慧

根据文件的读写方式不同,文件可分为文件的顺序读写和文件的随机读写。顺序读写是指将文件从头到尾逐个数据读出或写入。文件的读写是通过读写函数实现的,与前面学习的输入输出函数非常相似。

单字符读写函数分别是:fgetc 和 fputc。

字符串读写函数分别是:fgets 和 fputs。

格式化读写函数分别是:fscanf 和 fprintf。

数据块读写函数分别是:fread 和 fwrite。

#### 1.单字符读写函数

字符读写函数是以字符(字节)为单位的读写函数。每次可从文件读出或向文件写入一个字符。

1) 读单字符函数fgetc( )

函数原型:

int fgetc(FILE *fp);

功能:读取文件指针 fp 目前所指文件位置中的字符,读取完毕,文件指针自动往下移一个字符位置,若文件指针已经到文件结尾,则返回-1。

例如:

ch=fgetc(fp);

其意义是从 fp 所指的文件中读取一个字符并送入 ch 中。

对于 fgetc 函数的使用有以下几点说明:

(1) 在 fgetc 函数调用中,读取的文件必须是以读或读写方式打开的。

(2) 读取字符的结果也可以不给字符变量赋值。

例如:

fgetc(fp);

就是从文件中读出了一个字符,但并没有赋给任何变量。

(3) 在文件内部有一个位置指针,用来指向文件的当前读写位置。在文件打开时,该指针总是指向文件的第一个字节。使用 fgetc 函数后,该位置指针将自动向后移动一个字节。因此可连续多次使用 fgetc 函数,读取多个字符。应注意文件指针和文件内部的位置指针不是一回事。文件指针是指向整个文件的,需在程序中定义说明,只要不重新赋值,文件指针的值是不变的。文件内部的位置指针用以指示文件内部的当前读写位置,每读写一次,该指针自动向后移动,它不需在程序中定义说明,而是由系统自动设置的。

【例 7.2】 将例 7.1 中的文件内容显示出来。

```
#include <stdio.h>
#include <stdlib.h>
#include <io.h>
#define LEN 100
```

```
void main( )
{
    FILE *fp;
    char filename[LEN] ;
    int fno, fsize;
    char ch;
    printf("请输入要打开文件的完整路径及文件名:");
    gets(filename);
    fp=fopen(filename, "rt");
    if(fp==NULL)
    {
        printf("\n 打开文件失败, %s  可能不存在\n", filename);
        exit(1);
    }
    fno=fileno(fp);
    fsize=filelength(fno);
    printf("\n%s  文件打开!\n", filename);
    printf("\n 文件大小  %d Bytes\n", fsize);
    printf("\n 文件内容为:");
    while((ch=fgetc(fp))!=EOF)
        printf("%c", ch);
    fclose(fp);
    printf("\n\n");
}
```

分析：本例程序的功能是从文件中逐个读取字符，并在屏幕上显示。程序定义了文件指针 fp，以读文本文件方式打开键盘输入的指定文件，并使 fp 指向该文件。如果打开文件出错，将给出提示并退出程序。循环中只要读出的字符不是文件结束标志(每个文件末有一结束标志 EOF)就把该字符显示在屏幕上，再读入下一字符。每读一次，文件内部的位置指针向后移动一个字符，文件结束时，该指针指向 EOF。执行本程序将显示整个文件。

关于符号常量 EOF：

① 在对 ASCII 码文件进行读入操作时，如果遇到文件尾，则读操作函数返回一个文件结束标志 EOF，其值在头文件 stdio.h 已被定为值−1；

② 在对二进制文件进行读入操作时，必须使用库函数 feof( )来判断是否遇到文件尾。

2) 写单字符函数 fputc( )

函数原型：

```
int fputc(char ch,FILE *fp);
```

功能：把字符 ch 写入文件指针 fp 所指向文件的位置，成功时返回字符的 ASCII 码，失败时返回 EOF(在 stdio.h 中，符号常量 EOF 的值等于−1)。

例如：

FILE *fp;

fputc('a',fp);

其意义是把字符 a 写入 fp 所指向的文件中。

fputc 函数的使用说明如下：

(1) 被写入的字符可以用写、读写、追加方式打开。用写或读写方式打开一个已存在的文件时，将清除原有的文件内容，写入字符从文件首开始。如需保留原有文件内容，希望写入的字符从文件末开始存放，必须以追加方式打开文件。被写入的文件若不存在，则创建该文件。

(2) 每写入一个字符，文件内部位置指针向后移动一个字节。

(3) fputc 函数有一个返回值，如写入成功则返回写入的字符，否则返回一个 EOF。可用此来判断写入是否成功。

【例 7.3】 从键盘上输入字符串追加添到指定的文件中。

```c
#include <stdio.h>
#include <string.h>
#include <ctype.h>
#include <stdlib.h>
#include <io.h>
#define LEN 100
void main( )
{
    FILE *fp;
    char filename[LEN], data[LEN];
    int fno, fsize, i;
    char ch;
    printf("写文件程序...\n");
    printf("请输入要打开文件的完整路径及文件名:");
    gets(filename);
    fp=fopen(filename, "a+");            /*文件以追加方式写*/
    if(fp==NULL)
    {
        printf("\n 打开文件失败, %s 可能不存在\n", filename);
        exit(1);
    }
    fno=fileno(fp);
    fsize=filelength(fno);
    printf("\n%s 文件打开!\n", filename);
    printf("\n 文件大小 %d Bytes\n", fsize);
    printf("\n 文件内容为:");
    while((ch=fgetc(fp))!=EOF)
```

```
            printf("%c", ch);
        while(1)
        {
            printf("\n\n 请问是否要添加数据(Y/N): ");
            if(toupper(getche())=='Y')          /*toupper()函数为大小写转换函数*/
            {
                printf("\n\n 请输入要添加的数据: ");
                gets(data);
                for(i=0; i<strlen(data) ; i++)
                    fputc(data[i], fp);
            }
            else                    /*不添加新内容*/
            {
                fclose(fp);
                break;
            }
        }
        fp=fopen(filename, "rt");
        if(fp==NULL)
        {
            printf("\n\n 打开文件失败, %s 可能不存在\n", filename);
            exit(1);
        }
        fno=fileno(fp);
        fsize=filelength(fno);
        printf("\n\n%s 文件打开!\n", filename);
        printf("\n 文件大小 %d Bytes\n", fsize);
        printf("\n 文件内容为:");
        while((ch=fgetc(fp))!=EOF)
            printf("%c", ch);
        fclose(fp);
        printf("\n\n");
    }
```

分析：本例程序的功能是从键盘上输入字符串，追加添到指定文件中。程序定义了文件指针 fp，以追加写文件方式打开文件(文件名为 filename 字符数组中存放的字符串)，并使 fp 指向该文件。如果打开文件出错，将给出提示并退出程序；否则，首先显示指定文件中的原始信息，然后进入 while 循环并提示是否进行数据添加。如果确定要添加，则输入要添加的内容并将其写入到指定文件中；如果不添加，则关闭文件，跳出外层循环。最后将追加了新内容的文件信息读取显示出来。

## 2．字符串读写函数

1) 读字符串函数 fgets( )

函数原型：

　　char *fgets(char *str,int n,FILE *fp);

功能：在文件指针 fp 所指文件位置读取 n 个字符并放入 str 字符数组中。如果读不到字符串，则返回 NULL。

例如：

```
FILE *fp;
char str[10];
fp=fopen("e:\\code\\test.txt","rt");
while((fgets(str,10,fp)!=NULL)
    printf("%s",str);
```

其意义是从 fp 所指的文件中读取 10 个字符送入字符数组 str 中，接着再将 str 字符串打印出，若文件读不到数据则返回 NULL，此时会离开循环。

2) 写字符串函数 fputs ( )

函数原型：

　　int fputs(char *str,FILE *fp);

功能：将字符串 str 写入文件指针 fp 所指文件的位置。写入数据成功时返回非 0 值，写入失败时返回 EOF。其中，字符串 str 可以是字符串常量，也可以是字符数组名或指针变量。

例如：

```
FILE *fp;
char str[10];
fp=fopen("e:\\code\\test.txt","rt");
gets(str);
fputs(str,fp);
```

其意义是把字符串 str 中的内容写入文件指针 fp 所指的文件中。

【例 7.4】　利用 fgets()函数和 fputs()函数重做例 7.3。

```
#include <stdio.h>
#include <string.h>
#include <ctype.h>
#include <stdlib.h>
#include <io.h>
#define LEN 100
void main( )
{
    FILE *fp;
    char filename[LEN], data[LEN],temp[LEN];
```

```
    int fno, fsize, i;
    char ch;
    printf("写文件程序...\n");
    printf("请输入要打开文件的完整路径及文件名:");
    gets(filename);
    fp=fopen(filename, "a+");
    if(fp==NULL)
    {
        printf("\n 打开文件失败, %s 可能不存在\n", filename);
        exit(1);
    }
    fno=fileno(fp);
    fsize=filelength(fno);
    printf("\n%s 文件打开!\n", filename);
    printf("\n 文件大小  %d Bytes\n", fsize);
    printf("\n 文件内容为:");
    while((fgets(temp,LEN,fp))!=NULL)
        printf("%s", temp);
    while(1)
    {
        printf("\n\n 请问是否要添加数据(Y/N): ");
        if(toupper(getche())=='Y')
        {
            printf("\n\n 请输入要添加的数据: ");
            gets(data);
            fputs(data,fp);
        }
         else
        {
            fclose(fp);
            break;
        }
    }
    fp=fopen(filename, "r");
    if(fp==NULL)
    {
        printf("\n\n 打开文件失败, %s 可能不存在\n", filename);
        exit(1);
    }
```

```
        fno=fileno(fp);
        fsize=filelength(fno);
        printf("\n\n%s 文件打开!\n", filename);
        printf("\n 文件大小  %d Bytes\n", fsize);
        printf("\n 文件内容为:");
        while((fgets(temp,LEN,fp))!=NULL)
            printf("%s", temp);
        fclose(fp);
        printf("\n\n");
    }
```

【例 7.5】 有两个磁盘文件 string1 和 string2，各存放一行字母，要求把这两个文件中的信息合并后，再按字母顺序输出到一个新的磁盘文件 string 中。

```
    #include<stdlib.h>
    void main()
    {   FILE *fp;
        int i,j,count,count1;
        char string[160]="",t,ch;
        fp=fopen("string1.txt","rt");
        if(fp==NULL)
        {
            printf("不能打开文件 string1!\n");
            exit(1);
        }
        printf("\n 读取到文件 string1 的内容为:\n");
        for(i=0;(ch=fgetc(fp))!=EOF;i++)
        {
            string[i]=ch;
            putchar(string[i]);
        }
        fclose(fp);
        count1=i;                       /*记录连接数组 2 的位置*/
        fp=fopen("string2.txt","rt");
        if(fp==NULL)
        {
            printf("不能打开文件 string2!\n");
            exit(1);
        }
        printf("\n 读取到文件 string2 的内容为:\n");
        for(i=count1;(ch=fgetc(fp))!=EOF;i++)
```

```
        {
            string[i]=ch;
            putchar(string[i]);
        }
        fclose(fp);
        count=i;                    /*记录数组 string 的长度*/
        for(i=0;i<count;i++)        /*冒泡排序算法对数组内容进行排序*/
            for(j=i+1;j<count;j++)
                if(string[i]>string[j])
                {
                    t=string[i];
                    string[i]=string[j];
                    string[j]=t;
                }
        printf("\n 排序后数组 string 的内容为:\n");
        printf("%s\n",string);
        fp=fopen("string.txt","wt");
        fputs(string,fp);           /*将数组 string 的内容写到 fp 所指的文件中*/
        printf("并已将该内容写入文件 string.txt 中！ ");
        fclose(fp);
    }
```

　　分析：本例程序的功能是将两个文件中的字符串合并后，按照字母顺序存入另外一个文件中。首先将第一个文件中的内容依次读入字符数组 string 中，并用 count1 记录下次要读入字符的位置；然后将第二个文件中的内容从 string[count1]的位置继续读入，此时已将两个文件中的字符串全部存入字符数组 string 中；接着利用冒泡排序算法将这些字符按照字母顺序进行排序，即 string 字符数组中现存的是已排好序的字符串；最后将字符数组 string 中的内容一次性写入到文件 string.txt 中。

### 3. 格式化字符串读写函数

1) 格式化字符串读函数 fscanf( )

函数原型：

　　　　int fscanf(FILE *fp，"格式化字符串"，输入项地址表);

　　功能：从文件指针 fp 所指向的文件中按照格式字符串指定的格式，将文件中的数据送到输入项地址表中。若读取数据成功则返回所读取数据的个数，并将数据按照指定格式存入内存中的变量或数组中，文件指针自动向下移动；若读取失败则返回 EOF。

　　例如：E 盘 code 文件夹下 test.txt 中存有以下数据，该数据有学号、姓名、性别三项数据，每个数据之间用空格(□代表空格)间隔。如图 7.3 所示，现从该文件中读取出该条数据指定的变量。

| 0402008□张瑶佳□女 |
| --- |

　　　　char num[20],name[40],sex[5];

图 7.3　效果图

```
FILE *fp;
fp=fopen("e:\\code\\test.txt","rt");
fscanf(fp, "%s□%s□%s",num,name,sex);
```

首先，以读方式打开指定文件，然后将文件中的学号"0402008"、姓名"张瑶佳"、性别"女"分别赋给字符数组 num、name 和 sex。

2) 格式化字符串写函数 fprintf( )

函数原型：

```
int fprintf(FILE *FP，"格式化字符串"，输出项地址表);
```

功能：将输出项表中的变量值按照格式字符串指定的格式输出到文件指针 fp 所指向的文件位置。

例如：上例中在 e:\code\test.txt 文件最后再添加一条记录，如图 7.4 所示。

```
char num[20]="0402009",name[40]="王瑶晴",sex[5]="女";
FILE *fp;
fp=fopen("e:\\code\\test.txt","a+");
fputc('\n',fp);          /*写入一个回车换行*/
fprintf(fp,"%s□%s□%s",num,name,sex);
```

| 0402008□张瑶佳□女 |
| 0402009□王瑶晴□女 |

图 7.4  添加一条记录

首先，初始化要追加的数据，然后以追加写方式打开指定文件。为了保持图中所示的文件格式，先写了一个回车换行，再将追加的数据写入文件中。

【例 7.6】 从键盘上输入一个班 30 个学生的数据，并保存到磁盘文件中，再读出该班学生的数据显示在屏幕上。

```
#include<stdio.h>
#include<stdlib.h>
#define N 30
struct stu
{
    char num[20];
    char name[40];
    char sex[5];
}class[N];
void main()
{
    FILE *fp;
    int i;
    printf("\n 输入该班的数据:\n");
    fp=fopen("class_list.txt","wt");
    if(fp==NULL)
    {
        printf("不能打开此文件，按任意键退出!");
        getch();
```

```
            exit(1);
        }
        for(i=0;i<N;i++)
        {
            printf("\n 第%d 个人的信息:\n",i+1);
            printf("\n 学号:");
            gets(class[i].num);
            printf("\n 姓名:");
            gets(class[i].name);
            printf("\n 性别:");
            gets(class[i].sex);
            fprintf(fp,"%s %s %s\n",class[i].num,class[i].name,class[i].sex);
        }
        fclose(fp);
        fp=fopen("class_list.txt","rt");
        printf("该班数据为: \n");
        printf("学号   姓名  性别\n");
        i=0;
        while(fscanf(fp, "%s %s %s", class[i].num,class[i].name,class[i].sex)!=EOF)
        {
            printf("%s %s %s\n",class[i].num,class[i].name,class[i].sex);
            i++;
        }
        fclose(fp);
    }
```

分析：本程序中 fscanf 和 fprintf 函数每次只能读写一个结构体数组元素，因此程序采用了循环语句来读写全部数组元素。

注意：在本题中，如果输入的字符串不带空格，那么读和写都全部正确，但是当输入的字符串中带有空格时，即使向文件中写入的数据依然保持正确，在读取数据时也会发生错误。这是由于 fscanf()函数读取数据时以空格作为数据与数据之间的间隔，要解决输入含有空格数据的问题，就必须使用下面要介绍的随机文件读写函数 fread()和 fwrite()。

【例 7.7】 从键盘上输入一个班 30 个学生的基本信息，并保存到指定的磁盘文件中，再读出该班学生的基本信息，并显示在屏幕上。要求选取单链表作为数据结构，并且各功能通过调用函数实现。

```
        #include<stdio.h>
        #include<stdlib.h>
        struct Node
        {
            char name[10];
```

```c
    int num;
    int age;
    char addr[15];                    /*数据域*/
    struct Node *next;                /*指针域*/
};
struct Node *creat_inf()             /*尾插法建立带头结点的单链表*/
{
    struct Node *head,*r,*stu;
    int i=0;
    char choice;
    head=(struct Node *)malloc(sizeof(struct Node));    /*创建头结点*/
    head->next=NULL;
    r=head;
    do
    {
        stu=(struct Node *)malloc(sizeof(struct Node));
        printf("\n\n 第%d 个人的信息:\n",++i);
        printf("\n 姓名:");
        scanf("%s",stu->name);
        printf("\n 学号:");
        scanf("%d",&stu->num);
        printf("\n 年龄:");
        scanf("%d",&stu->age);
        printf("\n 住址:");
        scanf("%s",stu->addr);
        r->next=stu;                  /*尾插新结点*/
        r=stu;                        /*指向尾结点*/
        printf("Continue?(Y/N)");
        choice=getche();
    }while(choice=='Y'||choice=='y');
    r->next=NULL;
    return(head);
}
save_inf(struct Node *h)             /*将单链表中的信息保存到指定的磁盘文件中*/
{
    struct Node *stu;
    FILE *fp;
    char filename[40];
    printf("\n 请输入要保存的文件名: ");
```

```
        scanf("%s",filename);
        if((fp=fopen(filename,"wt"))==NULL)
        {
            printf("写文件出错，按任意键退出!");
            getch();
            exit(1);
        }
        for(stu=h->next;stu!=NULL;stu=stu->next)
        fprintf(fp,"%s %d %d %s\n",stu->name,stu->num,stu->age,stu->addr);
        printf("\n 文件已成功保存，按任意键返回！ ");
        getch();
        fclose(fp);
}
struct Node *read_inf()          /*从指定的磁盘文件中读取信息并存入单链表中*/
{
        struct Node *head,*r,*stu;
        FILE *fp;
        char filename[40];
        printf("\n 请输入要打开的文件名: ");
        scanf("%s",filename);
        if((fp=fopen(filename,"rt"))==NULL)
        {
        printf("读文件出错，按任意键退出!");
        getch();
        exit(1);
        }
        head=(struct Node *)malloc(sizeof(struct Node));
        head->next=NULL;
        r=head;
        while(!feof(fp))                    /*文件未结束*/
        {   /*开辟空间，以存放读取的信息*/
            stu=(struct Node *)malloc(sizeof(struct Node));
            /*存放读取信息*/
            fscanf(fp,"%s %d %d %s",stu->name,&stu->num,&stu->age,stu->addr);
            r->next=stu;                     /*链接结点*/
            r=stu;
        }
        r->next=NULL;
        fclose(fp);
```

```
        printf("\n 文件中信息已正确读出，按任意键返回！");
        getch();
        return head;
    }
    print_inf(struct Node *h)              /*将链表中的信息打印输出*/
    {
        struct Node *stu;
        printf("\n 该班数据为：\n");
        printf("姓名 学号 年龄  住址\n");
        for(stu=h->next;stu->next!=NULL;stu=stu->next)
        printf("%s %d %d %s\n",stu->name,stu->num,stu->age,stu->addr);
    }
    void main()
    {
        struct Node *head;
        head=creat_inf();                  /*创建基本信息单链表*/
        save_inf(head);                    /*保存基本信息到指定文件*/
        head=read_inf();                   /*从指定文件中读取信息*/
        print_inf(head);                   /*打印显示单链表中基本信息*/
    }
```

本题中，首先引入了一种建立单链表的方法——尾插法，该方法的核心在于增加了一个尾指针 r，该指针始终跟踪当前链表中的最后一个结点，即新链入(插入)的结点；其次，在 read_inf()函数中从文件中读取信息，并依次存储在链表各结点中(开辟空间，链接结点)。

### 4．数据块读写操作

1) 数据块读函数 fread( )

函数原型：

    int fread(void *buffer,int size,int count, FILE* fp);

文件块读写与随机读写

功能：从文件指针 fp 所指文件的当前位置开始，一次读入 size 个字节，重复 count 次，并将读取到的数据存到 buffer 开始的内存区中，同时将读写位置指针后移 size*count 次。该函数的返回值是实际读取的 count 值。

函数 fread( )内各个参数的含义如下：

(1) buffer 是一个指针，在 fread 函数中，它表示存放读入数据的首地址(即存放在何处)；在 fwrite 函数中，它表示要输出的数据在内存中的首地址(即从何处开始存储)。

(2) size 表示数据块的字节数。

(3) count 表示要读写的数据块块数。

(4) fp 表示文件指针。

例如：

```
    float fa[5];
    fread(fa,4,5,fp);
```
其意义是从 fp 所指的文件中,每次读 4 个字节(一个实数)送入实型数组 fa 中,连续读 5 次,即读 5 个实数到 fa 中。

2) 数据块写函数 fwrite( )

函数原型:
```
    int fwrite(void *buffer,int size,int count, FILE* fp);
```
功能:从 buffer 所指向的内存区开始,一次输出 size 个字节,重复 count 次,并将输出的数据存入到 fp 所指的文件中,同时将读写位置指针后移 size*count 次。

例如:
```
    float fa[5];
    fwrite(fa,4,5,fp);
```
其意义是从 fa 实型数组中,每次读 4 个字节(一个实数)写入 fp 所指的文件中,连续读写 5 次,即将 5 个实数写到 fp 所指的文件中。

例如一个结构体类型数据:
```
    struct student_type
    {
        char name[10];
        int num;
        int age;
        char addr[30];
    }stu[40];
```
写入文件(前提是 stu 数组中 40 个元素都已经有值存在):
```
    for(i=0; i<40; i++)              /* 每次写一个学生 */
        fwrite(&stu[i], sizeof(struct student_type), 1, fp);
```
或只写一次:
```
    fwrite(stu, sizeof(struct student_type), 40, fp);
```
从磁盘文件读出(前提是 fp 所指向的文件中也有值存在):
```
    for(i=0; i<40; i++)
        fread(&stu[i], sizeof(struct student_type), 1, fp);
```
或
```
    fread(stu, sizeof(struct student_type), 40, fp);
```
【例 7.8】 利用 fread( )和 fwrite( )函数实现例 7.6。
```
    #include<stdio.h>
    #include<stdlib.h>
    #define N 30
    struct stu
    {
        char num[20];
```

```
        char name[40];
        char sex[5];
    }class[N];
    void main()
    {
        FILE *fp;
        int i;
        printf("\n 输入该班的数据:\n");
        fp=fopen("class_list.txt","wt");
        if(fp==NULL)
        {
            printf("不能打开此文件，按任意键退出!");
            getch();
            exit(1);
        }
        for(i=0;i<N;i++)
        {
            printf("\n 第%d 个人的信息:\n",i+1);
            printf("\n 学号:");
            gets(class[i].num);
            printf("\n 姓名:");
            gets(class[i].name);
            printf("\n 性别:");
            gets(class[i].sex);
            fwrite(&class[i],sizeof(struct stu),1,fp);
        }
        fclose(fp);
        fp=fopen("class_list.txt","rt");
        printf("该班数据为：\n");
        printf("学号  姓名 性别\n");
        i=0;
        while(fread(&class[i],sizeof(struct stu),1,fp)!=NULL)
        {
            printf("%s %s %s\n",class[i].num,class[i].name,class[i].sex);
            i++;
        }
        fclose(fp);
    }
```

分析：使用 fread()和 fwrite()函数实现后，解决了在例 7.6 中提到的带有空格数据输出错误的问题。另外，还可以通过文件的大小和每个结构的大小，计算出文件中实际含有的记录个数，即用文件的大小除以每个结构的大小。

    fno=fileno(fp);

    fsize=filelength(fno);

    fnum=fsize/sizeof(struct stu);        /*fnum 为文件中记录数目*/

**注意**：函数 fscanf 和 fprintf 是成对出现，即函数 fprintf 写出的文件，要使用函数 fscanf 来读入；同理函数 fread 和 fwrite 也必须成对出现。

**【例 7.9】** 一个文件 song.txt 存放了若干首歌曲的记录，每条记录由歌名(40 个字符)和演唱者(30 个字符)组成，如图 7.5 所示。现将该文件记录的结构改为如图 7.6 所示的格式，以减少文件的长度。其中，M 是歌名长度，N 是演唱者长度。编写一个程序，完成这种格式的转换，转换后的新格式记录放在 Newsong.txt 文件中。

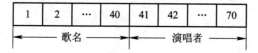

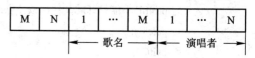

图 7.5　原文件数据项的定义　　　　　　图 7.6　目标文件数据项的定义

```c
#include<stdio.h>
#include<string.h>
#define N 30
typedef struct song
{   char sname[40];                /*歌名*/
    char pname[30];                /*演唱者*/
}REC;
void main()
{
    REC song[N],t;
    int M,N,i;
    char ch;
    FILE *fsource,*farget;
    fsource=fopen("song.txt","w+");
    farget=fopen("Newsong.txt","w");
    if(fsource==NULL||farget==NULL)
    {
        printf("打开文件出错，按任意键返回！\n");
        getch();
        exit(1);
    }
    for(i=0;i<N;i++)
    {
```

```
        printf("\n 第%d 首歌的信息:\n",i+1);
        printf("\n 歌名:");
        gets(song[i].sname);
        printf("\n 演唱者:");
        gets(song[i].pname);
        fwrite(&song[i],sizeof(REC),1,fsource);
        fputc('\n',fsource);                /*写一个回车换行*/
    }
    rewind(fsource);                        /*回到文件开始*/
    while(fread(&t,sizeof(REC),1,fsource)!=NULL)
    {
        fgetc(fsource);                     /*读完回车换行*/
        M=strlen(t.sname);                  /*歌名实际长度*/
        N=strlen(t.pname);                  /*演唱者实际长度*/
        fprintf(farget,"%d",M);             /*向文件中写歌名长度*/
        fprintf(farget,"%d",N);             /*向文件中写演唱者长度*/
        fwrite(&t.sname,M,1,farget);        /*向文件中写歌名*/
        fwrite(&t.pname,N,1,farget);        /*向文件中写演唱者*/
        fputc('\n',farget);                 /*写一个回车换行*/
    }
    fclose(fsource);
    fclose(farget);
}
```

## 7.3.5 文件的随机读写

前面介绍的文件读写方式都是顺序读写,即读写文件只能从头开始,顺序读写各个数据。但在实际问题中常要求只读写文件中某一指定的部分。为了解决这个问题,可移动文件内部的位置指针到需要读写的位置,再进行读写,这种读写称为随机读写。实现文件随机读写的关键是按要求移动位置指针,这称为文件的定位。

### 1. 函数 rewind( )

函数原型:

```
    void rewind(FILE *fp);
```

功能:将文件内部的位置指针移到文件的开始位置。

【例 7.10】 实现在已存在的指定文件末尾追加一个可带空格的字符串。

```
    #include<stdio.h>
    #include<stdlib.h>
    void main()
    {
```

```
    FILE *fp;
    char ch,str[20];
    fp=fopen("string.txt","at+");          /*以追加方式打开文件*/
    if(fp==NULL)
    {
        printf("不能打开此文件，按任意键退出!");
        getch();
        exit(1);
    }
    printf("请输入一个字符串:\n");
    gets(str);
    fwrite(str,strlen(str),1,fp);          /*将数组 str 中的字符串写入文件中*/
    rewind(fp);                            /*将文件指针 fp 重新移回文件首部*/
    ch=fgetc(fp);
    while(ch!=EOF)
    {
        putchar(ch);
        ch=fgetc(fp);
    }
    printf("\n");
    fclose(fp);
}
```

分析：本例要求在指定文件末尾追加字符串，因此，首先以追加读写文本文件的方式打开文件 string；然后输入可带空格的字符串，并用 fwrite( )函数把该字符串写入文件 string.txt 末尾；最后用 rewind( )函数把文件内部位置指针移到文件首部，进入循环逐个显示当前文件中的全部内容。

### 2. 函数 fseek( )

函数原型：

```
    int fseek(FILE *fp，long offset，int whence);
```

功能：文件指针由 whence 地址移到 offset 的地址。

例如：读取文件中第 n 个记录的数据。

```
    rewind(fp);
    fseek(fp,sizeof(struct stu)*n,0);
    fread(&student,sizeof(struct stu),1,fp);
```

其意义是把文件指针由 0 地址往后移 sizeof(struct stu)*n 地址，即表示文件指针后移 n 个数据记录的地址，读出当前文件指针所指的数据给 student。

又如：更新文件中第 n 个记录的数据。

```
    rewind(fp);
    fseek(fp,sizeof(struct stu)*n,0);
```

```
        fwrite(&student,sizeof(struct stu),1,fp);
```

其意义是把文件指针由 0 地址后移 n 个数据记录的地址，将 student 中的数据写入当前文件指针所指的数据记录中。

**【例 7.11】** 从例 7.7 中的 class_list.txt 学生文件中读出第二个学生的数据。

```
#include<stdio.h>
#include<stdlib.h>
struct stu
{
    char num[20];
    char name[40];
    char sex[5];
}q;
void main()
{
    FILE *fp;
    int i=1;
    printf("\n 输入该班的数据:\n");
    fp=fopen("class_list.txt","rt");
    if(fp==NULL)
    {
        printf("不能打开此文件，按任意键退出!");
        getch();
        exit(1);
    }
    fseek(fp,i*sizeof(struct stu),0);
    fread(&q,sizeof(struct stu),1,fp);
    printf("\n 该班第二个学生的数据信息为: ");
    printf("\n\n 姓名 学号  年龄   地址\n");
    printf("%s %s %s\n",q.num,q.name,q.sex);
}
```

分析：文件 class_list 已由例 7.7 的程序建立，本程序用随机读出的方法读出第二个学生的数据。程序中定义 q 为 stu 类型的结构体变量，以读文本文件方式打开文件，程序第 18 行移动文件位置指针。其中的 i 值为 1，表示从文件头开始移动一个 stu 类型的长度，然后再读出的数据，即为第二个学生的数据。

### 3. 函数 ftell( )

函数 ftell() 的作用是得到流式文件的当前位置，用相对于文件开头的位移量来表示。由于文件中的位置指针经常移动，人们往往不容易知道其当前位置。用 fell 函数可以得到当前位置。如果 ftell 函数返回值为 −1L，则表示出错。例如：

```
        i=ftell(fp);
```

```
if(i==-1L)   printf("Error!\n");
```

变量 i 存放在当前位置，如调用函数出错(如不存在此文件)，则输出"Error!"。

### 4．其他读写函数

大多数 C 编译系统都提供另外两个函数：putw 和 getw，用来对磁盘文件读一些字(整数)。例如：

```
putw(10,fp);
```

它的作用是将整数 10 输出到 fp 指向的文件。

例如：

```
i=getw(fp);
```

它的作用是从磁盘文件读一个整数到内存，赋给整型变量 i。

如果所用的 C 编译的库函数中不包括 putw 和 getw 函数，可以自己定义这两个函数。putw 函数如下：

```
putw(int i,FILE *fp)
{
    char *s;
    s=&i;
    putc(s[0],fp);
    putc(s[1],fp);
    return(i);
}
```

当调用 putw 函数时，如果用"putw(10,fp);"语句，形参 i 得到实参传来的值 10，在 putw 函数中将 i 的地址赋予指针变量 s，而 s 是指向字符变量的指针变量，所以 s 指向 i 的第 1 个字节，s+1 指向 i 的第 2 个字节。由于*(s+0)就是 s[0]，*(s+1)就是 s[1]，因此 s[0]、s[1]分别对应 i 的第 1 个字节和第 2 个字节。顺序输出 s[0]、s[1]，就相当于输出了 i 的两个字节中的内容。

getw 函数如下：

```
getw(FILE *fp)
{
    char *s;
    int i;
    s=&i;
    s[0]=getc(fp);
    s[1]=getc(fp);
    return(i);
}
```

putw 和 getw 并不是 ANSI C 标准定义的函数。但许多 C 编译系统都提供这两个函数，不过有的 C 编译系统可能不以 putw 和 getw 命名两函数，而用其他函数名，请读者使用时注意。

## 7.3.6 出错检查

C 语言中常用文件检测函数来检查输入/输出函数调用中的错误。通常这些函数有以下几个。

### 1. 函数 feof( )

函数原型:

```
int feof(FILE *fp);
```

功能:判断文件指针 fp 是否处于文件结束位置,若文件结束,则返回值为 1,否则为 0。

【例 7.12】 将例 7.8 改为如下程序段。

```c
#include<stdio.h>
#include<stdlib.h>
#define N 30
struct stu
{
    char num[20];
    char name[40];
    char sex[5];
}class[N];
void main()
{
    FILE *fp;
    int i;
    printf("\n 输入该班的数据:\n");
    fp=fopen("class_list.txt","wt");
    if(fp==NULL)
    {
        printf("不能打开此文件,按任意键退出!");
        getch();
        exit(1);
    }
    for(i=0;i<N;i++)
    {
        printf("\n 第%d 个人的信息:\n",i+1);
        printf("\n 学号:");
        gets(class[i].num);
        printf("\n 姓名:");
        gets(class[i].name);
        printf("\n 性别:");
```

```
        gets(class[i].sex);
        fwrite(&class[i],sizeof(struct stu),1,fp);
    }
    fclose(fp);
    fp=fopen("class_list.txt","rt");
    printf("该班数据为: \n");
    printf("学号   姓名 性别\n");
    i=0;
    while(!feof(fp))
    {
        fread(&class[i],sizeof(struct stu),1,fp);
        printf("%s %s %s\n",class[i].num,class[i].name,class[i].sex);
        i++;
    }
    fclose(fp);
}
```

### 2. 函数 ferror( )

函数原型:

```
int ferror(FILE *fp);
```

功能: 检查文件在用各种输入/输出函数进行读写时是否出错。如果 ferror 返回值为 0 则表示未出错, 否则表示有错。

注意: 对同一个文件每一次调用输入/输出函数, 均产生一个新的 ferror 函数值, 因此, 应当在执行 fopen 函数时, ferror 函数的初始值自动置 0。

### 3. 函数 clearerr( )

函数原型:

```
int clearerr(FILE *fp);
```

功能: 用于清除出错标志和文件结束标志, 使它们为 0 值。假设在调用一个输入/输出函数时出现错误, ferror 函数值为一个非 0 值。在调用 clearerr(fp)后, ferror(fp)的值变为 0。

只要出现错误标志, 就会一直保留, 直到对同一文件调用 clearerr 函数或 rewind 函数, 或任何其他一个输入/输出函数。

## 7.4　系统输入/输出函数

系统输入/输出函数, 或称低级 I/O 函数, 在内存访问数据并不提供缓冲区, 因此只要一有数据需要做访问操作时, 便直接向磁盘作 Disk I/O。此类文件函数的优点是不必占用内存空间作为缓冲区, 直接向磁盘的数据文件进行读写的操作, 如果不幸死机, 只会影响目前正在读写的数据。其缺点就是数据访问时会造成磁盘 I/O 次数太过频繁, 而影响程序运行的速度, 而且此类函数以文件描述字来代替文件指针, 且不提供格式化的处理功能。

具体函数可参见附录 4 "C 语言的库函数"，在实际使用时要包含在 io.h 头文件中。

由于现行的 C 语言版本基本使用的都是缓冲文件系统，见表 7.2，即标准输入/输出函数。所以，关于非缓冲文件系统的系统输入/输出函数，在这里就不再详细介绍。

**表 7.2　常用的缓冲文件系统函数**

| 分　类 | 函数名 | 功　　能 |
|--------|--------|----------|
| 打开文件 | fopen( ) | 打开文件 |
| 关闭文件 | fclose( ) | 关闭文件 |
| 文件定位 | fseek( ) | 改变文件位置的指针位置 |
| | rewind( ) | 使文件位置指针重新置于文件开头 |
| | ftell( ) | 返回文件位置指针的当前值 |
| 文件读写 | fgetc( ),getc( ) | 从指定文件取得一个字符 |
| | fputc( ),putc( ) | 把字符输出到指定文件 |
| | fgets( ) | 从指定文件读取字符串 |
| | fputs( ) | 把字符串输出到指定文件 |
| | getw( ) | 从指定文件读取一个字(int 型) |
| | putw( ) | 把一个字(int 型)输出到指定文件 |
| | fread( ) | 从指定文件中读取数据项 |
| | fwrite( ) | 把数据项写到指定文件 |
| | fscanf( ) | 从指定文件按格式输入数据 |
| | fprintf( ) | 按指定格式将数据写到指定文件中 |
| 文件状态 | fputs( ) | 把字符串输出到指定文件 |
| | getw( ) | 从指定文件读取一个字(int 型) |

# 习　题　7

7.1　单选题。

(1) 如果要打开 E 盘上 user 子目录下名为 test.txt 的文本文件进行读写操作，下面符合要求的函数调用是(　　)。

　　A．fopen("E:\user\test.txt","r");

　　B．fopen("E:\\user\\test.txt", "r+");

　　C．fopen("E:\user\test.txt","rb");

　　D．fopen("E:\\user\\test.txt", "w");

(2) 下面程序执行后,文件 test.txt 中的内容是(　　)。

```
#include<stdio.h>
void fun(char *filename,char *str)
{
    FILE *fp;
    int i;
```

```
        fp=fopen(filename,"w");
        for(i=0;i<strlen(str);i++)
            fputc(str[i],fp);
        fclose(fp);
    }
    void main()
    {
        fun("test.txt","new world");
        fun("test.txt","hello");
    }
```

A．new world　　　　　　　　　B．hello,world
C．hello　　　　　　　　　　　　D．new worldhello

(3) 在 C 程序中,可以将整型数以二进制形式存放到文件中的函数是(　　　)。

A．fwrite()　　　　B．fprintf()　　　　C．fread()　　　　D．fputc()

(4) C 语言可以处理的文件类型是(　　　)。

A．数据文件和二进制文件　　　　B．文本文件、二进制文件和数据文件
C．文本文件和数据文件　　　　　D．文本文件和二进制文件

(5) 当顺利执行了文件关闭操作时，fclose 函数的返回值是(　　　)。

A．TRUE　　　　B．−1　　　　C．0　　　　D．1

(6) 若用 fopen()函数打开一个新的二进制文件，该文件可以读也可以写，则文件的打开方式是(　　　)。

A．"ab+"　　　　B．"wb+"　　　　C．"rb+"　　　　D．"ab"

(7) 使用 fseek()函数可以实现的操作是(　　　)。

A．改变文件位置指针的当前位置　　　B．文件的顺序读写
C．文件的随机读写　　　　　　　　　D．以上都不是

(8) 当已存在一个 test.txt 文件时，执行函数 fopen("test.txt","r+")的功能是(　　　)。

A．打开 test.txt 文件，只能读取原有内容，但不能写数据
B．打开 test.txt 文件，只能写入数据，但不能读取数据
C．打开 test.txt 文件，覆盖原有的内容
D．打开 test.txt 文件，可以读取和写入新的内容

(9) 已知函数的调用形式：fread(buffer,size,count,fp);其中，buffer 代表的是(　　　)。

A．一个存储区，存放要读入的数据项
B．一个指针，指向要存放读入数据的地址
C．一个整型变量，代表要读入的数据项总和
D．一个文件指针，指向要读入的文件

(10) 使用 fgetc()函数，则文件的打开方式必须是(　　　)。

A．读或读写　　　B．只写　　　C．追加　　　D．追加或读

7.2　什么是文件类型指针？它在文件处理中的作用是什么？

7.3　程序中对文件操作的基本步骤是什么？

7.4 对文件的打开与关闭的含义是什么？为什么要打开和关闭文件？

7.5 试举例说明在什么情况下打开文件操作可能出错，忘记关闭文件为什么可能造成数据的丢失。

7.6 编写一个比较两个文件内容是否相同的程序，若相同，则显示"compare ok"，否则显示"not equal"。

7.7 从键盘上输入一行字符，将其中的大写字母全部转换为小写字母，然后输出到一个磁盘文件中保存。

7.8 设计一个程序，可以将一个 ASCII 码文件连接在另一个 ASCII 码文件之后。

7.9 有 5 个学生，每个学生有 3 门课的成绩，从键盘输入数据(包括学号、姓名、三门课成绩)，计算出平均成绩，将原有数据和计算出的平均分数存放在磁盘文件"stu_list"中。

7.10 将上题"stu_list"文件中的学生数据，按平均分进行排序处理，将已排序的学生数据存入一个新文件"stu_sort"中。

7.11 将上题已排序的学生成绩文件进行插入处理。插入一个学生的 3 门课成绩，程序先计算新插入学生的平均成绩，然后将它按成绩高低顺序插入，插入后建立一个新文件。

7.12 将一个 C 语言的源程序文件删去注释信息后输出。

# 第 8 章
# C++面向对象程序设计

　　程序设计语言是任何计算机进行信息交流的工具。自 20 世纪 40 年代计算机诞生以来，程序设计语言随着计算机技术的发展不断换代，有机器语言、汇编语言、高级语言。本书前 7 章所讲述的 C 语言，是结构化和模块化语言，是面向过程的高级语言。C 程序的设计者必须细致地设计程序中的每一个细节，准确地考虑到程序运行时每一时刻发生的事情，如各个变量的值是如何变化的，什么时候应该进行哪些输入，在屏幕上应该输出什么等。这样，在处理小规模程序时，程序员用 C 语言就比较得心应手；但当问题比较复杂、规模比较大时，程序员便会感到力不从心。因此，在 20 世纪 80 年代提出了面向对象程序设计(Object-Oriented Programming，OOP)。在这种情况下，C++也应运而生。

　　本章将首先介绍面向对象程序设计的基本概念(数据封装、继承、多态性)，其次较详细地介绍面向对象程序设计语言 C++的编程规则和特点，目的是让读者在学习完面向过程的程序设计语言之后，对第四代计算机编程语言——面向对象程序设计语言有所了解，激发读者学习编程的热情，起到抛砖引玉的作用。

## 8.1　面向对象程序设计

### 8.1.1　面向对象程序设计产生的背景

　　在第 1 章中介绍了程序设计语言的发展历史，第四代面向对象程序设计语言主要是对第二、三代程序设计语言进行了发展。第二代语言采用结构化程序设计(Structured Programming，简称 SP 模式)。SP 模式解决问题的思路是：首先要解决的问题是确定一个算法，然后为算法构造适当的数据结构，最后在计算机上具体实现，即

程序 = 算法 + 数据结构

　　算法是一个独立的整体，数据结构(包含数据类型与数据)也是一个独立的整体，两者分开设计，以算法(函数或过程)为主，如图 8.1 所示。

　　面向过程的设计方法存在一些固有的问题，主要表现在以下几点：

　　(1) 由于实现算法所定义的数据同数据的操作方法是分开的，不符合人们对现实世界的认识，因而产生了功能和数据的相容性不一致的问题。

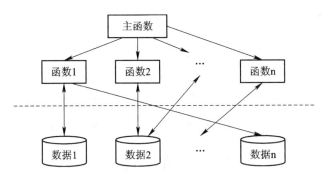

图 8.1　算法与数据结构的关系

(2) SP 模式这种自顶向下的设计方法，不能使新软件程序对已有软件程序中重复性的代码直接引用，降低了开发效率，导致最后开发出来的系统难以维护，无法实现程序的可重用性。

(3) 基于模块的设计方式，导致软件维护和修改困难重重。

正是由于 SP 模式暴露的缺点越来越多，因此面向对象程序设计应运而生。软件系统的开发也由第二、三代的结构化程序设计方法("算法＋数据结构")向着第四代的面向对象的程序设计方法("对象＋类＋继承＋通信")改进。面向对象的程序设计方法将数据和处理这些数据的算法函数封装在一个类中。使用类的变量称为对象，对象最终通过类实例化。

面向对象的程序设计吸取了结构化程序设计的精华，提出了一些全新的概念，如类、封装、继承和多态性等，是一种全新的软件开发技术。与传统的面向过程的程序设计相比，面向对象的设计方法的优点主要表现在以下几点：

(1) 面向对象的程序易于阅读和理解，程序的可维护性好。

(2) 程序易于修改，可通过添加或删除对象来完成。

(3) 可重用性好，可以随时将保存的类和对象插入到应用程序中。

## 8.1.2　类(class)和对象(object)

对象为认识世界的基本单元，如一个人、一次运动会、一支笔。每一个对象作为现实世界的一个实体，有自己独特的名字、特征和一组操作(每一个操作决定对象的一种行为)。而类是对一组具有共同的属性特征和行为特征的对象的抽象，如由一个个的人构成了人类。所以说，类是对多个对象进行抽象的结果，而对象是类的个体实物。例如：

小刚是一个对象。

对象名：小刚。

对象的属性：

　　　　性别：男

　　　　年龄：20

　　　　班级：大一计算机系 3 班

对象的操作：

　　　　做早操

上课

吃饭

一个个像小刚这样的学生就构成了学生类。

以面向对象程序设计的观点来看，一个对象是由描述其属性的数据和定义在其上面的一组操作组成的实体，是数据单元和过程单元的组合体。类是对一组对象的抽象，这组对象具有相同的属性结构和操作行为，在对象所属的类中要说明这些结构和行为。类是创建对象的样板，有了类才可以创建对象。

因此，类只有一个，而类的实例——对象，可以有无数个，并且对象是可以被创建和销毁的。

定义一个类的语法格式如下：

```
class   类名
{
    private:
        私有成员数据及函数;
    protected:
        保护成员数据及函数;
    public:
        公共成员数据及函数;
};
```

其中，class 是定义类的关键字，后面的类名是用户自定义的。类中的数据和函数是类的成员。一个类中可以有三种不同性质的成员(private、protected、public)。如果类中成员不做 private、public 声明，系统将其默认为 private。类中三种成员的特性如下：

(1) private 私有成员只允许本类的成员函数访问，而类外部的任何访问都是非法的。一般一个类的数据成员都声明为私有成员。该类的派生类成员函数不能访问它们。

(2) protected 保护成员和私有成员的性质类似，两者的差别是在继承过程中对产生的新类影响不同。该类的派生类成员函数可以访问它们。

(3) public 公共成员可以被程序中的任何代码访问，类似于一个外部接口。

定义好类之后，就可以定义类的对象，定义格式如下：

```
类名   对象名表;
```

类的成员函数可以在类的内部定义，也可以在类的外部定义。如果类的成员函数定义在类的外部，则定义成员函数时必须把类名放到函数前，且中间用"::"作用域运算符隔开，定义格式如下：

```
类名::成员函数
```

【例 8.1】  建立一个矩形对象，输出矩形的面积。

```
#include <iostream.h>
class rect
{
private:
    float len;
```

```
        float width;
        float area;
    public:
        rect(float x,float y);              //声明构造函数
        void cal_area();                    //声明成员函数
    };
    rect::rect(float x,float y)             //定义构造函数
    {
        len=x;
        width=y;
    }
    void rect::cal_area()                   //定义成员函数，计算面积并输出
    {
        area=len*width;
        cout<<"area is "<<area<<endl;
    }
    void main()
    {
        rect    rectangle(14,20);           //定义对象，并自动执行构造函数
        rectangle.cal_area();               //从对象外面调用 cal_area 函数
    }
```

程序的运行结果：

　　area　is　280

**注意：** 例 8.1 是采用面向对象语言 C++来实现的。

## 8.1.3　构造函数和析构函数

在建立对象时，常需要做某种初始化工作；当函数结束或程序结束时，常要释放分配给对象的存储空间。因此，C++提供了两种重要的函数：构造函数(constructor)和析构函数(destructor)。

(1) 构造函数是一种特殊的成员函数，用来为对象分配内存空间，以及对类的数据成员进行初始化。构造函数由用户自定义，必须和类名同名，以便系统能识别它，并自动调用它，详见例 8.1。

(2) 析构函数名也应该与类名相同，只是在函数名前加一个波浪符号"~"。如果一个类中含有析构函数，则在删除该类的对象时系统会自动调用它，用来释放分配给对象的存储空间。析构函数不允许有返回值，且不能带任何参数。析构函数不能重载，因此一个类中只能有一个析构函数。如果用户没有编写析构函数，则系统自动生成一个缺省的析构函数，但不进行任何操作。

### 8.1.4 继承

学习优秀文化
传承传统美德

继承是面向对象程序设计的一个重要特性,它允许在已有类的基础上创建新的类。新类可以从一个或多个已有类中继承函数和数据,而且可以重新定义或加进新的数据和函数。因此,新类不但可以共享原有类的属性,而且也具有新的特性,这样就形成了类的层次或等级。

我们可以让一个类拥有全部属性,还可以通过继承让另一个类继承它的全部属性。被继承的类称为基类或者父类,而继承的类或者说派生出来的新类称为派生类或者子类。

对于一个派生类,如果只有一个基类,则称为单继承;如果同时有多个基类,则称为多重继承。单继承可以看成是多重继承的一个最简单特例,而多重继承可以看成是多个单继承的组合。

图 8.2(a)是单继承,运输汽车类和专用汽车类就是从汽车类中派生而来的;图 8.2(b)则是多继承,孩子类从母亲类和父亲类两个类综合派生而来。

(a) 单继承　　　　　　　　　　　(b) 多继承

图 8.2　单继承与多继承

### 8.1.5 多态性

一种语言如果不支持多态性,此语言就不能称为面向对象的程序设计语言。那么,什么是多态性呢?多态性(polymorphism)一词来源于希腊,从字面上理解,poly 表示多的意思,morphism 意为形态,即 many forms,是指同一种事物具有多种形态。在自然语言中,多态性是"一词多义",是指相同的动词作用到不同类型的对象上。例如,驾驶摩托车、驾驶汽车、驾驶飞机、驾驶轮船、驾驶火车等,这些行为都具有相同的动作——驾驶,虽然它们各自作用的对象不同,其具体的驾驶动作也不同,但是都表达了同样的一种含义——驾驶交通工具。试想,如果用不同的动词来表达"驾驶"这一含义,那将会在使用中产生很多麻烦。

简单地说,多态性是指类中具有相似功能的不同函数使用同一名称,从而可用相同的调用方式达到调用不同功能的同名函数的效果。在面向对象的程序设计语言中,多态性是指在不同对象接收到相同的消息时产生不同的响应动作,即对应相同的函数名,却执行不同的函数体,从而用同样的接口去访问功能不同的函数,实现"一个接口,多种方法"。

例如,两个数比较大小。我们虽然可以针对不同的数据类型(整型、浮点数、双精度数),写出多个不同名称的函数来实现。但事实上,由于它们的功能几乎完全相同,因此可以利用多态性来完成此功能,程序如下:

```
int   Max( int i, int j)
{
```

```
        return i>j ? i : j;
    }
    float   Max( float i,  float j)
    {
        return i >j ? i : j;
    }
```

此刻，如果 2、7 或 4.3、5.8 比较大小，那么，Max(2，7)和 Max(4.3，5.8)被调用时，编译器会自动判断出应该调用哪一个函数。

由此可以看到，在面向对象的方法中，对一个类似的操作，使用相同消息的能力与求解问题中人的思维模式是一致的。当人们在处理问题时，不需要涉及具体的数据结构和类型，只需着重于揭示系统的逻辑合理性，从而使问题的分析和设计能站在较高的层面上进行。因此，简化了处理问题的复杂度，使问题的解法具有良好的可扩充性。

在面向对象的语言中，多态性的实现与编联这一概念密不可分。所谓编联(binding，又称绑定或装配)，是将一个标识符名和一个存储地址联系在一起。一个源程序经过编译、连接，最后生成可执行的代码，就是将执行代码编联在一起的过程。例如，把函数的名字和其具体的实现代码相关联，当调用函数时可以通过使用不同的参数个数或者不同的参数类型，实现在不同情况下对不同函数体的调用，从而达到多态的目的。

一般而言，编联方式有两种：静态编联(static binding)和动态编联(dynamic binding)。静态编联是指编联在一个源程序成为可执行文件这个过程中的编译阶段完成，即编联过程是在程序运行之前完成的，故又称为前期编联或早期编联(early binding)。动态编联是指编联在一个源程序成为可执行文件这个过程中的程序执行阶段完成，即编联过程是在程序运行时才动态完成的，故又称为晚期编联或后期编联(late binding)。

传统的程序设计语言大多在编译时进行编联，因为它是在程序运行之前进行的，所以称为静态编联。静态编联要求在程序编译时就知道调用函数的全部信息。因此，静态编联类型的函数调用速度快、效率高。

在面向对象的语言中，编联是把一条消息和一个对象的方法相结合，而这种结合是对象首先接收消息，然后把方法和消息结合在一起。由于在面向对象的方法中，处理消息的方法常常存储在高层的类中，直到程序运行时才确定调用函数的全部信息，因此，面向对象语言提供了更好的灵活性、问题的抽象性和程序的易维护性。当然，为了这种好处也付出一定的代价，如执行速度慢、会发生在动态运行时才出现的消息与方法的类型不匹配而产生错误等问题。纯面向对象语言(VC、Java、C#等)完全采用动态编联的方式。C++采取了一个折中的方法，在编译时能确定的信息就用静态编联，而不能确定的信息则用动态编联。这一措施大大加快了程序的运行速度，同时也提升了程序的灵活性和运行效率。

## 8.2　C++ 语言

C++语言继承了 C 语言原有的精髓，如效率高、灵活性好等，同时增加了对开发大型软件颇为有效的面向对象机制，弥补了 C 语言代码复用支持不力的缺陷。C++语言不但可

用于表现过程模型，也可用于表现对象模型。因为学好 C++语言更容易触类旁通学习其他
编程语言，所以 C++语言架起了通向强大、易用、真正的软件开发应用的桥梁，从而使人
们对 C++语言的兴趣越来越浓。目前，C++语言已经成为众多程序设计语言的首选之一。
本节将主要介绍 C++对 C 功能的扩充。

## 8.2.1　C++语言的特点

C++语言不但继承了 C 语言的优点，而且具有面向对象的独到的特点，主要表现在以
下几点：

(1) C++语言保持与 C 语言兼容，C 语言程序中的表达式、语句、函数和程序的组织
方法等在 C++语言程序中仍可以使用，许多 C 语言代码不经修改就可以为 C++语言所用，
用 C 语言编写的众多库函数均可用于 C++语言程序中。

(2) 用 C++语言编写的程序可读性更好，代码结构更为合理，可直接地在程序中映射
问题空间的结构。

(3) C++语言生成代码的质量高，运行效率仅比汇编语言的运行效率慢 10%～20%。

(4) C++语言支持面向对象的机制(包括对象所有的特性，如封装等)，提供继承机制，
可方便地构造和模拟现实问题的实体，并对其进行操作。

总之，面向对象开发软件的方式比面向过程开发软件的方式有了较大的提高，从而使
大中型的程序开发变得更加容易。

## 8.2.2　输出流(cout)和输入流(cin)

C 语言的编译系统对输入(输出)函数缺乏类型检查机制。在 C 语言中，输入(输出)函数
的格式控制符的个数或类型与输入项地址表(输出项表)中参数的个数或类型不相同，编译
时不会出错，但运行时不能得到正确的结果，或程序出错不能继续执行。

C++语言除了可以利用 C 语言中的输入/输出函数进行数据的输入和输出外，还增加了
标准的输入流 cin 和标准的输出流 cout，它们是在头文件 iostream 中定义的。cin 和 cout
是预先定义的流对象，分别代表标准的输入设备(键盘)和标准的输出设备(显示器)。

### 1. 输出流 cout

输出函数语法如下：

　　cout<<变量 1<<变量 2<<变量 3<<…<<变量 n;

运算符“<<”用来将内存中的数据或常量插入到输出流 cout，也就是输出在标准输出
设备上，以便用户查看。在 C++中，这种输出操作称为插入(inserting)或放到(putting)，因
此运算符“<<”通常称为插入运算符。

【例 8.2】　不同数据类型数据的输出。

```
#include <iostream.h>
void main()
{
    int a=10;
    float b=5.5;
```

```
            char ch='A';
            char string[10]="Hello!";
            cout<<"a="<<a<<",b="<<b<<endl;
            cout<<"char is "<<ch<<endl;
            cout<<"string is "<<string<<endl;
        }
```

程序的运行结果：

```
        a=10,b=5.5
        char is A
        string is Hello!
```

说明：

(1) cout 函数的输出数据可以是整数、实数、字符和字符串，不需要在本语句中指定数据类型(用 printf 函数输出时要指定输出格式符，如%d、%c 等)。

(2) 插入运算符"<<"的后面可以跟一个要输出的常量、变量、转义字符及表达式等。

(3) 插入运算符"<<"的结合方向为自左向右，因此各输出项按自左向右的顺序插入到输出流中。

(4) 程序中的 endl(含义是 end of line)代表回车换行操作，作用与\n 相同。

(5) 每输出一项要用一个插入运算符"<<"。因此，程序中的第一条输出行不能写成：

```
        cout<<"a=", a, ",b=",b,<<endl;
```

### 2．输入流 cin

输入函数语法如下：

```
        cin>>变量 1>>变量 2>>变量 3>>…>>变量 n;
```

运算符">>"用来从输入设备取得数据送到输入流 cin 中，然后送到内存变量中。在 C++中，这种输入操作称为提取(extracting)或得到(getting)，因此运算符">>"通常称为提取运算符。

【例 8.3】　不同数据类型数据的输入。

```
        #include <iostream.h>
        void main()
        {
            int a;
            float b;
            char ch;
            char string[10];
            cin>>a>>b>>ch>>string;
        }
```

若从键盘输入：

```
        10   5.5   A   Hello! (数据间以空格分隔)
```

则变量 a 的值是 10，变量 b 的值是 5.5，变量 ch 的值是'A'，字符串 string 的值是"Hello!"。

说明：

(1) 用 cin 函数输入数据时，同样不需要在本语句中指定数据类型(用 scanf 函数输入时要指定输入格式符，如%d、%c 等)。

(2) 提取运算符"＞＞"后面除了变量名外不得有其他数字、字符串或字符，否则系统会报错。例如：

```
cin>>"x=">>x;        /*错误，因为含有字符串"x="*/
cin>>'x'>>x;         /*错误，因为含有字符'x'*/
cin>>x>>10;          /*错误，因为含有常量 10*/
```

每输入一项要用一个提取运算符"＞＞"。因此，程序中的输入行不能写成：

```
cin>>a, b, ch, string;
```

### 3．格式控制符

C++语言为输入、输出流提供了格式控制符(manipulator)，要在程序中使用这些流的控制符，必须在程序前添加头文件#include <iomanip.h>。输入、输出流的常用控制符及其功能如表 8.1 所示。

表 8.1　输入、输出流的常用控制符及其功能

| 控 制 符 | 功　能 |
|---|---|
| dec | 十进制输出 |
| hex | 十六进制输出，默认为十进制输出 |
| oct | 八进制输出 |
| setw(n) | 设置域宽为 n 个字符 |
| setfill(c) | 在给定的输出域宽内填充字符 c |
| setprecision(n) | 设置显示小数精度为 n 位 |
| setiosflags(ios::fixed) | 输出数据以固定的浮点显示 |
| setiosflags(ios::scientific) | 输出数据以指数显示 |
| setiosflags(ios::left) | 输出数据左对齐，默认为右对齐 |
| setiosflags(ios::right) | 输出数据右对齐 |
| setiosflags(ios::skipws) | 忽略前导空白格 |
| setiosflags(ios::uppercase) | 十六进制大写输出 |
| setiosflags(ios::lowercase) | 十六进制小写输出 |

【例 8.4】　不同数据类型数据的格式控制符。

```
#include <iostream.h>
#include <iomanip.h>
void main()
{
    int a,b;
    float x;
    char str[10];
    cout<<"Please input the a,b,x:";
```

```
    cin>>a>>b>>x;
    cout<<"Please input str:";
    cin>>setw(5)>>str;        /* str 的值为"abcd"，因为结束标志'\0'占输入格式的一个域宽 */
    cout<<setfill('*');
    cout<<"a="<<setw(5)<<a<<",b="<<b<<endl;
    cout<<"x="<<setiosflags(ios::fixed)<<x<<endl;
    cout<<"x="<<setiosflags(ios::scientific)<<x<<endl;
    cout<<"string is "<<setw(8)<<str<<endl;
}
```

程序的运行结果：

```
Please input the a,b,x:1□2□123.25↙
Please input str:abcdefg↙
a=****1,b=2
x=123.250000
x=123.25
string is ****abcd
```

**注意：**

(1) 一旦使用 hex 或 oct 设置成某种进制计数制后，数据输出就以该数值为主，可以利用 dec 将数值重新设置为十进制。

(2) 函数 setw(n)括号中的 n 必须是一个给定的正整数或值为正整数的表达式。

(3) 函数 setw(n)域宽设置仅对其后的一个输出项有效。一旦按设定的宽度输出其后的一个数据，程序就会回到系统的默认输出方式。若在一条输出语句中要输出多个数据，且保持相同的格式宽度，则需在每一个输出项前加 setw(n)函数进行设置。

(4) 函数 setw(n)域宽设置中，如果 n 大于输出数据的实际位数，则输出时前面补足空格；如果 n 小于输出数据实际位数，则按实际位数输出。

(5) 函数 setfill(c)对所有被输出的数据均起作用。

由以上可知，C++语言的输入、输出不再需要对变量类型加以说明，比 C 语言的输入、输出简单易用。关于变量的类型，系统会自动识别，这一点是利用面向对象的重载技术实现的。

## 8.2.3　函数内联(inline)

### 1. 内联的概念

在传统的 C 语言中，调用函数的时候，系统要将程序当前的状态信息、断点信息保存到堆栈中，同时转到被调函数的代码处执行，这样参数的保存和恢复都需要系统时间和空间的开销，从而使程序的执行效率降低了。特别是对于那些代码较短而又频繁调用的函数，严重影响了程序的执行效率。

在 C++语言中引入了内联函数，即在使用内联函数时，C++语言的编译器直接将被调函数的函数体中的代码插入到调用该函数的语句处，在程序运行过程中不再进行函数调用和返回，从而取消了函数调用和返回的系统开销，提高了程序的执行效率。内联函数定义的语法形式如下：

```
inline   类型名   函数名(形参类型说明表)
{
}
```

指定内联函数的方法很简单，只需要在函数首部左端加一个关键字 inline 即可。

### 2．内联函数的使用

【例8.5】 使用内联函数求平方值。

```
#include <iostream.h>
inline double sqr(double x)
{
    return   x*x;
}
void main()
{
    double x,r;
    cout<<"please input the x: ";
    cin>>x;
    r=sqr(x);
    cout<<"square of "<<x<<" = "<<r<<endl;
}
```

程序的运行结果：

```
please input the x: 2.5
square of 2.5 = 6.25
```

当编译系统遇到调用函数 sqr(x)时，可用 sqr 函数体的代码代替 sqr(x)，同时将实参代替形参，这样 r=sqr(x)就被置换为 r=x*x。

注意：

(1) 内联函数与宏定义有着相同的作用和相似的处理。但宏展开只作简单的字符替换，不做语法检查处理；内联函数除了代码替换，还对其进行语法检查等处理。

(2) 内联函数的函数体内不允许有循环语句和 switch 语句，否则按普通函数处理。

(3) 内联函数的函数体中语句不宜过长，一般在 1～5 行为宜。因为若内联函数较长，则当调用太频繁时，程序的目标代码将加长很多。

## 8.2.4  函数重载(overloading)

### 1．重载的概念

在传统的 C 语言中，函数名必须是唯一的，不允许出现同名函数的多次定义。例如，编写函数分别求两个整数、两个单精度数、两个双精度数的最大值，若采用 C 语言来编写，则必须编写 3 个函数，并且不允许同名：

```
int max_int(int a,int b);              //求两个整数的最大值
float max_float(float a,float b);      //求两个单精度数的最大值
double max_double(double a,double b);   //求两个双精度数的最大值
```

在 C++语言中，两个或两个以上的函数在定义时可以取相同的函数名，但要求函数的形参类型或个数不同，这种共享同名的函数定义称为函数重载。重载函数的意义在于：可以用一个相同的函数名访问多个功能相近的函数，编译器根据实参和形参的类型及个数找出最佳匹配的一个函数，并自动确定调用此函数。8.2.2 节中的插入运算符 "<<" 和提取运算符 ">>"，本来是左移运算符和右移运算符，可以使用重载的形式让它作为输入、输出流运算符。

## 2．函数重载的使用

【例 8.6】　编写函数求两个数的最大值，分别考虑整数、单精度数、双精度数的情况，并求三个整数的最大值。

```
#include <iostream.h>
int max(int a,int b)
{
    return   a>b ? a: b;
}
float max(float a,float b)
{
    return   a>b ? a: b;
}
double max(double a,double b)
{
    return   a>b ? a: b;
}
int max(int a,int b,int c)
{
    if(b>a)
        a=b;
    if(c>a)
        a=c;
    return a;
}
void main()
{
    int a=7,b=9,c=20;
    float x=5.6f,y=7.4f;
    double m=78.25,n=6.75;
    cout<<"the max between "<<a<<" and "<<b<<" is "<<max(a,b)<<endl;
    cout<<"the max between "<<x<<" and "<<y<<" is "<<max(x,y)<<endl;
```

```
cout<<"the max between "<<m<<" and "<<n<<" is "<<max(m,n)<<endl;
cout<<"the max in "<<a<<","<<b<<" and "<<c<<" is "<<max(a,b,c)<<endl;
}
```

程序的运行结果：

```
the max between 7 and 9 is 9
the max between 5.6 and 7.4 is 7.4
the max between 78.25 and 6.75 is 78.25
the max in 7, 9 and 20 is 20
```

在 main()函数中四次调用了 max()函数，实际上是四次调用了四个不同的重载版本，由系统根据传送的不同实参类型和个数来决定调用哪个重载函数。

**注意：**

(1) 函数重载的形参必须不同，即个数不同或类型不同。

(2) 编译器不以形参名来区分函数，也不以函数返回值来区分函数，否则会出现语法错误。例如：

```
int max(int a,int b);
void max(int x,int y);
```

(3) 应使所有的重载函数的功能相同，否则会破坏程序的可读性。

**3. 运算符重载**

C++语言所提供的运算符，包括赋值运算符(=)、算术运算符(+、−、*、/)、关系运算符(<、>、==)等，可以参与的数据类型有 int、float、char 等，均是 C++语言所规定的基本数据类型。但对于一个自定义的类型而言，若贸然使用这些运算符，则会产生错误信息。例如：

```
typedef struct
{
    float real;
    float image;
}complex;
complex    a,b,c;
c=a+b;
```

运算符重载就是对已有运算符赋予多重含义,使同一个运算符作用于不同类型的数据，导致不同类型的行为。运算符重载实质上是函数的重载，定义的语法形式如下：

```
返回值类型    operator 运算符名称( 参数类型    参数名称)
{
    运算符处理;
}
```

**【例 8.7】** 求两个复数的乘积及两个复数的和。

```
#include <iostream.h>
typedef struct
{
```

```cpp
        float real;
        float image;
}complex;
void display(complex   a)
{
        if(a.image>0)
                cout<<a.real<<"+"<<a.image<<"i"<<endl;
        else
                cout<<a.real<<"-"<<-a.image<<"i"<<endl;
}
complex operator * (complex a,complex b)
{
        complex r;
        r.real=a.real*b.real - a.image*b.image;
        r.image=a.real*b.image + a.image*b.real;
        return r;
}
complex operator + (complex a,complex b)
{
        complex r;
        r.real=a.real + b.real;
        r.image=a.image + b.image;
        return r;
}
void main()
{
        complex s1,s2,mul,sum;
        s1.real=2;  s1.image=3;
        s2.real=3;  s2.image=4;
        mul=s1*s2;
        sum=s1+s2;
        cout<<"complex s1 is: ";
        display(s1);
        cout<<"complex s2 is: ";
        display(s2);
        cout<<"the mult of complex s1 and s2 is: ";
        display(mul);
        cout<<"the sum   of complex s1 and s2 is: ";
        display(sum);
}
```

程序的运行结果：

```
complex s1 is: 2+3i
complex s2 is: 3+4i
the mult of complex s1 and s2 is: -6+17i
the sum   of complex s1 and s2 is: 5+7i
```

注意：

(1) 只能重载 C++语言中部分运算符，除了少数几个运算符( "." "*" "::" "?:" "sizeof" 等)外，均可以重载。

(2) 运算符重载后的优先级和结合性都不会改变。

(3) 一般来讲，运算符重载的功能应当与原有功能相类似，不能改变原运算符的操作对象个数，同时至少要有一个操作对象是自定义类型。

## 8.2.5　引用(reference)

### 1．引用的概念

引用是 C++语言中的一种特殊的变量类型，是对 C 语言的一个重要扩充，通常被认为是另一个已经存在的变量的别名。引用的值是相关变量的存储单元中的内容，对引用的操作实际上是对相关变量的操作。引用的定义格式如下：

　　　　基类型名　&引用变量名 = 变量名

例如：

```
int a=15,m=10;    //定义变量 a，并初始化值为 15
int &b=a;         //声明 b 是 a 的引用，即 b 是 a 的别名，使 a 或 b 的作用相同，都代表同一变量
b=20;             //给 b 赋值，使得 a 的值变为 20
b=m;              //欲使 b 变成 m 的引用(别名)是不行的，这样会导致 a 和 b 的值都变成了 10
```

注意：

(1) 在声明中，符号&是引用声明符，并不代表地址，不能理解为把 a 的地址赋给 b 的地址。

(2) 声明引用并不另辟内存单元，b 和 a 都代表同一变量单元。

(3) 在声明一个变量的引用后，在本函数执行期间，该引用一直与其代表的变量相关联，但不能再作为其他变量的引用(别名)。

引用和指针不能混淆，它们的区别如下：

(1) 引用被创建的同时必须被初始化；但指针可以在任何时候被初始化。

例如，若将以上代码改写成如下语句，则会出现错误。

```
int a=15;         //定义变量 a，并初始化值为 15
int &b;           //出错信息 error 'b' : references must be initialized
```

(2) 不能有 NULL 引用，引用必须与合法的存储单元关联；但指针可以是 NULL。

(3) 一旦引用被初始化，就不能改变引用的关系；但指针可以随时改变所指的对象。

### 2．引用的使用

C++语言之所以增加引用，主要是把它作为函数参数，以扩充函数传递数据的功能。

在 C 语言中，函数的参数传递有以下两种情况：

(1) 将变量名作为实参，这时传给形参的是变量的值。

(2) 将变量的指针作为实参，这时传给形参的是变量的地址值。

C++语言提供向函数传递数据的第三种方法，即传送变量的引用(别名)。

【例 8.8】　输入两个整数，并按从小到大的顺序输出，利用引用形参实现两个变量值的交换。

```
#include <iostream.h>
void swap(int &a,int &b)
{
        int t;
        t=a;
        a=b;
        b=t;
}
void main()
{
        int m,n;
        cout<<"Input m,n:";
        cin>>m>>n;
        if(m>n)
                swap(m,n);
        cout<<"Sorted: "<<m<<" "<<n<<endl;
}
```

程序的运行结果：

```
Input m,n: 9　5 ↙
Sorted: 5　9
```

在 swap 函数的形参表中声明变量 a 和 b 是整型的引用变量，在此处&a 并不是 a 的地址，而是指 a 是一个引用型变量。此时并没有对其初始化，即未指定它们是哪个变量的别名。当调用执行 swap(m,n)时由实参 m、n 把变量名传递给形参，此时 m 的名字传给引用变量 a，这样 a 就成了 m 的别名。同理，b 就成了 n 的别名。因此 a 和 m 代表同一个变量，b 和 n 代表同一个变量。在 swap 函数中使 a、b 的值进行交换，显然 m 和 n 的值同时也随之改变了，然后回到 main()函数。这样就通过引用传递实现了数值的交换，如图 8.3 所示。

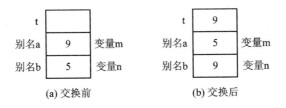

图 8.3　通过引用形参实现了 m 和 n 的交换

## 8.2.6　C++语言增加的运算符、数据类型、注释

### 1. 增加的运算符

1) 作用域运算符 "::"

在 C++语言中，可以用作用域运算符 "::" 指定变量的作用域。"::" 是一个单目运算符，其右边的操作数是一个作用于全局范围内的标识符。

【例 8.9】　利用作用域运算符输出全局变量。

```
#include <iostream.h>
int x=20;                          //全局变量
void main()
{
    float x=9.8;                   //局部变量
    cout<<"x="<<x<<endl;           //输出局部变量
    cout<<"x="<<::x<<endl;         //输出全局变量
}
```

程序的运行结果：

```
x=9.8
x=20
```

2) 动态内存分配运算符 new 和释放运算符 delete

在 C 语言中一般用 malloc()函数动态分配内存，最后用 free()函数释放所分配的内存空间。在使用 malloc()函数时，必须指定需要开辟内存空间的大小 sizeof 和强制类型转换，使其返回的指针指向具体的数据。

C++语言提供了较简便的运算符 new 和 delete 来取代 malloc 和 free 函数(为了与 C 语言兼容，仍保留 malloc 和 free 函数)。这是因为不需要使用运算符 sizeof 为不同类型的变量计算所需内存大小，而是自动为变量分配正确长度的内存空间，也不需要进行类型转换。

new 运算符的一般格式如下：

```
new    类型[初值]
```

delete 运算符的一般格式如下：

```
delete    [ ]指针变量
```

【例 8.10】　使用运算符 new 和 delete 的实例。

```
#include <iostream.h>
#include <stdlib.h>
#define N 30
typedef struct
{
    char name[20];
```

```
        int num;
        char sex;
    }student;
    void main()
    {
        student *p;
        p=new student[N];              //为指针 p 分配 N 个 student 类型的内存单元
        if(!p)
        {
            cout<<"Memory allocation failure!"<<endl;
            exit(0);
        }
        for(int i=0;i<N;i++)
        {
            p[i].num=i+1;
        }
        delete []p;                    //释放为 p 分配的内存单元
    }
```

说明：

(1) new 和 delete 是运算符，而不是函数，因此执行效率高。

(2) 运算符 delete 必须用于先前 new 分配的有效指针，不能与 malloc 函数混合使用，否则可能会引起程序运行错误。

(3) 如果要释放为数组分配的内存，就必须在指针变量前面加上一对方括号[]。

**2．增加的数据类型**

C++语言增加了一些数据类型，如 bool 类型，用来存储逻辑型数据，即逻辑常量 true 和 false，对应于逻辑的"真"和"假"。bool 型数据占用一个字节的存储空间，当为 true 时在计算机中存储的值是 1，当为 false 时则存储 0。C++语言之所以要加入 bool 类型，是为了让程序员在处理那些只用于表示"真或假""是或否"等数据时，可以用直观的 true 和 false 来表示。

## 8.2.7　C++程序的集成开发环境

C++源程序和 C 源程序一样，也要经过编写源代码、编译、连接和运行等过程。这些过程都可以在集成开发环境中完成。集成开发环境(Integrated Development Environment，IDE)是用于程序开发的应用程序，一般包括代码编辑器、资源编辑器、集成调试工具、调试器和图形用户界面工具等，可以完成创建、调试、编辑程序等操作。C++语言集成开发环境有 Visual C++、Builder C++ 等。Visual C++ 6.0 是在 Windows 平台下运行 C++语言的集成开发环境，目前使用较为广泛。其界面如图 8.4 所示。

图 8.4　Visual C++ 6.0 的集成开发环境

【例 8.11】　电子日历综合案例。编写一个程序，设计一个电子日历类，满足以下要求：

(1) 可以根据用户要求设置日期；

(2) 用年/月/日格式输出日期；

(3) 编写函数计算当前日期的下一天，并显示。

例题分析：

(1) 类的成员数据分析。由要求可知，成员数据分别有年 m_year、月 m_month、日 m_day。为了达到信息隐藏的目的，将这些成员数据均设定为 private。

(2) 类的成员函数分析。由题目要求可知，成员函数分别有：

构造函数 mydate(int a,int b,int c)；

设置日期函数 setdate(int a,int b,int c)；

显示日期函数 display()；

增加天数函数 addday()。

将以上成员函数都设置成 public，以便在类外访问它们。

(3) 在增加天数时，必须根据年的不同(是否为闰年)和月份的不同(每月的最大天数不同)来计算。因此，为了程序的可读性以及移植性，在类的成员函数中增加了一个判断闰年函数 isleap()。判断闰年的结果只有两种情况——是闰年或不是闰年，所以函数的返回类型为 bool 类型。除此之外，将其设置为 private。

代码实现：

```
#include <iostream.h>
class mydate                          //定义电子日历类
{
private:                              //设定私有数据成员年、月、日
    int m_year;
    int m_month;
```

```cpp
    int m_day;
public:
    mydate(int a,int b,int c);              //声明构造函数
    void display();                         //声明显示日期函数
    void addday();                          //声明增加天数函数
    void setdate(int a,int b,int c);        //声明设置日期函数
private:
    bool isleap();                          //声明闰年判断函数
};
void mydate::setdate(int a,int b,int c)     //定义设置日期函数
{   m_year=a;
    m_month=b;
    m_day=c;
}
mydate::mydate(int a,int b,int c)           //定义构造函数
{   setdate(a,b,c);
}
void mydate::display()                      //定义显示日期函数
{
    cout<<m_year<<"/"<<m_month<<"/"<<m_day<<endl;
}
void mydate::addday()                       //定义增加天数函数
{   bool flag;
    flag=isleap();
    if(m_month==1||m_month==3||m_month==5||m_month==7||m_month==8||m_month==10)
    {
        if(m_day==31)
        {   m_month++;      m_day=1;
        }
        else
            m_day++;
    }
    else if(m_month==4 || m_month==6 ||m_month==9 ||m_month==11)
    {   if(m_day==30)
        {   m_month++;      m_day=1;
        }
        else
            m_day++;
    }
```

```
        else if(m_month==2)
        {    if((flag && m_day==29) || (!flag && m_day==28))
            {    m_month++;    m_day=1;
            }
            else
                m_day++;
        }
        else if(m_month==12)
        {    if(m_day=31)
            {    m_year++; m_month=1;    m_day=1;
            }
            else
                m_day++;
        }
    }
    bool mydate::isleap()                    //定义闰年判断函数
    {    if(m_year%400==0)
            return true;
        else if(m_year%4==0 && m_year%100!=0)
            return true;
        else
            return false;
    }
    void main()
    {    mydate d(2013,10,31);
        int a,b,c;
        cout<<"current data(year/month/day) is: ";
        d.display();
        d.addday();
        cout<<"add one day to current date is: ";
        d.display();
        cout<<"please input data(year/month/day): ";
        cin>>a>>b>>c;
        d.setdate(a,b,c);
        d.addday();
        cout<<"after set data(year/month/day) is: ";
        d.display();
    }
```

运行结果如图 8.5 所示。

```
current data(year/month/day) is: 2013/10/31
add one day to current date is: 2013/11/1
please input data(year/month/day): 2012 2 28
after set data(year/month/dau) is: 2012/2/29
Press any key to continue
```

图 8.5　例 8.11 电子日历的运行结果

# 8.3　C# 语 言

## 8.3.1　C#语言简介

C#(读作 C Sharp)语言是 Microsoft 公司为.NET 平台引入的一种新型编程语言，它吸取了 C 语言 30 余年的过程开发经验和 C++语言 10 余年面向对象的开发经验，综合了 Visual Basic 语言高产和 C++语言底层控制能力强的特性，并继承了 Java 的优点，成为简单的、现代的、类型安全和完全面向对象的编程语言。

C#语言是 C++语言的进一步发展，对 C++语言中的语法语义进行了简化和改良。C#语言摒弃了 C++语言中函数及其参数的 const 修饰、宏替换、全局变量、全局函数等；在继承方面，采用了更安全、更容易理解的单继承和多接口实现的方式；在源代码组织上，支持声明与实现一体的逻辑封装。C#语言保留了 C++语言中很好的特性，如枚举类型、引用参数、输出参数、数组参数等。

## 8.3.2　C#语言的特点

C#语言是一种面向对象的程序开发语言，虽然名称上同 C、C++相似，但 C#语言的应用效果却与 Java 语言相似，例如，它们都是跨平台的语言，它们的编译过程类同。用 C#语言编写的代码首先通过 C#语言编译器编译为一种特殊的字节代码(中间语言，MicroSoft Intermediate Language，MSIL)，运行的时候再通过特定的编译器(Just in Time，JIT)编译为机器代码供操作系统执行。C#语言是微软专门为 .NET 应用开发的语言，根本上保证了 C#语言与 .NET Framework 的完美结合。因此，C#语言主要有以下特点：

(1) 简单和类型安全。在 C#语言中，不允许直接进行内存操作，指针已经消失，并且继承了 .NET 平台的自动内存管理和垃圾回收功能，因此增加了类型的安全性，确保了应用的稳定性。在 C++语言中的 "::" "->" 和 "." 操作符，在 C#语言中只保留了 "."，所有的访问只需理解为名字的嵌套，这使程序的编写变得更简单了。

(2) 完全面向对象。C#语言支持数据封装、继承、多态和对象界面，每种实体都是对象。例如，int、float、double 在 C#语言中都是对象。C#语言中没有全局变量、全局常量和全局函数，一切都必须封装在一个类中，减少了命名冲突的可能。

(3) 灵活性和兼容性。C#语言允许将某些类或方法设为非安全模式，在该范围内能使用指针。C#语言有极强的交互作用性，VB.NET 和任何.NET Framework 中的程序设计语言的 XML、SOAP、COM、DLL 等都可以在 C#语言中直接使用。

(4) 与 Web 紧密结合。C#语言与 Web 标准完全统一，用 C#语言可以开发控制台应用程序、类库、Windows 应用程序、Windows 服务程序、Windows 控件库、ASP.NET Web 应用程序、ASP.NET Web 服务程序和 Web 控件库。C# 语言能将任何组件转换成 Web Service，任何平台上的任何应用程序都可以通过互联网来使用这个服务。

总之，C#语言是由 C/C++语言演变而来的，继承了 C 语言和 C++语言的优点。C#语言采用快速应用开发(Rapid Application Development，RAD)的思想和简洁的语法，可以让不熟悉 C 语言和 C++语言的程序设计人员在短期内成为一名较熟练的开发人员。

# 8.4　基于 MFC 库的用户界面编程基础

在本章的前三节我们学习了面向对象程序设计的基本概念、C++语言对 C 语言的功能扩充，还了解了基于 Visual C++ 6.0 开发环境下程序的编写。本节将简单介绍基于 MFC 库的图形界面编程。

## 1. Windows 编程基础简介

当使用 C 语言编写基于 MS-DOS 的应用程序时，必须有且仅有一个 main 函数，当用户运行程序时，操作系统调用 main 函数。Windows 程序也必须有且仅有一个 WinMain 函数，它最重要的任务是创建应用程序的主窗口，这个主窗口必须有自己的代码来处理 Windows 发送给它的信息。

许多 Windows 的开发环境，包括带有 MFC 库(C++的 Microsoft Windows API)的 Microsoft Visual C++ 6.0，通过隐藏 WinMain 函数和结构化消息处理过程来简化编程。在使用 MFC 库时，没有必要编写 WinMain 函数，但需要理解操作系统和程序之间的联系。无论使用哪一种开发工具，Windows 编程都不同于面向过程的编程。本节仅介绍一些 Windows 的基本知识，以便在 C 语言编程模型的基础上，进行简单的 Windows 程序的扩充。对于 Windows 开发的详细知识还请参阅其他专门进行讲解的书籍，例如 *Advanced Windows*，*MFC Internal*，以及《Visual C++ 6.0 技术内幕》《深入浅出 MFC》等书籍。

## 2. Visual C++开发

Microsoft Visual C++在一个产品中包含了两个完整的 Windows 应用程序开发系统。可以选择 Win32 API 来开发 C 语言 Windows 程序；也包含了 ActiveX 模板库(ATL)，使用它来为 Internet 开发 ActiveX 空间。但 ATL 编程不是 Win32 C 语言编程，也不是 MFC 编程，在这里就不做介绍。Visual C++编译程序可以处理 C 源代码和 C++源代码，通过查看源代码的文件扩展名来确定使用的语言。

Visual C++应用程序有四项主要基本知识：创建一个窗口、了解其他的 MFC 类、把消息发送到一个窗口和在一个窗口内绘图。Visual C++资源编辑器、AppWizard 和 ClassWizard 显著降低了应用程序编码的时间，例如，资源编辑器创建一个头文件，其中包含了分配的 #define 常量，AppWizard 为整个应用程序生成框架代码，ClassWizard 为消息处理程序生成原型和函数体。

### 3．基于 MFC 的程序开发

用 Visual C++和 MFC 创建的应用程序大多会自动生成窗口，并且可以处理消息，进行绘图。Microsoft 在这方面做了大量的工作，隐藏了内部工作，使我们能够更轻松地创建一个一般的应用程序。然而，当用户不能实现他们想要实现的功能时，适当地了解内部工作机制，对于消除编程上的困惑会有好处。更重要的是，知道怎样执行任务(诸如把窗口放置到什么地方，从什么地方获得一个消息和在任意地方绘图)，有助于分清用户的应用程序以及由 Visual C++ 和 MFC 自动提供的限于窗口、消息和绘图的应用程序。

MFC 6.0 库支持许多在 Windows 应用程序中的用户界面特性，并且也引入了应用程序框架结构，包括如下内容：

(1) Windows API 的 C++接口；

(2) 通用的列表、数组和映射类的集合；

(3) 时间、时间间隔和日期类；

(4) 对 FileOpen、Save 和 Save As 菜单项和最近使用的文件列表的全面支持；

(5) 对打印预览和打印机的支持；

(6) 对工具栏和状态栏的支持；

(7) 对上下文相关帮助的支持；

(8) 封装了作为 Internet Explorer 一部分引入的 Windows 通用控件的新 MFC 类等。

为了有效地使用应用程序框架，我们必须了解和学习 C++、Windows 和 MFC 库。使用 MFC 库，程序可以在任何时候调用 Win32 函数，所以可以最大限度地利用 Windows 提供的系统调用。

点击如图 8.4 的 Visual C++ 6.0 的集成开发环境菜单栏的"NEW"(新建)，便会弹出如图 8.6(a)所示的对话框，在"Projects"中选择"MFC AppWizard"，则会产生 Windows 应用程序的一个工作向导。可以在"Project name"中输入工程名，例如 stumange(学生信息管理系统)，然后点击窗口中的"OK"按钮，会弹出如图 8.6(b)所示的工程向导窗口。

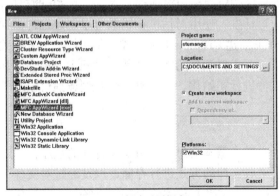
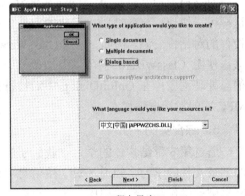

(a) 新建对话框窗口　　　　　　　　　　　　(b) 工程向导窗口

图 8.6　新建基于 MFC 库的应用程序

使用如图 8.6 的工程向导可以自动创建单文档、多文档和对话框三种不同类型的应用程序类型；也可以手工创建任何类型的复合应用程序。如果应用程序要编辑一个文档，则应选择两种文档应用程序类型。文档可以是一个文本文件、电子表格等，也可以是大量硬件设备的存储设置。确定选择应用程序类型的方法在这里不做详细讨论，简单方法如下：

1) 单文档应用程序类型

单文档界面应用程序一次只允许处理一个文档。如果应用程序实际上一次只需要处理一个文档，就可以选择单文档界面，否则应该创建多文档界面应用程序。例如，监视一组硬件设备的应用程序可以是单文档界面。

2) 多文档应用程序类型

多文档界面应用程序允许一次编辑多个文档，它并不比一个单文档界面应用程序复杂，但却一次至少查看多个文档。所以可以创建一个多文档类型，即使刚开始仅处理一个文档。

3) 对话框应用程序类型

如果创建一个用户界面需求有限，或者界面单一，则可以创建一个对话框应用程序。典型的对话框应用程序包括配置硬件设备的应用程序、屏幕保护程序和游戏程序等。

在应用程序中，也可以添加一些特征到应用程序中，并允许用户与它们进行交互。例如，

(1) 可以用菜单编辑器(Menu Editor)添加命令到主菜单；

(2) 可以用工具栏编辑器(Toolbar Editor)添加工具栏和按钮；

(3) 可以添加模式对话框，以在应用程序允许时输入详细的信息；

(4) 可以添加属性表，它是 Windows 常用的，允许用户输入和保存它们的优先选项的方法。

### 4. 模式对话框编程

几乎每一个 Windows 程序都使用对话框与用户进行交互。对话框可以是一个简单的 OK 消息框，也可以是一个复杂的数据输入表单。对话框是一个接收消息的窗口，它可以移动和关闭，甚至可以在客户区进行绘图。对话框有模式和非模式两种，本节仅讨论最常用的模式对话框。

对话框窗口始终与 Windows 资源相关联，这些资源标识对话框元素，并制定它的布局，这样可以快速、高效地以可视化的方式生成对话框。使用对话框编辑器可以创建包含不同控件的对话框资源，例如，使用 ClassWizard 来创建 CDialog 的派生类，并和创建资源相关联；使用 ClassWizard 也可以添加数据成员，并为对话框的按钮和其他时间生成控件添加消息处理程序；在 OnInitDialog 中对特殊控件进行初始化。接下来结合实例详细讨论基于 MFC 库的对话框编程。

### 5. 综合实例

通过第 6 章结构体的学习，我们了解了对学生基本信息进行组织和管理的程序；通过第 7 章文件的学习，知道了对学生信息可以采取文件的方式进行存储，以及通过对文件读写来进行操作和管理的程序。本节将结合结构体和文件知识，编写基于 MFC 的可视化界面程序。

【例 8.12】　编写程序完成对学生成绩的管理，并将每个功能计算的结果显示出来。要求实现的功能包括：

(1) 打开学生信息文件：从 stu_source.txt 文件中读取 n 名学生的信息(学号，姓名，性别，数学成绩、英语成绩、C 语言这三门成绩)。

(2) 计算平均分：计算每个学生三门成绩的平均值。

(3) 学生信息排序：按照平均值从低到高的顺序对读入的学生信息进行排序。

(4) 学生信息查找：按照数学成绩，进行信息查找。

(5) 学生信息统计：统计数学成绩不及格人数以及显示不及格率。

(6) 保存学生信息：按照输入的文件名保存学生信息。

(7) 退出系统：退出学生信息管理系统。

问题分析：

(1) 结合第 6 章结构体的知识创建学生信息结构体，并计算平均值，按平均值排序等进行不同功能的处理。

(2) 结合第 7 章文件的知识读取文件。为了结合 C 语言文件的相关编程思想，这里仍然采取已经学习过的文件的相关操作。当然也可以采用 MFC 库内包含的 CFileDialog 类来实现文件的相关操作。

(3) 采用对话框资源编辑器增加对话框控件。

(4) 为生成的控件添加消息处理程序。

操作步骤：

(1) 采用如图 8.6 所示的工程向导创建基于对话框类型的应用程序，并在"Project name"中输入工程名 stumange，接收所有的默认设置，点击"Finish"按钮，会创建一个 stumange 工程文件，如图 8.7 所示。

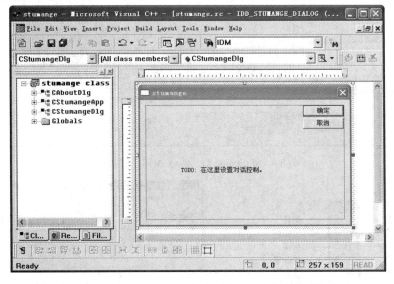

图 8.7　stumange 对话框类型应用程序初始状态

(2) 点击 Workspace 中 ResourceView 的 IDD_STUMANGE_DIALOG，并对资源进行添加和设置，如图 8.8 所示。如果需要按层选择弹出不同功能的对话框，则可以增加更多的 Dialog，并对其进行管理。

(3) 选择如图 8.9(a)所示的控件调色板来添加、设置并按照要求布局系统所需的控件，如图 8.8 所示的结果。图 8.8 界面中的"信息显示""文件名""数学成绩""不及格人数""不及格率"是采用静态文本创建的控件。"文件名"和"数学成绩"的录入框是采用编辑框创建的控件；"不及格人数"和"不及格率"后面的显示框也是采用编辑框创建的控件，编辑框的属性设置如图 8.9(b)所示，在这里设置属性 Read-Only 为真，表示只能读取信息。信息显示下面的显示框也是采用编辑框创建的控件，它的属性设置如图 8.9(c)所示，在这里设置属性 Multiline 为真、Want return 为真，表示可以支持多行显示，并且将它的 ID 改变为 ID_SHOW，然后使用它来设置输出内容。其余的"打开文件"和"计算平均分"等按钮是采用控件调色板上的按钮创建的。对每一个都修改其 ID，以便以后编写它们的消息函数。它们的 ID 依次为 IDC_OPEN(打开文件)、IDC_CALAVER(计算平均值)、IDC_SORT(排序)、IDC_SEARCH(查找)、IDC_COUNT(统计)、IDC_SAVE(保存文件)、IDC_CANCEL(退出系统)。如果需要对显示的数据进行选择，则可以采用列表框创建控件。"输入"和"统计"是采用组框创建的控件。每个控件都可以修改其标题 Caption 属性，如"学生信息管理系统""打开文件"等标题。

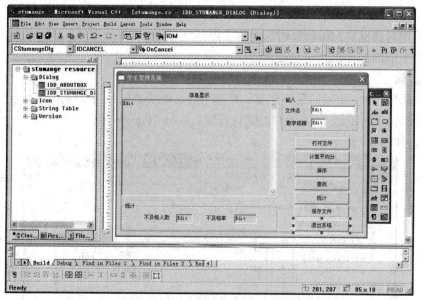

图 8.8　stumange 对话框添加和设置控件

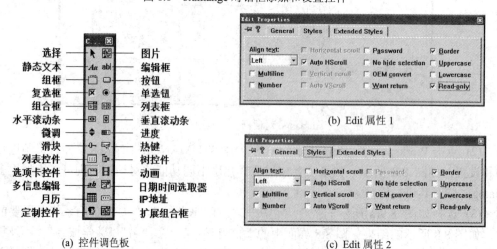

(a) 控件调色板　　　(b) Edit 属性 1　　　(c) Edit 属性 2

图 8.9　控件调色板和 Edit 属性

(4) 双击每一个按钮都会产生各自的触发消息函数框架，并且在工程的头文件和函数中都会自动添加各自的函数定义和框架。在后续的系统编写中，只需要完善其功能即可。参见下面的代码实现。

(5) 在 stumangeDlg.h 的头文件中添加学生信息类型，在 CStumangeDlg 类中添加用到的成员属性。参见下面的代码实现。

(6) 代码实现中只列出在系统编程中修改的内容，没有修改的都是程序创建时默认的内容，其中包含了 Windows 的处理消息。

代码实现：

```
StumangeDlg.h 文件:
#define N 50                      /*宏定义，信息管理系统人数不大于 50 人*/
typedef struct student           /*参考例 8.4 的类型定义*/
{
    char id[9];
    char name[20];
    char sex[3];                 /*存储汉字，一个汉字占两个字节*/
    int score[3];
    float aver;
}STU;                            /*定义学生信息结构体类型名 STU*/
class CStumangeDlg : public CDialog
{
private:
    STU    m_st[N];              /*学生结构体数组*/
    int    m_length;            /*数组的长度*/
    CString    m_strText;       /*定义在 IDC_SHOW 文本编辑器中显示的字符串*/
public:
    /*在此省略其默认的成员函数代码，详见自行编程所产生的代码*/
protected:
    HICON m_hIcon;
    virtual BOOL OnInitDialog();    /*对话框初始化函数，默认产生*/
    afx_msg void OnSysCommand(UINT nID, LPARAM lParam);
    afx_msg void OnPaint();
    afx_msg HCURSOR OnQueryDragIcon();
    afx_msg void OnOpen();      /*打开文件函数，双击 IDC_OPEN 产生的消息函数*/
    afx_msg void OnCalaver();   /*计算平均值函数，双击 IDC_CALAVER 产生的消息函数*/
    afx_msg void OnSort();      /*排序函数，双击 IDC_SORT 产生的消息函数*/
    afx_msg void OnSearch();    /*查找函数，双击 IDC_SEARCH 产生的消息函数*/
    afx_msg void OnSave();      /*保存函数，双击 IDC_SAVE 产生的消息函数*/
    afx_msg void OnCount();     /*统计函数，双击 IDC_COUNT 产生的消息函数*/
```

```
        virtual void OnCancel();              /*退出函数，双击 IDC_CANCEL 产生的消息函数*/
            //}}AFX_MSG
            DECLARE_MESSAGE_MAP()
    };
```

StumangeDlg.cpp 文件：

/* 在此省略其默认的部分函数代码，详见自行编程所产生的代码，这里只列举需要完善的成员
函数定义和说明 */

```
    void CStumangeDlg::DoDataExchange(CDataExchange* pDX)
    {
        CDialog::DoDataExchange(pDX);
        DDX_Text(pDX, IDC_SHOW, m_strText);      /*将 m_strText 字符串显示在 IDC_SHOW
                                                    编辑框中*/
    }


    BOOL CStumangeDlg::OnInitDialog()
    {
        /* 在此省略其默认的部分函数代码，详见自行编程所产生的代码 */
        GetDlgItem(IDC_FILE)->SetWindowText("stu_source.txt");   /* 设置默认的文件名称*/
        GetDlgItem(IDC_FILE)->SetFocus();           /*将文件名框设置为鼠标焦点*/
        return FALSE;                               /*修改焦点后返回值修改为 FALSE*/
    }


    void CStumangeDlg::OnOpen()
    {
        CString   fileName,   result;
        GetDlgItem(IDC_FILE)->GetWindowText(fileName);   /* 得到文件名称 */
        char *fname = fileName.GetBuffer(fileName.GetLength());
        m_strText="   学号     姓名      性别      数学\t 英语\tC 语言\t 平均成绩\r\n";
        int i,j,x;
        FILE *fp;                        /*同第 7 章介绍的文件指针类型*/
        fp=fopen(fname,"rt");            /*同第 7 章的打开文件操作*/
        if(fp==NULL)
            ::AfxMessageBox("文件名称错误，关闭系统");  /*弹出消息提示框*/
        for(i=0; ;i++)
        {
            x=fscanf(fp,"%s",m_st[i].id);                /*同第 7 章的读文件操作*/
            x+=fscanf(fp,"%s",m_st[i].name);
            x+=fscanf(fp,"%s",m_st[i].sex);
```

```
            for(j=0;j<3;j++)
                    x+=fscanf(fp,"%d",&m_st[i].score[j]);
            if(x!=6)
                    break;
                    result.Format("%-10s%-8s%3s%8d\t%4d\t%4d\r\n",m_st[i].id,m_st[i].name,
                            m_st[i].sex,m_st[i].score[0],m_st[i].score[1],m_st[i].score[2]);
                                            /*result 的显示格式设置*/
            m_strText+=result;          /*追加 m_strText 字符串，以便得到显示的完整信息*/
        }
        fclose(fp);
        m_length=i;                     /*学生信息系统中的总人数*/
        UpdateData(false);              /*数据更新*/
    }


void CStumangeDlg::OnCalaver()
{
    m_strText="   学号    姓名     性别      数学\t 英语\tC 语言\t 平均成绩\r\n";
    CString result;
    int i,j;
    for(i=0;i<m_length;i++)
    {
        int s=0;
        for(j=0;j<3;j++)
                s+=m_st[i].score[j];
        m_st[i].aver=s/3.0;
        result.Format("%-10s%-8s%3s%8d\t%4d\t%4d%11.2f\r\n",m_st[i].id,
                    m_st[i].name,m_st[i].sex,m_st[i].score[0],m_st[i].score[1],
                    m_st[i].score[2],m_st[i].aver);          /*result 的格式设置*/
        m_strText+=result;      /*追加 m_strText 字符串，以便得到显示的完整信息*/
    }
    UpdateData(false);          /*数据更新*/
}


void CStumangeDlg::OnSort()
{
    m_strText="   学号    姓名     性别      数学\t 英语\tC 语言\t 平均成绩\r\n";
    CString result;
    /*在此省略排序代码，详见例 8.4 中的排序代码*/
```

```
    for(i=0;i<m_length;i++)
    {
        result.Format("%-10s%-8s%3s%8d\t%4d\t%4d%11.2f\r\n",m_st[i].id,
                    m_st[i].name,m_st[i].sex,m_st[i].score[0],m_st[i].score[1],
                    m_st[i].score[2],m_st[i].aver);
        m_strText+=result;
    }
    UpdateData(false);
}


void CStumangeDlg::OnSearch()
{
    CString math, result;
    GetDlgItem(IDC_MATH)->GetWindowText(math)      /*待查找的数学成绩值*/
    char *ms=math.GetBuffer(math.GetLength());
    m_strText="    学号      姓名      性别        数学\t 英语\tC 语言\r\n";
    int mscore=atoi(ms);                            /*将字符串转变为整数类型*/
    int flag=0;
    for(int i=0;i<m_length;i++)
    {
        if(m_st[i].score[0]==mscore)
        {
            result.Format("%-10s%-8s%3s%8d\t%4d\t%4d\r\n",m_st[i].id, m_st[i].name,
                        m_st[i].sex,m_st[i].score[0],m_st[i].score[1],m_st[i].score[2]);
            m_strText+=result;
            flag=1;
        }
    }
    if(flag==1)
        UpdateData(false);
    else
    {   m_strText="";
        UpdateData(false);
        ::AfxMessageBox("查无结果！ ");             /*弹出消息提示框*/
    }
}
```

```
void CStumangeDlg::OnSave()
{    CString   fileName,  result;
     GetDlgItem(IDC_FILE)->GetWindowText(fileName);     /* 得到待保存的文件名称*/
     if(fileName=="")              /* 若没有输入，默认保存的文件名为 stu_info.txt */
     {
          fileName="stu_info.txt";
          GetDlgItem(IDC_FILE)->SetWindowText(fileName);
     }
     char *fname = fileName.GetBuffer(fileName.GetLength());
     /* 在此省略保存文件代码，详见第 7 章的保存文件代码 */

}


void CStumangeDlg::OnCount()
{
     m_strText="   学号      姓名       性别      数学\t 英语\tC 语言\r\n";
     CString result, mc;
     int count=0;
     for(int i=0;i<m_length;i++)
     {    if(m_st[i].score[0]<60)              /*统计不及格人数*/
          {    count++;
               result.Format("%-10s%-8s%3s%8d\t%4d\t%4d\r\n",m_st[i].id,
                         m_st[i].name,m_st[i].sex,m_st[i].score[0],m_st[i].score[1],
                         m_st[i].score[2]); m_strText+=result;
          }
     }
     mc.Format("%d 人",count);
     GetDlgItem(IDC_COUNT)->SetWindowText(mc);          /*设置统计不及格人数值*/
     mc.Format("%5.2f %%",count*100.0/m_length);        /*计算不及格率*/
     GetDlgItem(IDC_PERCENT)->SetWindowText(mc);        /*设置统计不及格率值*/
     if(count!=0)
          UpdateData(false);
     else
     {    m_strText="";
          UpdateData(false);
          ::AfxMessageBox("没有数学成绩不及格的学生！");
     }
}
```

运行结果：

程序 stumange 的运行结果依次如图 8.10 中各图所示。

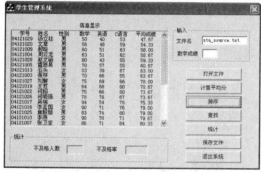

(a) 打开 stu_source.txt 文件　　　　　　　　(b) 计算三门成绩平均值

(c) 以平均值进行排序　　　　　　　　(d) 查找数学成绩为 90 的学生信息

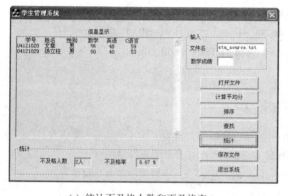

(e) 统计不及格人数和不及格率　　　　　　　(f) 保存 stu_info.txt 文件的结果

图 8.10　例 8.12 学生成绩管理的运行结果

# 习　题　8

8.1　选择题。

(1) 下列特性中不是面向对象程序设计语言特点的是(　　)。

A. 数据封装　　　　　B. 继承　　　　　C. 多态性　　　　　D. 模板

(2) 类成员的访问权限中，(　　)只能被本类的成员函数和其友元函数访问。

    A．share         B．public         C．private         D．protected

(3) 下列语句中，错误的是(　　)。

    A．const int buffer = 256;

    B．const int temp;

    C．const double *point;

    D．double *const pt=new double(5.5);

(4) 关于函数重载，下列叙述中错误的是(　　)。

    A．重载函数的函数名必须相同

    B．重载函数必须在参数个数或类型上有所不同

    C．重载函数的返回值类型必须相同

    D．重载函数的函数体可以有所不同

(5) 以下程序，执行后的输出结果是(　　)。

```
void Fun(int i,int j)
{
    cout<<i+j<<endl;              /*输出 i+j*/
}


void Fun(int i)
{
    cout<<i++<<endl;             /*输出 i++*/
}


int main()
{
    int a=1;
    Fun(a);                      /*调用 Fun 函数*/
    return 0;
}
```

    A．1               B．2               C．3               D．4

8.2　写出下面程序代码的输出结果。

```
#include <iostream.h>
#include <iomanip.h>
void main()
{
    cout<<setprecision(2)<<setfill('*')<<setw(6)<<1.82<<",";
    cout<<setfill('#')<<setw(6)<<1.8258<<endl;
}
```

8.3　使用函数重载的方法定义两个重名函数，分别求出矩形面积和圆面积。

8.4　自定义复数类 complex，并在其中重载流插入运算符 ">>"，以实现两个复数的相加减结果，并输出。

8.5　指出下面类定义中的错误及其原因。

```
#include <iostream.h>
class MyClass
{
private:
    int x;
    int y;
public:
    MyClass(int a=0,int b=1);
    Print();
};
MyClass::MyClass(int a=0,int b=1)
{
    x=a;
    y=b;
}
void MyClass::Print()
{
    cout<<"x= "<<x<<endl;
    cout<<"y= "<<y<<endl;
}
void main()
{
    MyClass   a;
    a.Print();
}
```

8.6　请设计程序，使其实现以秒计时的功能。首先定义一个 watch 类，它有两个私有变量 begin、end 分别表示开始时间、结束时间，有成员函数 start()、stop()、show()分别用来设置开始时间、结束时间、显示持续时间。

8.7　什么是面向对象程序设计？面向对象程序设计具有几大特点？

8.8　C++语言具有什么特点？

8.9　C#语言与其他语言相比有哪些突出特点？

8.10　试完成基于 MFC 库的简易计算器设计与开发。

# 第9章

# C 语言开发环境

C 语言是一种编译型程序设计语言，开发一个 C 语言程序要经过编辑、编译、连接和运行四个步骤。C 语言开发环境很多，大多提供了集成开发环境(Integrated Development Environment，IDE)，集编辑、编译、连接、调试、运行于一体，极大地方便了编程者。目前 C 语言编译器有 DOS 操作系统下的 Turbo C，Windows 操作系统下的 Borland C++、Visual C++、Dev-C++、WIN-TC 等，以及 Linux 操作系统下的 GCC 等。本章介绍常用的 C 语言开发环境。

## 9.1　Visual C++环境

Visual C++是美国微软公司开发的 Microsoft Visual Studio 的一部分，是基于 Windows 操作系统的可视化集成开发环境，采用面向对象的方法将 Windows 编程的复杂性封装起来，实现了可视化编程与面向对象程序设计的有机集成，使得编写 Windows 应用程序的过程变得简单、方便且代码量小。Visual C++目前常用的版本是 6.0。Visual C++ 6.0 集程序的代码编辑、编译、连接、调试、运行于一体，给编程人员提供了一个完整、方便的开发界面和有效的辅助开发工具；除了能编写 C/C++语言外，还能编写 SQL、HTML 和 VBScript 等其他编程语言。

### 9.1.1　Visual C++ 6.0 集成开发环境

#### 1. Visual C++ 6.0 集成开发环境主窗口

Visual C++ 6.0 集成开发环境主窗口由标题栏、菜单栏、工具栏、项目工作区窗口、源代码编辑区窗口、输出窗口和状态栏等组成，如图 9.1 所示。

(1) 标题栏：位于主窗口的顶端，显示当前应用程序项目的名称和当前打开文件的名称。

(2) 菜单栏：位于标题栏的下方，显示集成开发环境中所有的功能菜单项，包括文件(File)、编辑(Edit)、查看(View)、插入(Insert)、工程(Project)、编译(Build)、工具(Tools)、窗口(Window)、帮助(Help)等 9 个菜单项。

(3) 工具栏：位于菜单栏的下方，以按钮形式显示了集成开发环境中常用的菜单项。

(4) 项目工作区：位于工具栏的左下方，包含了三种视图，分别是 ClassView(类视图)、ResourceView(资源视图)和 FileView(文件视图)，可以通过单击标签进行视图的切换。

(5) 源代码编辑区：位于工具栏的右下方，当左侧的项目工作区选中某一项文件时，右边的源代码编辑区就可以打开显示该文件的内容，并可以直接进行查看和编辑。通过编辑窗口，可以编辑和修改源程序和各种类型的资源。

(6) 输出窗口：位于项目工作区的下方，主要用于输出一些用户操作后的反馈信息。它由一些页面组成，每个页面输出一种信息，输出的信息种类主要有编译信息、调试信息、查找结果等。

(7) 状态栏：位于主窗口的最下方，显示当前文件的相应信息，如光标位置、插入/覆盖方式等。

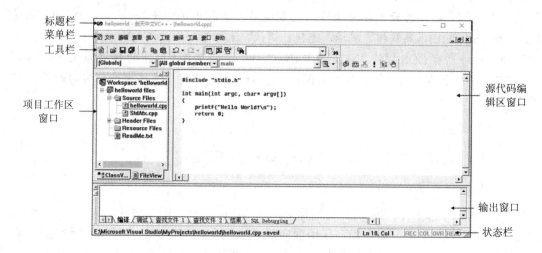

图 9.1　Visual C++ 6.0 集成开发环境主窗口

### 2. Visual C++ 6.0 常用菜单命令项

1) File 菜单

(1) New：快捷键 Ctrl + N，打开"New"对话框，以便创建新的文件、工程或工作区。

(2) Open：快捷键 Ctrl + O，打开已保存的 C 语言源程序。

(3) Save：快捷键 Ctrl + S，保存 C 语言源程序到指定位置。

(4) Close Workspace：关闭与工作区相关的所有窗口。

(5) Exit：退出 Visual C++ 6.0 环境，提示保存窗口内容等。

2) Edit 菜单

(1) Cut：快捷键 Ctrl + X，将选定内容复制到剪贴板，然后再从当前活动窗口中删除所选内容。Cut 与"Paste"联合使用可以移动选定的内容。

(2) Copy：快捷键 Ctrl + C，将选定内容复制到剪贴板，但不从当前活动窗口中删除所选内容。Copy 与"Paste"联合使用可以复制选定的内容。

(3) Paste：快捷键 Ctrl + V，将剪贴板中的内容插入 (粘贴)到当前鼠标指针所在的位置。注意，必须先使用 Cut 或 Copy 使剪贴板中具有准备粘贴的内容。

(4) Find：快捷键 Ctrl + F，在当前文件中查找指定的字符串。也可按快捷键 F3 寻找下一个匹配的字符串。

(5) FindInFiles：在指定的多个文件中查找指定的字符串。

(6) Replace：快捷键 Ctrl + H，替换指定的字符串 (用某一个串替换另一个串)。

(7) Go To：快捷键 Ctrl + G，将光标移到指定行上。

(8) Breakpoints：快捷键 Alt + F9，弹出对话框，用于设置、删除或查看程序中的所有断点。断点将告诉调试器应该在何时何地暂停程序的执行，以便查看当时的变量取值等现场情况。

3) View 菜单

(1) Workspace：如果工作区窗口没有显示出来，选择执行该项后将显示出工作区窗口。

(2) Output：如果输出窗口没显示出来，选择执行该项后将显示出输出窗口。输出窗口中将随时显示有关的提示信息或出错警告信息等。

4) Project 菜单

(1) Add To Project：选择该项将弹出子菜单，用于添加文件或数据连接等到工程中去。例如，子菜单中的 "New" 选项可用于添加 "C++ Source File" 或 "C/C++ Header File"，而子菜单中的 "Files" 选项则用于插入已有的文件到工程中。

(2) Settings：为工程进行各种不同的设置。当选择其中的 "Debug" 标签 (选项卡)，并通过在 "Program arguments" 文本框中填入以空格分割的各命令行参数后，则可以为带参数的 main 函数提供相应的参数。

5) Build 菜单

(1) Compile：快捷键 Ctrl + F7。编译当前处于源代码窗口中的源程序文件，检查是否有语法错误或警告，如果有，将显示在 "Output" 输出窗口中。

(2) Build：快捷键 F7。对当前工程中的有关文件进行连接，若出现错误，也将显示在 "Output" 输出窗口中。

(3) Execute：快捷键 Ctrl + F5。运行已经编译、连接成功的可执行程序。

(4) Start Debug：选择该项将弹出子菜单，其中含有用于启动调试器运行的几个选项。例如，"Go" 选项用于从当前语句开始执行程序，直到遇到断点或遇到程序结束；"Step Into" 选项开始单步执行程序，并在遇到函数调用时进入函数内部，再从头单步执行；"Run to Cursor" 选项使程序运行到当前鼠标光标所在行时暂停。执行该菜单的选择项后，就启动了调试器，此时菜单栏中将出现 "Debug" 菜单(取代了 "Build" 菜单)。

6) Debug 菜单

启动调试器后才出现 "Debug" 菜单，而不再出现 "Build" 菜单。

(1) Go：快捷键 F5，从当前语句启动，继续运行程序，直到遇到断点或遇到程序结束才停止，与 "Build" → "Start Debug" → "Go" 选项的功能相同。

(2) Restart：快捷键 Ctrl + Shift + F5，从头开始对程序重新进行调试执行 (当对程序做过某些修改时，往往需要这样做)。选择该项后，系统将重新装载程序到内存，并放弃所有变量的当前值而重新开始。

(3) Stop Debugging：快捷键 Shift + F5，中断当前的调试过程并返回正常的编辑状态 (注意，系统将自动关闭调试器，并重新使用"Build"菜单来取代"Debug"菜单)。

(4) Step Into：快捷键 F11，单步执行程序，并在遇到函数调用语句时，进入函数内部，并从头单步执行，与"Build"→"Start Debug"→"Step Into"选项的功能相同。

(5) Step Over：快捷键 F10，单步执行程序，但当执行到函数调用语句时，不进入函数内部，而是一步直接执行完该函数后，再执行函数调用语句后面的语句。

(6) Step Out：快捷键 Shift + F11，与"Step Into"配合使用，当进入到函数内部，单步执行若干步之后，若发现不再需要进行单步调试，则通过该选项可以从函数内部返回到函数调用语句的下一语句处停止。

(7) Run to Cursor：快捷键 Ctrl + F10，使程序运行到当前光标所在行时暂停其执行。注意，使用该选项前，要先将光标设置到某一个希望暂停的程序行处。事实上，这样相当于设置了一个临时断点，与"Build"→"Start Debug"→"Run to Cursor"选项的功能相同。

(8) Insert/Remove Breakpoint：快捷键 F9，该菜单项并未出现在"Debug"菜单上，是在工具栏和程序文档的上下文关联菜单上，其功能是设置或取消固定断点。程序行前有一个圆形的黑点标志，表示该行已经设置了固定断点。另外，与固定断点相关的还有快捷键 Alt + F9(管理程序中的所有断点)、Ctrl + F9(禁用/使能当前断点)。

7) Help 菜单

操作者可通过 Help 菜单来查看 Visual C++ 6.0 的各种联机帮助信息。

## 9.1.2 Visual C++ 6.0 的使用

### 1. 启动 Visual C++ 6.0 集成开发环境

单击"开始"→"程序"→"Microsoft Visual Studio 6.0" →"Microsoft Visual C++ 6.0"，启动 Visual C++ 6.0 集成环境，屏幕出现 Visual C++ 6.0 的主窗口，如图 9.2 所示。

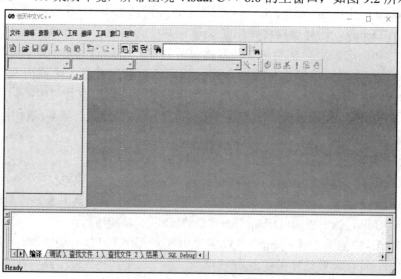

图 9.2 Visual C++ 6.0 集成环境

## 2. 新建/打开源程序

选择菜单"文件"→"新建",屏幕上会弹出一个"新建"对话框,如图 9.3 所示。

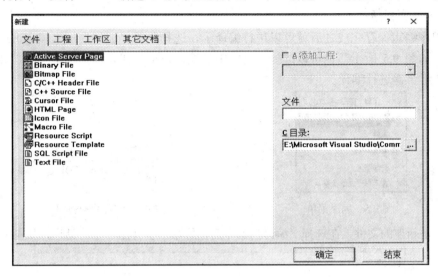

图 9.3 "新建"对话框

单击"工程"选项卡,在左侧列表框中选择"C++ Source File"。右侧"文件"文本框中输入要新建的源程序文件的名字,例如"hello.c",在"目录"文本框中指定新建源程序文件的存储路径(文件夹),例如"D:\MyCode"。点击"确定"按钮,回到 Visual C++ 6.0 的主窗口,即可输入和编辑源程序 hello.c。

如果文件已经存在,可选择菜单"文件"→"打开",在查找范围内找到正确的文件存储位置,调入指定的程序文件。

## 3. 编辑源程序

在 Visual C++ 6.0 主窗口的源代码编辑区有光标闪烁,表示编辑窗口已激活,可以输入和编辑源程序了,在编辑窗口输入源代码,如图 9.4 所示。

图 9.4 编辑源程序

完成源文件的编辑之后，选择菜单"文件"→"保存"或"文件"→"另存为"，即可保存源文件。

### 4．编译源程序

源程序编辑保存完成之后就可以进行编译了，选择菜单"编译"→"编译 hello.c"进行编译，如图 9.5 所示。也可以选择工具栏中的编译快捷按钮，如图 9.6 所示，或者选择 Ctrl＋F7 组合键进行编译。

图 9.5　编译菜单

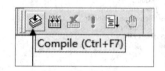

图 9.6　编译快捷按钮

由于是新建的文件，在选择"编译"命令后，屏幕上会弹出一个对话框，如图 9.7 所示。

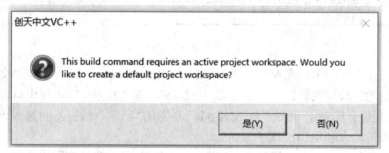

图 9.7　编译提示信息

该对话框提示"This build command requires an active project workspace.Would you like to create a default project workspace?"，单击"是(Y)"按钮，开始进行编译，并在主窗口下部的输出窗口显示编译信息，如图 9.8 所示。

图 9.8　编译窗口显示

如果程序有错误，则会在编译窗口显示错误的位置和性质，提示用户改正错误。编译错误的性质有两类：

(1) error(s)：错误，必须修改，否则不能生成可执行文件。

(2) warning(s)：警告，有的可以忽略，严重警告也应该修改。

如果编译信息窗口显示"0 error(s)，0 warning(s)"，则表示程序没有错误，同时会产生与源文件同名的目标文件，后缀为.obj。如果有 error 必须全部改正，有 warning 时可以忽略。双击某行出错信息，程序窗口中会指示对应的出错位置，根据信息窗口的提示分别予以纠正，然后编译，直到全部 error 消除后方可生成目标程序。

### 5．连接源程序

在得到目标文件之后，还需要把程序和系统提供的资源(如函数库、头文件等)建立连接才可以运行。源程序编辑保存完成之后就可以进行编译了，选择菜单"编译"→"连接 hello.exe"进行编译，如图 9.9 所示。也可以选择工具栏中的连接快捷按钮，如图 9.10 所示，或者选择 F7 快捷键进行连接。如果执行连接之后没有错误，则会生成一个可执行文件 hello.exe。

图 9.9　连接菜单

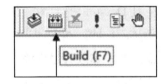

图 9.10　连接快捷按钮

### 6．执行程序

得到可执行文件 hello.exe 文件后，就可以运行程序了。选择菜单"编译"→"执行 hello.exe"运行程序，如图 9.11 所示。也可以选择工具栏中的运行快捷按钮，如图 9.12 所示，或者选择 Ctrl + F5 组合键运行程序。

图 9.11　执行菜单

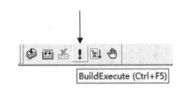

图 9.12　运行快捷按钮

运行程序之后会自动弹出运行窗口,如图
9.13 所示。

如果程序不要求输入数据,会直接显示出
运行的结果;如果要求输入数据,待数据输入
完后,会将结果显示出来。该过程中应仔细观
察程序运行得出的结果是否正确,若正确,整
个过程结束;否则,应回到编辑部分,重新修
改程序,直到最终运行的结果正确为止。

图 9.13　程序运行窗口

### 7. 关闭工作区

在程序运行结果正确以后,就要关闭当前的工作区,以便进行下一个程序的输入和编
译。关闭工作区时会将当前编译的文件一起关闭。如果不关闭当前工作区,下一个程序的
编辑和编译也能正常进行,但连接生成可执行文件时会出错。

## 9.2　Dev-C++环境

Dev-C++是 Windows 环境下的一个轻量级 C/C++ 集成开发环境,是一款自由软件,
遵守 GPL 许可协议。它集合了 MinGW 中的 gcc 编译器、gdb 调试器和 AStyle 格式整理器
等众多自由软件。原开发公司 Bloodshed 在开发完 4.9.9.2 后停止了开发,现在由 Orwell
公司继续更新开发,目前版本是 5.11。与 Visual C++相比,Dev-C++更加小巧,对系统配
置的要求较低,且 Dev-C++是自由软件,任何人都可以通过网络自由下载和使用 Dev-C++。
Dev-C++官方网址为:https://bloodshed-dev-c.en.softonic.com/。

### 1. 启动 Dev-C++集成开发环境

单击"开始"→"程序"→"Dev-C++",启动 Dev-C++集成开发环境,屏幕出现 Dev-C++
的主窗口,如图 9.14 所示。

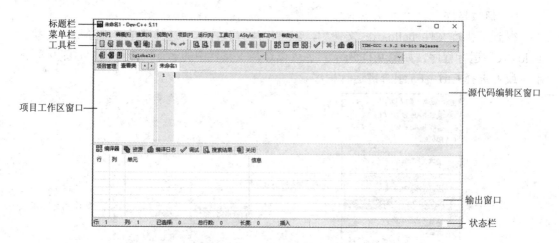

图 9.14　Dev-C++ 集成开发环境主窗口

Dev-C++集成开发环境主窗口由标题栏、菜单栏、工具栏、项目工作区窗口、源代码编辑区窗口、输出窗口和状态栏等组成。

### 2．新建源程序

选择菜单"文件"→"新建"→"源代码"，如图 9.15 所示，或按组合键 Ctrl＋N，创建一个未命名的 C 语言源程序，如图 9.16 所示。

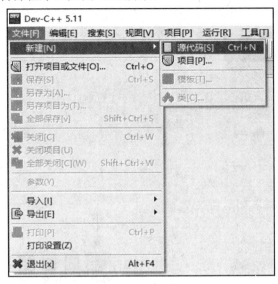

图 9.15　新建 C 语言源程序

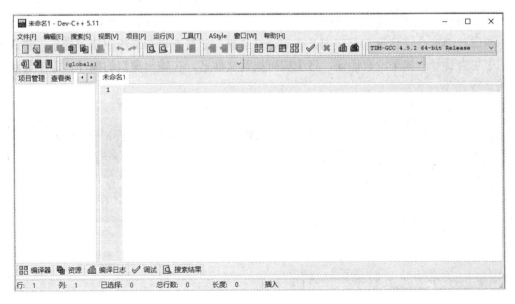

图 9.16　新建的未命名文件

### 3．编辑源程序

在 Dev-C++主窗口的源代码编辑区有光标闪烁，表示编辑窗口已激活，可以输入和编辑源程序了，在编辑窗口输入源代码。

完成源文件的编辑之后,选择菜单"文件"→"保存"或"文件"→"另存为",即可保存源文件。

### 4．编译源程序

源程序编辑保存完成之后就可以进行编译了,选择菜单"运行"→"编译"进行编译,如图 9.17 所示。也可以选择工具栏中的编译快捷按钮,如图 9.18 所示,或者选择快捷键 F9 进行编译。

图 9.17 "编译"菜单

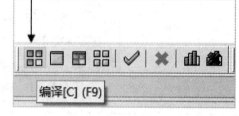

图 9.18 编译快捷按钮

编译时 Dev-C++将检查程序中是否有语法错误,如果有错误将给出错误提示,错误的提示中包含行号;如果没有错误,将生成可执行文件名,在输出窗口的编译日志中显示,如图 9.19 所示。

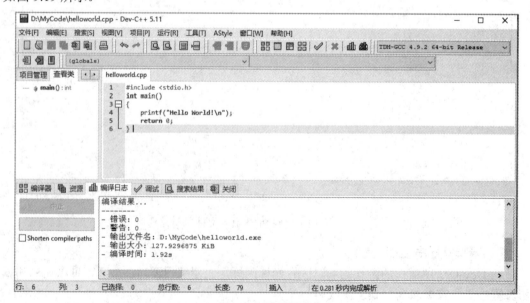

图 9.19 编译程序

#### 5．运行程序

得到可执行文件后，就可以运行程序了。选择菜单"运行"→"运行"运行程序，如图 9.20 所示。也可以选择工具栏中的运行快捷按钮，如图 9.21 所示，或者选择 F10 快捷键运行程序。Helloworld.cpp 程序运行结果如图 9.22 所示。

图 9.20　"运行"菜单

图 9.21　运行快捷按钮

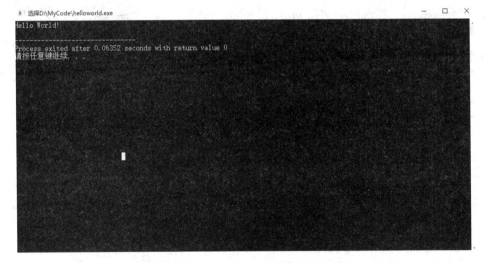

图 9.22　Helloworld.cpp 程序运行结果

## 9.3　Linux 操作系统下 C 语言程序的开发环境和开发过程

Linux 操作系统下 C 语言程序的开发环境主要有两类：字符界面的开发环境和图形化的集成开发环境。在字符界面的开发环境中，一般使用 vi、vim 或 Emacs 文本编辑器来编写源程序，然后使用 gcc 编译器来编译程序；当程序出现错误而不能实现既定功能时，使用 gdb 来调试程序。

本节主要介绍 vim 编辑器的使用，gdb 调试工具将在 9.4 节进行介绍。

## 9.3.1 使用 vim 编辑器编辑源文件

vi(Visual Interface 的简称)有 Unix 和 Linux 操作系统下标准的文本编辑器。它不但是一款功能强大的文本编辑器，同样也是一款优秀的 C 语言程序代码编辑器。几乎所有的 Linux 发行版本都自带了 vi 的增强版本 vim，且 vim 与 vi 完全兼容。

vim(Visual Interface Improved 的简称)是 Linux 下最常用的文本编辑器，可以完成文本的输入、删除、查找、替换、块操作等。用户还可以根据需要对 vim 进行定制，使用插件扩展 vim 的功能。

### 1. 启动 vim

在系统 shell 提示符下输入 vim 及文件名称后，就进入 vim 编辑界面。例如：

    $vim helloworld.c

如果当前目录下不存在 helloworld.c，则会创建新文件 helloworld.c；如果存在 helloworld.c，则意味着要编辑该文件。

vim 编辑器中通常有三种模式，分别是命令模式、插入模式和末行模式，它们之间的转换如图 9.23 所示。

(1) 命令模式：在 shell 中启动 vim 后，就进入命令模式。在该模式下可以输入各种 vim 命令，可以进行光标的移动，字符、字、行的复制、粘贴、删除等操作。此时从键盘上输入的任何字符都作为命令来解释，且字符不会在屏幕显示。

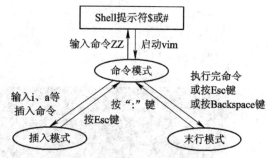

图 9.23　vim 编辑器的工作模式

(2) 插入模式(编辑模式)：该模式主要用于输入文本，在该模式下，用户输入的任何字符都作为文件的内容保存起来，并会显示在屏幕上。

(3) 末行模式(尾行模式)：在命令模式下，按"："键就进入末行模式，此时在 vim 窗口的最后一行显示一个"："，并等待用户输入命令。在末行模式下，可以进行保存文件、退出、查找字符串、文本替换、显示行号、高亮显示等操作。

### 2. 切换至插入模式编辑文件

在命令行模式下按字母"i"就可以进入插入模式，这时候就可以开始输入文字了。

### 3. 退出 vim 及保存文件

输入完文件内容，则要退出 vim，回到 shell 命令下才能继续对文件进行编译。退出 vim 时，在命令行模式下按冒号键"："可以进入末行模式，例如，[:w filename]将文件内容以指定的文件名 filename 保存。

输入"wq"，表示存盘并退出 vim；输入"q!"，表示不存盘强制退出 vim。

## 9.3.2 使用 gcc 编译器编译源程序

gcc(GNU Compiler Collection 的简称)是一套功能强大、性能优越的编程语言编译器，它是 GNU 计划的代表作品之一。gcc 是 Linux 平台下最常用的编译器，gcc 原名为 GNU C Compiler，即 GNU C 语言编译器，随着 gcc 支持的语言越来越多，它的名称也逐渐变成了 GNU Compiler Collection。

使用 gcc 编译 C 语言源程序 helloworld.c，可以使用以下命令：

gcc helloworld.c -o helloworld

使用 ls 命令，可以看到当前目录下生成了可执行文件 helloworld。

### 9.3.3　运行程序

使用以下命令运行可执行文件 helloworld：

./helloworld

运行结果在屏幕上显示：

Hello World!

## 9.4　调 试 程 序

程序中的语法错误在编译、连接过程结束后，在开发环境的输出窗口会一一显示，根据编译系统的提示，很容易找到错误并纠正。对程序中的逻辑错误，不同的编译环境提供了不同的方法和手段，这里将介绍一些最简单最基本的调试方法。

### 9.4.1　Visual C++环境中调试程序

Visual C++ 6.0 提供了基本的调试按钮，在该环境中按快捷键 F10，即可启动调试器，并显示调试快捷菜单，如图 9.24 所示。

同时，主菜单"编译"被"调试"菜单代替，"调试"包含了调试过程经常使用的菜单项，如图 9.25 所示。

图 9.24　调试快捷按钮　　　　　　　　　　　　图 9.25　"调试"菜单

(1) "GO"菜单项(快捷键 F5)：开始或继续在调试状态下运行程序。

(2) "Step Into"菜单项(快捷键 F11)：单步执行进入到函数内部的语句。

(3) "Step Over"菜单项(快捷键 F10)：单步执行程序，当程序执行到某一个函数调用语句时，不进入此函数内部，直接利用函数调用后的结果，下一步程序继续执行调用语句后面的语句。

(4) "Step Out"菜单项(组合键 Shift+F11)：与"Step Into"菜单项配合使用，当执行"Step Into"命令进入函数内部但不执行后，若要中途停止该函数的调试，选择此菜单项。

(5) "Run to Cursor"菜单项(组合键 Ctrl+F10)：使程序执行到当前光标所在位置。

(6) "Stop Debugging"菜单项(组合键 Shift+F5)：结束当前的调试过程，返回正常的编辑状态。此时菜单项"调试"又变回"编译"状态。

程序中的主要变量在调试过程中的变化一般在输出窗口中给出，用户在输出窗口的右边还可以输入更多的变量名，调试过程中系统会给出它们的当前值。

### 1. 单步调试

单步执行，就是指逐条语句执行，观察每条语句的运行结果，判断每条语句运行的正确性。单步执行是调试程序最有效的手段。

下面看一个调试的例子。

(1) 图 9.26 所示的程序已经通过编译，单击调试工具条中的按钮"Step Over"或 F10 快捷键，从主程序的第一行开始执行，编辑窗口左侧的箭头指向要执行的语句。

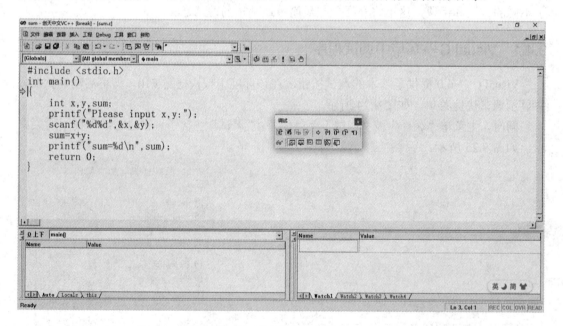

图 9.26　单步进行程序调试

(2) 每按 F10 键一次，程序执行一条语句，当执行了语句"int x,y,sum;"之后，变量窗口显示了变量的值，如图 9.27 所示。因为还没有给变量赋初值，所以变量 x、y 和 sum 的值均是随机数。

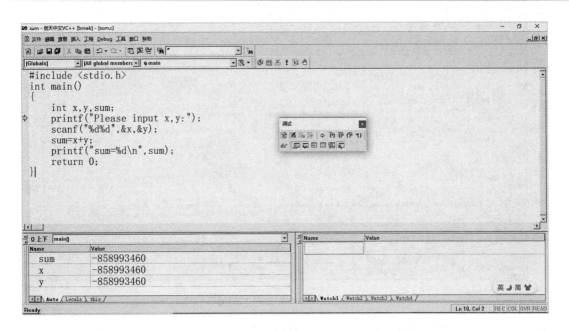

图 9.27　单步执行

（3）按 F10 快捷键两次，程序执行到输入语句，在图 9.28 所示交互窗口输入变量 x 和 y 的值。

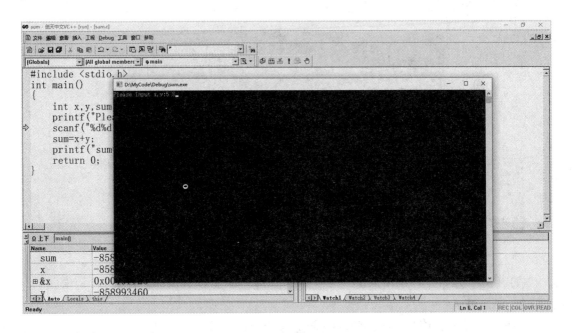

图 9.28　输入变量 x 和 y 的值

（4）输入完成按 Enter 键后，切换到单步执行程序的窗口，箭头指向 "sum=x+y;" 语句，如图 9.29 所示，在变量窗口可以看到变量 x 的值为 5，变量 y 的值为 8。

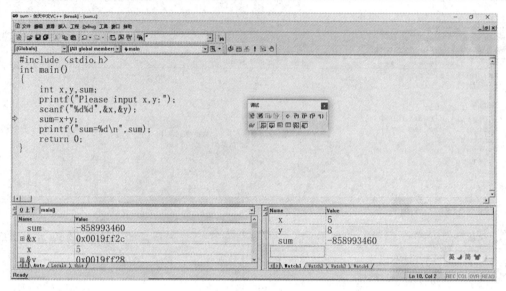

图 9.29　查看 watch 窗口 x 和 y 的值

(5) 继续按 F10 快捷键，执行语句 "sum=x+y;"，在变量窗口可以看到 sum 的值为 13。

(6) 继续按 F10 快捷键，交互界面显示运行结果，如图 9.30 所示，查看结果是否正确。

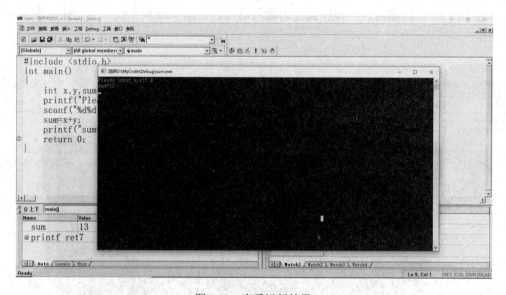

图 9.30　查看运行结果

(7) 在调试过程中，单击按钮 "Stop Debugging" 或使用 Shift+F5 组合键可结束调试。

**2. 断点调试**

如果程序很长，而且一些语句已经通过了单步调试，这时可以使用断点调试。断点调试可以依照设置断点—逐步调试代码—监视变量和内存等—查看代码和调用堆栈—修改代码这个过程来进行。

(1) 设置断点：首先把光标移动到需要设置断点的代码行上，然后按 F9 快捷键，或在工具栏上按下 "设置断点" 图标，进行断点的设置，再次按该图标则取消断点设置，可以根据需要设置多个断点。

(2) 在程序中设置了断点以后，单击"编译"菜单，在弹出的下拉菜单中单击"开始调试"子菜单中的 GO 选项或 F5 快捷键，则程序运行到断点处会暂停下来。如图 9.31 所示，窗口被分成三栏，上面是源程序，下面左侧是自动出现的变量，下面右侧供用户添加要监视的变量。然后按 F5 快捷键，则程序将在下一个断点处暂停。当程序运行到断点的位置停下来后，就可以在变量窗口观察各个变量的值，判断此时变量的值是否正确。如果不正确，则说明在断点之前肯定存在错误，这样就可以把出错的范围集中在断点之前的程序上。

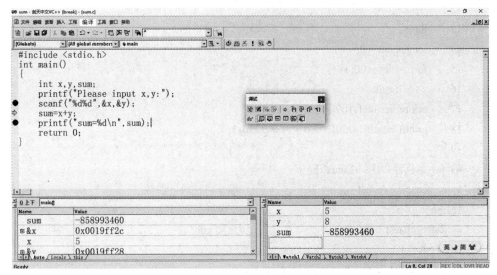

图 9.31　断点调试

(3) 调试完成后，删除所有断点。

(4) 结束断点调试，按 Shift+F5 组合键。

注意：单步调试和断点调试可以混合使用。

## 9.4.2　Linux 环境中使用 gdb 调试程序

gdb 是 GNU 开源组织发布的一个强大的 Unix 下的程序调试工具。一般来说，gdb 主要完成下面四个方面的功能：

(1) 启动程序，按照用户的自定义要求随心所欲地运行程序。

(2) 让被调试的程序在用户设置的断点处停住(断点可以是条件表达式)。

(3) 当程序被暂停时，让用户检查程序中所发生的事。

(4) 动态改变程序的执行环境。

下面是一个使用 gdb 调试程序的详细举例。

　　　源程序：test.c

　　　1 #include <stdio.h>

　　　2

　　　3 int func(int n)

```
4 {
5     int sum=0,i;
6     for(i=0; i<n; i++)
7         sum+=i;
8     return sum;
9 }
10
11 main()
12 {
13     int i;
14     long result = 0;
15     for(i=1; i<=100; i++)
16         result += i;
17     printf("result[1-100] = %d n", result );
18     printf("result[1-250] = %d n", func(250) );
19 }
```

编译生成执行文件：(Linux 下)

xy/c> gcc test.c -o test –g                 //编译时使用-g 参数

使用 gdb 调试：

xy/test> gdb test                  //启动 gdb

GNU gdb 5.1.1

Copyright 2002 Free Software Foundation, Inc.

GDB is free software, covered by the GNU General Public License, and you are welcome to change it and/or distribute copies of it under certain conditions.

Type "show copying" to see the conditions.

There is absolutely no warranty for GDB. Type "show warranty" for details.

This GDB was configured as "i386-suse-linux"...

(gdb)list 1                   //从第一行开始列出源代码

```
1 #include <stdio.h>
2
3 int func(int n)
4 {
5     int sum=0,i;
6     for(i=0; i<n; i++)
7         sum+=i;
8     return sum;
9 }
```

(gdb) break 13                //设置断点，在源程序第 13 行处

Breakpoint 1 at 0x8048496: file test.c, line 13.

(gdb) break func               //设置断点，在函数 func()入口处

```
Breakpoint 2 at 0x8048456: file test.c, line 5.
(gdb) info break                    //查看断点信息
Num Type Disp Enb Address What
1 breakpoint keep y 0x08048496 in main at test.c:13
2 breakpoint keep y 0x08048456 in func at test.c:5
(gdb) run                           //运行程序
Starting program: /home/xy/c/test
Breakpoint 1, main () at test.c:14   //在断点处停住
14 long result = 0;
(gdb) next                          //单条语句执行
15 for(i=1; i<=100; i++)
(gdb) next
16 result += i;
(gdb) next
15 for(i=1; i<=100; i++)
(gdb) next
16 result += i;
(gdb) continue                      //继续运行程序
Continuing.
result[1-100] = 5050                //程序输出
Breakpoint 2, func (n=250) at test.c:5
5 int sum=0,i;
(gdb) next
6 for(i=1; i<=n; i++)
(gdb) print  i                      //打印变量 i 的值
$1 = 134513808
(gdb) next
7 sum+=i;
(gdb) next
6 for(i=1; i<=n; i++)
(gdb) print sum
$2 = 1
(gdb) next
7 sum+=i;
(gdb) print i
$3 = 2
(gdb) next
6 for(i=1; i<=n; i++)
(gdb) print sum
$4 = 3
(gdb) bt                            //查看函数堆栈
```

```
#0 func (n=250) at test.c:5
#1 0x080484e4 in main () at test.c:24
#2 0x400409ed in __libc_start_main () from /lib/libc.so.6
(gdb) finish                          //退出函数
Run till exit from #0 func (n=250) at test.c:5
0x080484e4 in main () at test.c:24
24 printf("result[1-250] = %d n", func(250) );
Value returned is $6 = 31375
(gdb) continue                        //继续运行
Continuing.
result[1-250] = 31375                 //程序输出
Program exited with code 027.         //程序退出，调试结束
(gdb) quit                            //退出 gdb
xy/c>
```

# 9.5　手机端编程环境

C 语言编译器众多，电脑端常用的有 Windows 操作系统下的 Borland C++、Visual C++、Dev-C++、WIN-TC 等，Linux 操作系统下的 GCC 等。移动端也提供了大量可以使用的编译器。在移动端提供的编译器中，不仅能够进行程序编辑，并且大部分编译器提供语法高亮、快速编译等功能，以及支持从手机的文件管理器中打开已经编写并保存的代码文件，用户通过手机端编译器可以随时编写验证程序。

## 9.5.1　Android 操作系统下的 C 编译器

C 语言编译器(C Compiler)是目前 Android 操作系统应用最多的 C 语言编译器之一，可为 C 语言初学者提供核心的编辑、编译功能，且支持自动补全功能，用户能随时随地验证 C 语言程序。

【例 9.1】 编写一个 test.c 程序，求一个 3 行 3 列主对角线元素的平方和，输入输出由主函数完成。

程序代码如下：

```
#include <stdio.h>
int fun(int a[3][3]);
int main()
{
    int i,j,s,x[3][3];
    for(i=0;i<3;i++)
        for(j=0;j<3;j++)
            scanf("%d",&x[i][j]);
```

```
    s=fun(x);
    printf("sum=%d\n",s);
    return 0;
}
int fun(int x[3][3])
{
    int z=0,i,j;
    for(i=0;i<3;i++)
    {
        for(j=0;j<3;j++)
        {
            if(i==j)
                z+=(x[i][i]*x[i][i]);
        }
    }
    return z;
}
```

使用 C compiler 运行例 9.1 程序的具体步骤如下：

(1) 首先在手机应用商店中搜索 C 语言编译器，搜索结果如图 9.32 所示。

图 9.32　C 语言编译器下载界面

直接点击下载按钮，等待安装即可。安装成功后，点击手机桌面新添加的"C 语言编译器"快捷键，即可打开该 APP，如图 9.33 所示。

图 9.33 编译器的主界面

(2) 该编译器不仅支持直接在界面上编写程序，也支持从文件管理器中打开代码文件，方便用户在浏览器中浏览查看。此处采用从文件管理器中打开 test.c，当前编译器的文件管理界面如图 9.34 所示。

图 9.34 编译器的文件管理界面

（3）打开文档之后的显示结果如图 9.35 所示，在 C compiler 的编译环境中显示代码，点击编译运行，输入"１２３４５６７８９"，输出结果如图 9.36 所示，结果为 sum=107。

图 9.35　C compiler 的编译环境　　　　　　　图 9.36　运行结果

## 9.5.2　iOS 操作系统下的 C 语言编译器

iOS 操作系统下的 C 语言编译器支持在线编译代码、创建代码文件或管理不同的代码项目等，并且设置了 C 语言工程管理中心，其中的工程项目内容一目了然，同时还支持分组管理多个文件夹。

iOS 操作系统下 C 语言编译器的具体使用步骤如下：

（1）在手机应用商店中搜索 C 语言编译器并进行下载，如图 9.37 所示。

图 9.37　C 语言编译器下载界面

(2) 下载完成后立即点击该 APP 进入主页，查看当前页面中的工程项目列表，点击“+”新建一个文件夹，并编辑文件名称为“sum.c”后保存，具体操作如图 9.38 和图 9.39 所示。

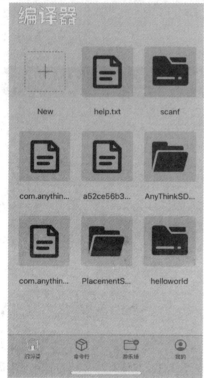

编译器
New
help.txt
scanf
com.anythin...
a52ce56b3...
AnyThinkSD...
com.anythin...
PlacementS...
helloworld

图 9.38　编译器工程项目列表

编译器
新建
新建一个c项目
sum.c
取消
确定
scanf
sum
com.anythin...
is you and just I'm good
空格
换行

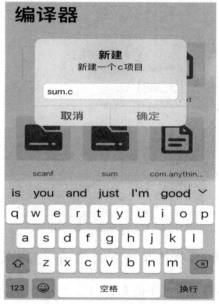

图 9.39　新建一个文件夹

(3) 打开文件夹，在控制台上编辑代码，如图 9.40 所示。

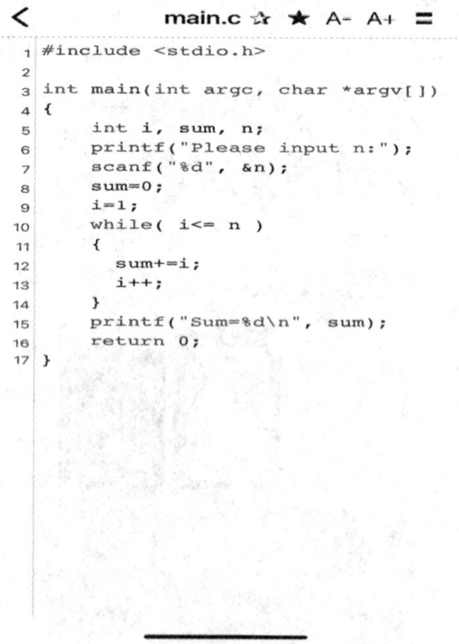

main.c A- A+
#include <stdio.h>
int main(int argc, char *argv[])
{
int i, sum, n;
printf("Please input n:");
scanf("%d", &n);
sum=0;
i=1;
while( i<= n )
{
sum+=i;
i++;
}
printf("Sum=%d\n", sum);
return 0;
}

图 9.40　程序编译环境

(4) 该编译器具备一键运行代码功能，点击运行该功能后，即可将当前编辑的代码快速编译、链接，产生可执行程序，编译界面如图 9.41 所示，点击 "bulid" 之后出现如图 9.42 所示的界面。

| ×       + ◆ ❷ ❈ ⌁ ▶ | <       + ◆ ❷ ❈ ⌁ ▶ |
|---|---|
| **sum.c.cproj** | **build** |
| 📁 build                   > | 📁 objects           > |
| 📁 configuration      > | |
| 📁 lib                    > | |
| 📄 main.c | |

图 9.41 编译界面               图 9.42 "build" 界面

(5) 该程序运行界面如图 9.43 所示，输入 "5"，输出结果 "Sum=15"，如图 9.44 所示。

```
<            objects
cbuild version 1.4.8 (1), 2021年10月2日
12:15

Last login: 2021年11月7日 16:35
iPhone $
Compiling main.c...
Linking...
Running sum.c.bc...

Please input n:
```

```
<            build
cbuild version 1.4.8 (1), 2021年10月2日
12:15

Last login: 2021年11月7日 16:35
iPhone $
Compiling main.c...
Linking...
Running sum.c.bc...

Please input n:5
Sum=15

Exited with status code: 0
iPhone $
```

图 9.43 运行界面               图 9.44 运行结果

## 9.6　编译错误信息

语法错误也称为编译错误，是指程序的语法有误，编译器或解译器在进行词法分析时无法将其转换为适当的编程语言。对这类错误，编译程序一般会给出出错信息，并且提示在哪一行出错。

以下给出 C 语言程序设计中常见的错误信息的英汉对照及处理方法。

1．error C1004: unexpected end of file found

中文对照：(编译错误)文件未结束。

分析：函数中，或者一个结构定义缺少"}"，或者在一个函数调用或表达式中括号没有配对出现，或者注释符"/*…*/"不完整等。

2．fatal error C1083: Cannot open include file: 'xxx': No such file or directory

中文对照：(编译错误)无法打开头文件 xxx：没有这个文件或路径。

分析：头文件不存在，或者头文件拼写错误，或者文件为只读。

3．fatal error C1903: unable to recover from previous error(s); stopping compilation

中文对照：(编译错误)无法从之前的错误中恢复，停止编译。

分析：引起错误的原因很多，建议先修改之前的错误。

4．error C2001: newline in constant

中文对照：(编译错误)常量中创建新行。

分析：字符串常量多行书写。

5．error C2006: #include expected a filename, found 'identifier'

中文对照：(编译错误)#include 命令中需要文件名。

分析：一般是头文件未用一对双引号或尖括号括起来，例如"#include (stdio.h)"。

6．error C2007: #define syntax

中文对照：(编译错误)#define 语法错误。

分析：例如"#define"后缺少宏名，例如"#define"。

7．error C2008: 'xxx' : unexpected in macro definition

中文对照：(编译错误)宏定义时出现了意外的 xxx。

分析：宏定义时宏名与替换串之间应有空格，例如"#define TRUE"1""。

8．error C2009: reuse of macro formal 'identifier'

中文对照：(编译错误)带参宏的形式参数重复使用。

分析：宏定义如有参数不能重名，例如"#define s(a,a) (a*a)"中参数 a 重复。

9．error C2010: 'character' : unexpected in macro formal parameter list

中文对照：(编译错误)带参宏的形式参数表中出现未知字符。

分析：例如"#define s(r|) r*r"中参数多了一个字符"|"。

10．error C2014: preprocessor command must start as first nonwhite space

中文对照：(编译错误)预处理命令前面只允许空格。

分析：每一条预处理命令都应独占一行，不应出现其他非空格字符。

11．error C2015: too many characters in constant

中文对照：(编译错误)常量中包含多个字符。

分析：字符型常量的单引号中只能有一个字符，或是以"\"开始的一个转义字符，例如"char error = 'c\n';"。

12．error C2017: illegal escape sequence

中文对照：(编译错误)转义字符非法。

分析：一般是转义字符位于 '' 或 " " 之外，例如"char error = ' \n;"。

13．error C2018: unknown character '0x##'

中文对照：(编译错误)未知的字符 0x##。

分析：一般是输入了中文标点符号，例如"char error = 'E';"中";"为中文标点符号。

14．error C2019: expected preprocessor directive, found 'character'

中文对照：(编译错误)期待预处理命令，但有无效字符。

分析：一般是预处理命令的#号后误输入其他无效字符，例如"#!define TRUE 1"。

15．error C2021: expected exponent value, not 'character'

中文对照：(编译错误)期待指数值，不能是字符。

分析：一般是浮点数的指数表示形式有误，例如 123.456Ea。

16．error C2039: 'identifier1' : is not a member of 'identifier2'

中文对照：(编译错误)标识符 1 不是标识符 2 的成员。

分析：程序错误地调用或引用结构体、共用体、类的成员。

17．error C2041: illegal digit 'x' for base 'n'

中文对照：(编译错误)对于 n 进制来说数字 x 非法。

分析：一般是八进制或十六进制数表示错误，例如"int i = 081;"语句中数字"8"不是八进制的基数。

18．error C2048: more than one default

中文对照：(编译错误)default 语句多于一个。

分析：switch 语句中只能有一个 default，删去多余的 default。

19．error C2050: switch expression not integral

中文对照：(编译错误)switch 表达式不是整型的。

分析：switch 表达式必须是整型或字符型，例如"switch ("a")"中表达式为字符串，这是非法的。

20．error C2051: case expression not constant

中文对照：(编译错误)case 表达式不是常量。

分析：case 表达式应为常量表达式，例如"case "a""中""a""为字符串，这是非法的。

21．error C2052: 'type' : illegal type for case expression

中文对照：(编译错误)case 表达式类型非法。

分析：case 表达式必须是一个整型常量(包括字符型) 。

22．error C2057: expected constant expression

中文对照：(编译错误)期待常量表达式。

分析：一般是定义数组时数组长度为变量，例如"int n=10; int a[n];"中"n"为变量，这是非法的。

23．error C2058: constant expression is not integral

中文对照：(编译错误)常量表达式不是整数。

分析：一般是定义数组时数组长度不是整型常量。

24．error C2059: syntax error : 'xxx'

中文对照：(编译错误)"xxx"语法错误。

分析：引起错误的原因很多，可能多加或少加了符号 xxx。

25．error C2064: term does not evaluate to a function

中文对照：(编译错误)无法识别函数语言。

分析：(1) 函数参数有误，表达式可能不正确，例如 "math.sqrt(s(s-a)(s-b)(s-c));" 中表达式不正确；

(2) 变量与函数重名或该标识符不是函数，例如 "int i,j; j=i();" 中 "i" 不是函数。

26．error C2065: 'xxx' : undeclared identifier

中文对照：(编译错误)"xxx"没有定义。

分析：(1) 如果 xxx 为 cout、cin、scanf、printf、sqrt 等，则程序中包含的头文件有误；

(2) 未定义变量、数组、函数原型等，注意拼写错误或区分大小写。

27．error C2078: too many initializers

中文对照：(编译错误)初始值过多。

分析：一般是数组初始化时初始值的个数大于数组长度，例如 "int b[2]={1,2,3};"。

28．error C2082: redefinition of formal parameter 'xxx'

中文对照：(编译错误)重复定义形式参数 xxx。

分析：函数首部中的形式参数不能在函数体中再次被定义。

29．error C2084: function 'xxx' already has a body

中文对照：(编译错误)已定义函数 xxx。

分析：在 Visual C++早期版本中函数不能重名，6.0 版本中支持函数的重载，函数名可以相同但参数不一样。

30．error C2086: 'xxx' : redefinition

中文对照：(编译错误)标识符 xxx 重定义。

分析：变量名、数组名重名。

31．error C2087: " : missing subscript

中文对照：(编译错误)下标未知。

分析：一般是定义二维数组时未指定第二维的长度，例如 "int a[3][];"。

32．error C2100: illegal indirection

中文对照：(编译错误)非法的间接访问运算符 "*"。

分析：对非指针变量使用 "*" 运算。

33．error C2105: 'operator' needs l-value

中文对照：(编译错误)操作符需要左值，这里的左值是指可以修改的量。

分析：例如 "(a+b)++;" 语句，"++" 运算符无效。

34．error C2106: 'operator': left operand must be l-value

中文对照：(编译错误) 运算符的左边应该是一个左值。

分析：例如 "a+b=1;" 语句，"=" 运算符左值必须为变量，不能是表达式。

35．error C2110: cannot add two pointers

中文对照：(编译错误)两个指针量不能相加。

分析：例如 "int *pa,*pb,*a; a = pa + pb;" 中两个指针变量不能进行 "+" 运算。

36．error C2117: 'xxx' : array bounds overflow

中文对照：(编译错误)数组 xxx 边界溢出。

分析：一般是字符数组初始化时字符串长度大于字符数组长度，例如 "char str[4] = "abcd";"。

37．error C2118: negative subscript or subscript is too large

中文对照：(编译错误)下标为负或下标太大。

分析：一般是定义数组或引用数组元素时下标不正确。

38．error C2124: divide or mod by zero

中文对照：(编译错误)被零除或对 0 求余。

分析：例如 "int i = 1 / 0;" 除数为 0。

39．error C2133: 'xxx' : unknown size

中文对照：(编译错误)数组 xxx 长度未知。

分析：一般是定义数组时未初始化也未指定数组长度，例如 "int a[];"。

40．error C2137: empty character constant

中文对照：(编译错误)字符型常量为空。

分析：一对单引号 "' '" 中不能没有任何字符。

41．error C2146: syntax error : missing 'token1' before identifier 'identifier'

中文对照：(编译错误)在标识符或语言符号 2 前漏写语言符号 1。

分析：可能缺少 "{" ")" 或 ";" 等语言符号。

42．error C2144: syntax error : missing ')' before type 'xxx'

中文对照：(编译错误)在 xxx 类型前缺少 ")"。

分析：一般是函数调用时定义了实参的类型。

43．error C2181: illegal else without matching if

中文对照：(编译错误)非法的没有与 if 相匹配的 else。

分析：可能多加了符号 ";" 或语句块没有使用符号 "{}" 进行包含。

44．error C2196: case value '0' already used

中文对照：(编译错误)case 值 0 已使用。

分析：case 后常量表达式的值不能重复出现。

45．error C2296: '%' : illegal, left operand has type 'float'

中文对照：(编译错误)%运算的左(右)操作数类型为 float，这是非法的。

分析：求余运算的对象必须均为 int 类型，应正确定义变量类型或使用强制类型转换。

46．error C2371: 'xxx' : redefinition; different basic types

中文对照：(编译错误)标识符 xxx 重定义，基类型不同。

分析：定义变量、数组等时重名。

47．C2373:XXXX:redefinition;differenttypemodifiers

中文对照："XXXX"重复定义，不同的类型修饰符。

分析：一般是主函数后面定义了子函数，但没有在前面进行函数说明。

48．error C2440: '=' : cannot convert from 'char [2]' to 'char'

中文对照：(编译错误)赋值运算，无法从字符数组转换为字符。

分析：不能用字符串或字符数组对字符型数据赋值，更一般的情况，类型无法转换。

49．error C2448: '' : function-style initializer appears to be a function definition

中文对照：(编译错误)缺少函数标题(是否是老式的形参表?)。

分析：函数定义不正确，函数首部的"( )"后多了分号或者采用了老式的 C 语言的形参表。

50．error C2450: switch expression of type 'xxx' is illegal

中文对照：(编译错误)switch 表达式为非法的 xxx 类型。

分析：switch 表达式类型应为 int 或 char。

51．error C2466: cannot allocate an array of constant size 0

中文对照：(编译错误)不能分配长度为 0 的数组。

分析：一般是定义数组时数组长度为 0。

52．error C2601: 'xxx' : local function definitions are illegal

中文对照：(编译错误)函数 xxx 定义非法。

分析：一般是在一个函数的函数体中定义另一个函数。

53．error C2632: 'type1' followed by 'type2' is illegal

中文对照：(编译错误)类型 1 后紧接着类型 2，这是非法的。

分析：例如语句"int float i;"。

54．error C2660: 'xxx' : function does not take n parameters

中文对照：(编译错误)函数 xxx 不能带 n 个参数。

分析：调用函数时实参个数不对，例如"sin(x,y);"。

55．error C2664: 'xxx' : cannot convert parameter n from 'type1' to 'type2'

中文对照：(编译错误)函数 xxx 不能将第 n 个参数从类型 1 转换为类型 2。

分析：一般是函数调用时实参与形参类型不一致。

56．error C4101:XXXX:unreferenced local variable

中文对照："XXXX"未使用的局部变量。

分析：定义了变量而未使用。

57．error C4508:main:function should return a value;void return type assumed

中文对照："main"函数应该返回一个值，"void"返回值类型被假定。

分析：主函数定义了返回值，但是没有 return 语句。

58．error C4700:local variable XXXX used without having been initialized

中文对照：局部变量"XXXX"未被初始化就使用。

分析：定义了变量没有初始化就使用，会使程序的运行结果随机、不可再现。

59．error C4716: 'xxx' : must return a value

中文对照：(编译错误)函数 xxx 必须返回一个值。

分析：仅当函数类型为 void 时，才能使用没有返回值的返回命令。

60．fatal error LNK1104: cannot open file "Debug/Cpp1.exe"

中文对照：(链接错误)无法打开文件 Debug/Cpp1.exe。

分析：重新编译链接。

61．fatal error LNK1168: cannot open Debug/Cpp1.exe for writing

中文对照：(链接错误)不能打开 Debug/Cpp1.exe 文件改写内容。

分析：一般是 Cpp1.exe 还在运行，未关闭。

62．fatal error LNK1169: one or more multiply defined symbols found

中文对照：(链接错误)出现一个或更多的多重定义符号。

分析：一般与 error LNK2005 一同出现。

63．error LNK2001: unresolved external symbol XXXX

中文对照：(链接错误)未处理的外部标识 XXXX。

分析：引用了未知的标识符，这个标识符可以是函数或变量。

64．error LNK2005: XXXX already defined in XXXX

中文对照：(链接错误) XXXX 已经在 XXXX 中定义。

分析：标识符在另外的文件中重复定义。最常见的一种情况是一个程序编好后直接关闭了程序窗口而没有关闭工作空间，接着再次新建了文件进行编程，链接时就会提示 main 函数已被定义。

# 第 10 章

# 复杂工程案例分析与实现

## 10.1  学生信息处理系统

### 10.1.1  需求分析

学生成绩管理最重要的就是学生信息的录入和成绩的计算、排序、查找等操作。选择合适的数据结构，不仅便于成绩信息的管理，还可提高执行效率。其中，成绩信息主要包括学号、姓名、若干门成绩、平均成绩等内容，可设计结构体类型如下：

```
#define N 100              /*学生总人数不超过 100 人*/
typedef struct student     /*学生成绩结构体类型定义*/
{
    int id;                /*学号*/
    char name[20];         /*姓名*/
    int score[3];          /*英语、高数、C 语言三门成绩*/
    float aver;            /*三门成绩的平均值*/
}STU;
```

因为这里使用的是结构体数组，所以在主函数中需要定义 STU st[N]来存储学生信息，定义 int n 来存储实际的学生人数。

### 10.1.2  系统设计

根据 10.1.1 节的需求分析，得出该学生成绩管理系统要实现的功能包括以下几方面：

(1) 录入学生信息，即从键盘按学号顺序输入 n 名学生信息(学号、姓名、三门成绩)，并存储在结构体数组中。

(2) 计算成绩平均值，即根据学生成绩计算每个学生的三门成绩的平均值。

(3) 实现排序功能，即根据平均值从低到高的顺序对录入的学生信息进行排序。

(4) 实现输出功能，即以报表形式显示排序后的学生成绩信息。

(5) 查找学生信息，即根据学生姓名查找该学生的三门成绩、平均成绩等信息。

根据需求，可以在学生成绩管理系统中增加添加学生信息、删除学生信息、查找学生信息等功能，这里不再赘述。

## 10.1.3 功能设计

程序如下：

```c
#include <stdio.h>
#include <stdlib.h>
#include <string.h>
#define N 100                          /*学生总人数不超过 100 人*/
typedef struct student                 /*学生成绩结构体类型定义*/
{
    int id;                            /*学号*/
    char name[20];                     /*姓名*/
    int score[3];                      /*英语、高数、C 语言三门成绩*/
    float aver;                        /*三门成绩的平均值*/
}STU;
void Input(STU    st[], int n)         /*录入 n 个学生信息*/
{
    int i,j;
    printf("\t ————————————————————————————————\n");
    printf("\t        ***** 输入学生信息 *****              \n");
    printf("\t ————————————————————————————————\n");
    printf("学号\t 姓名\t 英语\t 高数\tC 语言\n");
    printf("----------------------------------------------------------------------\n");
    for(i=0;i<n;i++)                   /*输入 n 个学生信息*/
    {
        scanf("%d",&st[i].id);
        scanf("%s",st[i].name);
        for(j=0;j<3;j++)               /*输入每个学生的若干门成绩信息*/
            scanf("%d",&st[i].score[j]);
    }
}
void CalAver(STU    st[],int n)        /*计算 n 个学生若干门成绩的平均值*/
{
    int i,j;
    for(i=0;i<n;i++)
    {
        int s=0;
```

```
            for(j=0;j<3;j++)
                   s+=st[i].score[j];
            st[i].aver=s/3.0;
        }
    }
    void Sort(STU    st[],int n)                /*依据平均值，对 n 个学生的信息进行排序*/
    {
        int i,j,k;
        struct student    t;
        for(i=0;i<n-1;i++)                      /*采用选择排序算法*/
        {
            k=i;
            for(j=i+1;j<n;j++)
            {
                if(st[k].aver>st[j].aver)       /*比较学生的平均值成绩*/
                    k=j;
            }
            if(k!=i)
            {
                t=st[k];
                st[k]=st[i];
                st[i]=t;
            }
        }
    }
    void Output(STU    st[],int n)              /*输出 n 个学生信息*/
    {
        int i, j;
        printf("\n                 ***** 学生信息如下 *****                        \n");
        printf("学号\t 姓名\t 英语\t 高数\tC 语言\t 平均\n");
        printf("--------------------------------------------------------------------------------\n ");
        for (i = 0; i < n; i++)
        {
            printf("%d\t%s\t", st[i].id, st[i].name);
                for (j = 0; j < 3; j++)
                        printf("%d\t",st[i].score[j]);
            printf("%.2f\n", st[i].aver);
        }
```

```
    }
    void Search(STU st[],int n,char name[])        /*根据姓名查找学生信息*/
    {
        int i,j;
        for(i=0;i<n;i++)
        {
            if(strcmp(st[i].name,name)==0)         /*遍历结构体数组，寻找要查找的元素*/
                break;                             /*若找到，则退出循环*/
        }
        if(i<n)                                    /*若学生信息中找到该学生，则输出该学生信息*/
        {
            printf("\n         ***** 查找学生的信息如下 *****              \n");
            printf("学号\t 姓名\t 英语\t 高数\tC 语言\t 平均\n");
            printf("-----------------------------------------------------------------------------------\n ");
            printf("%d\t%s\t", st[i].id, st[i].name);
            for (j = 0; j < 3; j++)
                printf("%d\t",st[i].score[j]);
            printf("%.2f\n", st[i].aver);
        }
        else
            printf("没有查询到该学生信息，请检查输入！\n");
    }
    void main()
    {
        int n;
        STU    st[N];                              /*定义结构体数组*/
        char name[20];
        printf("\n 请输入学生总人数：  ");
        scanf("%d",&n);                            /*输入学生实际总人数*/
        Input(st,n);                               /*调用输入函数*/
        CalAver(st,n);                             /*调用计算平均值函数*/
        Sort(st,n);                                /*调用排序函数*/
        Output(st,n);                              /*调用输出函数*/
        printf("\n 请输入查找学生姓名：");
        scanf("%s",name);                          /*输入待查找的学生姓名*/
        Search(st,n,name);                         /*调用查找函数*/
    }
```

程序的运行结果如图 10.1 所示。

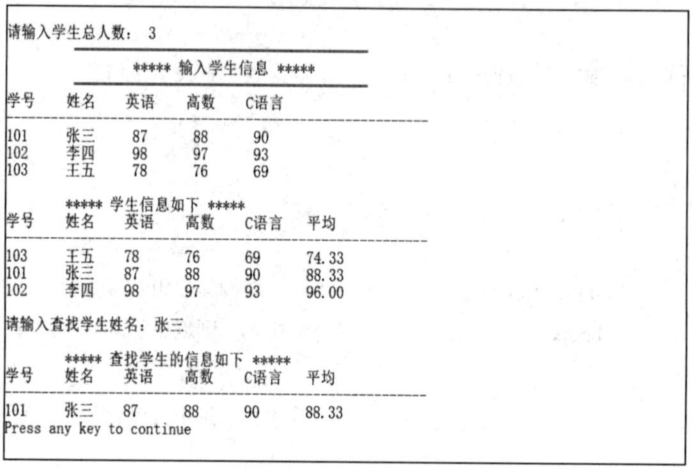

(a) 查找到张三的学生信息

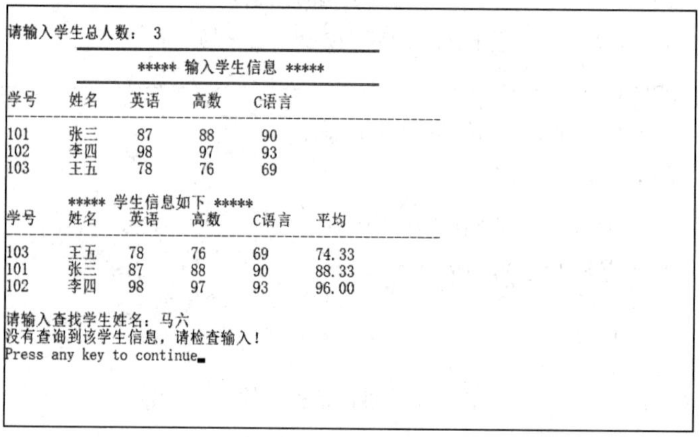

(b) 查找失败

图 10.1　学生成绩管理系统的运行结果示意图

## 10.1.4　小结

本节通过对学生成绩信息管理系统的分析和设计进行讲解，介绍了在 C 语言程序中使用结构体数组的基本知识。读者应熟练掌握结构体类型定义、结构体变量和结构体数组的相关知识。结构体数组的存储是数据常用的存储方式之一，其操作形式有很多种，这里仅讲解了程序中用到的基本操作。菜单设计、其他功能和更多内容请读者自行查阅资料，动手实现，达到融会贯通的目的。

# 10.2　诗词信息管理系统

## 10.2.1　需求分析

一个诗词信息管理系统最重要的功能就是实现对诗词信息的查询、添加、查找、删除等操作，同时应该是高效、稳定的，不能出现错误的结果，而且要选择好的数据结构，减少对存储空间的占用，提高程序执行效率。诗词信息主要包括诗词编号、诗词名称、朝代、作者、诗词内容、诗词关注度等内容，可设计结构体类型如下：

```
typedef struct Poetry
{
    int id;                  /*诗词编号*/
    char name[20];           /*诗词名称*/
    char dynasty[10];        /*朝代*/
    char author[20];         /*作者*/
    char content[200];       /*诗词内容*/
    float score;             /*诗词关注度*/
    struct Poetry *next;     /*指向下一个节点的指针*/
}Poetry;
```

因为这里使用单链表，所以结构体中有一个 struct Poetry *next，表示指向下一首诗词信息的指针。

## 10.2.2　系统设计

根据上面的需求分析，得出该诗词信息管理系统要实现的功能有以下 6 个方面：

(1) 录入诗词信息，即依次输入诗词信息，并存储在链表中。

(2) 查询功能，即输入诗词名称可以查询到该诗词的相应信息。

(3) 修改功能，即输入诗词名称可以修改相应的数据信息。

(4) 删除功能，即输入诗词名称可以删除相应的数据信息。

(5) 统计功能，即可以统计现有诗词的数量。

(6) 显示诗词信息，即可以显示所有诗词的数据信息。

## 10.2.3　功能设计

### 1．显示主菜单模块

程序运行后，首先进入功能菜单的选择界面，在此展示了程序中的所有功能以及如何调用相应的功能等，用户可以根据需要输入想要执行的功能，然后进入到子功能中，运行结果如图 10.2 所示。

图 10.2　程序启动后显示的主菜单

图 10.2 中的界面效果，主要是使用了 printf 函数在控制台输出文字和特殊的符号。程序代码如下：

```
printf("\n\n\n");
printf("\t--------------------------------------------------------------------\n");
printf("\t|                    欢迎使用诗词信息管理系统                    |\n");
printf("\t--------------------------------------------------------------------\n");
printf("\t|                        1-录入诗词信息                        |\n");
printf("\t|                        2-查询诗词信息                        |\n");
printf("\t|                        3-修改诗词信息                        |\n");
printf("\t|                        4-删除诗词信息                        |\n");
printf("\t|                        5-显示所有诗词                        |\n");
printf("\t|                        6-   诗词总数                        |\n");
printf("\t|                        0-   退出程序                        |\n");
printf("\t--------------------------------------------------------------------\n");
printf("\t 请选择功能 0-6: ");
scanf("%d",&choice);
```

在 main 函数中，首先显示主菜单，然后等待用户输入，根据用户的输入做相应的处理，这里主要使用 switch 语句来响应用户的输入。

### 2. 录入诗词信息

在主功能菜单中输入数字 1 就可以进入录入诗词信息的模块中，首先会弹出添加诗词信息的表头，并提示用户输入诗词信息，程序的运行结果如图 10.3 所示。

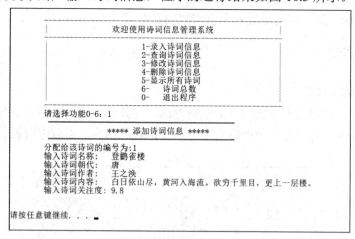

图 10.3　录入诗词信息

实现上述功能的代码如下：

```
void InsertPoetry(Poetry *head,int Poetry_id)
{
    Poetry *p,*s;
    p = head;
    s=(Poetry*)malloc(sizeof(Poetry));
```

```
s->id=Poetry_id;
printf("\t ━━━━━━━━━━━━━━━━━━━━━━━━━━━━━━\n");
printf("\t          ***** 添加诗词信息 *****          \n");
printf("\t ━━━━━━━━━━━━━━━━━━━━━━━━━━━━━━\n");
printf("\t 分配给该诗词的编号为:%d\n",Poetry_id);
printf("\t%s","输入诗词名称:\t");
scanf("%s",s->name);
printf("\t%s","输入诗词朝代:\t");
scanf("%s",s->dynasty);
printf("\t%s","输入诗词作者:\t");
scanf("%s",s->author);
printf("\t%s","输入诗词内容:\t");
scanf("%s",s->content);
printf("\t%s","输入诗词关注度:\t");
scanf("%f",&s->score);
s->next=NULL;                    /*新结点的地址设置为空*/
p = head;
while(p->next)                   /*遍历到链表尾*/
        p=p->next;
    p->next=s;                   /*将新结点插入到链表尾*/
}
```

这里,传递进插入函数的参数为带头结点单链表的头指针和一个作为诗词编号的整数。程序中设定一个全局变量用来记录当前诗词的编号,每增加一个诗词就将编号增加 1,然后传递到函数中作为诗词的编号。这个全局变量是初始化文件中所有诗词编号的最大值,上述插入操作完成之后就会再次显示主菜单。

### 3. 查询诗词信息

在主菜单中输入数字 2,可进入查询诗词信息模块,进入模块后要求用户输入诗词名称进行查询。如果查询到诗词信息,则会显示相应内容;如果查询不到,则会提示用户没有相关诗词的信息,运行结果如图 10.4 和图 10.5 所示。

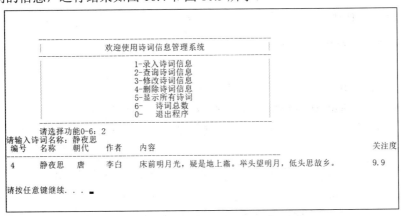

图 10.4 查询到《静夜思》诗词信息

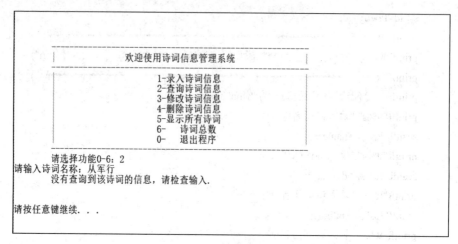

图 10.5　查询失败

　　实现查询模块的功能主要是由查询函数和显示函数实现的。查询函数接入一个带头结点单链表的头指针和一个字符串作为参数，字符串是诗词的名称，若查询成功则返回指向目的诗词结点的指针，否则返回 NULL。显示函数以指向诗词结点的指针为参数，将该条诗词信息按一定的格式显示出来。

　　查询函数的代码如下：

```
Poetry *FindPoetry(Poetry *head,char name[])
{
    Poetry* p;
    p = head->next;
    while(p&&strcmp(p->name,name)!=0 )  /*若 p 不为空，且 p 不是要查询的结点*/
    {
        p=p->next;                      /*使 p 指向下一个结点*/
    }
    return p;                           /*返回查找到的诗词结点地址或 NULL*/
}
```

显示函数的代码如下：

```
void PrintPoetry(Poetry *node)
{
    if(!node)           /*如果指针为空，即不存在该结点*/
        printf("\t%s\n","没有查询到该诗词的信息，请检查输入.");
    else                /*若指针不为空，则输出诗词信息*/
    {
        printf(" 编号    名称    朝代    作者    内容    关注度 \n");
        printf("-------------------------------------------------------------------------------\n");
        printf("%d\t%s\t %s\t%s\t%s\t%.1f\n", node->id, node->name, node->dynasty,
```

```
                                 node->author, node->content, node->score);
        }
    }
```

这里，直接将查询函数的结果 p 作为显示函数的结果：

```
    p=FindPoetry(head,name);
    PrintPoetry(p);
```

若查询成功则输出诗词信息，否则输出查找失败的提示信息。

### 4．修改诗词信息

在主功能菜单中输入数字 3，则可以进入修改诗词信息模块。进入该模块后会弹出修改诗词信息的表头，并提示用户输入诗词名称，接着提示用户输入诗词的新信息，如图 10.6 所示；如果没有该诗词的信息，则会给出错误提示。

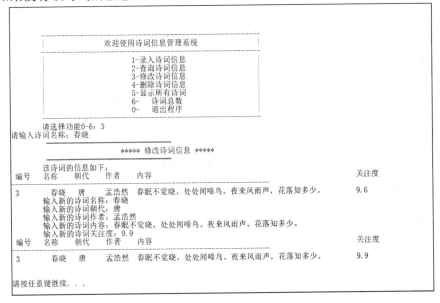

图 10.6　修改《春晓》诗词的关注度信息

实现修改诗词信息的函数代码如下：

```
void ModifyPoetry(Poetry *head,char name[ ])
{
    Poetry *p=FindPoetry(head,name);        /*首先查找该 id 号的诗词，将结果保存在 p 中*/
    if(p)                                    /*如果查找到该诗词，则可以修改*/
    {
        printf("\t ————————————————————————————————— \n");
        printf("\t              ***** 修改诗词信息 *****          \n");
        printf("\t ————————————————————————————————— \n");
        printf("\t 该诗词的信息如下: \n");
        PrintPoetry(p);
```

```
            printf("\t%s","输入新的诗词名称: ");
            scanf("%s",p->name);
            printf("\t%s","输入新的诗词朝代: ");
            scanf("%s",p->dynasty);
            printf("\t%s","输入新的诗词作者: ");
            scanf("%s",p->author);
            printf("\t%s","输入新的诗词内容: ");
            scanf("%s",p->content);
            printf("\t%s","输入新的诗词关注度: ");
            scanf("%f",&p->score);
        }
        else                         /*如果查询不到该诗词信息，则显示出错提示*/
        {
            printf("\t 未查询到该诗词的信息,请检查输入.\n");
        }
    }
```

在该函数中也使用了查找函数,只有当需要被修改的诗词存在于链表中时才允许修改,否则就会给出错误提示。

### 5. 删除诗词信息

在主菜单中输入数字 4,可以进入删除诗词信息的模块,进入该模块后会要求输入诗词名称。如果待删诗词信息存在,则根据诗词名称删除对应的诗词信息,调用显示诗词信息操作后的结果如图 10.7 所示;如果待删诗词信息不存在,则提示用户没有相关诗词的信息,调用显示诗词信息操作后的结果如图 10.8 所示。

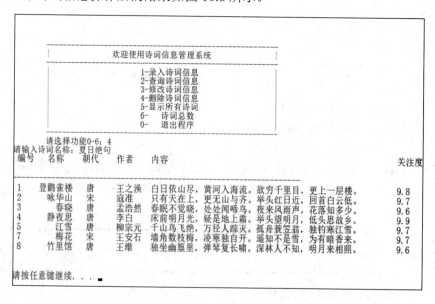

图 10.7　删除《夏日绝句》诗词后的诗词信息

```
      -------------------------------------------------------------
      |              欢迎使用诗词信息管理系统                      |
      -------------------------------------------------------------
      |                      1-录入诗词信息                        |
      |                      2-查询诗词信息                        |
      |                      3-修改诗词信息                        |
      |                      4-删除诗词信息                        |
      |                      5-显示所有诗词                        |
      |                      6-    诗词总数                        |
      |                      0-    退出程序                        |
      -------------------------------------------------------------
      请选择功能0-6：4
请输入诗词名称：咏柳
      未查询到待删除的诗词信息,请检查输入.
 编号   名称     朝代     作者     内容                                                  关注度

------------------------------------------------------------------
 1    登鹳雀楼    唐     王之涣   白日依山尽，黄河入海流。欲穷千里目，更上一层楼。         9.8
 2      咏华山    宋     寇准     只有天在上，更无山与齐。举头红日近，回首白云低。         9.7
 3        春晓    唐     孟浩然   春眠不觉晓，处处闻啼鸟。夜来风雨声，花落知多少。         9.6
 4      静夜思    唐     李白     床前明月光，疑是地上霜。举头望明月，低头思故乡。         9.9
 5        江雪    唐     柳宗元   千山鸟飞绝，万径人踪灭。孤舟蓑笠翁，独钓寒江雪。         9.7
 6    夏日绝句    宋     李清照   生当作人杰，死亦为鬼雄。至今思项羽，不肯过江东。         9.6
 7        梅花    宋     王安石   墙角数枝梅，凌寒独自开。遥知不是雪，为有暗香来。         9.7
 8      竹里馆    唐     王维     独坐幽篁里，弹琴复长啸。深林人不知，明月来相照。         9.6

请按任意键继续. . .
```

图 10.8　《咏柳》诗词信息不存在，删除失败

实现删除功能的代码如下：

```
void DeletePoetry(Poetry *head,char name[ ])
{
    Poetry* pre, * p;
    pre = head ;
    p = head->next;
    while(p)                              /*遍历链表寻找要删除的结点*/
    {
        if( strcmp( p->name,name)==0)
        {
            pre->next=p->next;
            free(p);                      /*释放内存空间*/
            break;
        }
        pre=p;                            /*q 为 p 的前驱结点*/
        p=p->next;
        }
        if(!p)
            printf("\t 未查询到待删除的诗词信息，请检查输入.\n");
}
```

这里直接将删除后的链表显示，查看删除操作结果：

```
DeletePoetry(head,name);
PrintAll(head);
```

若删除成功则已删信息将不会出现在诗词信息中，否则将输出删除失败的提示信息。

### 6．显示所有诗词的信息

在主菜单中输入数字 5，可以按照规定格式显示所有诗词信息，如图 10.9 所示。

```
 ----------------------------------------------------------------
 |                  欢迎使用诗词信息管理系统                      |
 ----------------------------------------------------------------
 |                         1-录入诗词信息                        |
 |                         2-查询诗词信息                        |
 |                         3-修改诗词信息                        |
 |                         4-删除诗词信息                        |
 |                         5-显示所有诗词                        |
 |                         6-   诗词总数                         |
 |                         0-   退出程序                         |
 ----------------------------------------------------------------
 请选择功能0-6：5
编号   名称    朝代    作者    内容                                          关注度
-----------------------------------------------------------------------
1   登鹳雀楼   唐    王之涣   白日依山尽，黄河入海流。欲穷千里目，更上一层楼。    9.8
2     咏华山   宋    寇准     只有天在上，更无山与齐。举头红日近，回首白云低。    9.7
3       春晓   唐    孟浩然   春眠不觉晓，处处闻啼鸟。夜来风雨声，花落知多少。    9.6
4     静夜思   唐    李白     床前明月光，疑是地上霜。举头望明月，低头思故乡。    9.9
5       江雪   唐    柳宗元   千山鸟飞绝，万径人踪灭。孤舟蓑笠翁，独钓寒江雪。    9.7
6   夏日绝句   宋    李清照   生当作人杰，死亦为鬼雄。至今思项羽，不肯过江东。    9.6
7       梅花   宋    王安石   墙角数枝梅，凌寒独自开。遥知不是雪，为有暗香来。    9.7
8     竹里馆   唐    王维     独坐幽篁里，弹琴复长啸。深林人不知，明月来相照。    9.6

请按任意键继续. . .
```

图 10.9　显示所有诗词信息

该功能的实现代码如下：

```
void PrintAll(Poetry *head)
{
    Poetry *p=head->next;          /*从链表的首元结点开始*/
    if(p)                          /*链表不为空时才输出表头*/
    {
        printf("  编号    名称    朝代    作者    内容    关注度\n");
        printf("-----------------------------------------------------------------\n");

    }
    while(p)                       /*遍历链表，输出链表的每个结点信息*/
    {
        printf("%d\t%s\t %s\t%s\t%s\t%.1f\n", node->id, node->name, node->dynasty,
                                node->author, node->content, node->score);
        p=p->next;                 /*指向链表的下一个结点*/

    }
}
```

### 7．显示诗词总数

显示诗词总数实际上就是遍历一遍单链表，并计算链表的长度，如图 10.10 所示。

```
┌─────────────────────────────────────────────────┐
│                                                   │
│      ┌─────────────────────────────────────┐      │
│              欢迎使用诗词信息管理系统                  │
│      └─────────────────────────────────────┘      │
│      ┌─────────────────────────────────────┐      │
│                     1-录入诗词信息                   │
│                     2-查询诗词信息                   │
│                     3-修改诗词信息                   │
│                     4-删除诗词信息                   │
│                     5-显示所有诗词                   │
│                     6-  诗词总数                     │
│                     0-   退出程序                   │
│                                                   │
│      └─────────────────────────────────────┘      │
│       请选择功能0-6: 6                               │
│   诗词总数为: 8                                      │
│                                                   │
│   请按任意键继续. . .                                 │
└─────────────────────────────────────────────────┘
```

图 10.10　显示诗词总数

实现显示诗词总数功能的代码如下:

```
int Length(Poetry *head)            /*统计链表长度*/
{
    Poetry *p=head->next;
    int count=0;
    while(p)                        /*遍历链表*/
    {
        p=p->next;
        count++;
    }
    return count;
}
```

## 10.2.4　小结

本节通过对诗词信息管理系统开发过程的讲解,介绍了在 C 语言程序中使用链表的基本知识。读者应熟练掌握链表的相关知识。链表的操作很多,这里仅讲解了程序中用到的操作,其他内容请读者自行查阅资料,动手实现,达到举一反三的目的。

# 10.3　西邮中餐厅点餐系统

电子化点餐系统在全面了解餐厅的菜品、饮品、热卖品后,可以点菜、查单,轻松完成点餐、下单、结账等事宜,使点餐过程变得随意自由,带给消费者美好的用餐体验,同时降低餐厅的管理难度和综合成本。

西邮中餐厅点餐系统,可以实现参看热卖榜进行点餐,根据个人需求和喜好进行点餐;查看各类菜品并进行点菜,生成对应品类菜单;修改菜单(修改已选菜品、添加新菜品、删除已选菜品);确认下单,生成消费总账单以及单笔流水账单等功能。

　　完成西邮中餐厅点餐系统的设计,基本数据结构可以使用我们已经学习的结构体数组,也可以使用链表完成,本节以结构体数组为例为大家分析与实现。另外,系统中需要将大量的菜品信息、下单信息以及账单信息等内容长期保存在后台数据文件中。因此,系统的实现过程中还会用到之前学习的文件内容。

## 10.3.1　需求分析

### 1. 类型

(1) 菜品类型,包括每一种菜的序号、菜名、单价和销售量。

```
typedef struct food
{
    int fno;
    char fname[40];
    int fprice;
    int fnum;
}FOOD;  //菜品类型
```

(2) 账单类型,包括账单中的菜名、单价、数量和消费额。

```
typedef struct bill
{
    char name[20];
    int price;
    int num;
    int amount;
}BILL;  //账单类型
```

### 2. 变量和数组

(1) 菜品数组。

```
FOOD f[M][N];
```
f[i] 代表第 i 种菜品

f[i][j] 代表第 i 种菜品中第 j 样菜

菜品数组举例如图 10.11 所示。

(2) 选菜账单数组。

```
BILL fb[M][N];
```
fb[i] 代表第 i 种菜品

fb[i][j] 代表第 i 种菜品中第 j 样菜的选菜账单

(3) 记录某一类菜品的记录条数的数组,从后台对应数据文件中读出。

```
int fNo[M];
```

(4) 记录某一类菜品的账单总条数的数组,根据该菜品的选菜情况进行记录。

```
int fbi[M];
```

(5) 记录某一类菜品的账单总额的数据,根据该菜品的选菜情况计算并记录。

int fisum[M];

(6) 记录消费总账单的消费合计金额, 根据 fisum 数组中记录的所有菜品消费金额计算并记录。

int sum=0;

| | fNo | fname | fprice | fnum | |
|---|---|---|---|---|---|
| f[0][0] | 1 | 时蔬大凉拌 | 18 | 18 | |
| f[0][1] | 2 | 蒜蓉黄瓜 | 20 | 9 | |
| f[0][2] | 3 | 紫甘蓝藕片 | 18 | 10 | f[0]凉菜 |
| ⋮ | ⋮ | ⋮ | ⋮ | ⋮ | |
| f[0][j] | j+1 | 蜜豆蛋干 | 18 | 7 | |
| ⋮ | ⋮ | ⋮ | ⋮ | ⋮ | |
| f[1][0] | 1 | 鱼香肉丝 | 22 | 6 | |
| f[1][1] | 2 | 红烧茄子 | 24 | 12 | |
| f[1][2] | 3 | 芳香排骨 | 48 | 20 | f[1]热菜 |
| ⋮ | ⋮ | ⋮ | ⋮ | ⋮ | |
| f[1][j] | j+1 | 尖椒肥肠 | 32 | 16 | |
| ⋮ | ⋮ | ⋮ | ⋮ | ⋮ | |
| ⋮ | ⋮ | ⋮ | ⋮ | ⋮ | ⋮ |
| f[i][0] | 1 | 蛋挞 | 4 | 7 | |
| f[i][1] | 2 | 抄手 | 8 | 11 | |
| f[i][2] | 3 | 炸虾卷 | 32 | 8 | f[i]小吃 |
| ⋮ | ⋮ | ⋮ | ⋮ | ⋮ | |
| f[i][j] | j+1 | 土豆泥 | 6 | 3 | |
| ⋮ | ⋮ | ⋮ | ⋮ | ⋮ | |
| ⋮ | ⋮ | ⋮ | ⋮ | ⋮ | ⋮ |

图 10.11　菜品数组举例

## 10.3.2　系统设计

### 1. 定义各类菜单后台数据文件名数组

```
#define C "d:\\ColdDishes.xls"
#define H "d:\\HotDishes.xls"
#define SO "d:\\Soups.xls"
#define F "d:\\Food.xls"
#define SN "d:\\Snacks.xls"
#define D "d:\\Drink.xls",
char fnamefile[M][20]={C,H,SO,F,SN,D};
```

### 2. 函数

(1) 读取后台数据至菜单数组中。

    void readf(char fnamefile[M][20],FOOD f[M][N],int fNo[M]);

(2) 通过点餐总控程序选择某种菜品。

    int foodi(char type[],FOOD f[],BILL fb[],int fiNo,int fbi,int fisum[],int i);

(3) 添加某一类菜品的选菜。

    int add(char type[],FOOD f[],BILL fb[],int fNo,int fbi);

(4) 修改某一类菜品的选菜。

    int modify(BILL fb[],int fbi);

(5) 删除某一类菜品的选菜。

    int del(BILL fb[],int fbi);

(6) 生成某一类菜品的账单并打印。

    void fibill(char type[],BILL fb[],int fbi,int fisum[],int i);

(7) 打印输出某一类菜品的账单。

    void printbill(char type[],BILL fb[],int fbi,int fisum[],int i);

(8) 保存销量至后台对应菜单文件。

    void savef(char fnamefile[M][20],FOOD f[M][N],BILL fb[M][N],int fNo[M],int fbi[M]);

(9) 生成消费总账单。

    int bill(char itime[],char type[M][10],BILL fb[M][N],int fbi[M],int fisum[M],int i);

(10) 保存消费总账单至后台的流水账单文件。

    void saveb(char itime[],char type[M][10],BILL fb[M][N],int fbi[M],int fisum[M],int sum);

(11) 热卖榜。

    void sell_list(char type[M][10],FOOD f[M][N],int fNo[M]);

(12) 根据销售量对菜品进行排序。

    void sort(FOOD slist[M][N],int fNo[M]);

(13) 获取系统当前时间。

    void gettime(char itime[100]);

## 10.3.3 功能设计

(1) 进入系统首页，如图 10.12 所示。

图 10.12　系统首页

(2) 载入后台数据文件中的销量数据如图 10.13 所示,可以根据个人需求选择前几名查看各类菜品的热卖榜,如图 10.14 所示。

图 10.13　后台菜单数据文件　　　　　　　　图 10.14　热卖榜

(3) 根据后台数据文件,可以查看各类菜品,并进行点菜,生成对应品类菜单,如图 10.15 和图 10.16 所示。

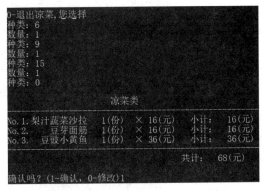

图 10.15　查看凉菜菜单　　　　　　图 10.16　点凉菜并生成凉菜菜单

(4) 可以修改(修改、添加、删除)当前所选菜品,修改菜单。

① 修改:根据已选中的菜品,修改该菜品数量,如果输入数量为 0,效果等同于删掉该菜品,如图 10.17 所示。

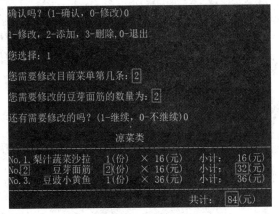

图 10.17　修改菜单

② 添加:根据菜品种类,添加新的菜品,如果添加菜品的数量为 0,等同于没有添加,

否则正常添加，如图 10.18 所示。

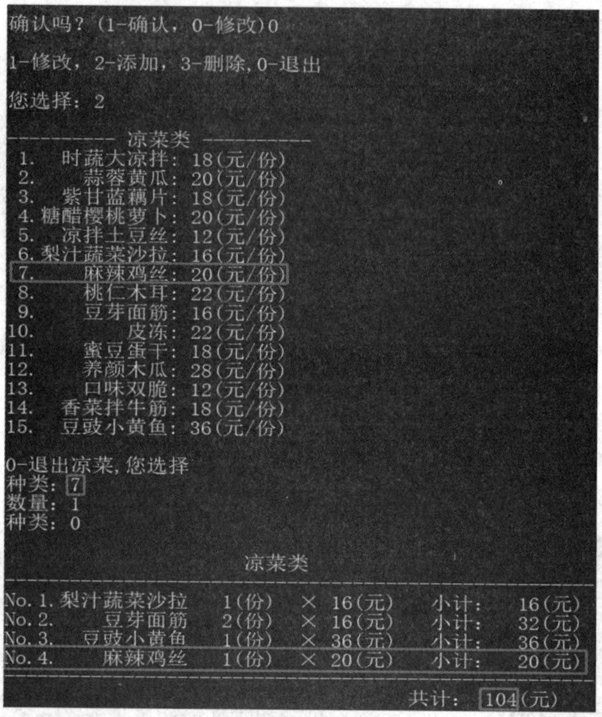

图 10.18　添加菜单

③ 删除：删除目前已选中菜品的某一条，如果确认删除的时候选择"取消"，仍然保留该条菜品，否则被删除，如图 10.19 所示。

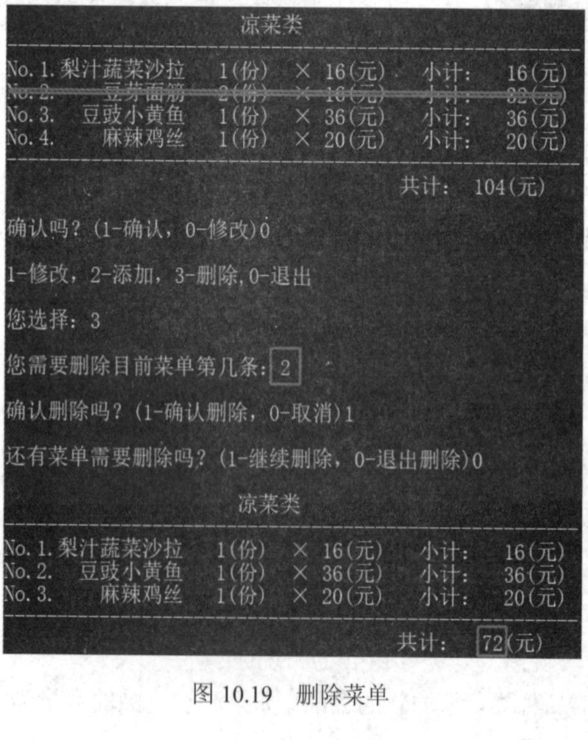

图 10.19　删除菜单

(5) 继续选择其他菜品，方法类似于凉菜的选择过程，如图 10.20 所示。

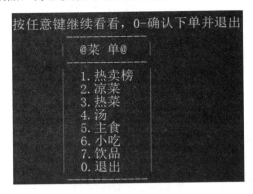

图 10.20　继续选菜

(6) 确认下单，修改后台数据文件中的菜品销售数据，生成消费总账单，并存入后台账单文件中 📊 BILL 　 XLS工作表 的流水账单，如图 10.21、图 10.22 所示。

您最后的消费账单为：2020-04-07 14:35:53

**凉菜类**

No.1. 梨汁蔬菜沙拉　1(份) × 16(元)　小计: 16(元)
No.2. 豆豉小黄鱼　1(份) × 36(元)　小计: 36(元)
No.3. 麻辣鸡丝　1(份) × 20(元)　小计: 20(元)
　　　　　　　　　　　　共计: 72(元)

**热菜类**

No.1. 芳香排骨　1(份) × 48(元)　小计: 48(元)
No.2. 红烧带鱼　1(份) × 38(元)　小计: 38(元)
No.3. 蒜蓉青菜　1(份) × 13(元)　小计: 13(元)
　　　　　　　　　　　　共计: 99(元)

**汤类**

No.1. 飘香菌王汤　1(份) × 22(元)　小计: 22(元)
　　　　　　　　　　　　共计: 22(元)

**主食类**

No.1. 米饭　2(份) × 2(元)　小计: 4(元)
　　　　　　　　　　　　共计: 4(元)

**小吃类**

No.1. 炸虾卷　1(份) × 32(元)　小计: 32(元)
No.2. 土豆泥　1(份) × 6(元)　小计: 6(元)
　　　　　　　　　　　　共计: 38(元)

**饮品类**

No.1. 蜜桃乌龙茶　1(份) × 12(元)　小计: 12(元)
No.2. 奶盖绿茶　1(份) × 16(元)　小计: 16(元)
　　　　　　　　　　　　共计: 28(元)

消费合计: 263(元)

——感谢惠顾，期待您下次光临！——

图 10.21　消费总账单

**2020-04-07 14:35:53 消费记录**

| | | 凉菜类 | | |
|---|---|---|---|---|
| 序号 | 品名 | 单价(元/份) | 数量 | 小计 |
| 1 | 梨汁蔬菜沙拉 | 16 | 1 | 16(元) |
| 2 | 豆豉小黄鱼 | 36 | 1 | 36(元) |
| 3 | 麻辣鸡丝 | 20 | 1 | 20(元) |
| | | | 共计: | 72(元) |
| | | 热菜类 | | |
| 序号 | 品名 | 单价(元/份) | 数量 | 小计 |
| 1 | 芳香排骨 | 48 | 1 | 48(元) |
| 2 | 红烧带鱼 | 38 | 1 | 38(元) |
| 3 | 蒜蓉青菜 | 13 | 1 | 13(元) |
| | | | 共计: | 99(元) |
| | | 汤类 | | |
| 序号 | 品名 | 单价(元/份) | 数量 | 小计 |
| 1 | 飘香菌王汤 | 22 | 1 | 22(元) |
| | | | 共计: | 22(元) |
| | | 主食类 | | |
| 序号 | 品名 | 单价(元/份) | 数量 | 小计 |
| 1 | 米饭 | 2 | 2 | 4(元) |
| | | | 共计: | 4(元) |
| | | 小吃类 | | |
| 序号 | 品名 | 单价(元/份) | 数量 | 小计 |
| 1 | 炸虾卷 | 32 | 1 | 32(元) |
| 2 | 土豆泥 | 6 | 1 | 6(元) |
| | | | 共计: | 38(元) |
| | | 饮品类 | | |
| 序号 | 品名 | 单价(元/份) | 数量 | 小计 |
| 1 | 蜜桃乌龙茶 | 12 | 1 | 12(元) |
| 2 | 奶盖绿茶 | 16 | 1 | 16(元) |
| | | | 共计: | 28(元) |
| | | 消费合计: | 263(元) | |

图 10.22　后台流水账单文件

## 10.3.4　系统实现

```c
#include<stdio.h>
#include<time.h>
#include<string.h>
#define M 6
#define N 20
#define C "d:\\ColdDishes.xls"
#define H "d:\\HotDishes.xls"
#define SO "d:\\Soups.xls"
#define F "d:\\Food.xls"
#define SN "d:\\Snacks.xls"
#define D "d:\\Drink.xls"
typedef struct food
{
        int fno;
        char fname[40];
        int fprice;
int fnum;
}FOOD;   //菜品类型
typedef struct bill
{
        char name[20];
        int price;
        int num;
        int amount;
}BILL;   //账单类型

//获取系统当前时间
void gettime(char itime[100])
{
        time_t t;
        struct tm *lt;
        t = time(NULL);
        lt = localtime(&t);
        strftime(itime,100,"%Y-%m-%d %H:%M:%S ",lt);
}

//保存销量至后台对应菜单文件
void savef(char fnamefile[M][20],FOOD f[M][N],BILL fb[M][N],int fNo[M],int fbi[M])
```

```
{
    int i,j,k;
    FILE *ffp;
    for(i=0;i<M;i++)
    {
        ffp=fopen(fnamefile[i],"w");
        if(ffp==NULL)
        {   printf("\n 打开文件失败，没有找到%s 文件！\n",fnamefile[i]);
            exit(1);
        }
        for(j=0;j<fNo[i];j++)
        {
            for(k=0;k<fbi[i];k++)
            {
                if(strcmp(f[i][j].fname,fb[i][k].name)==0)
                {
                    f[i][j].fnum+=fb[i][k].num;
                }
            }
            fprintf(ffp,"%d\t%s\t%d\t%d\n",f[i][j].fno,f[i][j].fname,f[i][j].fprice,f[i][j].fnum);
        }
            fclose(ffp);
    }
}


//输出显示某一类菜品的菜单
void outputf(char type[],FOOD f[],int fNo)
{
    int i;
    printf("\n---------- %s 类  ----------\n",type);
    for(i=0;i<fNo;i++)
        printf("%2d.%12s:%3d(元/份)\n",i+1,f[i].fname,f[i].fprice);
}


//打印输出某类菜品的账单情况
void printbill(char type[],BILL fb[],int fbi,int fisum[],int i)
{
    int j;
    printf("\n                        %s 类                        \n",type);
    printf("-------------------------------------------------------------------\n");
```

```c
        for(j=0;j<fbi;j++)
        {
                printf("No.%d.%12s%4d(份)   ×%3d(元)    小计：%4d(元)\n",
                        j+1,fb[j].name,fb[j].num,fb[j].price,fb[j].amount);
        }
        printf("--------------------------------------------------------------------\n");
        printf("%37s 共计：%4d(元)\n"," ",fisum[i]);
}


//生成某一类菜品的账单并打印
void fibill(char type[],BILL fb[],int fbi,int fisum[],int i)
{
        int j;
        fisum[i]=0;
        for(j=0;j<fbi;j++)
                fisum[i]+=fb[j].amount;
        printbill(type,fb,fbi,fisum,i);
}


//修改某一类菜品的选菜情况
int modify(BILL fb[],int fbi)
{
        int m,num,i,j;
        do{
                printf("\n 您需要修改目前菜单第几条：");
                scanf("%d",&m);
                printf("\n 您需要修改的%s 的数量为：",fb[m-1].name);
                scanf("%d",&num);
                if(num==0)    //如果修改的数量为 0，即删掉该条
                {
                        for(i=m-1;i<fbi;i++)
                                fb[i]=fb[i+1];
                        fbi--;
                }
                else
                {
                        fb[m-1].num=num;
                        fb[m-1].amount=fb[m-1].price*fb[m-1].num;
                }
                printf("\n 还有需要修改的吗？(1-继续，0-不继续)");
```

```
                    scanf("%d",&j);
            }while(j==1);
            return fbi;
    }


//删除某一类菜品的选菜
int del(BILL fb[],int fbi)
{
        int m,c,i,j;
        do
        {
                printf("\n 您需要删除目前菜单第几条：");
                scanf("%d",&m);
                printf("\n 确认删除吗？(1-确认删除，0-取消)");
                scanf("%d",&c);
                if(c==1)
                {
                        for(i=m-1;i<fbi;i++)
                                fb[i]=fb[i+1];
                        fbi--;
                }
                printf("\n 还有菜单需要删除吗？(1-继续删除，0-退出删除)");
                scanf("%d",&j);
        }while(j==1);
        return fbi;
}


//添加某一类菜品的选菜
int add(char type[],FOOD f[],BILL fb[],int fNo,int fbi)
{
        int kind,num,k,flag;
        outputf(type,f,fNo);
        printf("\n0-退出%s,您选择\n",type);
        do
        {
                flag=0;
                printf("种类：");
                scanf("%d",&kind);
                if(kind==0) break;
                if(kind<fNo+1)          //在 fNo 范围之内的种类
```

```
                {
                        printf("数量：");
                        scanf("%d",&num);
                        if(num==0) continue; //如果数量为 0，不计入账单
                        else
                        {
                            for(k=0;k<fNo;k++)
                            {
                                if(strcmp(f[kind-1].fname,fb[k].name)==0)
                                {
                                    fb[k].num+=num;
                                    fb[k].amount=f[kind-1].fprice*fb[k].num;
                                    flag=1;
                                    break;
                                }
                            }
                            if(!flag)
                            {
                                strcpy(fb[fbi].name,f[kind-1].fname);
                                fb[fbi].num=num;
                                fb[fbi].price=f[kind-1].fprice;
                                fb[fbi].amount=f[kind-1].fprice*fb[fbi].num;
                                fbi++;
                            }
                        }
                }
                else
                {
                        printf("抱歉，目前还没有这样的种类，请您重新输入！\n");
                        continue;
                }
        }while(1);
        return fbi;
}


//选菜总控程序
int foodi(char type[],FOOD f[],BILL fb[],int fiNo,int fbi,int fisum[],int i)
{
    int confirm,m;
    fbi=add(type,f,fb,fiNo,fbi);
```

```c
    do
    {
        fibill(type,fb,fbi,fisum,i);      //生成账单
        printf("\n 确认吗？(1-确认，0-修改)");
        scanf("%d",&confirm);
        if(confirm==0)
        {
            printf("\n1-修改，2-添加，3-删除，0-退出\n");
            printf("\n 您选择：");
            scanf("%d",&m);
            switch(m)
            {
                case 1:fbi=modify(fb,fbi);break;
                case 2:fbi=add(type,f,fb,fiNo,fbi);break;
                case 3:fbi=del(fb,fbi);break;
            }
        }
        else break;
    }while(1);
    return fbi;
}


//菜单显示
void menu()
{
    printf("         -------------------\n");
    printf("         |    @菜 单@    |\n");
    printf("         -------------------\n");
    printf("         |    1.热卖榜    |\n");
    printf("         |    2.凉菜      |\n");
    printf("         |    3.热菜      |\n");
    printf("         |    4.汤        |\n");
    printf("         |    5.主食      |\n");
    printf("         |    6.小吃      |\n");
    printf("         |    7.饮品      |\n");
    printf("         |    0.退出      |\n");
    printf("         -------------------\n");
}


//读取后台数据至菜单数组中
```

```
void readf(char fnamefile[M][20],FOOD f[M][N],int fNo[M])
{
    FILE *ffp;
    int i;
    for(i=0;i<M;i++)
    {
        ffp=fopen(fnamefile[i],"r");
        if(ffp==NULL)                    //判断是否打开文件成功
        { printf("\n 打开文件失败, %s 可能不存在\n", fnamefile[i]);
          exit(1);                       //错误退出
        }
        for(fNo[i]=0;!feof(ffp);fNo[i]++)
        {
            fscanf(ffp,"%d\t%s\t%d\t%d\n",&f[i][fNo[i]].fno,
                    f[i][fNo[i]].fname,&f[i][fNo[i]].fprice,&f[i][fNo[i]].fnum);
        }
        fclose(ffp);
    }
}


//保存消费总账单至后台的流水账单文件
void saveb(char itime[],char type[M][10],BILL fb[M][N],int fbi[M],int fisum[M],int sum)
{
    int i,j;
    FILE *bfp;
    bfp=fopen("d:\\BILL.xls","a+");      //以文件追加的方式添加流水账单
    if(bfp==NULL)
    {   printf("\n 打开文件失败, 没有找到 BILL.xls 文件！\n");
        exit(1);
    }
    fprintf(bfp,"\n--------------------------------------------\n");
    fprintf(bfp,"%30s 消费记录\n",itime);
    for(i=0;i<M;i++)
    {
        fprintf(bfp,"%s\t%s\t%s 类\t%s\t%s\n"," "," ",type[i]," "," ");
        fprintf(bfp,"%-s\t%-s\t%-s\t%-s\t%-s\n","序号","品名","单价(元/份)","数量","小计");
        for(j=0;j<fbi[i];j++)
            fprintf(bfp,"%d.\t%s\t%d\t%d\t%d(元)\n",j+1,fb[i][j].name,
                    fb[i][j].price,fb[i][j].num,fb[i][j].amount);
        fprintf(bfp,"%s\t%s\t%s\t%-s\t%-d(元)\n"," "," "," "," ","共计：",fisum[i]);
    }
}
```

```
    }
    fprintf(bfp,"%20s 消费合计：%4d(元)\n"," ",sum);
    fprintf(bfp,"---------------------------------------------\n");
    fclose(bfp);
}


//生成消费总账单
int bill(char itime[],char type[M][10],BILL fb[M][N], int fbi[M],int fisum[M],int i)
{
    int sum=0;
    printf("%36s\n",itime);
    for(i=0;i<M;i++)
    {
        printbill(type[i],fb[i],fbi[i],fisum,i);
        sum+=fisum[i];
    }
    printf("-----------------------------------------------------\n");
    printf("%33s 消费合计：%4d(元)\n"," ",sum);
    return sum;
}


//根据销售量对菜品进行排序
void sort(FOOD slist[M][N],int fNo[M])
{
    int i,j,k;
    FOOD t;
    for(i=0;i<M;i++)
      for(j=0;j<fNo[i]-1;j++)
        for(k=0;k<fNo[i]-1-j;k++)
            if(slist[i][k].fnum<slist[i][k+1].fnum)
            {
                t=slist[i][k];
                slist[i][k]=slist[i][k+1];
                slist[i][k+1]=t;
            }
}


//打印输出热卖菜品
void printslist(int position,char type[M][10],FOOD slist[M][N])
{
```

```
        int i,j;
        for(i=0;i<M;i++)
        {
            printf("\n--------%s 类--------\n",type[i]);
            for(j=0;j<position;j++)
                printf("第%d 名.%10s\n",j+1,slist[i][j].fname);
        }
    }


//用于存储菜品数组的临时数组
void assign(FOOD f[M][N],FOOD slist[M][N],int fNo[M])
{
    int i,j;
    for(i=0;i<M;i++)
        for(j=0;j<fNo[i];j++)
            slist[i][j]=f[i][j];
}


//热卖榜
void sell_list(char type[M][10],FOOD f[M][N],int fNo[M])
{
    FOOD slist[M][N];
    int position;
    assign(f,slist,fNo);
    sort(slist,fNo);
    printf("\n 您需要看销量前几名：");
    scanf("%d",&position);
    printslist(position,type,slist);
}


//主控程序
void main()
{
    int choice,i=0,fNo[M]={0},fbi[M]={0},fisum[M]={0},sum=0;
    //各类数据条数、生成账单条数
    char type[M][10]={"凉菜","热菜","汤","主食","小吃","饮品"};
    char fnamefile[M][20]={C,H,SO,F,SN,D};   //各类菜单后台数据文件名
    FOOD f[M][N];        //凉菜、热菜、汤、主食、小吃、饮品
    BILL fb[M][N];       //各类菜品账单
    char itime[100];
```

```
        readf(fnamefile,f,fNo);
        printf("---- 欢迎光临 西邮中餐厅 ----\n\n");
        do
        {
            menu();
            printf("您选择：");
            scanf("%d",&choice);
            if(choice==1) sell_list(type,f,fNo);
            else if(choice==2||choice==3||choice==4 || choice==5||choice==6||choice==7)
            {
                i=choice-2;
                fbi[i]=foodi(type[i],f[i],fb[i],fNo[i],fbi[i],fisum,i);
                printf("\n\n 按任意键继续看看，0-确认下单并退出\n");
            }
            else if(choice==0)
            {
                savef(fnamefile,f,fb,fNo,fbi);                   //保存各类菜品的销售量
                printf("\n 您最后的消费账单为：\n");
                gettime(itime);                                  //获得系统时间
                sum=bill(itime,type,fb,fbi,fisum,i);             //生成消费账单
                saveb(itime,type,fb,fbi,fisum,sum);              //保存消费流水账单
                break;
            }
            else continue;
        }while(1);
        printf("\n\n------------- 感谢惠顾，期待您下次光临！-------------\n\n");
}
```

## 10.3.5　小结

　　本例程序中只给出了作为消费者进行点餐的程序，有关管理员管理本系统的部分没有给出。也就是说，读者可以给系统增加一个模块，即用户身份的管理，通过身份登录及验证功能，作为管理者登录就可以对后台数据文件进行读写操作；而作为消费者登录只可以进行读操作，无权修改数据文件。这些内容读者都可以在学习的基础上，进一步补充使之完整。另外，有些部分的实现也只是给出了简单算法的实现，例如排序方法，这里使用了最简单的冒泡排序，读者还可以使用性能更好的算法来实现。此外，读者还可以考虑设计数据备份和数据恢复功能，等等。此段程序的数据结构是用结构体数组实现的，读者还可以用链表来实现，这样系统所涉及的更新(插入、删除等)操作会更加简洁，效率更高。由于篇幅有限，这里就不再介绍了。

# 附　录

## 附录 1　常用字符与 ASCII 码对照表

ASCII 码由三部分组成。

第一部分从 00H 到 1FH 共 32 个，一般用来通信或作为控制之用，有些字符可显示于屏幕，有些则无法显示在屏幕上，但可以从附表 1.1 看到效果(例如换行字符、归位字符)。

附表 1.1　ASCII 码(一)

| ASCII 码 | 字符 | 控制字符 | ASCII 码 | 字符 | 控制字符 |
|---|---|---|---|---|---|
| 000 | null | NUL | 016 | ► | DLE |
| 001 | ☺ | SOH | 017 | ◄ | DC1 |
| 002 | ● | STX | 018 | | DC2 |
| 003 | ♥ | ETX | 019 | !! | DC3 |
| 004 | ◆ | EOT | 020 | ¶ | DC4 |
| 005 | ♣ | END | 021 | § | NAK |
| 006 | ♠ | ACK | 022 | ▬ | SYN |
| 007 | Beep | BEL | 023 | | ETB |
| 008 | Bs | BS | 024 | ↑ | CAN |
| 009 | Tab | HT | 025 | ↓ | EM |
| 010 | 换行 | LP | 026 | → | SUB |
| 011 | (home) | VT | 027 | ← | ESC |
| 012 | (form feed) | FF | 028 | ∟ | PS |
| 013 | 回车 | CR | 029 | ↔ | GS |
| 014 | ♫ | SO | 030 | ▲ | RS |
| 015 | ☼ | SI | 031 | ▼ | US |

第二部分从 20H 到 7FH 共 96 个，除 32H 表示的空格外，其余 95 个字符用来表示阿拉伯数字、英文字母大小写和底线、括号等符号，都可以显示在屏幕上，见附表 1.2。

附表 1.2　ASCII 码(二)

| ASCII 值 | 字符 | ASCII 值 | 字符 | ASCII 值 | 字符 |
|---|---|---|---|---|---|
| 032 | (space) | 064 | @ | 096 | ` |
| 033 | ! | 065 | A | 097 | a |
| 034 | " | 066 | B | 098 | b |
| 035 | # | 067 | C | 099 | c |
| 036 | $ | 068 | D | 100 | d |
| 037 | % | 069 | E | 101 | e |
| 038 | & | 070 | F | 102 | f |
| 039 | ' | 071 | G | 103 | g |
| 040 | ( | 072 | H | 104 | h |
| 041 | ) | 073 | I | 105 | i |
| 042 | * | 074 | J | 106 | j |
| 043 | + | 075 | K | 107 | k |
| 044 | , | 076 | L | 108 | l |
| 045 | - | 077 | M | 109 | m |
| 046 | • | 078 | N | 110 | n |
| 047 | / | 079 | O | 111 | o |
| 048 | 0 | 080 | P | 112 | p |
| 049 | 1 | 081 | Q | 113 | q |
| 050 | 2 | 082 | R | 114 | r |
| 051 | 3 | 083 | S | 115 | s |
| 052 | 4 | 084 | T | 116 | t |
| 053 | 5 | 085 | U | 117 | u |
| 054 | 6 | 086 | V | 118 | v |
| 055 | 7 | 087 | W | 119 | w |
| 056 | 8 | 088 | X | 120 | x |
| 057 | 9 | 089 | Y | 121 | y |
| 058 | : | 090 | Z | 122 | z |
| 059 | ; | 091 | [ | 123 | 〈 |
| 060 | < | 092 | \ | 124 | ┊ |
| 061 | = | 093 | ] | 125 | 〉 |
| 062 | > | 094 | ∧ | 126 | ~ |
| 063 | ? | 095 | — | 127 | |

第三部分从 80H 到 0FFH 共 128 个字符，一般称为"扩充字符"，这 128 个扩充字符是由 IBM 制定的，并非标准的 ASCII 码。这些字符是用来表示框线、音标和其他欧洲非英语系的字母，如附表 1.3 所示。

附表 1.3　ASCII 码(三)

| ASCII 值 | 字符 | ASCII 值 | 字符 | ASCII 值 | 字符 | ASCII 值 | 字符 |
|---|---|---|---|---|---|---|---|
| 128 | ç | 160 | á | 192 | ∟ | 224 | α |
| 129 | ü | 161 | í | 193 | ⊥ | 225 | β |
| 130 | é | 162 | ó | 194 | ⊤ | 226 | Γ |
| 131 | â | 163 | ú | 195 | ├ | 227 | π |
| 132 | ä | 164 | ń | 196 | ─ | 228 | Ξ |
| 133 | à | 165 | *a* | 197 | ┼ | 229 | σ |
| 134 | å | 166 | *o* | 198 | ╞ | 230 | μ |
| 135 | ç | 167 | ℈ | 199 | ╟ | 231 | τ |
| 136 | ê | 168 | | 200 | ╚ | 232 | |
| 137 | ë | 169 | ┌ | 201 | ╔ | 233 | θ |
| 138 | è | 170 | ┐ | 202 | ╩ | 234 | Ω |
| 139 | ï | 171 | 1/2 | 203 | ╦ | 235 | δ |
| 140 | î | 172 | 1/4 | 204 | ╠ | 236 | ∞ |
| 141 | ì | 173 | ! | 205 | ═ | 237 | ø |
| 142 | Ä | 174 | 《 | 206 | ╬ | 238 | ∈ |
| 143 | Å | 175 | 》 | 207 | ╧ | 239 | ∩ |
| 144 | É | 176 | ░ | 208 | ╨ | 240 | ≡ |
| 145 | ac | 177 | ▒ | 209 | ╤ | 241 | ± |
| 146 | ÆE | 178 | ▓ | 210 | ╥ | 242 | ≥ |
| 147 | ô | 179 | │ | 211 | ╙ | 243 | ≤ |
| 148 | ö | 180 | ┤ | 212 | ╘ | 244 | ⌠ |
| 149 | ò | 181 | ╞ | 213 | ╒ | 245 | ⌡ |
| 150 | û | 182 | ╡ | 214 | ╓ | 246 | ÷ |
| 151 | ù | 183 | ╗ | 215 | ╫ | 247 | ≈ |
| 152 | ÿ | 184 | ╕ | 216 | ╪ | 248 | ° |
| 153 | Ö | 185 | ╣ | 217 | ┘ | 249 | ∙ |
| 154 | Ü | 186 | ║ | 218 | ┌ | 250 | · |
| 155 | | 187 | ╗ | 219 | █ | 251 | |
| 156 | £ | 188 | ╝ | 220 | ▄ | 252 | ⁿ |
| 157 | ¥ | 189 | ╜ | 221 | ▌ | 253 | ² |
| 158 | Pt | 190 | ╛ | 222 | ▐ | 254 | ■ |
| 159 | ƒ | 191 | ┐ | 223 | ▀ | 255 (blank 'FF') | |

## 附录2　C语言中的关键字表

C语言中的关键字见附表2.1。

附表2.1　C语言中的关键字

| auto | break | case | char |
|------|-------|------|------|
| const | continue | default | do |
| double | else | enum | extern |
| float | for | goto | if |
| int | long | register | return |
| short | signed | sizeof | static |
| struct | switch | typedef | union |
| unsigned | void | volatile | while |

## 附录3　C语言中运算符的优先级及其结合性一览表

C语言中运算符的优先级及其结合性见附表3.1。

附表3.1　C语言中运算符的优先级及其结合性

| 优先级 | 运算符 | 含　义 | 参与运算对象的数目 | 结合方向 |
|--------|--------|--------|------------------|----------|
| 1 | ()<br>[ ]<br>-><br>• | 圆括号运算符<br>下标运算符<br>指向结构体成员运算符<br>结构体成员运算符 | | 自左至右 |
| 2 | !<br>~<br>++<br>--<br>-<br>(类型)<br>*<br>&<br>sizeof | 逻辑非运算符<br>按位取反运算符<br>自增运算符<br>自减运算符<br>负号运算符<br>类型转换运算符<br>指针运算符<br>取地址运算符<br>求类型长度运算符 | 单目运算符 | 自右至左 |
| 3 | *<br>/<br>% | 乘法运算符<br>除法运算符<br>求余运算符 | | |
| 4 | +<br>— | 加法运算符<br>减法运算符 | | |
| 5 | <<<br>>> | 左移运算符<br>右移运算符 | | |
| 6 | <<br><=<br>><br>>= | 关系运算符 | 双目运算符 | 自左至右 |
| 7 | ==<br>! = | 判等运算符<br>判不等运算符 | | |
| 8 | & | 按位与运算符 | | |
| 9 | ^ | 按位异或运算符 | | |
| 10 | \| | 按位或运算符 | | |
| 11 | & & | 逻辑与运算符 | | |
| 12 | \|\| | 逻辑或运算符 | | |

| 优先级 | 运算符 | 含 义 | 参与运算对象的数目 | 结合方向 |
|---|---|---|---|---|
| 13 | ? : | 条件运算符 | 三目运算符 | 自右至左 |
| 14 | =<br>+ =<br>- =<br>* =<br>/=<br>%=<br>>>=<br><<=<br>&=<br>^ =<br>\|= | 赋值运算符 | 双目运算符 | 自右至左 |
| 15 | , | 逗号运算符<br>(顺序求值运算符) | | 自左至右 |

# 附录4 C 语言的库函数

表格中所列函数的先后顺序依照的是字典中的英文字母序列。

## 1．内存分配函数

内存分配函数所在函数库为 alloc.h，见附表 4.1。

附表 4.1 内存分配函数

| 函数名 | 函 数 原 型 | 函数功能及返回值 |
|---|---|---|
| calloc | void *calloc (unsigned n,unsigned size); | 动态分配 n 个数据项的连续内存空间，若内存量为 n*size 个字节，则返回分配的内存块的起始地址；若无 n*size 个字节的内存空间，则返回 NULL |
| free | void free(void *block); | 释放以前分配的首地址为 block 的内存块 |
| malloc | void *malloc(unsigned size); | 分配长度为 size 个字节的内存块。返回指向新分配内存块首地址的指针；否则返回 NULL |
| realloc | void *realloc(void *block, unsigned size); | 将 block 所指出的已分配内存区的大小改为 size，size 可以比原来分配的空间大或小。返回指向该内存区的指针 |

## 2．Bios 键盘接口函数

Bios 键盘接口函数所在函数库为 bios.h，见附表 4.2。

附表 4.2 Bios 键盘接口函数

| 函数名 | 函 数 原 型 | 函 数 功 能 |
|---|---|---|
| bisokey | int bisokey(int cmd); | 直接使用 bios 服务的键盘接口 |

### 3．控制台输入输出函数

控制台输入输出函数所在函数库为 conio.h，见附表 4.3。

#### 附表 4.3　控制台输入、输出函数

| 函数名 | 函数原型 | 函数功能 |
|---|---|---|
| clreol | void clreol(void); | 在文本窗口中清除字符到行末 |
| clrscr | void clrscr(void); | 清除文本模式窗口 |
| cprintf | int cprintf(const char *format[,argument,…]); | 送格式化输出至屏幕 |
| cputs | void cputs(const char *string); | 写字符到屏幕 |
| getch | int getch(void); | 从控制台取一个字符(无回显) |
| getche | int getche(void); | 从控制台取一个字符(带回显) |
| gotoxy | void gotoxy(int x,int y); | 在文本窗口中设置光标 |
| kbhit | int kbhit(void); | 检查当前是否有键按下 |
| textattr | void textattr(int attribute); | 设置文本属性 |
| textbackground | void textbackground(int color); | 在文本模式中选择新的文本背景颜色 |
| textcolor | void textcolor(int color); | 在文本模式中选择新的字符颜色 |
| wherex | int wherex(void); | 返回窗口内水平光标位置 |
| wherey | int wherey(void); | 返回窗口内垂直光标位置 |

### 4．字符函数

字符函数所在函数库为 ctype.h，见附表 4.4。

#### 附表 4.4　字　符　函　数

| 函数名 | 函数原型 | 函数功能及返回值 |
|---|---|---|
| isalpha | int isalpha(int ch); | 检查 ch 是否是字母('A' ~ 'Z', 'a' ~ 'z')。若是返回非 0 值，否则返回 0 |
| isalnum | int isalnum(int ch); | 检查 ch 是否是字母('A' ~ 'Z', 'a' ~ 'z')或数字('0'~'9')。若是返回非 0 值，否则返回 0 |
| isascii | int isascii(int ch); | 检查 ch 是否是 ASCII 码中的 0~127 的字符。若是返回非 0 值，否则返回 0 |
| iscntrl | int iscntrl(int ch); | 检查 ch 是否是字符(0x7F)或普通控制字符(0x00~0x1F)。若是返回非 0 值，否则返回 0 |
| isdigit | int isdigit(int ch); | 检查 ch 是否为十进制数('0' ~ '9')。若是返回非 0 值，否则返回 0 |
| isgraph | int isgraph(int ch); | 检查 ch 是否是 ASCII 码中的 0x21~0x7E 的可打印字符(不含空格)。若是返回非 0 值，否则返回 0 |
| islower | int islower(int ch); | 检查 ch 是否是小写字母('a' ~ 'z')。若是返回非 0 值，否则返回 0 |
| isprint | int isprint(int ch); | 检查 ch 是否是 ASCII 码中的 0x20~0x7E 的可打印字符(含空格)。若是返回非 0 值，否则返回 0 |
| ispunct | int ispunct(int ch); | 检查 ch 是否是标点字符，即除字母、数字和空格以外的所有可打印字符。若是返回非 0 值，否则返回 0 |
| isspace | int　isspace(int ch); | 检查 ch 是否是空格(' ')、水平制表符('\t')、回车符('\r')、走纸换行('\f')、垂直制表符('\v')、换行符('\n')。若是返回非 0 值，否则返回 0 |

续表

| 函数名 | 函数原型 | 函数功能及返回值 |
|---|---|---|
| isupper | int isupper(int ch); | 检查 ch 是否是大写字母('A'～'Z')。若是返回非 0 值,否则返回 0 |
| isxdigit | int isxdigit(int ch); | 检查 ch 是否是一个十六进制数('0'～'9', 'A'～'F', 'a'～'f')。若是返回非 0 值,否则返回 0 |
| toasscii | int toasscii(int ch); | 将字符 ch 转换成 ASCII 字符并返回 |
| tolower | int tolower(int ch); | 将字符 ch 转换为小写字母。返回 ch 所代表的字符的小写字符 |
| toupper | int toupper(int ch); | 将字符 ch 转换为大写字母。返回 ch 所代表的字符的大写字符 |

### 5. 延时函数

延时函数所在函数库为 dos.h,见附表 4.5。

附表 4.5  延 时 函 数

| 函数名 | 函 数 原 型 | 函 数 功 能 |
|---|---|---|
| delay | void delay (unsigned milliseconds); | 将程序的执行暂停一段时间(毫秒) |
| getdate | void getdate(date *d); | 用来取得目前系统日期并返回 date 结构,此结构有 da_year, da_mon,da_day 字段,分别用来表示系统日期的年、月、日。<br>struct date d;<br>getdate(&d);<br>printf("%d-%d-%d",d.da_year,d.da_mon,d.da_day); |

### 6. 图形输出函数

图形输出函数所在函数库为 graphics.h,见附表 4.6。

附表 4.6  图形输出函数

| 函数名 | 函 数 原 型 | 函 数 功 能 |
|---|---|---|
| arc | void arc(int x, int y, int stangle,int endangle, int radius); | 画一弧线 |
| bar | void bar(int left,int top,int right, int bottom); | 画一个二维条形图 |
| bar3d | void bar3d(int left,int top,int right, int bottom, int depth, int topflag); | 画一个三维条形图 |
| circle | void circle(int x,int y,int radius); | 按给定半径以(x,y)为圆心画圆 |
| cleardevice | void cleardevice(void); | 清除图形屏幕 |
| closegraph | void closegraph(void); | 关闭图形系统 |
| drawpoly | void drawploy(int numpoints, int *polypoints); | 画多边形 |
| ellipse | void ellipse(int x,int y,int stangle, int endangle, int xradius, int yradius); | 画一椭圆 |
| fillellipse | void fillellipse(int x,int y, int xradius, int yradius); | 画出并填充一个椭圆 |
| fillpoly | void fillpoly(int numpoints,int *polypoints); | 画出并填充一个多边形 |
| getcolor | int getcolor(void); | 返回当前画线颜色 |

续表

| 函数名 | 函 数 原 型 | 函 数 功 能 |
|---|---|---|
| getimage | void getimage(int left,int top,int right,int bottom, void *bitmap); | 将指定区域内的一个位图存到主存中 |
| getmaxx | int getmaxx(void); | 返回屏幕的最大 x 坐标 |
| getmaxy | int getmaxy(void); | 返回屏幕的最大 y 坐标 |
| imagesize | unsigned imagesize(int left,int top,int right,int bottom); | 返回保存位图像所需的字节数 |
| initgraph | void initgraph(int *graphdriver,int *graphmode, char *pathtodriver); | 初始化图形系统 |
| line | void line(int x0,int y0,int x1,int y1); | 在指定两点间画一直线 |
| outtextxy | void outtextxy(int x,int y,char *textstring); | 在指定位置显示一个字符串 |
| pieslice | void pieslice(int x,int y,int stangle, int endangle,int radius); | 绘制并填充一个扇形 |
| putimage | void putimage(int x,int y,void *bitmap, int op); | 在屏幕上输出一个位图 |
| rectangle | void rectangle(int left,int top, int right, int bottom); | 画一个矩形 |
| registerbgidriver | int registerbgidriver(void *(driver) (void)); | 登录已连接进来的图形驱动程序代码 |
| setcolor | void setcolor(int color); | 设置当前画线颜色 |
| setfillstyle | void setfillstyle(int pattern, int color); | 设置填充模式和颜色 |
| setlinestyle | void setlinestyle(int linestyle, unsigned pattern); | 设置当前画线宽度和类型 |
| settextjustify | void settextjustify(int horiz, int vert); | 为图形函数设置文本的对齐方式 |
| settextstyle | void settextstyle(int font, int direction,char size); | 为图形输出设置当前的文本属性 |
| setwritemode | void setwritemode(int mode); | 设置图形方式下画线的输出模式 |

## 7. 数学计算函数

数学计算函数所在函数库为 math.h，见附表 4.7。

### 附表 4.7 数学计算函数

| 函数名 | 函 数 原 型 | 函 数 功 能 |
|---|---|---|
| abs | int abs(int i); | 求整数的绝对值 |
| acos | double acos(double x); | 反余弦函数，返回余弦函数 x 的角度 |
| asin | double asin(double x); | 反正弦函数，返回正弦函数 x 的角度 |
| atan | double atan(double x); | 反正切函数，返回正切函数 x 的角度 |
| atan2 | double atan2(double x,double y); | 返回正弦值 x/y 的角度 |
| atof | double atof(char *str); | 将字符串转换成双精度浮点数并返回，转换失败时返回 0 |
| cabs | double cabs(struct complex znum) | 返回复数 znum 的绝对值 |
| ceil | double ceil(double x); | 向上舍入 |

续表

| 函数名 | 函 数 原 型 | 函 数 功 能 |
|---|---|---|
| cos | double cos(double x); | 余弦函数，返回 x 角度的余弦值 |
| cosh | double cosh(double x) | 双曲余弦函数 |
| exp | double exp(double x) | 返回指数函数 $e^x$ 的值 |
| fabs | double fabs(double x); | 求浮点数的绝对值 |
| floor | double floor(double x); | 向下舍入 |
| fmod | double fmod(double x,double y); | 计算 x 对 y 的模 |
| log | double log(double x); | 返回 lnx 的值 |
| log10 | double log10(double x); | 返回 $\lg^x$ 的值 |
| labs | long labs(long n); | 求长整型数绝对值 |
| poly | double poly(double x,int n,double c[]); | 从参数产生一个多项式 |
| pow | double pow(double x,double y); | 指数函数，求 x 的 y 次方，即 $x^y$ 的值 |
| pow10 | double pow10(int p); | 返回 10p 的值 |
| rand | int rand( ); | 产生一个随机数并返回这个数 |
| sin | double sin(double x); | 正弦函数，返回 x 角度的正弦值 |
| sinh | double sinh(double x) | 双曲正弦函数 |
| sqrt | double sqrt(double x); | 计算 x 的平方根，即 $+\sqrt{x}$ 的值 |
| tan | double tan(double x); | 正切函数 |
| tanh | double tanh(double x) | 双曲正切函数 |

### 8. 内存操作函数

内存操作函数所在函数库为 mem.h，见附表 4.8。

附表 4.8　内存操作函数

| 函数名 | 函 数 原 型 | 函 数 功 能 |
|---|---|---|
| close | int close(int handle_no); | 将文件描述字 handle_no 所指的文件关闭，若返回 0 表示关文件成功；若返回-1 则表示失败 |
| creat | int creat(char *filename,int mode); | 使用 mode 模式建立指定的 filename 文件。若文件建立成功则返回文件描述字 handle_no,否则返回-1 |
| eof | int eof(int handle_no); | 判断文件描述字代表的数据文件的文件指针是否已经指到文件结尾(EOF)。返回 0 表示文件尚未结束，返回 1 表示文件已经结束，返回-1 表示有错误发生 |
| lseek | int lseek(int handle_no,long offset,int whence); | handle_no 文件描述字所代表的文件指针由 whence 移到 offset B |

续表

| 函数名 | 函 数 原 型 | 函 数 功 能 |
|---|---|---|
| open | int open(char *filename,int int mode); | 使用 mode 打开模式指定的 filename 文件。若打开文件成功则返回文件描述字，否则返回−1 |
| read | int read(int handle_no,void *buffer, unsigned count); | 从文件描述字 handle_no 所代表的文件中读取 count 个数据并放入 buffer 数组，读取成功返回读出数据的 B 数；否则返回−1 |
| tell | Long tell(int handle_no); | 返回文件描述字 handle_no 所代表的目前文件指针所指的位置 |
| write | int write(int handle_no, void *buffer, unsigned count); | 将 buffer 数组的 count 个数据写入文件描述字 handle_no 所代表的文件中。写入成功文件指针会往后移 count 并返回写入数据的 B 数；否则返回−1 |

### 9. 系统输入和输出函数

系统输入和输出函数所在函数库为 io.h，见附表 4.9。

附表 4.9　系统输入和输出函数

| 函数名 | 函 数 原 型 | 函 数 功 能 |
|---|---|---|
| memcpy | void *memcpy(void *destin, void *source, unsigned n); | 从源 source 中复制 n 个字节到目标 destin 中 |
| memmove | void *memmove(void *destin, void *source, unsigned n); | 移动一块字节 |
| memset | void *memset(void *s,char ch,unsigned n); | 设置 s 中的所有字节为 ch，s 数组的大小由 n 给定 |

### 10. 标准输入和输出函数

标准输入和输出函数所在函数库为 stdio.h，见附表 4.10。

附表 4.10　标准输入和输出函数

| 函数名 | 函 数 原 型 | 函 数 功 能 |
|---|---|---|
| clearer | void clearer(FILE *stream); | 把由 stream 指定的文件的错误指示器重新设置成 0，文件结束标记也重新设置，无返回值 |
| creat | int creat(char *path,int amode); | 以 amode 指定的方式创建一个新文件或重写一个已经存在的文件。创建成功时返回非负整数给 handle；否则返回−1 |
| eof | int eof(int handle); | 检查与 handle 相连的文件是否结束。若文件结束返回 1，否则返回 0；返回值为−1 表示出错 |
| exit | void exit(int); | 结束程序之前将缓冲区内的数据写回赋值的文件，最后再关闭文件并结束程序 |
| fclose | int fclose(FILE *stream); | 关闭 stream 所指的文件并释放文件缓冲区。操作成功返回 0，否则返回非 0 |
| feof | int feof(FILE *stream); | 检测所给的文件是否结束。若检测到文件结束，则返回非 0 值；否则返回值为 0 |

| 函数名 | 函 数 原 型 | 函 数 功 能 |
|---|---|---|
| ferror | int ferror(FILE *stream); | 检测 stream 所指向的文件是否有错。若有错则返回非 0, 否则返回 0 |
| fflush | int fflush(FILE *stream); | 把 stream 所指向的文件的所有数据和控制信息存盘。若成功则返回 0, 否则返回非 0 |
| fgetc | int fgetc(FILE *stream); | 从 stream 所指向的文件中读取下一个字符。操作成功返回所得到的字符;当文件结束或出错时返回 EOF |
| fgetchar | int fgetchar(void); | 从流中读取字符 |
| fgets | char *fgets(char *string,int n, FILE *stream); | 从输入流 stream 中读取 n−1 个字符, 或遇到换行符'\n'为止, 并把读出的内容存入 s 中。操作成功返回所指的字符串的指针;出错或遇到文件结束符时返回 NULL |
| fopen | FILE *fopen (char *filename, char *type); | 以 mode 指定的方式打开以 filename 为文件名的文件。操作成功返回相连的流;出错时返回 NULL |
| fprintf | int fprintf(FILE *stream, char *format[,argument,…]); | 照原样输出格式串 format 的内容到流 stream 中, 每遇到一个百分符号%, 就按规定的格式依次输出一个 argument 的值到流 stream 中。操作成功返回所写字符的个数;出错时返回 EOF |
| fputc | int fputc(int ch,FILE *stream); | 写一个字符到流中。操作成功返回所写的字符;失败或出错时返回 EOF |
| fputs | int fputs (char *string, FILE *stream); | 把 s 所指的以空字符结束的字符串输出到流中, 不加换行符'\n', 不复制字符串结束标记'\0'。操作成功返回最后写的字符;出错时返回 EOF |
| fread | int fread(void *ptr,int size,int n, FILE *stream); | 从所给的流 stream 中读取 n 项数据, 每一项数据的长度是 size 字节, 放到由 ptr 所指的缓冲区中。操作成功返回所读的数据项数(不是字节数);遇到文件结束或出错时返回 0 |
| freopen | FILE *freopen (char *filename, char *mode,FILE *stream); | 用 filename 所指定的文件代替与打开的流 stream 相关联的文件。若操作成功则返回 stream, 出错时返回 NULL |
| fscanf | int fscanf(FILE* stream,char * format,address,….); | 从流 stream 中扫描输入字段, 每读入一个字段, 就按照从 format 所指定的格式串中取一个从百分符号%开始的格式进行格式化, 之后存入对应的地址 address 中, 返回成功地扫描、转换和存储的输入字段的个数;遇到文件结束返回 EOF;如果没有输入字段被存储, 则返回为 0 |
| fseek | int fseek(FILE *stream,long offset, int fromwhere); | 设置与流 stream 相联系的文件指针到新的位置, 新位置与 fromwhere 给定的文件位置的距离为 offset 个字节。调用 fseek 之后, 文件指针指向一个新的位置, 当成功地移动指针时返回 0;当出错或失败时返回非 0 值 |

续表二

| 函数名 | 函 数 原 型 | 函 数 功 能 |
|--------|------------|------------|
| ftell | long ftell(FILE* stream); | 返回当前文件指针的位置，偏移量是从文件开始处算起的字节数。返回流 stream 中当前文件指针的位置 |
| fwrite | int fwrite(void *ptr,int size,int n, FILE* stream); | 把指针 ptr 所指的 n 个数据输出到流 stream 中，每个数据项的长度是 size 个字节。操作成功返回确切写入的数据项的个数(不是字节数)；当遇到文件结束或出错时返回 0 |
| getc | int getc(FILE *stream); | getc 是返回指定输入流 stream 中一个字符的宏，它移动 stream 文件的指针，使之指向一个字符。操作成功返回所读取的字符；当文件结束或出错时返回 EOF |
| getchar | int getchar(); | 从标准输入流读取一个字符。操作成功返回输入流中的一个字符；当遇到文件结束(Ctrl+Z)或出错时返回 EOF |
| gets | char* gets(char *s); | 从标准输入流中读取一个字符串，以换行符结束，送入 s 中，并在 s 中用'\0'空字符替代换行符。操作成功返回指向字符串的指针；出错或遇到文件结束时返回 NULL |
| getw | int getw(FILE *stream); | 从输入流中读取一个整数，不应用于当 stream 以 text 文本方式打开的情况。操作成功时返回输入流 stream 中的一个整数，遇到文件结束或出错时返回 EOF |
| lseek | long lseek(int handle, long offset, int fromwhere); | lseek 把与 handle 相联系的文件指针从 fromwhere 所指的文件位置移到偏移量为 offset 的新位置。返回从文件开始位置算起到指针新位置的偏移量字节数；发生错误时返回−1L |
| max | <type>max(<type>x,<type>y); | 返回 x、y 两数中的最大值 |
| min | <type>min(<type> x,<type> y); | 返回 x、y 两数中的最小值 |
| open | int open(char *path,int mode); | 根据 mode 的值打开由 path 指定的文件。调用成功返回文件句柄为非负整数；出错时返回−1 |
| printf | int printf(char *format [,argu,...]); | 照原样复制格式串 format 中的内容到标准输出设备，每遇到一个百分符号%，就按规定的格式，依次输出一个表达式 argu 的值到标准输出设备上。操作成功返回输出的字符值；出错时返回 EOF |
| putc | int putc(int c,FILE *stream); | 将字符 c 输出到 stream。操作成功返回输出字符的值；否则返回 EOF |
| putchar | int putchar(int ch); | 向标准输出设备输出字符。操作成功返回 ch 值；出错时返回 EOF |
| puts | int puts(char *s); | 输出以空字符结束的字符串 s 到标准输出设备上，并加上换行符。返回最后输出的字符；出错时返回 EOF |

| 函数名 | 函 数 原 型 | 函 数 功 能 |
|---|---|---|
| putw | int putw(int w,FILE *stream); | 输出整数 w 的值到流 stream 中。操作成功返回 w 的值；出错时返回 EOF |
| rand | int rand(void); | 返回介于 0~32767 之间的随机数 |
| read | int read(int handle, void *buf, unsigned len); | 从与 handle 相联系的文件中读取 len 个字节到由 buf 所指的缓冲区中。操作成功返回实际读入的字节数，到文件的末尾返回 0；失败时返回-1 |
| remove | int remove(char *filename); | 删除由 filename 所指定的文件，若文件已经打开，则先要关闭该文件再进行删除。操作成功返回 0 值；否则返回-1 |
| rename | int rename (char *oldname, char *newname); | 将 oldname 所指定的旧文件名改为由 newname 所指定的新文件名。操作成功返回 0 值；否则返回-1 |
| rewind | void rewind(FILE *address,…); | 把文件的指针重新定位到文件的开头位置 |
| scanf | int scanf(char *format, address,…); | scanf 扫描输入字段，从标准输入设备中每读入一个字段，就依次按照 format 所规定的格式串中取一个从百分符号%开始的格式进行格式化，然后存入对应的一个地址 address 中。操作成功返回扫描、转换和存储的输入的字段的个数；遇到文件结束，返回值为 EOF |
| setbuf | void setbuf(FILE *stream,char *buf); | 把缓冲区和流联系起来。在流 stream 指定的文件打开之后，使得 I/O 使用 buf 缓冲区，而不是自动分配的缓冲区 |
| setvbuf | int setvbuf(FILE *stream,char *buf); | 在流 stream 指定的文件打开之后，使得 I/O 使用 buf 缓冲区，而不是自动分配的缓冲区。操作成功返回 0；否则返回非 0 |
| sprintf | int sprintf(char *buffer, char format, [argu,…]); | 本函数接受一系列参数和确定输出格式的格式控制串(由 format 指定)，并把格式化的数据输出到 buffer。操作成功返回输出的字节数；出错返回 EOF |
| srand | void srand(unsigned int x); | 以 x 当随机数产生器的种子。通常都是以时间作为随机数产生器种子 srand((unsigned)time(NULL)); |
| sscanf | int sscanf(char *buffer,char *format, address,…); | 扫描输入字段，从 buffer 所指的字符串每读入一个字段，就依次按照由 format 所指的格式串中取一个从百分符号%开始的格式进行格式化，然后存入到对应的地址 address 中。操作成功返回扫描、转换和存储的输入字段的个数；遇到文件结束则返回 EOF |
| tell | long tell(int handle); | 取得文件指针的当前位置。返回与 handle 相联系的文件指针的当前位置，并把它表示为从文件头算起的字节数；出错时返回-1L |

附 录 ·455·

续表四

| 函数名 | 函 数 原 型 | 函 数 功 能 |
|---|---|---|
| tmpfile | FILE *tmpfile(time_t *timer); | 以二进制方式打开暂存文件。返回指向暂存文件的指针；失败时返回 NULL |
| tmpnam | char *tmpnam(char *s); | 创建一个唯一的文件名。若 s 为 NULL，返回一个指向内部静态目标的指针；否则返回 s |
| write | int write(int handle,void *buf, unsigned len); | 从 buf 所指的缓冲区中写 len 个字节的内容到 handle 所指定的文件中。返回实际所写的字节数；如果出错则返回−1 |

## 11. 标准库操作函数

标准库操作函数所在函数库为 stdlib.h，见附表 4.11。

### 附表 4.11 标准库操作函数

| 函数名 | 函 数 原 型 | 函 数 功 能 |
|---|---|---|
| atoi | double atoi(char *nptr) | 将字符串 nptr 转换成整数并返回这个整数 |
| atol | double atol(char *nptr) | 将字符串 nptr 转换成长整数并返回这个整数 |
| ecvt | char *ecvt(double value,int ndigit,int *decpt, int *sign) | 将浮点数 value 转换成字符串并返回该字符串 |
| exit | void exit(int status); | 终止程序 |
| fcvt | char *fcvt(double value,int ndigit, int *decpt,int *sign) | 将浮点数 value 转换成字符串并返回该字符串 |
| gcvt | char *gcvt(double value,int ndigit,char *buf) | 将数 value 转换成字符串并存于 buf 中，并返回 buf 的指针 |
| itoa | char *itoa(int value,char *string,int radix) | 将整数 value 转换成字符串存入 string，radix 为转换时所用基数 |
| ltoa | char *ltoa(long value,char *string,int radix) | 将长整型数 value 转换成字符串并返回该字符串，radix 为转换时所用基数 |
| random | int random(int num); | 随机数发生器 |
| randomize | void randomize(void); | 初始化随机数发生器 |
| strtod | double strtod(char *str,char **endptr) | 将字符串 str 转换成双精度数，并返回这个数 |
| strtol | long strtol(char *str,char **endptr,int base) | 将字符串 str 转换成长整型数，并返回这个数 |
| system | int system(char *commamd); | 发出一个 dos 命令 |
| ultoa | char *ultoa(unsigned long value,char *string,int radix) | 将无符号整型数 value 转换成字符串并返回该字符串，radix 为转换时所用基数 |

### 12. 字符串操作函数

字符串操作函数所在函数库为 string.h，见附表 4.12。

附表 4.12　字符串操作函数

| 函数名 | 函 数 原 型 | 函数功能及返回值 |
|---|---|---|
| strcat | char *strcat(char *str1, char *str2); | 把字符串 str2 接到 str1 后面,str1 最后面的'\0'被取消。返回 str1 指向的字符串 |
| strchr | char *strchr (char *str,int ch); | 找出 str 指向的字符串中第 1 次出现字符 ch 的位置,并返回该值,若找不到则返回 NULL |
| strcmp | int strcmp(char *str1,char *str2); | 比较串 str1 和 str2,从首字符开始比较,接着比较随后对应的字符,直到发现不同,或到达字符串的结束为止。当 s1<s2 时,返回值<0;当 s1=s2 时,返回值=0;当 s1>s2 时,返回值>0 |
| strcpy | char *strcpy(char *str1, char *str2); | 把串 str2 指向的字符串的内容复制到 str1 中。返回 str1 指向的字符串 |
| strcspn | size_t strcspn(char *str1,char *str2); | 寻找第 1 个不包含 str2 的 str1 的字符串的长度。返回完全不包含 str2 的 str1 的长度 |
| strlen | unsigned int　strlen(char *str); | 统计字符串 str 中字符(不包括'\0')的个数。返回 str 的长度 |
| strlwr | char *strlwr(char *str); | 将字符串 str 中的所有英文字母转换成小写字母 |
| strncat | char *strncat(char *str1, char *str2, size_t maxlen); | 把串 str2 最多 maxlen 个字符添加到串 str1 后面,再加一个空字符。返回 str1 指向的字符串 |
| strncmp | int strncmp(char *str1,char *str2, size_t maxlen); | 比较串 str1 和 str2 中前 maxlen 个字符。当 s1<s2 时,返回值<0;当 s1=s2 时,返回值=0;当 s1>s2 时,返回值>0 |
| strncpy | char *strncpy(char *str1,char *str2, size_t maxlen); | 将 str2 中前 maxlen 个字符复制到 str1 中。返回 str1 指向的字符串 |
| strpbrk | char *strpbrk(char* str1,char *str2); | 扫描字符串 str1,搜索出串 str2 中的任一字符的第 1 次出现。若找到,返回指向 str1 中第 1 个与 str2 中任何一字符相匹配的字符的指针,否则返回 NULL |
| strrchr | char *strrchr (char *str,int ch); | 找出 str 指向的字符串中最后出现字符 ch 的位置,并返回该值,若找不到则返回 NULL |
| strrev | char *strrev(char *str); | 将 str 字符串进行前后顺序反转 |
| strspn | size_t strspn(char *str1, char *str2); | 搜索给定字符集的子集在字符串中第 1 次出现的段。返回字符串 str1 中开始发现包含 str2 中全部字符的起始位置的初始长度 |
| strstr | char *strstr(char *s1,char *s2); | 搜索给定子串 str2 在 str1 中第 1 次出现的位置。返回 str1 中第 1 次出现子串 str2 位置的指针;如果在串 str1 中找不到子串 str2,则返回 NULL |
| strtok | char *strtok(char *s1,*s2); | 使用 s2 作为定界字符串,将 s1 字符串中有 s2 字符串之前的字符串取出后赋给 s1 字符串 |
| strupr | char *strupr(char *str); | 将字符串 str 中的所有英文字母转换成大写字母 |
| strxfrm | size_t strxfrm(char *str1,char *str2, size_t); | 将 str2 前面 size_t 个字符替换成 str1 前面的 size_t 个字符,并返回 str2 字符串的长度 |

### 13. 时间函数

时间函数所在函数库为 time.h，见附表 4.13。

#### 附表 4.13　时　间　函　数

| 函数名 | 函数原型 | 函数功能及返回值 |
|---|---|---|
| clock | clock_t clock(void); | 返回从某个时刻开始至这次调用所经历的处理时间数 |
| ctime | char *ctime(const time_t *timer); | 将 timer 所指向的日历时间转换成当地时间的字符串形式 |
| localtime | struct tm *localtime(const time_t *timer); | 将 timer 所指向的日历时间转换成当地时间的分解形式 |
| gmtime | struct tm *gmtime(const time_t *timer); | 将 timer 所指向的日历时间转换成格林尼治标准时间的分解形式 |
| time | time_t time(time_t *timer); | 取得格林尼治时间 1970 年 1 月 1 日 00:00:00 到目前系统时间所经过的秒数，然后再将该秒数放到 t 指针所指向的内存地址 |

# 附录 5　C 语言与汇编语言的混合编程

C 语言具有简洁、灵活等诸多特点，另外还有丰富的库函数和功能强大的调试手段，适用面非常广泛。但在实际应用中，有时为了完成特定的功能，或要缩短程序的运行时间，或要对硬件进行直接操作，或要利用操作系统的某些功能模块，这时往往需要使用汇编语言。汇编语言在配置硬件设备及优化程序的执行速度和程序大小等方面具有独特优势，主要表现在以下几方面：

(1) 能执行 PUSH 和 POP 操作。

(2) 能访问 HP 堆寄存器和 SP 栈寄存器。

(3) 能对段寄存器进行初始化。

(4) 能直接控制硬件，实现与端口的 I/O 通信。

在 C 语言编写的应用程序中，若能加入汇编语言，则不但可以体现出 C 语言所具有的简洁、灵活等诸多优点，还可以体现出汇编语言独特的控制硬件等优点。因此，实现 C 语言与汇编语言的混合编程势在必行。下面将详细介绍有关混合编程的内容。

实现 C 语言与汇编语言混合编程的方法有两种：一种是嵌入式汇编，即在 C 语言中直接使用汇编语言语句；另一种是模块化程序设计的方法，即将不同语言的程序分别编写，并在各自的开发环境中编译目标文件(.obj 文件)，然后将它们连接在一起，形成可执行文件(.exe 文件)。不同程序设计语言之间的混合编程，通常采用模块化程序设计的方法来实现。

在 C 语言与汇编语言混合编程中，肯定存在参数传递与过程返回值传递问题。因此，为了有效地进行传递,建立 C 语言与汇编语言的接口成为混合编程中需要解决的关键问题。

## 1. 内嵌汇编代码

内嵌汇编代码就是在 C 语言程序中嵌入汇编语言源代码,C/C++编译器能支持内嵌代码。与使用外部模块的形式来编写汇编语言源代码相比,编写内嵌汇编语言代码的优点在于它简单和直接,程序员不必考虑外部连接、命名、参数传递等问题。

Visual C++的嵌入汇编方式与其他 C/C++的编译系统的原理相同,在 Visual C++中直接支持嵌入汇编方式,不需要独立的汇编系统,也不需要其他连接步骤,可以在一条汇编语句或一组汇编语句序列的开始用 "_asm" 标记,作为汇编语言源代码,其格式为

```
_asm 汇编语句    /*注释*/
```

或

```
_asm
{
    汇编语句序列
}
```

注释可以放在汇编语句序列中任何语句的后面,可以使用汇编语言格式的注释或使用 C/C++格式的注释,但应尽量避免使用汇编语言格式的注释,因为这可能与 C 宏相冲突。

例如:

```
_asm
{   mov eax,0fee0h
    mov dx,800h
    out dx,eax        /*将一个 32 位操作数送 I/O 端口*/

}
```

在 Visual C++程序中内嵌汇编代码时,允许:

(1) 使用 Intel 指令集中的指令。

(2) 使用寄存器操作数。

(3) 使用名字引用函数参数或变量。

(4) 引用在汇编语句序列外声明的标号和变量。

(5) 使用 MASM 表达式,产生一个数值或地址。

(6) 使用 C++的数据类型和数据对象。

(7) 使用汇编语言格式或 C++格式表示整数常量。

(8) 使用 ptr 操作符,如 inc word ptr[ebx]。

(9) 使用 length、size、type 操作符以获取 C++变量和类型的大小。

(10) 使用 even 和 align 伪指令。

但不能使用 MASM 的伪指令来定义数据。例如,程序员不能使用 DB、DW、DD、DQ、DT 伪指令和 DUP、THIS 操作符;不能使用 MASM 的结构和记录伪指令来定义结构和记录;不能使用 OFFSET 操作符,但可以使用 LEA 指令返回变量的偏移值;不能使用宏指令及宏操作符,如 MACRO、REPT、IRC、IRP、ENDM、<、>、!、%、&等;不能引用段名。

对于具有内嵌汇编语句的 C/C++程序,C/C++编译器会调用汇编程序进行汇编。汇编

程序在分析一条嵌入式汇编指令的操作数时，如果遇到一个标识符，就会在 C/C++程序的符号表中查找该标识符。

在 C/C++程序中内嵌汇编语句的方法，就是把插入的汇编语句作为 C/C++语言的组成部分，而不使用完全独立的汇编模块。这种方法比调用汇编语言子程序更方便、简单、快速。

内嵌汇编代码的缺点是缺乏可移植性。例如，运行于 Intel 微处理器上的内嵌汇编代码不能在 RISC 处理器上运行。

### 2. 模块化连接方法

大部分程序员并不能使用汇编语言来编写大规模的应用程序，因为纯粹使用汇编语言编写程序需要熟悉很多机器内部的结构，编程效率很低。所以大部分程序员使用高级语言编程，这样可将程序员从大量的细节中解脱出来，加快项目的进程，提高程序的开发效率。而对一些运行速度要求很高的程序或直接访问硬件的程序，可以用汇编语言编写，以提高程序的运行效率。这时，用汇编语言编写的程序模块常常以子程序的形式或过程的形式被高级语言调用。

当然，可以使用汇编语言程序调用 C/C++语言函数，这种情况虽然使用不多，但要实现它也是非常容易的，就是将 C/C++语言函数看作一个子程序，汇编语言程序中使用 CALL 指令调用这个函数。汇编语言程序也可以引用 C/C++语言中的一个变量。

模块化连接方法就是分别编写 C/C++语言源程序模块和汇编语言源程序模块，利用各自的开发环境，编译形成.obj 文件，再将它们各自的目标文件连接成一个可执行文件。这时，外部汇编语言模块很容易被不同的目标平台设计的连接库代替，这是内嵌汇编代码所没有的。

#### 1) 约定

解决 C/C++语言与汇编语言的接口问题，其实就是要解决寄存器、变量的引用和子程序的调用等问题，按某种约定，保证各种程序模块之间正确的参数传递。这时，需要考虑以下一些因素。

(1) 调用约定。

子程序的调用需要做以下约定：

① 子程序必须保护哪些寄存器；

② 参数传递的方法用于寄存器、堆栈或共享内存区；

③ 局部变量的约定；

④ 子程序访问调用程序返回结果的方式。

(2) 命名约定。

C/C++语言调用汇编语言子程序时，外部标识符的命名约定必须兼容。汇编语言必须使用与 C/C++语言兼容的有关段与变量的命名约定。

① 在 C/C++程序中的所有外部名字都包含一个前导的下划线字符,汇编语言程序在引用 C/C++模块中的函数与变量时也必须用一个下划线 "_" 开始。

② C/C++语言对大小写是有区别的,汇编模块对任何公共的变量名应该使用和 C/C++模块同样的大小写字母。

在汇编语言模块中，可以在.MODEL 伪指令中通过语言选择关键字，使用汇编语言，程序员能够创建与 C/C++兼容的汇编程序。

例如：

.MODEL SMALL,C

该语句表明，程序采用小型模式，是 C/C++的约定，即汇编语言程序采用 C/C++语言类型。

.MODEL 伪指令中使用的语言选项关键字有 C、BASIC、FORTRAN、PASCAL、SYSCALL、STDCALL。其中，C、BASIC、FORTRAN、PASCAL 关键字是指与这些语言兼容的汇编程序，而 SYSCALL、STDCALL 关键字是指其他语言，如调用 MS-Windows 函数所使用的关键字。有了上述命名约定，C/C++程序调用的汇编语言源程序中所有的标识符自动加上下划线 "_"，使两种语言的标识符一致。

在 C/C++语言程序与汇编语言子程序模块相连接时，段的名称及其属性必须兼容。如果使用 Microsoft 的简化段伪指令，如 .CODE 和.DATA 等，则与 C/C++编译器生成的段名及其属性是兼容的。上述工作将由系统自动完成。

(3) 内存模式的约定。

调用程序和被调用的子程序必须使用同样的内存模式。在实地址模式下，可以选择小型(small)、紧凑(compact)、中型(medium)、大型(large)、巨型(huge)模式。在保护模式下，必须使用 flat 模式。程序使用的内存模式决定了段的大小是 16 位还是 32 位，子程序是段内调用(near 型)还是段间调用(far 型)。

不同语言模块采用相同的存储模式将自动产生相互兼容的调用和返回类型。要从 C/C++语言中调用汇编语言子程序，汇编模块必须采用和 C/C++模块一致的存储模式及兼容的段命名约定，才能实现正确的选择。所以，为了保证 C/C++语言程序与汇编语言源程序两个模块文件能正确连接，必须对参数的传递、返回值的传递、变量的引用、寄存器的使用等做出约定，以保证连接程序得到必要的信息，同时还要保证汇编语言源程序符合 C/C++语言的要求。

2) 模块化设计方法

(1) 在 C/C++程序中引用汇编语言子程序。

从 C/C++语言中调用汇编语言子程序的过程中，汇编语言被看作函数，其地位与 C/C++语言中的其他函数一样，汇编语言程序名被认为是函数名，C/C++程序以汇编语言程序名调用汇编语言程序模块。但是在编写汇编语言程序的时候，有些特殊的要求及 C/C++语言的特性会影响到汇编语言代码的编写方式。例如：

① 参数。C/C++程序按照在参数列表中出现的顺序从右到左传递，过程返回后又调用程序来清除堆栈。清除堆栈时可以给堆栈指针加上参数所占空间大小或从堆栈中弹出足够数量的值。

② 过程名。C/C++程序自动在它调用的每个外部标识符前加一个下划线 "_"。在编写一个能被 C/C++程序调用的汇编语言外部过程时，过程名 rsub 必须以下划线开头：

public _rsub

_rsub proc

编译包含外部过程的汇编模块时，使用的命令行选项必须保持大小写敏感，如 MASM 的/Cx 选项能确保外部过程名字的大小写敏感。

③ 声明函数。在 C/C++程序中，可以使用 extern 来声明外部汇编语言函数。

C 程序调用汇编语言程序的方法如下：

① 在汇编语言程序中应考虑：

- 使用与 C 程序中相同的存储模式定义各个段。
- 用 PUBLIC 声明 C 程序中需要引用的汇编语言子程序和变量。
- 从堆栈中取得入口参数。
- 处理入口参数并返回，返回值存入 AX 或 DS：AX 中。
- 汇编源程序，生成目标文件。

② 在 C 语言程序中应考虑：

- 使用 EXTERN 声明汇编语言子程序和变量。
- 引用汇编语言过程和变量。
- 编译源程序，生成目标程序。
- 使用 TLINK 连接 C 语言和汇编语言程序的目标文件，产生可执行文件。

【例1】　C 语言程序中调用汇编语言子程序。

```
/*建立 C 语言程序：ctest.c*/
extern void dis(void);        /*说明 dis 是外部函数*/
void main()
{
    dis();
}
; 建立汇编语言子程序：asmhello.asm
.model small,c                /*采用小型存储模式，C 语言类型*/
.data
mes db 'Hello,how are you!$'
.code
public dis                    /*可以被外部模块使用的子程序*/
dis proc
mov ah,9                      /*小型模式不必设置 DS，它只有一个数据段*/
lea dx,mes                    /*使 DS：DX 指向变量的地址*/
int 21h                       ; 09 号功能调用
ret
dis endp
end
```

分别编辑这两个源程序后，就可以进行编译和连接。

```
masm asmhello↙          汇编 asmhello.asm，生成目标文件 asmhello.obj
tcc-ms-c ctest↙         按小模式编译 ctest.c，生成目标文件 ctest.obj
tlink lib\c0s ctest asmhello,hello,lib\cs↙   连接目标文件生成 hello.exe
hello↙                  运行调用了汇编子程序的 C 程序
```

MASM.exe 文件必须在当前目录中。可以使用 TASM.exe 或 ML.exe 对.asm 文件进行汇编，生成目标文件。

在 C 语言程序调用汇编语言子程序的过程中，C 语言程序可以通过堆栈将参数传递给被调用的汇编程序。但调用前，参数入栈的顺序与实参表中参数的顺序相反，即为从右到左的顺序。当被调用的汇编程序运行结束时，C 程序会自动调整堆栈指针 SP，使堆栈恢复成调用前的状态。这样，子程序就不必在返回时调整堆栈的指针。

被调用的汇编语言程序作为函数，如果其返回值为 16 位，则存入 AX 寄存器中；如果返回值为 32 位，则存入(DX，AX)寄存器中，DX 存高 16 位值，AX 存低 16 位值；如果返回值大于 32 位，则存入一个变量缓冲区中，用 AX 寄存器存放该缓冲区的偏移地址。

当然，也可以通过外部变量来传递参数。这时，该外部变量必须分别在汇编语言程序中和 C 语言程序中说明，并且同一个变量的类型必须一致。在 C 语言程序中也可以使用汇编语言程序中的变量，这时应在汇编语言程序中用 PUBLIC 说明，而在 C 程序中用 EXTERN 说明，并且数据类型一致。

(2) 在汇编语言程序中引用 C/C++函数和变量。

从汇编语言程序调用 C/C++语言函数，相对来说比较简单。将 C/C++语言函数看作一个子程序，使用 CALL 指令调用这个函数，C/C++语言函数的属性可以是 near 型(段内调用)或 far 型(段间调用)，引用变量的属性可以是 BYTE、WORD、DWORD、QWORD、TWORD。因为所有的 C/C++函数和全局变量都被自动声明为 PUBLIC，可以很方便地供外部使用，所以只需要在汇编语言程序中对使用的函数和变量用 EXTERN 进行说明即可：

    EXTERN 函数名：函数属性
    EXTERN 变量名：变量属性

声明的类型要一致。汇编语言程序调用 C 子程序的方法如下所述。

① 在 C 语言程序中应考虑：
- 定义被汇编语言程序引用的全局变量。
- 声明被汇编语言程序引用的函数。
- 编译生成目标文件。

② 在汇编语言程序中应考虑：
- 声明 C 子程序和变量。
- 按 C 语言调用协议将调用参数入栈。
- 使用 CALL 指令调用 C 程序。
- 从 AX 或 DX 中取得返回参数。
- 修改堆栈指针 SP，使调用参数清除出栈。
- 汇编源程序，生成目标文件。
- 使用 LINK 连接汇编语言和 C 语言程序的目标文件，形成可执行文件。

【例2】 汇编语言程序调用 C 语言子程序。

```
/*建立 C 语言程序 max.c，作为被汇编语言程序调用的子程序*/
int max(int *a,int *b,int *c)
{
    int r;
    if(*a>*b)
        if(*a>*c)    r=*a;
        else         r=*c;
```

```
        else if(*b>*c)   r=*b;
            else         r=*c;
        return(r);
    }
    /*建立汇编语言程序 asmtest.asm*/
        .model small,c          /*采用小型存储模式，C 语言类型*/
        extern _max:near        /*声明被调用的函数及其类型*/
        .data
        a dw 0303h
        b dw 0202h
        c dw 0101h
        n dw ?
        .code
    beg:lea ax,c
        push ax                 /*将参数 c 的地址入栈*/
        lea ax,b
        push ax                 /*将参数 b 的地址入栈*/
        lea ax,a
        push ax                 /*将参数 a 的地址入栈*/
        call _max               /*调用 TC 子函数*/
        mov n,ax                /*取得返回参数*/
        add sp,6                /*将堆栈恢复成调用前的状态*/
        mov ah,4ch
        int 21h                 /*返回操作系统*/
        end beg
```

分别建立 C 语言程序 max.c 和汇编语言程序 asmtest.asm 后，编译和连接：

```
    masm asmtest✓           汇编 asmtest.asm，生成目标文件 asmtest.obj
    tcc-ms-c max✓           按小模式编译 max.c，生成目标文件 max.obj
    link asmtest + max✓     连接目标文件生成 asmtest.exe
    asmtest✓                运行
```

从上例程序可以知道，汇编语言程序通过堆栈向 C 语言函数传递参数有两种方法：一种是直接把参数的值压入堆栈，另一种是利用参数地址压入堆栈。例 2 采用的是后一种方式。由于 C 程序是按参数的相反顺序(从右到左的顺序)入栈的，所以汇编程序中参数的入栈顺序要与 C 程序接收参数的顺序相反。

当汇编语言程序调用 C 函数后，应该立即清除堆栈里的参数，将堆栈恢复成调用前的状态。

如果 C 语言程序向汇编语言程序送返回值，则 C 程序必须用 RETURN 返回。若返回值是一个字，则送 AX 寄存器中；若返回值是一个 32 位字，则低 16 位送 AX 中，高 16 位送 DX 中；若传送一个大于 32 位的数据作为返回值时，则利用(DX,AX)返回指针。

# 参 考 文 献

[1]　王曙燕，王春梅. C 语言程序设计教程. 北京：人民邮电出版社，2014.

[2]　苏小红，孙志岗，陈惠鹏，等. C 语言大学实用教程. 北京：电子工业出版社，2017.

[3]　K N KING. C 语言程序设计现代方法. 北京：人民邮电出版社，2010.

[4]　何钦铭，颜辉. C 语言程序设计. 北京：高等教育出版社，2015.

[5]　裘宗燕. 从问题到程序：程序设计与 C 语言引论. 北京：机械工业出版社，2011.

[6]　张敏霞，王秀鸾，迟春梅，等. C 语言程序设计. 4 版. 北京：电子工业出版社，2017.

[7]　于延，周国辉. C 语言程序设计案例教程. 北京：清华大学出版社，2016.

[8]　谭浩强. C 语言程序设计. 5 版. 北京：清华大学出版社，2017.

[9]　吴启武，刘勇，王峻峰，等. C 语言课程设计案例精编. 2 版. 北京：清华大学出版社，2011.